数値流体力学（CFD）によるシミュレーション解析例

1　二重反転プロペラクアッド配置型ドローン

二重反転プロペラをクアッド配置にしたドローンの運転時の揚力を求めるための流れシミュレーションの結果です．機体の直径は800mm 程度でプロペラ直径は380mm の機体構成となっています．プロペラの回転速度が5000min^{-1} では揚力は50N ほど発生しており，プロペラの回転速度が8000min^{-1} では揚力は90N ほど発生していますので，小型機体としては大きな揚力をこのタイプで出すことが可能です．二重反転プロペラが発生する下方への流れは旋回流がほとんどなく，効率の良い推力が作り出されています．

2　ターボポンプのキャビテーション

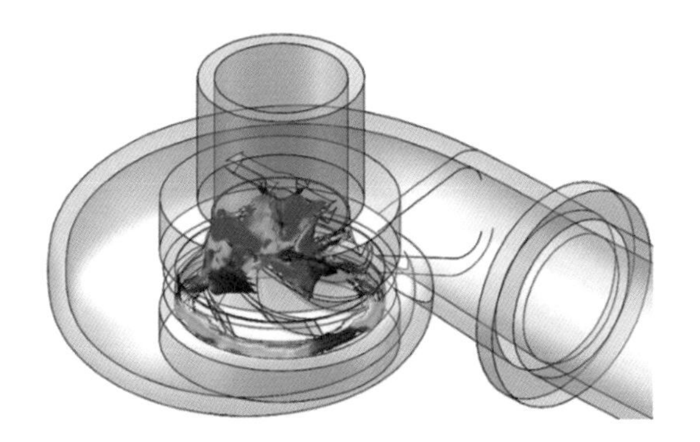

ターボポンプのキャビテーション解析事例の結果です．同図の色分布は，体積に占める蒸気の割合を示しています．この事例では，まずインペラ羽根入口裏側の負圧領域でキャビテーションが発生して，その後に下流へ発達していく様子がわかります．

3 強力送風のヘアードライヤー

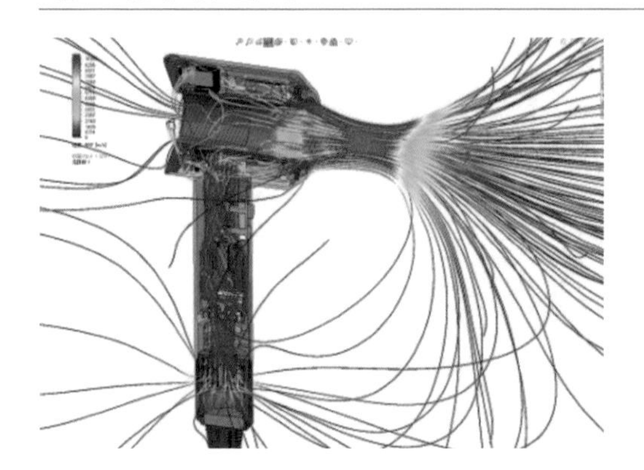

強力送風のヘアードライヤーの流れ解析シミュレーション結果です．空気の吸込口から単段軸流ブロワー，そして電子機器冷却，空気加熱ヒーター，円筒形ノズルからの吐出し口へと，ヘアードライヤー稼働時の全ての流れ状態がこの流体解析で正確にシミュレーションできています．このヘアードライヤーは，ノズルから風速毎秒10m 以上の流れを噴出しており，強力な送風になっています．しかし，エジェクター効果を狙った中央部中空円筒部からの空気の吸込みは，かなり少ない状態であり，結果的に強力送風は，超高速回転している単段軸流ブロワーが作っていることになります．

4 飛行機体

飛行機体の流れ解析シミュレーション結果です．様々な機体形状の流れ解析シミュレーションを行い，機体の揚力値・抵抗値・マッハ数・衝撃波状態などを算出しています．それにより，必要なエンジン推力や飛行状況の検討を行います．

5 高速型バイク車体周り

高速型バイクの車体周り流れ解析です．速度は時速 300km で走行した際の，車体周り流れとなります．

6 扇風機

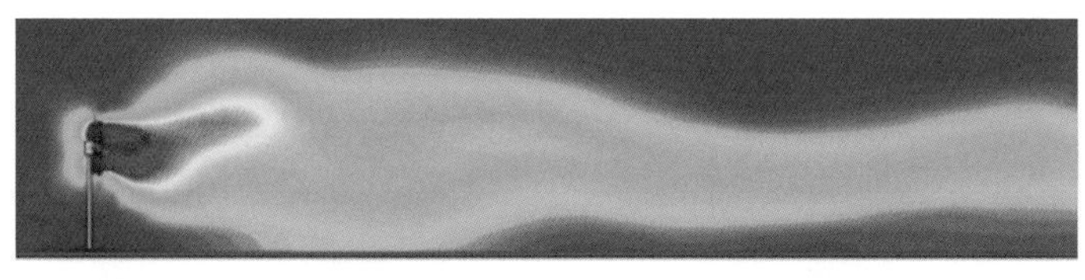

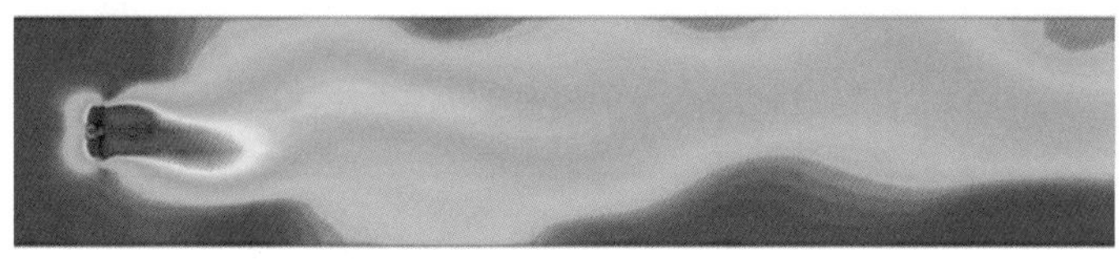

家庭用流体機械の設計例で，遠くまで風がとどく扇風機の流れ解析の結果です．上図は扇風機からの流れの速度分布を色分けしたもの，最下図は扇風機からの空気の流れを流跡線として表したものです．これらの解析結果から，この扇風機は遠くまで風を到達させる性能に優れていることがわかります．

7 ノートＰＣ用極薄冷却ファン

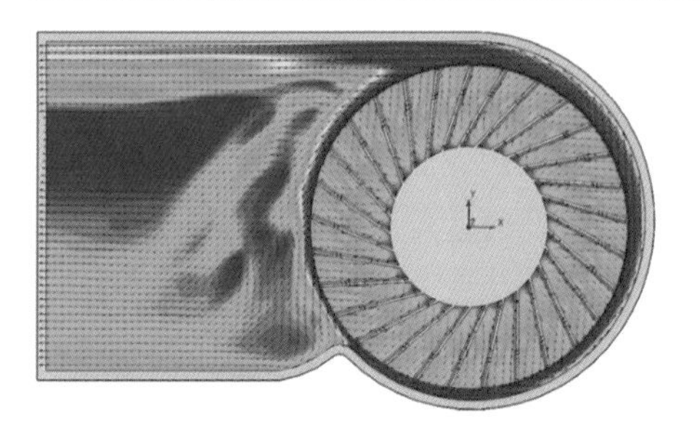
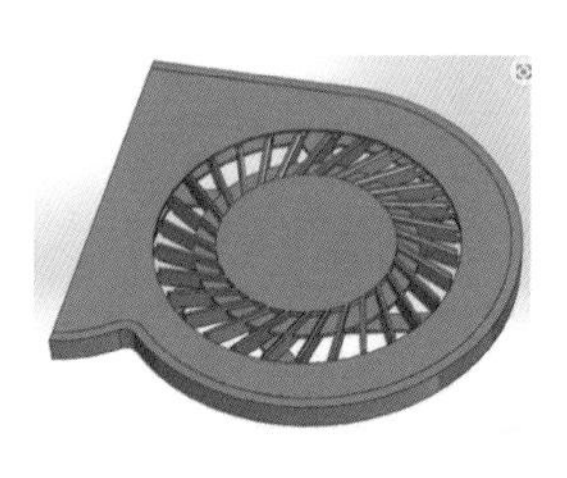

ノートＰＣ用の流体機械設計例で，厚み3mmの極薄冷却ファンの解析結果です．ファン厚みは極めて薄いですが，大きな風量をＣＰＵやグラフィックチップの冷却機構部に送風することが可能な性能になっています．同図は，最大流量の1/2の流量の状態での空気の流れの速度分布(青が遅く赤が速い)と速度のベクトル矢印で表示しています．

8 ロボット掃除機

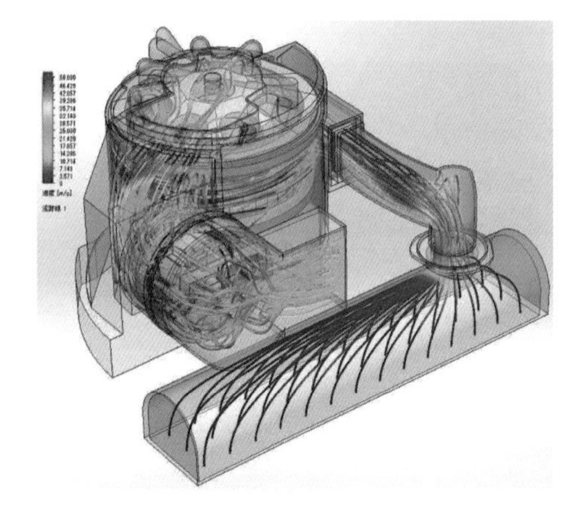

ロボット掃除機の吸込みから吐出しまでの流れを詳細に流体解析した例です．流体が掃除機の吸込みノズルから入り，サイクロン型ダスト分離部を通り，高速のブロワーで吸引されて吐出されるまでが詳しく解析され，サイクロンの効果が良く分かります．

以上の数値流体力学（CFD:Computational Fluid Dynamics）の解析結果は，㈱ターボブレードからご提供を受けました．ご協力に対して厚く御礼申し上げます．詳しくはホームページ（https://www.turboblade.jp/index.html）をご覧ください．

Introductory Courses of Mechanical Engineering

演習で学ぶ「流体の力学」

Fluid Mechanics : Learning through Exercises

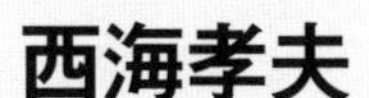

西海孝夫
Takao Nishiumi

一柳隆義
Takayoshi Ichiyanagi

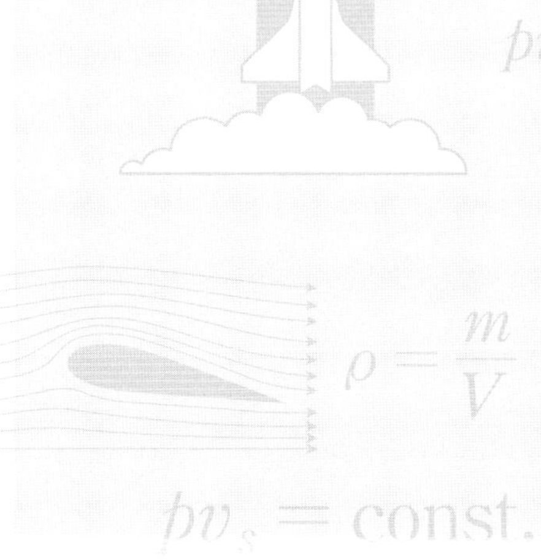

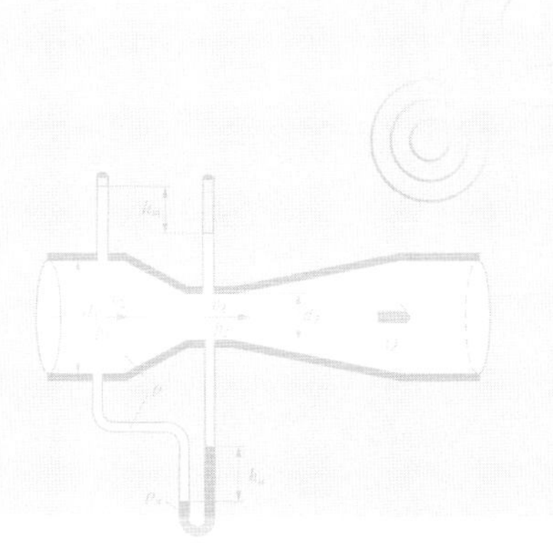

秀和システム

本書の出版にあたって

本書の原著である『演習で学ぶ「流体の力学」入門』は，2013年9月に初版として出版され，2018年7月に第2版として誤記などの修正を行いました．この9年間にわたり，大学や高等専門学校での教科書，大学院の入学試験などでの自習書，流体機器関連技術者の参考書として愛用されていることを知り，著者として望外の喜びです．

ただ原著は，全15章の編成で251問の演習問題を網羅していましたが，B5判の515ページで教科書としては重たく持ち運びづらく，やや高価であるという難点がありました．

そこで本書では，原著の後半部を割愛して前半部の第10章までに限定し，A5判の300ページほどで，できるだけ簡潔になるように以下の加筆などを含め再編しました．

(1) 各演習問題には，学習者が取り組みやすいように，基礎・発展・応用の3つの分類と，難易度を表す★(やさしい)・★★(やや難しい)・★★★(難しい)の3段階の分類を示しました．
(2)「流体の力学」を学習する上で必要不可欠な数学や物理の基礎的な知識を10件のColumnとして掲載し，学習者が理解を深めて頂けるよう配慮しました．
(3) 冒頭には数値流体解析(CFD：Computational Fluid Dynamics)の事例を㈱ターボブレードのご協力によりカラーページで載せました．「流体の力学」を学習することによって，将来的には，このような様々な流体関連機器の流れを理解し，可視化できるに違いありません．
(4) 本書をメカニカルエンジニアリング入門講座の中の1冊と位置付けました．

本書によって，一人でも多くの方が「流体の力学」に親しみを感じて頂けることを切望します．

2022年9月

西海　孝夫

一柳　隆義

はじめに

流体は，液体と気体の総称であり，それぞれの代表例の水と空気は，我々の生命をも支え生活にとって欠かすことのできない物質です．「流体の力学」とは，実験的な経験則をもとに流体の挙動を力学的に考察し，数学モデルを用いて取り扱う学問で，その歴史は紀元前に遡ります．機械工学分野を学ぶ上で「流体の力学」は，熱力学，材料力学，機械力学とならび重要な力学（四力学）の一つとして位置づけられています．しかし，現在の教育課程では，カリキュラムの多様化などのために，学生が理工学を理解するための数学や物理の基礎学力を事前に習得することが困難な状況となっています．とくに，「流体の力学」は，固体の力学と比べ対象物質が流体であるのでイメージし難く，さらに“単位○○当たり”という概念を多用するために，式の考え方が複雑となり初学者にとって敬遠されがちです．そこで，初学者を対象とした本書『演習で学ぶ「流体の力学」入門』は，２色刷りの鮮明な図を豊富に配置し，透明で見えない流体や流れを読者ができる限り容易に捉えられるよう工夫を施しました．

本書は，ある程度の数学と力学の基礎的な知識があれば，高専・大学・大学院の学生だけではなく，専門外の技術者諸氏にも利用頂ける入門書です．昨今，「流体の力学」を教育機関において専攻してきていないエンジニアでも数値流体力学（CFD：Computational Fluid Dynamics）の解析結果を用いて，詳細な流れを観察し推定できるまでコンピュータやソフトウェアの技術が著しく進展してきました．しかし，CFDのみに頼るだけでは，流れの本質を掌握したことにはならず，大局的な見地から簡単な流体計測や手計算によって実際の数値や現象を見極め，数値シミュレーションの妥当性を裏付けることが少なからず求められます．そのようなとき本書によって「流体の力学」を学び，『演習問題』を数多く解いた経験を持てば，多様で複雑な技術課題を克服する上での足掛かりとなるに違いありません．また本書の特徴として，大学院入試や公務員・資格試験に対応して短期間で独習するために，一つの章を短い単元に分け「流体の力学」を効率良く習得できるよう編集しました．

著者の一人は，学生時代に『本文解説』と詳解付き『演習問題』とが統合された「流体の力学」の書籍を探していたものの，その当時には残念ながら適当な参考書を見つけることができませんでした．計らずも「流体の力学」を学生諸君に教える機会に恵まれ，そのような書の構想を練ってきましたが，ここに30年来の夢を実現することができました．本書が「流体の力学」に興味を持たれている方への一助となることを願っています．

本書を執筆するに際して，「流体の力学」に関連する国内外の多くの名著を参考にしました．執筆者の先輩諸賢に対し深い謝意を表すとともに，それらのリストを巻末に掲載し謝辞に代えさせて頂きます．最後に，脱稿に辿りつくまで忍耐強く待ち続け，書面の総頁数を十分に確保して頂いた㈱秀和システム 編集部，度重なる校正依頼を快く受け入れて頂いた㈲中央制作社，そして本校 流体システム講座の諸君をはじめ周りで支えて頂いた方々に感謝を申し上げます．
執筆には平易で丁寧な記述を心掛けましたが，勘違いや推敲不備の箇所については読者各位からのご叱責を賜われば幸いです．

西海 孝夫　一柳 隆義

目　次

Column 目次

本書の利用の仕方

本書は，基本事項のSI単位や流体の性質からはじまり，管路要素とバルブの損失に至る10章から構成され，各章は，前半の『本文解説』と後半の『演習問題』から成っています．まず『本文解説』にて，「流体の力学」の概念とは何かを習得し，技術用語の定義やどのような過程を経て重要な公式が導かれたかを学びます．つぎに『演習問題』では，基本的な定義や公式を把握するための簡単な基礎問題から，いかに実際の流体機械などの事例に適用するかの応用問題まで総計171問を自らの力で挑戦します．『本文解説』を理解した後に『演習問題』の簡単な **問** からはじめ，一問でも多くの **問** を解くことで，さらに『本文解説』への理解度が確実に高まることでしょう．また，繰り返し『演習問題』に取り組み，解けない **問** は **解** を参照して熟考すれば工学的課題への解決能力が必ず養えるはずです．

工学書において，『演習問題』に対する解法は一つだけではなく幾つもの選択肢があり，どのような解き方を選ぶかは個々の考えに依存します．本書は，その一例としての **解** を挙げ，読者に解き方の道筋を詳しく指し示しています． **解** では，独習者でも容易に理解できるように，式の導出プロセスをできる限り省略することなく解説するとともに，引用箇所（式，図・表，章・節など）を具体的に明らかにしています．これにより，読者が学習意欲を持ち着実に日々の勉強に励めば，不得手な「流体の力学」を誰しもが制覇できると確信します．著者らも学生時代に「流体の力学」が苦手で悩んだ時期がありましたが，多くの演習課題を解くことで問題解法のコツを掴むことができ，理解が深まったことを記憶しています．

本書の『演習問題』で学習を進め，解答を作成するにあたり，以下の**Step**に従いながら解法することを薦めます．なお，『演習問題』で頻繁に使用する流体の密度，粘度，動粘度などの取り扱いについては，第1章1.8節（p.12）の【注意事項】に記載してあります．

Step-1　**問** の問題文を熟読し，何が問われているのかを判断する．

Step-2　図が用意されていない場合には，できる限り図を描く．

Step-3　どの定理や公式などを用いればよいかを考える．

Step-4　最初から数値を代入せず，求めたい物理量を数式によって表す．

Step-5　確認時に必要なため，誘導過程での途中の式をできるだけ記す．

Step-6　式に数値（基本の単位はm, kg, s）を代入し，π や $\sqrt{\ }$ を残さず電卓で計算する．

Step-7　答えの数値は，４桁目を四捨五入し有効数字３桁で示す．

Step-8　答えの数値に単位がある場合には必ずSI単位で書く．

Step-9　最終的な答えには，下線などを付けて明瞭にする．

Step-10　確認のために解答を見直して検算し，**解** と見比べる．

第1章

流体の性質

1.1 流体と流れ

流体とは，定まった形をもたず，形状を自由に変化させて**流れ**を生む物質であり，気体と液体に分類できる．**気体**は圧縮されやすく形状や体積を容易に変え，密閉した容器の中で充満する．**液体**は圧縮されにくく，容器形状にならい変形する．液体と周辺の気体との境界を**自由表面**という．

図1.1 に示すように，流体の重要な性質に圧縮性と粘性がある．**圧縮性**は流体が圧力を受け体積や密度が変化する性質であり，一般に気体は**圧縮性流体**，液体は**非圧縮性流体**として取り扱われる．**粘性**は流体の運動にともなって，流体が変形され抵抗を生じる性質で，流体の粘い度合を表す．粘性が支配的な流体を**粘性流体**，粘性が無いと仮定した流体を**非粘性流体**という．粘性も圧縮性も無い仮想の流体を**理想流体**と呼ぶ．

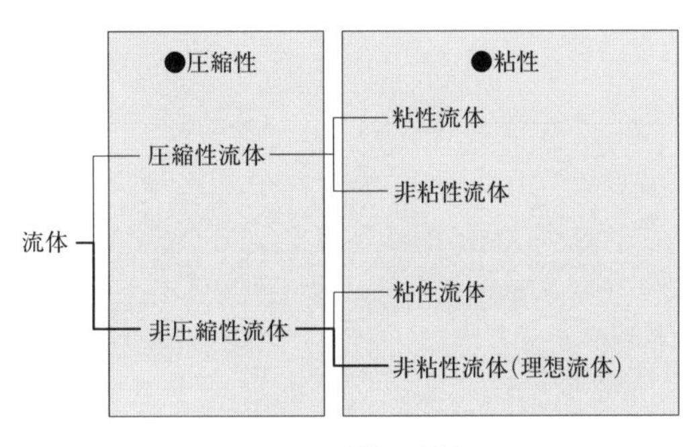

図1.1　流体の分類

1.2 流速と流量

流体は，空間内を運動し**流れ場**を形成する．流体がどのような速さで，どの方向に動くかを表す物理量に流体の速度，いわゆる**流速**がある．大気の流れに見るように，流速は場所と時間によって複雑に変動するが，管路のような流れは，ほぼ一方向の流れとみなすことができる．たとえば，ある断面に垂直な x 軸方向の流速は，図1.2(a) に示すように，管壁からの粘性による摩擦力や管路形状の曲がり管の影響を受け，その通過断面の座標により異なる．このような流速 u の**速度分布**を断面積 A にわたって面積分すれば，この断面を単位時間に通る流体の体積，すなわち**流量** Q は次式のとおり表せる．

$$Q=\int_A u dA \tag{1.1}$$

この流速が図1.2(b) に示すように，断面積 A にわたって**平均流速** v と仮定すれば，

$$Q=Av \tag{1.2}$$

と書け，上式は第 4 章で述べるように連続の式と呼ばれている．

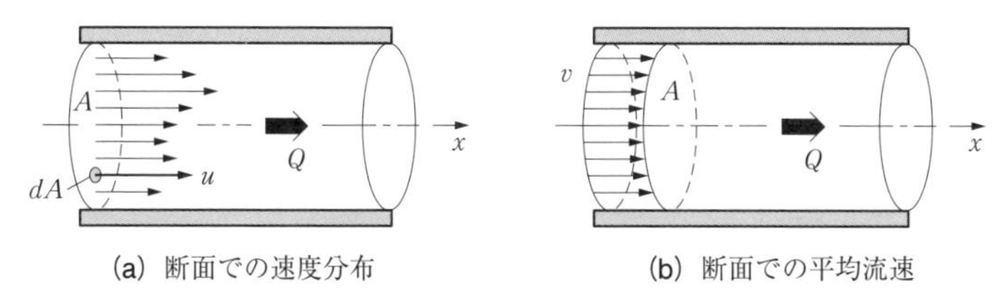

(a) 断面での速度分布　(b) 断面での平均流速

図1.2　管路内の流速と流量

1.3 圧力とせん断応力

圧力と**せん断応力**は，それぞれ流体中の壁面や仮想面に単位面積当たりに働く力の法線方向と接線方向の成分と定義され，単位は[Pa]である．**図1.3**のように流体要素の微小面積ΔAに働く法線方向の圧縮力をΔF，また接線方向のせん断力をΔfとすると，圧力pおよびせん断応力τは，$\Delta A \to 0$とすれば，それぞれ次式で定義される．

$$\left.\begin{aligned} p &= \lim_{\Delta A \to 0}\frac{\Delta F}{\Delta A} = \frac{dF}{dA} \\ \tau &= \lim_{\Delta A \to 0}\frac{\Delta f}{\Delta A} = \frac{df}{dA} \end{aligned}\right\} \tag{1.3}$$

また，圧力による力（圧縮力）Fならびにせん断力fは，圧力およびせん断応力を面積分すると，

$$\left.\begin{aligned} F &= \int_A p\,dA \\ f &= \int_A \tau\,dA \end{aligned}\right\} \tag{1.4}$$

で表される．ここで，圧力pやせん断応力τが，面積Aにわたって均等であるならば，

$$\left.\begin{aligned} F &= Ap \\ f &= A\tau \end{aligned}\right\} \tag{1.5}$$

の関係となる．圧力については第2章で詳述する．

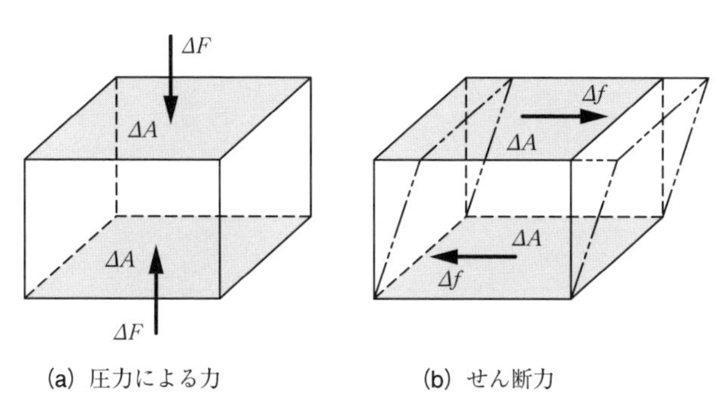

(a) 圧力による力　(b) せん断力

図1.3　仮想の微小面積ΔAに働く圧力とせん断応力

1.4 国際単位系

国際単位系はSIと呼ばれ，図1.4に示すように構成されている．**SI単位**は7個の**基本単位**ならびにパスカル[Pa]など固有の名称を持つ19個の**組立単位**からなり，その基本単位を表1.1に示す．また，これらの基本単位を相互に結びつけた組立単位の例を表1.2に示す．

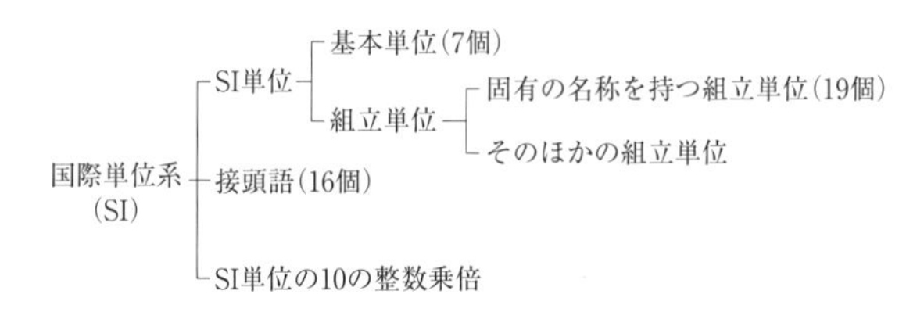

図1.4 国際単位系の構成

表1.1 基本単位

量	名称	単位
長さ	メートル	m
質量	キログラム	kg
時間	秒	s
電流	アンペア	A
絶対温度（熱力学温度）	ケルビン	K
物質量	モル	mol
光度	カンデラ	cd

表1.2 組立単位の例

量	名称	単位	定義
面積	平方メートル	m^2	—
体積	立方メートル	m^3	—
速度	メートル毎秒	m/s	—
加速度	メートル毎秒毎秒	m/s^2	—
角速度	ラジアン毎秒	rad/s	—
平面角	ラジアン	rad	m/m
周波数	ヘルツ	Hz	1/s
力	ニュートン	N	$kg\cdot m/s^2$
圧力，応力，体積弾性係数	パスカル	Pa	N/m^2
熱量，仕事，エネルギー	ジュール	J	N・m
仕事率，動力	ワット	W	J/s
トルク，力のモーメント	ニュートンメートル	Nm	$kg\cdot m^2/s^2$
密度	—	kg/m^3	—
粘度	—	Pa・s	$N\cdot s/m^2$
動粘度	—	m^2/s	—
流量	—	m^3/s	—
質量流量	—	kg/s	—
表面張力	—	N/m	—
比熱，ガス定数	—	J/(kg・K)	N・m/(kg・K)

SI 単位は適当な桁数にするため，10 の整数乗倍の**接頭語**を用いて表すことがあり，倍数 10^{-12} から 10^{12} を **表1.3** に示す．また，物理量は頻繁に**ギリシャ文字**の記号で記されるので，**表1.4** に参考として示す．

表1.3　接頭語の例

倍数	名称	記号	倍数	名称	記号
10^{12}	テラ	T	10^{-1}	デシ	d
10^{9}	ギガ	G	10^{-2}	センチ	c
10^{6}	メガ	M	10^{-3}	ミリ	m
10^{3}	キロ	k	10^{-6}	マイクロ	μ
10^{2}	ヘクト	h	10^{-9}	ナノ	n
10^{1}	デカ	da	10^{-12}	ピコ	p

表1.4　ギリシャ文字（斜体）

大文字	小文字	読み方	大文字	小文字	読み方	大文字	小文字	読み方
A	α	アルファ	I	ι	イオタ	P	ρ	ロー
B	β	ベータ	K	κ	カッパ	Σ	σ	シグマ
Γ	γ	ガンマ	Λ	λ	ラムダ	T	τ	タウ
Δ	δ	デルタ	M	μ	ミュー	Υ	υ	ウプシロン
E	ε	イプシロン	N	ν	ニュー	Φ	ϕ	ファイ
Z	ζ	ゼータ	Ξ	ξ	グザイ	X	χ	カイ
H	η	エータ	O	o	オミクロン	Ψ	ψ	プサイ
Θ	θ	シータ	Π	π	パイ	Ω	ω	オメガ

質量を基本単位とする国際単位系に対して，**工学単位系**は力を基本単位としているため，同じキログラムの呼称を使うが根本的に単位の概念は異なる．**重量**や**重さ**は，そもそも工学単位系から発した用語であり，地球上の物体に働く重力の大きさを示し，質量 m と重力の加速度 g との積で表され力の単位［N］を持つ．すなわち，工学単位の 1 kgf（重量キログラム）は，重力加速度 $g = 9.8\,\mathrm{m/s^2}$ の場において，質量 $m = 1\,\mathrm{kg}$（キログラム）に働く重力である．よって，ニュートンの運動方程式から，力や圧力に関して両者の関係は **表1.5** のようになる．

表1.5　工学単位と SI 単位

	工学単位	SI 単位
力	1 kgf	9.8 N
圧力	1 kgf/cm^2	0.098 MPa

1.5 密度・比体積・比重

密度 ρ は，流体の単位体積当たりの質量と定義され，質量を m，体積を V とすれば次式で表される．

$$\rho = \frac{m}{V} \tag{1.6}$$

流体の密度ρは，温度や圧力などに依存する．**図1.5**は，標準大気圧1 atm（101.3 kPa）のもとでの温度Tに対する水の密度ρ_wと乾燥空気の密度ρ_aの変化を表したものである．**比体積**v_sは単位質量当たりの体積と定義され，次式のとおり密度ρの逆数である．

$$v_s = \frac{V}{m} = \frac{1}{\rho} \tag{1.7}$$

比重sは，一般に水の密度$\rho_w = 1000\,\mathrm{kg/m^3}$（温度4℃，標準大気圧101.3 kPa）に対する物体の密度ρの比であり，

$$s = \frac{\rho}{\rho_w} \tag{1.8}$$

で表される．代表的な液体の比重を**表1.6**に示す．

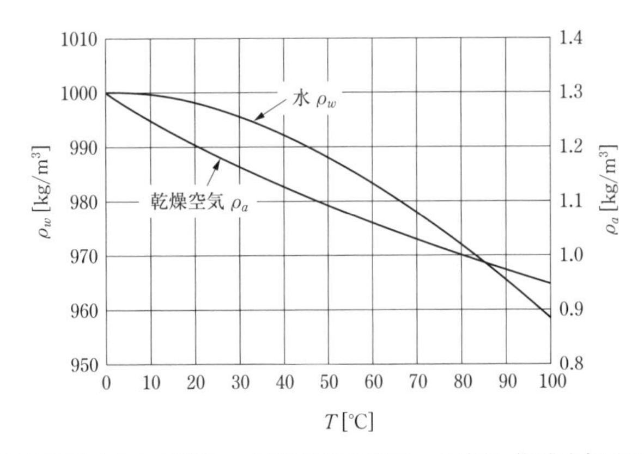

図1.5　温度Tに対する水の密度ρ_wと乾燥空気の密度ρ_aの変化（標準大気圧101.3 kPa）

表1.6　標準大気圧（101.3 kPa）での主な液体の比重

液体	温度 [℃]	比重	液体	温度 [℃]	比重
海水（塩分3.5%）	20	1.02	牛乳	20	1.03
エチルアルコール	20	0.79	自動車ガソリン	15	0.73～0.76
グリセリン	20	1.26	白灯油（1号）	15	0.78～0.80
水銀	20	13.6	軽油（1号）	15	0.82～0.85

1.6 気体の状態方程式

一般に気体は，完全真空を基準とする絶対圧力をp，比体積をv_s，絶対温度Tをとすれば，

$$pv_s = RT \tag{1.9}$$

で表現できる．上式を満足する気体を**理想気体**といい，この式を理想気体の**状態方程式**と呼ぶ．ここに，R は**ガス定数**または気体定数と呼ばれ気体によって固有の値を有している．気体が一つの状態から，別の状態に移る過程において，**状態変化**は，(1) **等積変化**，(2) **等圧変化**，(3) **等温変化**，(4) **断熱変化**，(5) **ポリトロープ変化**に分類できる．これらの状態変化は，横軸に比体積 v_s，縦軸に絶対圧力 p をとると図1.6 になる．

等温変化は，温度を一定に保ちつつ行なわれる状態の変化であり，極めてゆっくりとした膨張や圧縮の場合に適用され，次式で表される．

$$pv_s = \text{const.} \tag{1.10}$$

断熱変化とは，外部からの熱の出入りが無い状態の変化であり，比較的に急速な膨張や圧縮の場合に適用され，次式で表される．

$$pv_s^{\kappa} = \text{const.} \tag{1.11}$$

ここに，κ は**比熱比**と呼ばれ，定圧比熱 c_p と定積比熱 c_v の比で，

$$\kappa = \frac{c_p}{c_v} \tag{1.12}$$

である．ここで**比熱**とは，単位質量の物質の温度を 1.0 K だけ上昇させるのに要する熱量であり，SI 単位は [J/(kg･K)] である．等圧変化のもとでの比熱を**定圧比熱**，等積変化のもとでの比熱を**定積比熱**という．ポリトロープ変化は，多少の熱の出入りがともなう現実に近い状態変化であり，次式で近似できる．

$$pv_s^{n} = \text{const.} \tag{1.13}$$

ここに，n は**ポリトロープ指数**と呼ばれ，式 (1.11) の指数 κ を n に置き換えたものである．一般に，ポリトロープ変化が膨張過程で行われるとき $1<n<\kappa$，圧縮過程で行われるとき $n>\kappa$ の範囲にある．また，この指数 n を 0，1，κ，∞ とすれば，それぞれ，等圧変化，等温変化，断熱変化，等積変化となる．表1.7 に主な気体の標準大気圧（101.3 kPa），温度 20℃ での性質を示す．

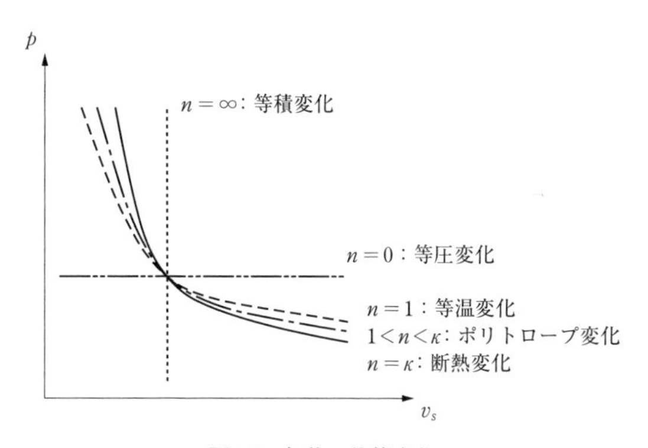

図1.6　気体の状態変化

表1.7 標準大気圧（101.3 kPa），20 ℃での主な気体の性質

気体	化学式	比熱比	ガス定数 [J/(kg・K)]	密度 [kg/m^3]	粘度 [Pa・s]	動粘度 [m^2/s]
空気	—	1.40	287.03	1.204	1.81×10^{-5}	1.50×10^{-5}
二酸化炭素	CO_2	1.29	188.92	1.839	1.48×10^{-5}	0.805×10^{-5}
ヘリウム	He	1.67	2077.2	0.1664	1.95×10^{-5}	11.7×10^{-5}
水素	H_2	1.41	4124.6	0.0838	0.88×10^{-5}	10.5×10^{-5}
窒素	N_2	1.40	296.80	1.165	1.75×10^{-5}	1.50×10^{-5}
酸素	O_2	1.40	259.83	1.331	2.03×10^{-5}	1.52×10^{-5}
メタン	CH_4	1.31	518.27	0.6682	1.09×10^{-5}	1.63×10^{-5}

1.7 体積弾性係数・圧縮率・音速

圧縮性とは，流体が圧力を受けることによって圧縮する性質をいう．**体積弾性係数**や**圧縮率**は，流体の圧縮性の度合いを示す量である．図1.7は，剛体容器内のピストンに力 F を与えて密閉容器の中で体積 V の流体を ΔV だけ減少させると，Δp だけの圧力が増加して容器内の圧力が $p+\Delta p$ になることを表している．このとき，体積弾性係数 K は，次式で定義される．

$$K=\frac{\Delta p}{\Delta V/V}=-\frac{dp}{dV/V} \tag{1.14}$$

また体積弾性係数の逆数は，圧縮率 β といい，次式で定義される．

$$\beta=-\frac{dV/V}{dp}=\frac{1}{K} \tag{1.15}$$

一般的に液体は非圧縮性流体として取り扱われるが，圧力変化が無視できないような状態では圧縮性を考えなければならない．気泡を完全に除去した液体の体積弾性係数 K の数値例を表1.8に示す．体積弾性係数 K は，流体の質量 m が一定であるので，次式のとおり表される．

$$K=\rho\frac{dp}{d\rho} \tag{1.16}$$

音速とは，流体中を伝わる微小な圧力変動の波であり，音速 a は，流体の体積弾性係数 K と密度 ρ で決まり，

$$a=\sqrt{\frac{dp}{d\rho}}=\sqrt{\frac{K}{\rho}} \tag{1.17}$$

で表される．気体が断熱変化すると仮定すれば．式 (1.7)，(1.11) より，

$$p\rho^{-\kappa}=\text{const.} \tag{1.18}$$

となり，上式を微分すると，

$$\frac{dp}{d\rho}=\frac{\kappa p}{\rho} \tag{1.19}$$

が得られる．これを式 (1.16) に代入すると，気体の体積弾性係数 K は，

$$K=\kappa p \tag{1.20}$$

となるので，気体中での音速 a は，式 (1.17)，(1.20) と理想気体の状態方程式 (1.9) より，

$$a=\sqrt{\frac{\kappa p}{\rho}}=\sqrt{\kappa RT} \tag{1.21}$$

で表される．

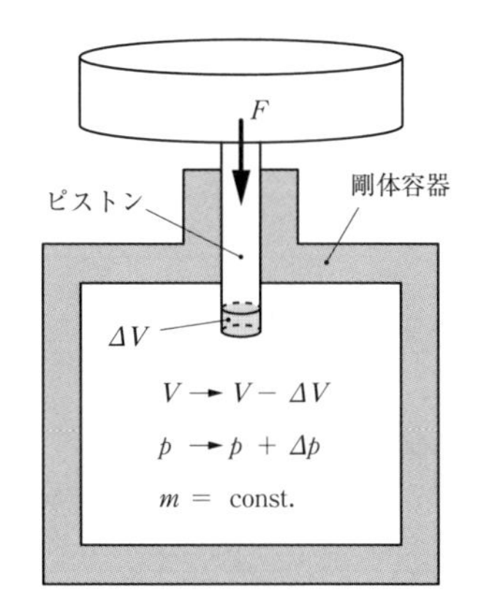

図1.7 剛体容器内での体積弾性係数

表1.8 液体の体積弾性係数

液体	体積弾性係数 K [GPa]	圧力範囲 [MPa]	温度 [℃]
水	2.06	0.1	20
海水	2.23	0.1〜15	10
鉱物油	1.86	0.1	20
石油	1.9	0.1	20
水銀	25.0	0.1〜10	20
エチルアルコール	0.97	0.9〜3.7	14

1.8 粘度と動粘度

粘性とは，流体にせん断応力が作用すると変形を引き起こし，流体に抵抗力が生じる性質である．図1.8 に示すとおり，すきま h だけ離れ平行して対面する面積 A の壁の間には，流体が満たされている．下板を固定して，上板に平行に力 f を右方向へかけると速度 U で移動する．流体が層状を成して流れる状態（これを層流と呼び，第 7 章および第 8 章で述べる）であるならば，下板から距離 y での速度 u は，

$$u = \frac{y}{h}U \tag{1.22}$$

となる．このような静止流体中に起こる**速度こう配**が一定な流れを**クエット流れ**という．すきま内の流体層の間に生じるせん断応力 τ は，比例定数を μ とすると，直線的な速度こう配 u/y に比例し，

$$\tau = \mu\frac{u}{y} = \mu\frac{U}{h} \tag{1.23}$$

で表される．したがって，面積 A の上板に働くせん断力 f は，式 (1.5) より次式で表される．

$$f = A\tau = \mu\frac{AU}{h} \tag{1.24}$$

この力 f は粘性摩擦力とも呼ばれている．上式 (1.23)，(1.24) において，比例定数 μ は**粘度**あるいは粘性係数と呼ばれ，流体の温度や圧力などで変化する．図1.9 は，標準大気圧 1 atm（101.3 kPa）のもとでの温度 T に対する水の粘度 μ_w と乾燥空気の粘度 μ_a の変化を表したものである．

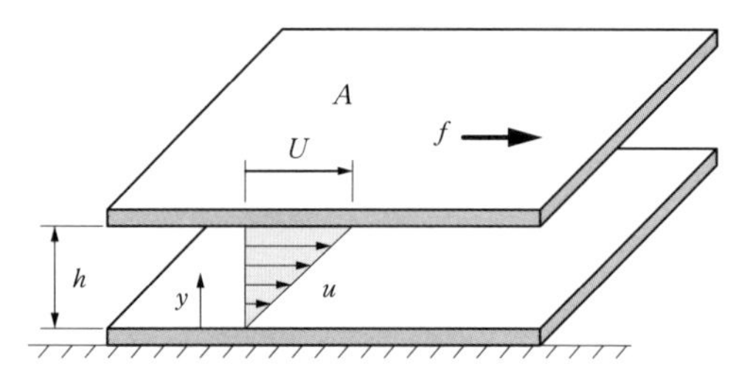

図1.8　クエット流れ

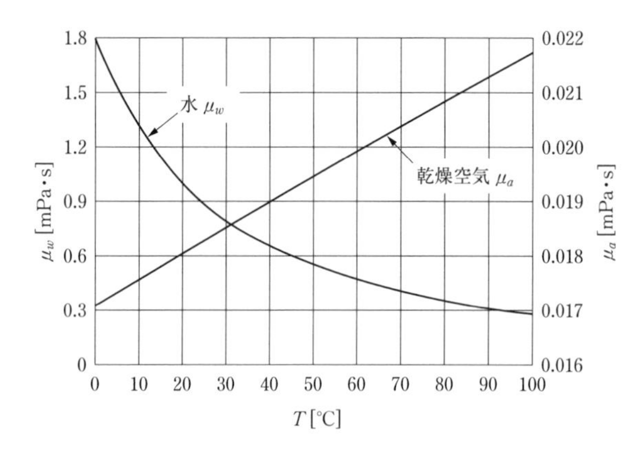

図1.9　温度 T に対する水の粘度 μ_w と乾燥空気の粘度 μ_a の変化（標準大気圧 101.3 kPa）

図1.10 のように速度こう配が直線的でないときには，流体中の仮想面に働くせん断応力 τ は，

$$\tau = \mu \frac{du}{dy} \tag{1.25}$$

で表され，これを**ニュートンの粘性法則**という．上式のようにせん断応力 τ が速度こう配 du/dy に比例する流体を**ニュートン流体**と呼ぶ．これに対して，両者の比例関係が成立しない流体を**非ニュートン流体**という．図1.11 は，ニュートン流体のほかに，ビンガム流体，ダイラタント流体，擬塑性流体について速度こう配 du/dy に対するせん断応力 τ の特性を示す．

流体が流れている状態で粘性の影響を見るときには，次式のように粘度 μ を密度 ρ で除した値で表すことが有効である．

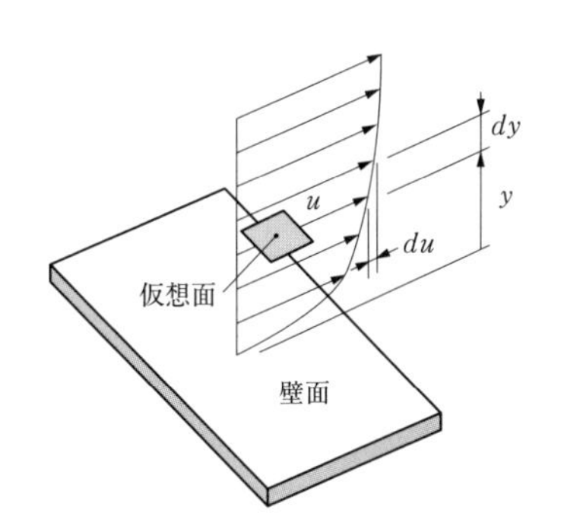

図1.10　壁面付近の速度分布

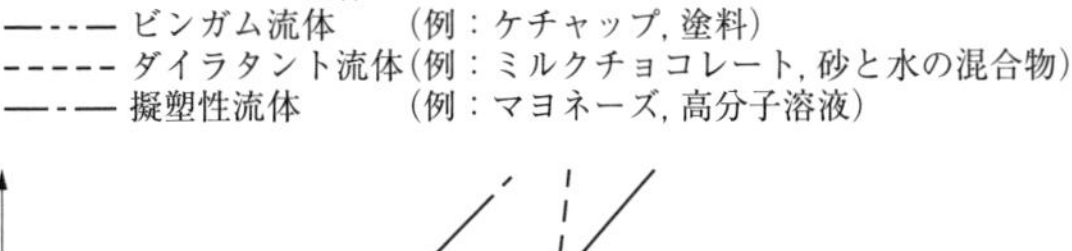

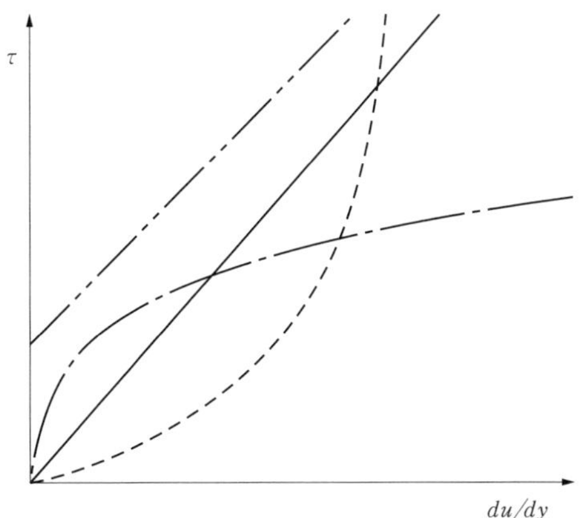

図1.11　速度こう配 du/dy に対するせん断応力 τ の特性

$$\nu = \frac{\mu}{\rho} \tag{1.26}$$

この ν を**動粘度**または動粘性係数という．これらの粘度 μ や動粘度 ν は，ときとして**ポアズ** [P]，**ストークス** [St] の慣用単位を使用することがある．センチポアズ [cP]，センチストークス [cSt] の SI 単位への変換は表1.9 のとおりである．また，表1.10 に，標準大気圧 101.3 kPa，20℃ における水と乾燥空気の密度，粘度，動粘度の値を示す．

表1.9　粘度と動粘度の慣用単位

	呼称	慣用単位	SI 単位
粘度 μ	センチポアズ	1 cP	1×10^{-3} Pa·s
動粘度 ν	センチストークス	1 cSt	1×10^{-6} m²/s

表1.10　標準大気圧 101.3 kPa，20℃ における水と乾燥空気の密度・粘度・動粘度

流体	密度 ρ [kg/m³]	粘度 μ [Pa·s]	動粘度 ν [m²/s]
水	998.2	1.002×10^{-3}	1.004×10^{-6}
乾燥空気	1.204	1.808×10^{-5}	1.502×10^{-5}

【注意事項】　表 1.10 の数値を『演習問題』での計算に用いるときには，とくに温度などの指示がない限り，有効数字 4 桁目を四捨五入して 3 桁として扱う．たとえば，水の密度は 1×10^3 kg/m³，粘度は 1×10^{-3} Pa·s，動粘度は 1×10^{-6} m²/s，また空気の密度は 1.2 kg/m³，粘度は 1.81×10^{-5} Pa·s，動粘度は 1.5×10^{-5} m²/s とし，水銀の比重は表 1.6 より 13.6 とする．また，重力加速度は，標準値で $g=9.80665$ m/s² であるが $g=9.8$ m/s² を用い，絶対温度 T [K] とセルシウス温度 T_c [℃] との関係は，正確には $T=T_c+273.15$ であるが $T=T_c+273$ とする．

1.9 表面張力

表面張力とは，液滴が形成されるときのように，液体の自由表面が分子力によって縮まろうとする性質であり，単位長さ当たりの力 [N/m] で表す．図1.12 は，液滴の曲表面について，微小面積に働く表面張力と圧力を示したものである．まず，液面に作用する圧力による r 方向の力 F は，液滴の内外圧力差を Δp，微小面積 ΔA の円弧を Δs_1，Δs_2 とすれば，

$$F = \Delta A(p_{\rm in} - p_{\rm out}) = (\Delta s_1 \cdot \Delta s_2)\Delta p \tag{1.27}$$

となる．つぎに，液面の周囲に働く表面張力による力 T は，その表面張力を σ，液滴の曲率半径を R_1，R_2，円弧の中心角度を $\Delta\alpha_1$，$\Delta\alpha_2$ とすると，r 方向に対して，

$$T = 2\sigma \Delta s_1 \sin\left(\frac{\Delta\alpha_2}{2}\right) + 2\sigma \Delta s_2 \sin\left(\frac{\Delta\alpha_1}{2}\right) \tag{1.28}$$

となる．したがって，2つの力は釣り合い $T=F$ であり，$\Delta\alpha_1$，$\Delta\alpha_2$ は微小角度であるので，$\sin(\Delta\alpha_1/2) \fallingdotseq \Delta\alpha_1/2$，$\sin(\Delta\alpha_2/2) \fallingdotseq \Delta\alpha_2/2$ のように近似でき，

$$\Delta p = \sigma\left(\frac{\Delta\alpha_1}{\Delta s_1} + \frac{\Delta\alpha_2}{\Delta s_2}\right) \tag{1.29}$$

となり，$\Delta s_1 = R_1\Delta\alpha_1$，$\Delta s_2 = R_2\Delta\alpha_2$ であるから次式が得られる．

$$\Delta p = \sigma\left(\frac{1}{R_1} + \frac{1}{R_2}\right) \tag{1.30}$$

液滴が直径 D の球ならば，上式にて $R_1 = R_2 = D/2$ と置くと，圧力差 Δp と表面張力 σ の関係は，

$$\Delta p = \frac{4\sigma}{D} \tag{1.31}$$

となる．**表1.11** に代表的な液体の表面張力の値を示す．

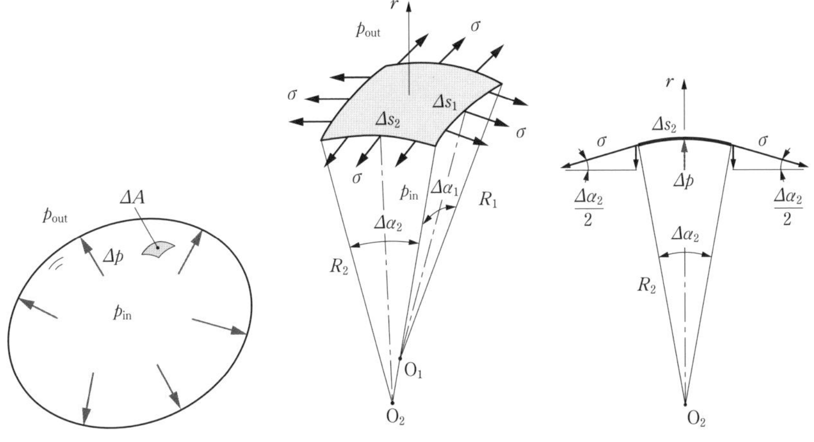

(a) 液滴内外の圧力差　(b) 微小表面に働く圧力と表面張力　(c) 円弧に働く表面張力

図1.12　液滴に働く表面張力

表1.11　液体の表面張力と接触角（温度 20°C で空気と接する場合）

液体	表面張力 σ[N/m]	接触角 θ [°]
水	0.0728	0〜9
エチルアルコール	0.0223	0
エーテル	0.0172	16
水銀	0.513	130〜150

1.10 毛細現象

図1.13に示すように，液体の自由表面に細管を鉛直に立てると，表面張力の作用によって細管内部の液面は上下する．これは**毛細現象**と呼ばれている．すなわち，同図(a)の場合には，内径 d の細い管内の液面は周りの液面より平均高さ h だけ上昇し，同図(b)の場合には，細い管内の液面は平均高さ h だけ下降する．

同図(a)を例にとり重力と表面張力による力の釣り合いを考える．対象をABCDで囲む液柱とすれば，対象液体の重量は，$W=\rho h(\pi d^2/4)g$ であり，細い管の内面で接する表面張力により対象液体を引き上げる張力は，$T=(\pi d)\sigma\cos\theta$ である．表面張力は，細管内のCDにあった液体をABまで持ち上げるのだから，$W=T$ となり，自由表面からの管内の液体高さ h は，次式で表される．

$$h=\frac{4\sigma\cos\theta}{\rho g d} \tag{1.32}$$

ここに，θ は接触角といい，液体が温度20°Cで空気と接するときの接触角を表1.11に示す．

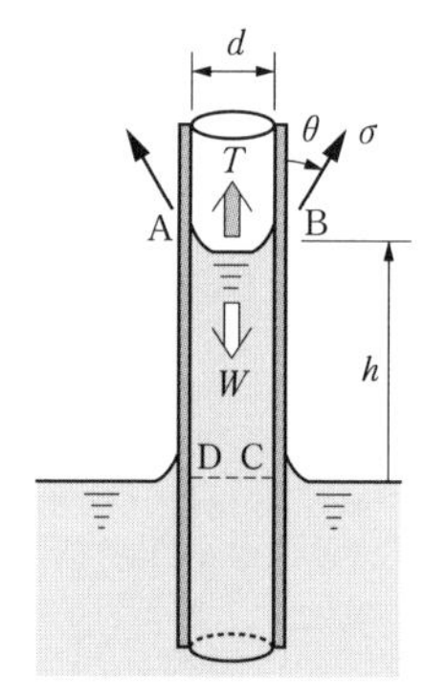

(a) 液面が上昇する場合

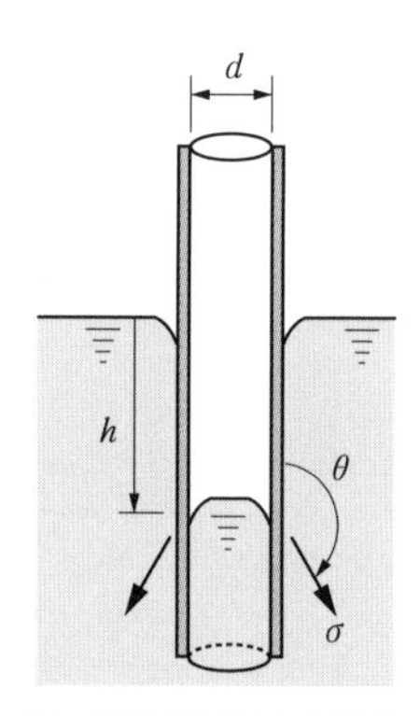

(b) 液面が下降する場合

図1.13 毛細現象

演習問題 第1章 流体の性質

問 1-1

基礎★☆☆

管内径（管路内側の直径）が $d = 108$ mm の管路を水が流れている．流量 Q を測定したところ，毎分 1300 リットル（単位記号は L，ℓ と書く）すなわち $Q = 1300$ L/min であった．平均流速 v を [m/s] の単位で求めよ．

流量 Q の単位を m^3/s に直すと，1m^3 = 1000L であるので，

$$Q = \frac{1300 \times 10^{-3}}{60} = 0.0217 \text{ m}^3\text{/s}$$

であり，円管路の断面積 A は，

$$A = \frac{\pi d^2}{4} = \frac{3.14 \times 0.108^2}{4} = 9.16 \times 10^{-3} \text{ m}^2$$

であるので，式 (1.2) より，平均流速 v は，

$$v = \frac{Q}{A} = \frac{0.0217}{9.16 \times 10^{-3}} = \underline{2.37 \text{ m/s}}$$

となる．

問 1-2

発展★★★

図1.14 のような半径 r_o の管路内の速度分布 u が内壁面からの距離 y の関数として，それぞれ次式で表されるとき流量 Q を求めよ．ただし，$u_{\max}$ は管路中心軸における最大速度とし，この速度分布は中心軸に対称で $0 \leqq y \leqq r_o$ とする．

$$\text{(a)} \quad u = \frac{u_{\max}}{{r_o}^2}(2r_o - y)y \tag{1.33}$$

$$\text{(b)} \quad u = u_{\max}\left(\frac{y}{r_o}\right)^{\frac{1}{7}} \tag{1.34}$$

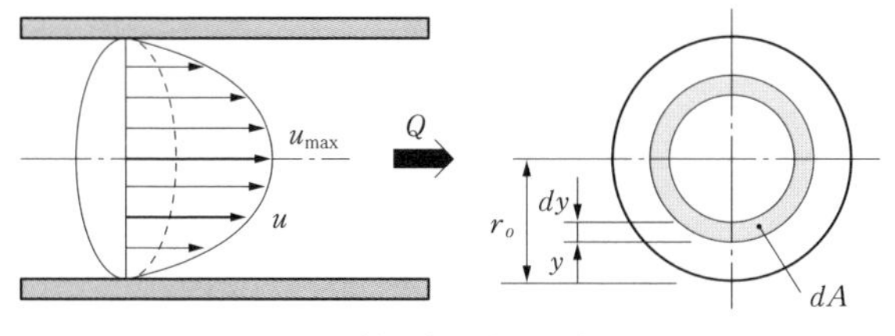

図1.14 円管路内の速度分布と流量

流量 Q は，式 (1.1) より微小面積 dA を通る速度 u を面積分すれば求められる．まず，管路壁面からの距離 y での微小要素 dy の環状面積 dA は，高次の微小項を省略すると，

$$dA = \pi(r_o - y)^2 - \pi\{r_o - (y + dy)\}^2 \fallingdotseq 2\pi(r_o - y)dy \qquad \cdots(1)$$

となる．よって，円形断面形状を持つ管路内の流量 Q は，式 (1) を式 (1.1) に代入して，$y=0$ から $y=r_o$ まで断面にわたり定積分することで，

$$Q = \int_A u dA = 2\pi \int_0^{r_o} (r_o - y) u dy \qquad \cdots(2)$$

のように得られる．

(a)　与式 (1.33) を式 (2) に代入して積分を行うと，流量 Q は，

$$Q = 2\pi \frac{u_{\max}}{{r_o}^2} \int_0^{r_o} (2r_o - y)(r_o - y)y\ dy = 2\pi \frac{u_{\max}}{{r_o}^2} \left[2{r_o}^2 \frac{y^2}{2} - 3r_o \frac{y^3}{3} + \frac{y^4}{4} \right]_0^{r_o} = \underline{\frac{1}{2}\pi {r_o}^2 u_{\max}}$$

となる．なお，この式は，第 7 章での層流速度分布から導かれるハーゲン・ポアズイユの流れである．

(b)　与式 (1.34) を式 (2) に代入して積分を行うと，流量 Q は，

$$Q = 2\pi \frac{u_{\max}}{{r_o}^{1/7}} \int_0^{r_o} (r_o - y) y^{1/7} dy = 2\pi \frac{u_{\max}}{{r_o}^{1/7}} \left[\frac{7r_o}{8} y^{8/7} - \frac{7}{15} y^{15/7} \right]_0^{r_o} = \frac{49}{60}\pi {r_o}^2 u_{\max}$$

$$= \underline{0.817\pi {r_o}^2 u_{\max}}$$

となる．なお，この式は，第 9 章にて述べる乱流の速度分布であり 1/7 乗べき法則と呼ばれている．

問 1-3　基礎★☆☆

図1.15 に示すように圧力 p が幅 B，長さ L の長方形状の平板に掛かっている．圧力 p の分布が左端からの距離 x の関数として次式で与えられるとき，この板に及ぼす力 F を求めよ．ただし a, b, c は定数とする．

$$p = ax^2 + bx + c \qquad (1.35)$$

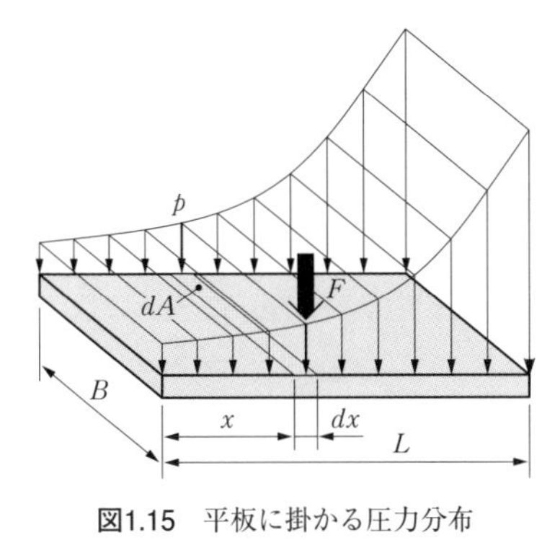

図1.15　平板に掛かる圧力分布

式 (1.4) に圧力分布の式 (1.35) を代入し，圧力 p を微小面積 $dA=Bdx$ に対して $x=0$ から $x=L$ まで定積分すると，力 F は，

$$F=\int_A pdA=B\int_0^L(ax^2+bx+c)\,dx=B\left[\frac{ax^3}{3}+\frac{bx^2}{2}+cx\right]_0^L=\underline{BL\left(\frac{aL^2}{3}+\frac{bL}{2}+c\right)}$$

となる．

問 1-4　発展★★☆

図1.16 に示すような中心軸に対称な圧力分布が円板に作用している．円板中央部には均等な圧力 $p_1=2$ MPa が作用している．この圧力 p は，半径 $r_1=30$ mm より外周に向かって直線的に降下し，半径 $r_2=100$ mm の円板外側では大気圧で $p=0$ となる．まず半径が $r\leqq r_1$ の範囲での力 F_i を求め，つぎに $r_1\leqq r\leqq r_2$ の範囲での力 F_o を求めよ．そして，これらから円板に及ぼす力 F を求めよ．

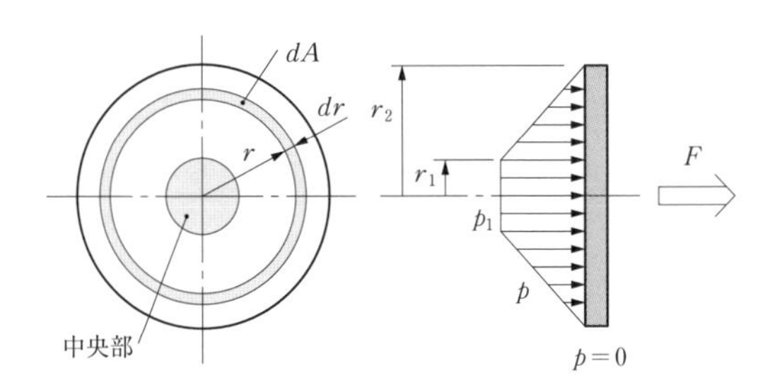

図1.16　円板に作用する圧力分布

円板の半径 r が $r\leqq r_1$ の範囲での全圧力 F_i は，その半径が $r_1=0.03$ m であり円板中央部での圧力 p_1 は均等であるので，

$$F_i=\pi {r_1}^2 p_1=3.14\times0.03^2\times(2\times10^6)=5.65\times10^3=\underline{5.65\ \mathrm{kN}}$$

となる．一方，半径 r が $r_1 \leqq r \leqq r_2$ において，圧力 p は半径 r の関数であり，外側に向かい直線的に減少するから，

$$p = \frac{r_2 - r}{r_2 - r_1} p_1$$

となる．この圧力 p が半径 r での微小環状面積 $dA = 2\pi r dr$ に作用しているので，式 (1.4) より，

$$F_o = \int_A p dA$$

となる．上式を r_1 から r_2 まで積分すると次式のように直線的な圧力分布部での全圧力 F_o が求められる．

$$F_o = 2\pi \int_{r_1}^{r_2} r \cdot p dr = \frac{2\pi p_1}{r_2 - r_1} \int_{r_1}^{r_2} r(r_2 - r)\, dr = \frac{2\pi p_1}{r_2 - r_1} \left[r_2 \frac{r^2}{2} - \frac{r^3}{3} \right]_{r_1}^{r_2}$$

$$= \frac{2\pi p_1}{r_2 - r_1} \left(\frac{{r_2}^3}{6} - \frac{{r_1}^2 r_2}{2} + \frac{{r_1}^3}{3} \right) = \frac{2 \times 3.14 \times (2 \times 10^6)}{0.1 - 0.03} \times \left(\frac{0.1^3}{6} - \frac{0.03^2 \times 0.1}{2} + \frac{0.03^3}{3} \right)$$

$$= 2.34 \times 10^4 = \underline{23.4\ \mathrm{kN}}$$

したがって，円板に及ぼす全圧力 F は，

$$F = F_o + F_i = 2.34 \times 10^4 + 5.65 \times 10^3 = 2.91 \times 10^4 = \underline{29.1\ \mathrm{kN}}$$

のとおり得られる．

問 1-5 （基礎）★☆☆

圧力計（旧型）の読みが 140 kgf/cm^2 である．この圧力 p を工学単位から SI 単位に変換せよ．また，圧力 p が直径 $d = 3$ cm の円板へ均等にかかるとき，力 F を SI 単位と工学単位で求めよ．

圧力の単位変換は，表 1.5 より 1 kgf/cm^2 = 0.098 MPa であるので，SI 単位では，

$$p = 140 \times 0.098 = \underline{13.7\ \mathrm{MPa}}$$

となる．面積 $A = \pi (d/2)^2$ に圧力が均等に作用するから，SI 単位では力 F は，式 (1.5) より，

$$F = Ap = \frac{\pi d^2}{4} p = \frac{3.14 \times (3 \times 10^{-2})^2}{4} \times (13.7 \times 10^6) = 9.68 \times 10^3 = \underline{9.68\ \mathrm{kN}}$$

となる．また，工学単位では，

$$F = \frac{\pi d^2}{4} p = \frac{3.14 \times 3^2}{4} \times 140 = \underline{989\ \mathrm{kgf}}$$

である．

問 1-6 基礎★☆☆

直径 $d = 14$ cm，高さ $H = 10$ cm のガラス瓶に 4℃ の水が満たされている．水の質量 m はいくらか．

ガラス瓶内の水の体積 V は，

$$V = \frac{\pi d^2}{4} H = \frac{3.14 \times 14^2}{4} \times 10 = 1540\ \mathrm{cm^3} = 1540\ \mathrm{mL} = 1.54\ \mathrm{L} = 1.54 \times 10^{-3}\ \mathrm{m^3}$$

であり，水の質量 m は，密度が $\rho = 1000\ \mathrm{kg/m^3}$ であるので，式 (1.6) より，

$$m = \rho V = (1 \times 10^3) \times (1.54 \times 10^{-3}) = \underline{1.54\ \mathrm{kg}}$$

である．

問 1-7 基礎★☆☆

質量 500 g の容器の中で，水とグリセリンを混合させ $V = 18$L の液体を作り，図1.17 のとおり質量を秤(はかり)で測定したところ容器を含め 20.8 kg であった．この液体の密度 ρ，比重 s，比体積 v_s を求めよ．

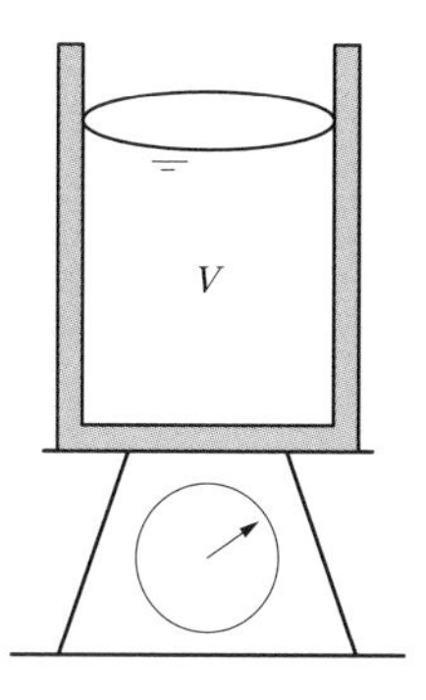

図1.17　秤の台上にある液体容器

水とグリセリンの混合液の質量 m は，全体の質量 m_o から容器の質量 m' を引き，

$$m=m_o-m'=20.8-0.5=20.3\ \mathrm{kg}$$

であり，液体の密度 ρ は，式 (1.6) から，

$$\rho=\frac{m}{V}=\frac{20.3}{18\times10^{-3}}=\underline{1.13\times10^3\ \mathrm{kg/m^3}}$$

である．比重 s は，式 (1.8) より，

$$s=\frac{\rho}{\rho_w}=\frac{1.13\times10^3}{1\times10^3}=\underline{1.13}$$

であり，比体積 v_s は式 (1.7) より，

$$v_s=\frac{V}{m}=\frac{18\times10^{-3}}{20.3}=\underline{8.87\times10^{-4}\ \mathrm{m^3/kg}}$$

である．

問 1-8　基礎★☆☆

理想気体の状態方程式から温度 20℃，大気圧 101.3 kPa での水素の比体積 v_s および密度 ρ を求めよ．

水素のガス定数 R は，表 1.7 での正確な値から $R=4124.6\ \mathrm{J/(kg{\cdot}K)}$ である．比体積 v_s は，理想気体の状態方程式 (1.9) より，

$$v_s=\frac{RT}{p}=\frac{4124.6\times293.15}{101.3\times10^3}=\underline{11.9\ \mathrm{m^3/kg}}$$

となる．また，密度 ρ は，式 (1.7) より，

$$\rho=\frac{1}{v_s}=\underline{0.0840\ \mathrm{kg/m^3}}$$

である．

問 1-9 基礎★☆☆

理想気体の状態方程式は，気体の質量 m と分子量（モル質量）M の比であるモル数 $n=m/M$[mol] を用いれば次式のように表される．この式を式 (1.9) をもとに導け．

$$pV=nR_o T \tag{1.36}$$

ここに，R_o は一般ガス定数と呼ばれ，気体の種類に依存せず $R_o=8.31$ J/(mol·K) と一定値であり，気体によって固有の値を持つガス定数 R との関係は，$R_o=MR$ で定義されている．

理想気体の状態方程式 (1.9) および式 (1.7) より，

$$pV=mRT$$

であり，モル数 $n=m/M$ および一般ガス定数 $R_o=MR$ の関係を代入すると，

$$pV=nM\frac{R_o}{M}T=\underline{nR_o T}$$

が得られ，与式となる．

問 1-10 基礎★☆☆

剛体容器の中に標準状態 101.3 kPa，温度 10 ℃の海水の体積が $V=100$ L ある．この容器内の圧力を $\Delta p=5$ MPa だけ上昇させたとき，体積の減少量 ΔV を m^3，L，mL の単位で求めよ．

海水の体積弾性係数は，表 1.8 より $K=2.23\times10^9$ Pa である．容器内の体積は，$V=0.1$ m^3 であるので，式 (1.14) より，

$$\Delta V=\frac{\Delta p}{K}V=\frac{5\times10^6}{2.23\times10^9}\times0.1=\underline{2.24\times10^{-4}\,\mathrm{m^3}}=\underline{0.224\,\mathrm{L}}=\underline{224\,\mathrm{mL}}$$

となる．

問 1-11 基礎★☆☆

密度 $\rho=870$ kg/m^3 の油の中での音速が $a=1380$ m/s であるとき，この油の体積弾性係数 K および圧縮率 β を求めよ．

油の体積弾性係数 K は，式 (1.17) より，

$$K=\rho a^2=870\times1380^2=1.66\times10^9=\underline{1.66\ \mathrm{GPa}}$$

となり，1.66 GPa である．圧縮率 β は，式 (1.15) より，

$$\beta=\frac{1}{K}=\frac{1}{1.66\times10^9}=\underline{6.02\times10^{-10}\ \mathrm{Pa}^{-1}}$$

である．

問 1-12 基礎★☆☆

平均圧力（絶対圧力）$p=3.5$ MPa において窒素ガスを圧縮および膨張させた．断熱変化させたとき，窒素の体積弾性係数 K を求めよ．

窒素ガスの比熱比は表1.7より $\kappa=1.40$ である．したがって，体積弾性係数 K は，式 (1.20) から，

$$K=\kappa p=1.40\times(3.5\times10^6)=4.90\times10^6=\underline{4.90\ \mathrm{MPa}}$$

となる．

問 1-13 基礎★☆☆

温度 20℃ における水中および空気中の音速 a を求めよ．

20℃ での水の密度は，表 1.10 より，$\rho=998.2\ \mathrm{kg/m^3}$ であり，体積弾性係数は，表 1.8 より $K=2.06$ GPa なので，水中の音速 a は，式 (1.17) より，

$$a=\sqrt{\frac{K}{\rho}}=\sqrt{\frac{2.06\times10^9}{998.2}}=\underline{1440\ \mathrm{m/s}}$$

となる．一方，20℃ での空気の比熱比 κ とガス定数 R は，表 1.7 から $\kappa=1.40$，$R=287.03$ J/(kg･K) であるので，空気中の音速 a は，式 (1.21) より，

$$a=\sqrt{\kappa RT}=\sqrt{1.40\times287.03\times(20+273)}=\underline{343\ \mathrm{m/s}}$$

となる．

問 1-14　応用★★★

容器内の油の中に気泡（空気）が混入している．この油を大気圧 p_o から圧力 p まで上昇させるとき，気泡の混入を考慮した有効体積弾性係数 K_e は，次式で表されることを示せ．ただし，大気圧での空気の体積 V_a と油の体積 V_f の比は $\varepsilon = V_a / V_f$，気泡混入の無い状態での油の体積弾性係数は K_f とする．また，空気の状態変化は断熱変化であると仮定する．

$$K_e = \frac{\left(\dfrac{p_o}{p}\right)^{\frac{1}{\kappa}} \varepsilon + 1}{\left(\dfrac{p_o}{p}\right)^{\frac{1}{\kappa}} \dfrac{\varepsilon K_f}{\kappa p} + 1} K_f \tag{1.37}$$

まず気泡について考えると，断熱変化における状態変化の式 (1.11) は気泡の比体積 v_s を体積 V_a で表せば，

$$p V_a^{\kappa} = \text{const.} \qquad \cdots(1)$$

である．ここに，κ は比熱比である．上式を全微分すると，$dp V_a^{\kappa} + p\kappa V_a^{\kappa-1} dV_a = 0$ であり，圧力変化 dp に対して空気の体積変化 dV_a は，

$$dV_a = -\frac{V_a}{\kappa p} dp \qquad \cdots(2)$$

となる．他方，油の体積変化 dV_f は，式 (1.14) の体積弾性係数の定義より，

$$dV_f = -\frac{V_f}{K_f} dp \qquad \cdots(3)$$

となる．気泡が混入した油では，全体積は $V = V_f + V_a$ となるので，式 (1.14) と，式 (2)，(3) より，有効体積弾性係数 K_e は，

$$K_e = -\frac{dp}{dV} V = -\frac{dp}{d(V_f + V_a)} (V_f + V_a) = \frac{V_f + V_a}{\dfrac{V_a}{\kappa p} + \dfrac{V_f}{K_f}} = \frac{V_f \left(1 + \dfrac{V_a}{V_f}\right)}{\dfrac{V_f}{K_f}\left(\dfrac{V_a}{V_f}\dfrac{K_f}{\kappa p} + 1\right)} \qquad \cdots(4)$$

となる．大気圧下 p_o での気泡の体積を V_o とすれば，式 (1) より，状態変化は，

$$V_a = \left(\frac{p_o}{p}\right)^{\frac{1}{\kappa}} V_o \qquad \cdots(5)$$

であるので，式 (5) を式 (4) に代入して，$\varepsilon = V_a / V_f$ と置き整理すると，

$$K_e = \frac{\left(\frac{p_o}{p}\right)^{\frac{1}{\kappa}} \varepsilon + 1}{\left(\frac{p_o}{p}\right)^{\frac{1}{\kappa}} \frac{\varepsilon K_f}{\kappa p} + 1} K_f$$

が得られる.

問 1-15

基礎★☆☆

二枚の平行平板が隙間 $h = 800\,\mu\mathrm{m}$ で対向して置かれ，その間に比重 $s = 1.23$ の液体が入っている（図 1.8）．一方の平板を静止させ，他方には平板に平行な力 $f = 0.5\,\mathrm{N}$ を作用させると速度 $U = 1.5\,\mathrm{m/s}$ で動いた．この液体の粘度 μ と動粘度 ν を求めよ．ただし，両平板は A4 用紙と同じ面積（横 210 mm× 縦 297 mm）とする．

平板の面積 A は，

$$A = 0.210 \times 0.297 = 6.24 \times 10^{-2}\,\mathrm{m^2}$$

であるので，液体の粘度 μ は，式 (1.24) より，

$$\mu = \frac{hf}{AU} = \frac{(800 \times 10^{-6}) \times 0.5}{(6.24 \times 10^{-2}) \times 1.5} = \underline{4.27 \times 10^{-3}\,\mathrm{Pa \cdot s}}$$

となる．流体の密度 ρ は，式 (1.8) より，

$$\rho = s\rho_w = 1.23 \times 1000 = 1.23 \times 10^3\,\mathrm{kg/m^3}$$

であるので，動粘度 ν は，式 (1.26) より，

$$\nu = \frac{\mu}{\rho} = \frac{4.27 \times 10^{-3}}{1.23 \times 10^3} = \underline{3.47 \times 10^{-6}\,\mathrm{m^2/s}}$$

となる．

問 1-16　発展★★☆

図1.18 のように直径 $D = 32.04$ mm の外筒の中に直径 $d = 32$ mm，長さ $l = 20$ mm のピストンがある．両者のすきま h は均等であり，粘度 $\mu = 2.7 \times 10^{-2}$ Pa·s の油で満たされている．つぎの 2 つの摺（しゅうどう）動運動をする場合のそれぞれについて，粘性摩擦力 f と，ピストンを動かすのに必要な動力 P を求めよ．

(a) ピストンが左から右へ一定の速度 $U = 1.5$ m/s で移動する場合

(b) ピストンが一定の回転速度 $N = 300$ min^{-1} で一方向に回転する場合

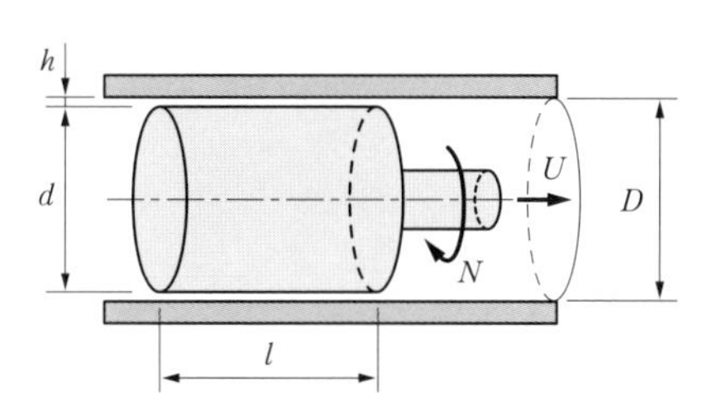

図1.18　ピストンと外筒間の摺動抵抗力

外筒とピストン間のすきま h は，均等であるので，

$$h = \frac{D-d}{2} = \frac{32.04-32}{2} = 0.02\ \text{mm} = 0.02 \times 10^{-3}\ \text{m}$$

であり，両者の摺動部の面積 A は，$d \fallingdotseq D$ であるから，

$$A = \pi d l = 3.14 \times (32 \times 10^{-3}) \times (20 \times 10^{-3}) = 2.01 \times 10^{-3}\ \text{m}^2$$

である．

(a)　ピストンが左から右へ一定速度 $U = 1.5$ m/s で移動する場合，粘性摩擦力 f は，式 (1.24) より，

$$f = \mu \frac{AU}{h} = (2.7 \times 10^{-2}) \times \frac{(2.01 \times 10^{-3}) \times 1.5}{0.02 \times 10^{-3}} = \underline{4.07\ \text{N}}$$

となり，その動力 P は，

$$P = fU = 4.07 \times 1.5 = \underline{6.11\ \text{W}}$$

となる．

(b)　ピストンが一定回転速度 $N = 300$ min^{-1} で一方向に回転する場合，角速度 ω は，

$$\omega = \frac{2\pi N}{60} = \frac{2\times 3.14\times 300}{60} = 31.4 \text{ rad/s}$$

であり，すきま部での周速度 U は，$d \fallingdotseq D$ であるから，

$$U = \frac{d}{2}\omega = \frac{32\times 10^{-3}}{2}\times 31.4 = 0.502 \text{ m/s}$$

となる．したがって，粘性摩擦力 f は，式 (1.24) より，

$$f = \mu\frac{AU}{h} = (2.7\times 10^{-2})\times\frac{(2.01\times 10^{-3})\times 0.502}{0.02\times 10^{-3}} = \underline{1.36 \text{ N}}$$

となり，その動力 P は，

$$P = fU = 1.36\times 0.502 = \underline{0.683 \text{ W}}$$

となる．

問 1-17 基礎★☆☆

壁面近傍の速度分布（図 1.10）が $u = Ay - By^2$ で与えられるとき，$y = 0$ と $y = h$ の点でのせん断応力 τ を求めよ．ただし，y 軸は壁面を原点として流れに垂直に定め，A，B は定数とする．

式 (1.25) の速度こう配 du/dy に，それぞれの条件を与えれば，

$$\tau = \mu\left[\frac{du}{dy}\right]_{y=0} = \mu[A - 2By]_{y=0} = \underline{\mu A}$$

$$\tau = \mu\left[\frac{du}{dy}\right]_{y=h} = \mu[A - 2By]_{y=h} = \underline{\mu(A - 2Bh)}$$

となる．

問 1-18 応用★☆☆

エンジンオイルの粘度を示すのに SAE（米国自動車技術者協会）の粘度グレードがある．たとえば，粘度グレードが 10 W の場合，オイルの温度が －20 ℃ で粘度は 3500 cP（センチポアズ）以下，100 ℃ で動粘度は 4.1 cSt（センチストークス）以上である．これらの慣用単位を SI 単位に変換せよ．

解 粘度と動粘度を表す慣用単位とSI単位との関係は，表1.9より $1\,\mathrm{cP} = 1\times10^{-3}\,\mathrm{Pa\cdot s}$，$1\,\mathrm{cSt} = 1\times10^{-6}\,\mathrm{m^2/s}$ であるので，$3500\,\mathrm{cP} = \underline{3.5\,\mathrm{Pa\cdot s}}$，$4.1\,\mathrm{cSt} = \underline{4.1\times10^{-6}\,\mathrm{m^2/s}}$ となる．

問 1-19　応用★☆☆

図1.19は，**油圧作動油**の温度 T に対する動粘度 ν の特性を片対数グラフで表している．ISO VG 32相当の作動油を温度15℃で用いるとき，動粘度 ν と粘度 μ をそれぞれ $\mathrm{m^2/s}$，$\mathrm{Pa\cdot s}$ のSI単位で求めよ．ただし，作動油の密度 ρ は温度15℃で $867\,\mathrm{kg/m^3}$ とする．

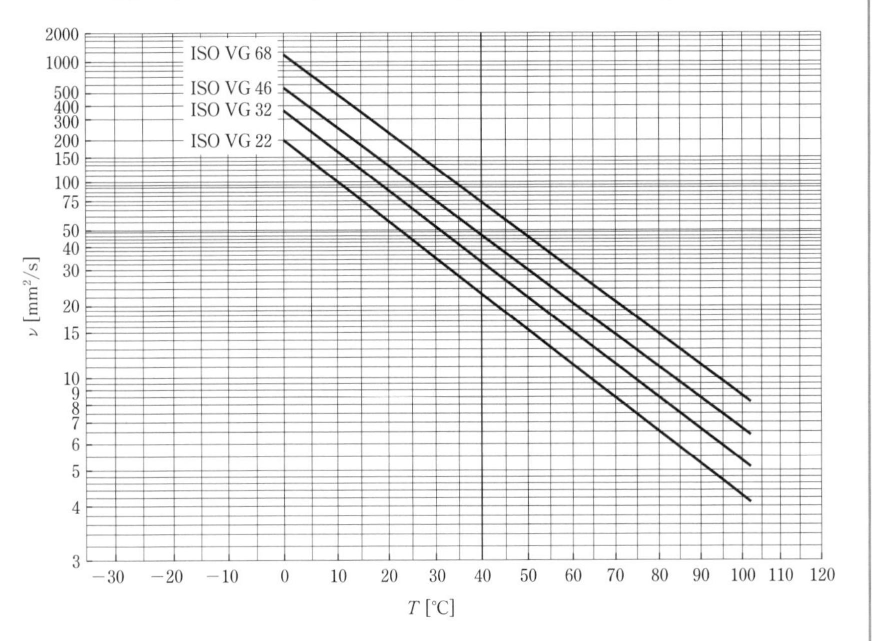

図1.19　油圧作動油の動粘度と温度の関係

解 同図に見るように，15 ℃での油圧作動油の動粘度は $\nu = 120\,\mathrm{cSt}$ と読める．表1.9より，$1\,\mathrm{cSt} = 1\times10^{-6}\,\mathrm{m^2/s} = 1.0\,\mathrm{mm^2/s}$ であるので，SI単位では $\underline{\nu = 1.2\times10^{-4}\,\mathrm{m^2/s}}$ である．式(1.26)より，粘度は $\mu = \rho\nu$ であるから，

$$\mu = \rho\nu = 867\times(120\times10^{-6}) = \underline{0.104\,\mathrm{Pa\cdot s}}$$

となる．

問 1-20　基礎★☆☆

表面張力によって直径 $D = 2\,\mathrm{mm}$ の水滴にかかる内外部の圧力差 Δp を求めよ．

水の表面張力は，表 1.11 から $\sigma = 0.0728$ N/m であるので，水滴の内外での圧力差 Δp は，式 (1.31) から，

$$\Delta p = \frac{4\sigma}{D} = \frac{4 \times 0.0728}{2 \times 10^{-3}} = 0.146 \times 10^{3} = \underline{0.146 \text{ kPa}}$$

となる．

問 1-21

発展★☆☆

エーテルの中に内径 $d = 1.8$ mm のガラス管を垂直に立てるとき，毛細現象によって管内の液面はどれだけ上昇するか求めよ．ただし，エーテルの密度は $\rho = 713$ kg/m^3 とする．

エーテルが 20℃ にて空気と接する場合の表面張力 σ および接触角 θ は表 1.11 より，$\sigma = 0.0172$ N/m，$\theta = 16°$ である．よって，毛細現象により，上昇する液面 h は式 (1.32) より，

$$h = \frac{4\sigma\cos\theta}{\rho g d} = \frac{4 \times 0.0172 \times \cos 16°}{713 \times 9.8 \times (1.8 \times 10^{-3})} = \underline{5.26 \times 10^{-3} \text{ m}}$$

となり，5.26 mm である．

問 1-22

発展★★☆

図1.20 に示すとおり液体中に幅 b の平行平板がすきま δ で鉛直に置かれている．液体が毛細現象によって昇る高さ h を求めよ．ただし，液体の密度は ρ，表面張力は σ，接触角は θ とし，板の両幅端面の影響は無視できるものとする．

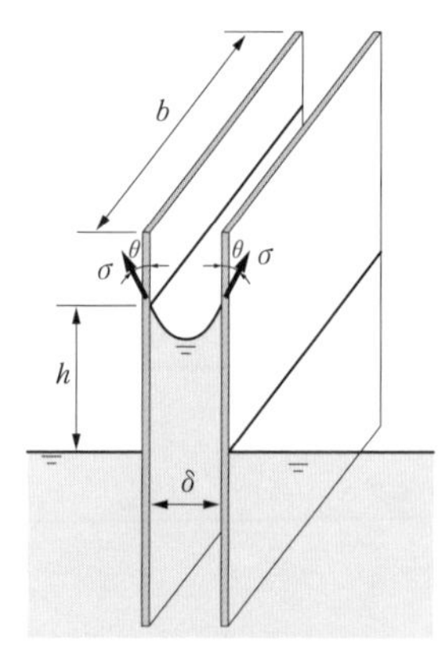

図1.20　平板間の表面張力

平行平板すきま内で液面から持ち上げている対象液体の体積は $V \fallingdotseq bh\delta$ であるので，この重力 W は，

$$W = mg = \rho Vg = \rho bh\delta g$$

であり，対象液体を引き上げる張力 T は，両側の板に表面張力 σ が作用しているから，

$$T = 2b\sigma\cos\theta$$

となる．したがって，2 つの力が釣り合いを考え $W = T$ と置けば，

$$h = \frac{2\sigma\cos\theta}{\rho\delta g}$$

が得られる．

Column A 力と力のモーメント

力のように，大きさと方向（向き）の 2 量によって定められるものを**ベクトル**といい，速度や加速度もベクトルである．その記号は太字（ボールド）のイタリック体で $\boldsymbol{F}$ のように表記され，図の中では力の向きに矢印を付けて示す．これに対して，時間，質量，圧力のように大きさのみで定まる量を**スカラ**という．

図A.1 に示すように一点に働く 2 つの力 F_1 と F_2 は，合成され，合力 F_o で表される．この合力 F_o は，x 軸となす角度を θ とすれば，次式のとおり x 軸と y 軸方向の分力 F_x，F_y に分解できる．

$$\left.\begin{aligned} F_x &= F_o\cos\theta \\ F_y &= F_o\sin\theta \end{aligned}\right\} \tag{A.1}$$

ここに，

$$\left.\begin{aligned} F_o &= \sqrt{{F_x}^2 + {F_y}^2} \\ \theta &= \tan^{-1}\left(\frac{F_y}{F_x}\right) \end{aligned}\right\} \tag{A.2}$$

である．

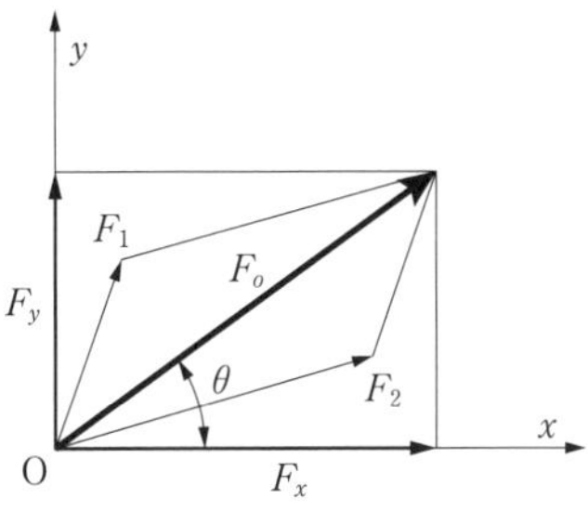

図A.1 力の合成と分解

図A.2(a) は，点 O に 3 つの力が働いている状態を示す．これらが釣り合うためには，

$$\boldsymbol{F}_1 + \boldsymbol{F}_2 + \boldsymbol{F}_3 = 0 \tag{A.3}$$

で表され，図A.2(b) に示すように，これらの力の三角形は，閉じなければならない．α，β，γ を図示する角度とすると，次式の**ラミの定理**が成り立つ．

$$\frac{F_1}{\sin\alpha} = \frac{F_2}{\sin\beta} = \frac{F_3}{\sin\gamma} \tag{A.4}$$

ここでは，3 つの力の例を示したが，多くの力が働くときでも同じことがいえる．

物体を点 O まわりに回転させようとする能力のことを**力のモーメント**といい，図A.3 のように，点 O から力の作用線におろした垂線の長さを L とすれば，力のモーメント $\boldsymbol{M}$ は，

$$\boldsymbol{M} = L\boldsymbol{F} \tag{A.5}$$

で表される．ここで，この長さ L を**モーメントの腕**と呼ぶ．また，図A.4 のように，力 $\boldsymbol{f}$ の作用線が平行であり，反対向きで大きさの等しい 2 つの力の一対を**偶力**という．偶力の作用線間の距離 l を**偶力の腕**といい，次式のように，これと力の大きさとの積で表した量 $\boldsymbol{N}$ を**偶力のモーメント**という，

$$\boldsymbol{N} = l\boldsymbol{f} \tag{A.6}$$

偶力は，そのモーメントの大きさが等しいならば，平面上において，どこに移動しても効果は変わらないという性質がある．

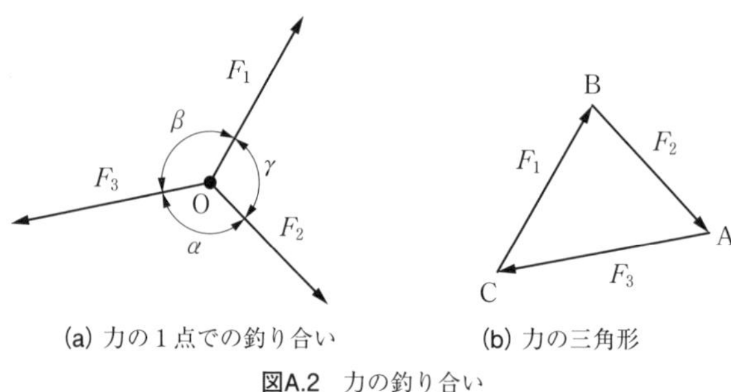

(a) 力の 1 点での釣り合い　(b) 力の三角形

図A.2　力の釣り合い

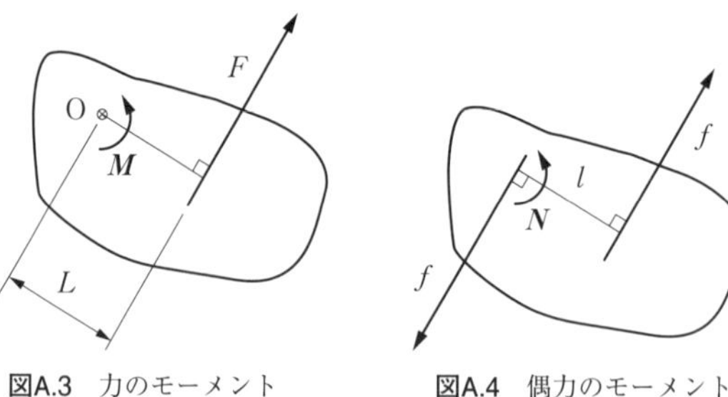

図A.3　力のモーメント　図A.4　偶力のモーメント

第2章

流体の静力学

2.1 静止流体中での圧力と全圧力

静止している流体中では流体要素は，互いに方向が反対で等しい大きさの力が作用し釣り合っているため，流れは起きない．このように静止流体中に置かれた仮想の面や壁面を圧縮する力は，**全圧力**あるいは静止流体力と呼ばれている．圧力と力の関係は前章で述べたとおりで，全圧力 F は，図2.1 (a) に示すように圧力 p が一様でない場合には面積分することにより，

$$F = \int_A p dA \tag{2.1}$$

で表される．また，図2.1 (b) のとおり一様な圧力 p が面積 A にわたって均一に働いているとき，全圧力 F は簡単に，

$$F = Ap \tag{2.2}$$

となる．なお全圧力は，圧力 [Pa] ではなく，力 [N] であることに留意する必要がある．

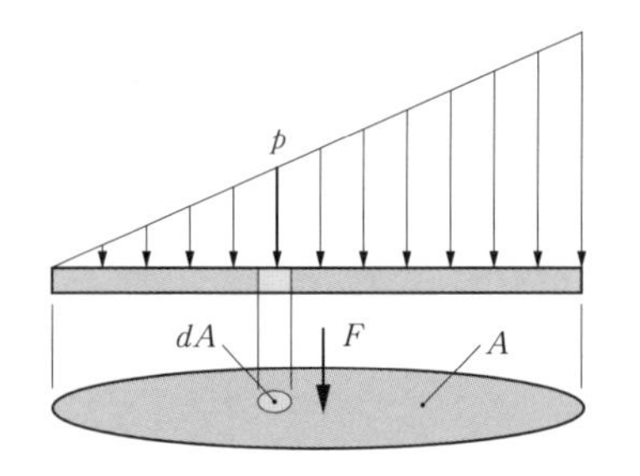

(a) 一様でない圧力が面に作用する場合

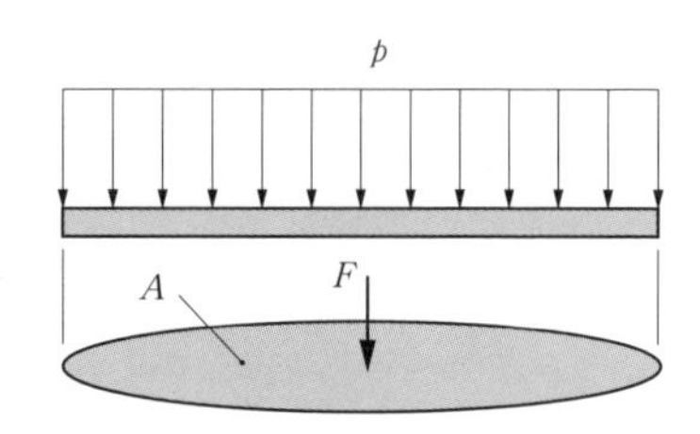

(b) 一様な圧力が面に作用する場合

図2.1　流体中での圧力

2.2 圧力の性質

静止流体中の**圧力**には，図2.2 に示すように以下の 3 つの特徴がある．

(1)　三次元空間において，任意の点における圧力の大きさは，すべての方向に無関係に等しく $p = f(x, y, z)$ で表される（圧力の等方性）．

(2)　圧力は面が平面であろうと，曲面であろうと，その面に対して垂直方向に作用する．

(3)　密閉容器内の流体の一部分に与えられた圧力は，損失なく流体のすべての部分にそのまま伝達される（パスカルの原理）．

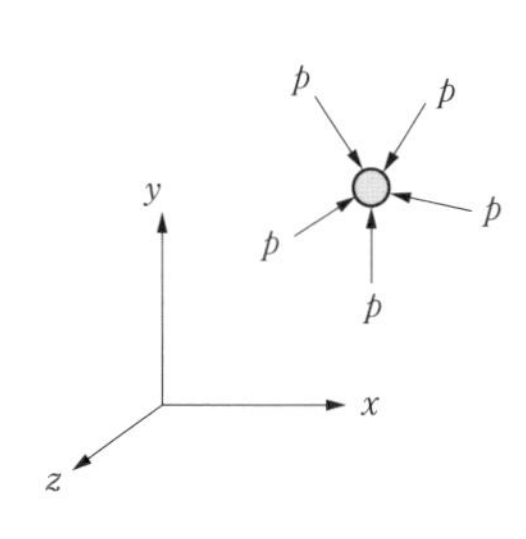

(a) 圧力の等方性

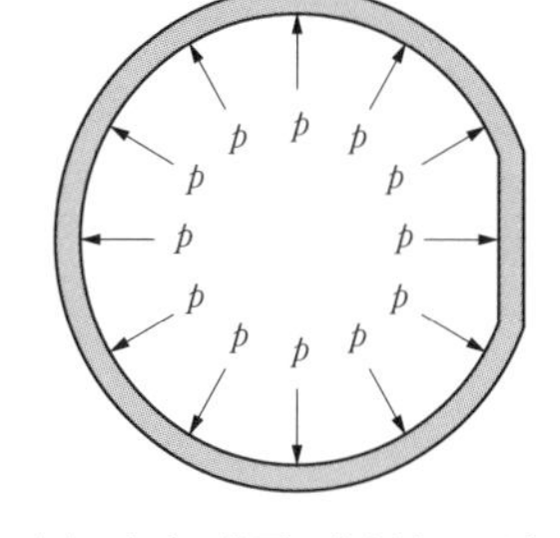

(b) 平面や曲面に作用する圧力

図2.2 圧力の性質

2.3 パスカルの原理

図2.3に示す連結管の原理は，**パスカルの原理**によって以下のとおり説明される．左側の小さい面積 A_1 のピストン①に力 F_1 が加わると，シリンダ内に圧力 $p=F_1/A_1$ が発生する．この圧力 p は連結管を経て，右側の大きい面積 A_2 のピストン②に同じ大きさで伝達し，次式のとおり力 F_2 でピストンを押すことによって力が釣り合う．

$$F_2 = A_2 p = \left(\frac{A_2}{A_1}\right) F_1 = \left(\frac{d_2}{d_1}\right)^2 F_1 \tag{2.3}$$

ここに，d_1，d_2 はピストン①，②の直径である．したがって，連結管を用いることでピストンの面積比 A_2/A_1 に応じて力を増幅することが可能である．

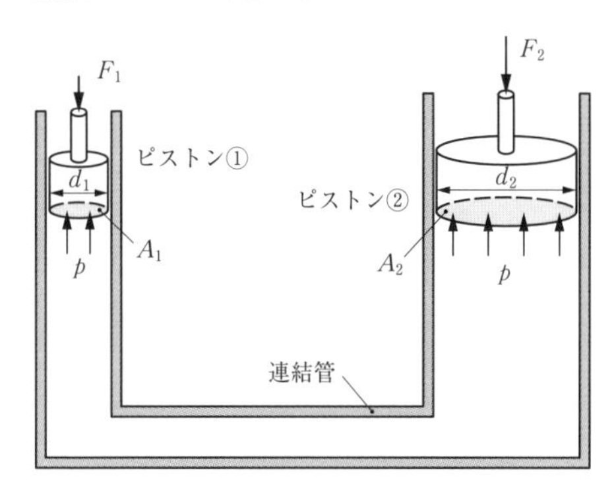

図2.3 連結管を通してピストンに働く圧力

2.4 絶対圧力とゲージ圧力

圧力の大きさを表すには基準圧の取り方によって，完全真空を基準とする**絶対圧力** p_a，**大気圧** p_0 を基準とする**ゲージ圧力** p_g の二つの方法がある．このことは，

$$p_a = p_0 + p_g \tag{2.4}$$

で表され，両者の関係を図示すると**図2.4**になる．大気圧よりも低い圧力状態を**真空**といい，この真空状態での負のゲージ圧を**負圧**と呼び，正のゲージ圧を**正圧**と呼ぶ．

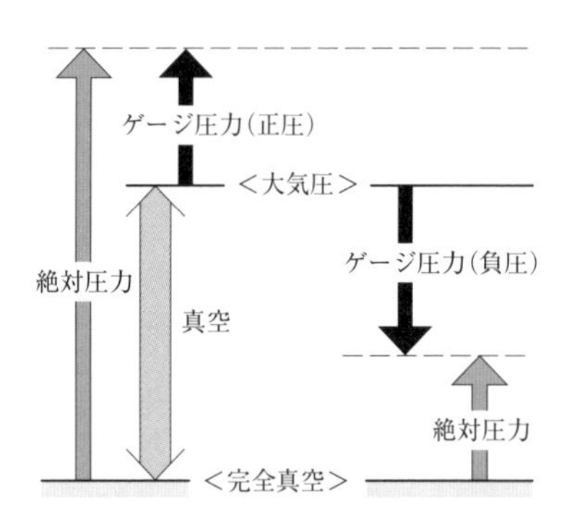

図2.4 絶対圧力とゲージ圧力の関係

2.5 圧力の単位

工学において圧力のSI単位は，一般にパスカル[Pa]の10^3倍のキロパスカル[kPa]，あるいは10^6倍のメガパスカル[MPa]を用いるが，用途によって様々な名称があり，**表2.1**にその記号と[Pa]への変換率kを示す．たとえば，SIとの併用が認められているバール[bar]をパスカル[Pa]に変換すると，

$$k \times p[\mathrm{bar}] \Rightarrow p[\mathrm{Pa}] \tag{2.5}$$

から，$1\,\mathrm{bar} = (1 \times 10^5) \times 1 = 1 \times 10^5\,\mathrm{Pa} = 0.1\,\mathrm{MPa}$となり，標準大気圧は，$1\,\mathrm{atm} = (1.013 \times 10^5) \times 1 = 1013\,\mathrm{hPa}$である．

表2.1 慣用単位とSI単位の変換

名称	記号	Paへの換算率k
バール	bar	1×10^5
標準気圧	atm	1.013×10^5
工学気圧	at	9.81×10^4
水銀柱ミリメートル	mmHg	1.333×10^2
トル	Torr	1.333×10^2
水柱ミリメートル	$\mathrm{mmH_2O}$	9.81
重量キログラム毎平方センチメートル	$\mathrm{kgf/cm^2}$	9.81×10^4
重量ポンド毎平方インチ	$\mathrm{lbf/in^2}$, psi	6.89×10^3

2.6 静止流体中での圧力

図2.5のように圧力による力と重力のみが垂直方向に作用している静止流体中において，微小な円柱流体要素を考えよう．微小面積 dA，高さ dy の流体要素の下面での圧力は p とする．圧力 p は y 軸方向のみで変化し $p=f(y)$ とすれば，dy だけ増加した上面での圧力はテイラー展開すると $p+(dp/dy)dy$ となるので，力の釣り合いの式は，

$$pdA-\left(p+\frac{dp}{dy}dy\right)dA-\rho gdAdy=0 \tag{2.6}$$

で表され，次式が得られる．

$$\frac{dp}{dy}=-\rho g \tag{2.7}$$

液体のような非圧縮性流体では密度 ρ が一定とみなせるので，上式を y で積分すれば，

$$p=-\rho g\int dy=-\rho gy+C \tag{2.8}$$

となる．ここに，C は積分定数であり，境界条件によって求められる．

図2.6のような液面から深さ h のゲージ圧力 p_g と絶対圧力 p_a を求めてみよう．基準面から $y=y_0$ ではゲージ圧力が $p=0$，絶対圧力が $p=p_0$ であるので，式 (2.8) において積分定数はそれぞれ，$C=\rho gy_0$，$C=p_0+\rho gy_0$ となり，ゲージ圧力 $p=p_g$ および絶対圧力 $p=p_a$ は，それぞれ，

$$\left.\begin{aligned} p_g&=\rho g(y_0-y)=\rho gh \\ p_a&=p_0+\rho g(y_0-y)=p_0+\rho gh \end{aligned}\right\} \tag{2.9}$$

となる．このように，液中での圧力 p は，深さ h とともに増加する．

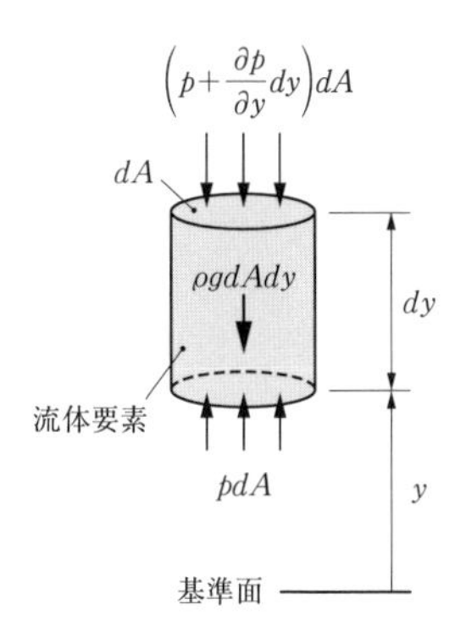

図2.5　垂直方向の微小円柱要素に働く力

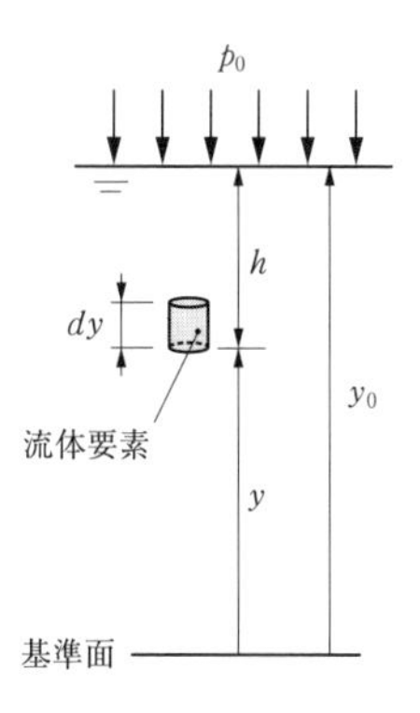

図2.6　液面から深さ h の微小流体要素

図2.7 に示すように，様々な形状の容器内に密度 ρ の液体が静止して入っている．水面より深さ h での圧力 p は，容器の形状や大きさに関係なく，ゲージ圧力 p_g または絶対圧力 p_a として式 (2.9) によって求められる．また，各容器の底面積 A が同じで，液面からの底面までの深さ H が等しければ，底面に作用する全圧力 F は，すべての容器に対して，

$$F = A\rho gH \tag{2.10}$$

となり，容器内の液体の体積などに依存しない．

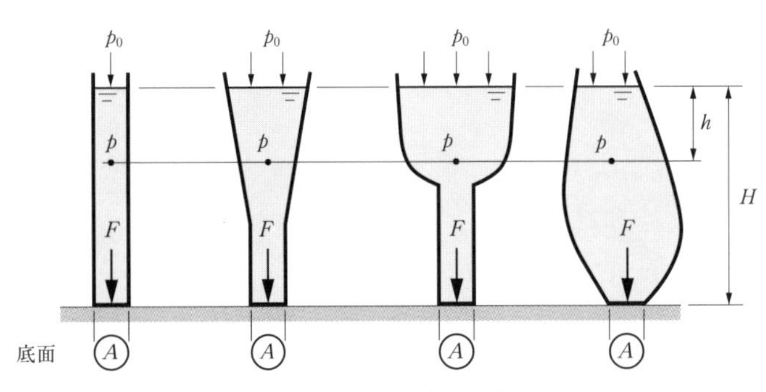

図2.7　液体容器内の圧力

2.7 気体中での圧力

液体と異なり気体の密度 ρ は，圧力 p により変化するので，前節のように単純に積分することはできない．図2.8 のように，海面から鉛直上方の距離 y に面積 dA，高さ dy の空気の微小な円柱流体要素をとると，液体と同様に重力と圧力による力の釣り合い式から式 (2.7) となる．一般の現象として気体の状態変化を捉えるとき，熱の出入りが多少なりとも生ずるので，ポリトロープ変化として考える．すなわち，ポリトロープ変化は絶対圧力を p，比体積を v_s とすれば，式 (1.7)，(1.13) から，

$$pv_s{}^n = p\rho^{-n} = \text{const.} \tag{2.11}$$

で表される．したがって，海面を基準として $y = 0$ での空気の密度と絶対圧力を，それぞれ ρ_0，p_0 とすれば，ある高度での密度 ρ と圧力 p の関係は，

$$\rho = \left(\frac{p}{p_0}\right)^{\frac{1}{n}} \rho_0 \tag{2.12}$$

である．上式を式 (2.7) に代入して変形すると，

$$dy = -\frac{1}{\rho_0 g}\left(\frac{p_0}{p}\right)^{\frac{1}{n}} dp \tag{2.13}$$

の関係が得られ，海面上での境界条件 $y=0$ で $p=p_0$ を考慮して積分すると，

$$y=\frac{n}{n-1}\frac{p_0}{\rho_0 g}\left\{1-\left(\frac{p}{p_0}\right)^{\frac{n-1}{n}}\right\} \tag{2.14}$$

となる．

空気が理想気体の状態方程式 (1.9) に従うとし，海面での絶対温度を T_0 とすれば，$p/(\rho T)=p_0/(\rho_0 T_0)=R=\text{const.}$ であるので，海面から高度 y での絶対圧力 p は，

$$p=p_0\left(1-\frac{g}{RT_0}\frac{n-1}{n}y\right)^{\frac{n}{n-1}} \tag{2.15}$$

で与えられる．同じように高度 y での密度 ρ については，

$$\rho=\rho_0\left(1-\frac{g}{RT_0}\frac{n-1}{n}y\right)^{\frac{1}{n-1}} \tag{2.16}$$

が得られる．さらに，高度 y における絶対温度 T は，

$$T=T_0-\frac{g}{R}\frac{n-1}{n}y \tag{2.17}$$

となる．

図2.9 は，式 (2.15)～(2.17) を用い，海面から高度 11 km までの対流圏の絶対圧力 p，密度 ρ，絶対温度 T を，海面上での各値 p_0，ρ_0，T_0 で無次元化して表したものである．ここでは，海面における圧力は標準大気圧 $p_0=1013\,\text{hPa}$，密度は $\rho_0=1.225\,\text{kg/m}^3$，絶対温度は $T_0=288.15\,\text{K}$（15℃），ポリトロープ指数は $n=1.235$ とした．同図から，高度 y の増加とともに，絶対圧力 p や密度 ρ は減少し，絶対温度 T は直線的に低下することが理解できる．

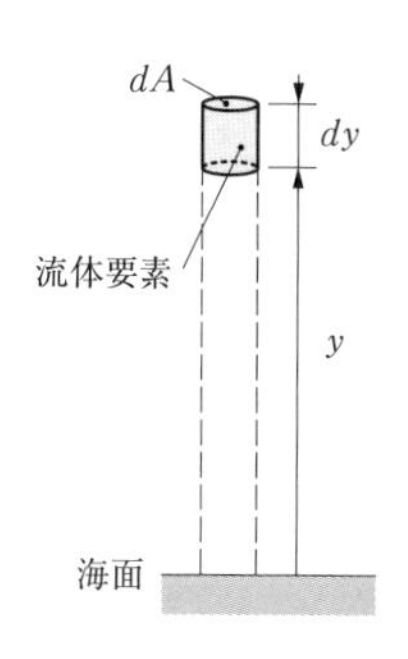

図2.8　海面から高さ y の微小流体要素

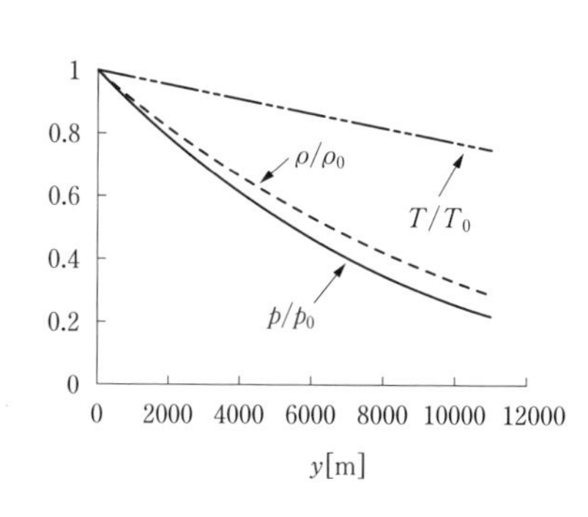

図2.9　高度 y での圧力 p，密度 ρ，絶対温度 T の変化

2.8 マノメータ

簡単に圧力の測定をするには**マノメータ**（液柱形圧力計）と呼ばれる装置がある．図2.10は，マノメータを用いた管路中央位置での圧力計測を示している．密度ρの液体が流れる管路上部に圧力測定孔を設け，透明なガラス管などを鉛直に立てて，液柱の高さhを読むことで，ゲージ圧力$p=p_g$を次式のように求めることができる．

$$p_g=\rho gh \tag{2.18}$$

このhを**ヘッド**という．ヘッドは，長さ[m]の次元を有し，液柱の高さ，あるいは深さの意味を持ち，圧力のひとつの尺度である．またヘッドは第4章で述べるように，エネルギーの尺度としても利用される．

図2.11のように片端が閉じている長いガラス管を水銀で満たして，これを水銀の入った容器に逆さに立てると，管内の水銀柱の高さは，容器の水銀面から$h=760\,\mathrm{mm}$となり透明な管の上部がほぼ真空となる．これを**トリチェリの真空**と呼ぶ．水銀の密度をρ_m，真空部の圧力をp_v，大気圧をp_0とすると圧力の釣り合いは，次式で与えられる．

$$p_0=p_v+\rho_m gh \tag{2.19}$$

したがって，完全真空が保たれれば，絶対圧力で$p_v=0$であり，水銀の比重は$s=13.6$であるから，標準大気圧p_0は，$p_0=\rho_m gh=(13.6\times10^3)\times9.8\times0.76=1013\,\mathrm{hPa}$となり，この原理を利用すれば気圧が測定できる．

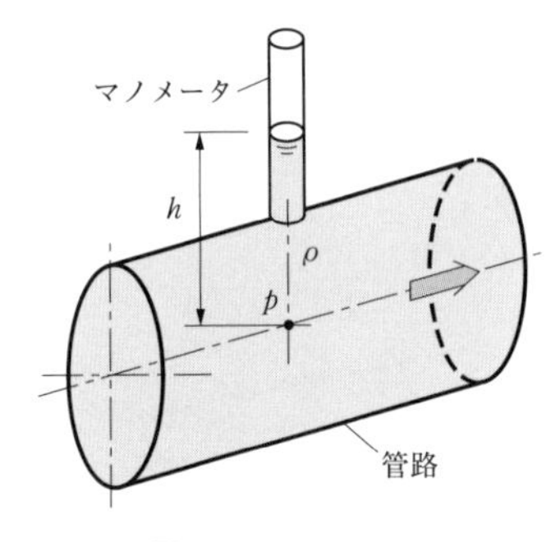

図2.10　マノメータ

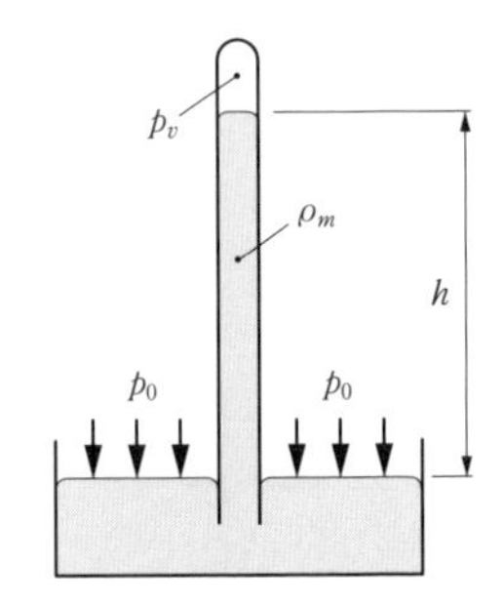

図2.11　トリチェリの真空

図2.12は，**U字管マノメータ**と呼ばれるものである．密度ρ_mの水銀をU字状に曲げた透明な管に入れ，計測したい圧力p_1，p_2を管の両端に接続すると，その差圧$\Delta p=p_1-p_2$が水銀柱高さの読みhより求められる．U字管マノメータ上部の測定対象の流体密度をρとするならば，基準面に対する圧力の釣り合いは，

$$p_1+\rho gh=p_2+\rho_m gh \tag{2.20}$$

となるので，圧力差Δpは，次式のように求められる．

$$\Delta p = p_1 - p_2 = (\rho_m - \rho) gh \tag{2.21}$$

このように，圧力の異なる管路部や流れ場に接続して，差圧 Δp を求めるマノメータを**指差マノメータ**と呼び，種々な構造が考案されている．指差圧力計では，対象流体における圧力差のヘッド $\Delta p/(\rho g)$ に対して，マノメータの読み L の値がどれだけ増幅されたのかを示す指標として，次式の拡大率 ε を定義している．

$$\varepsilon = \frac{L}{\Delta p/(\rho g)} \tag{2.22}$$

微小な圧力差 $\Delta p = p_1 - p_2$ を測定する場合には，拡大率 ε を上げる必要があり，図2.13 の**傾斜管マノメータ**はガラス管を角度 θ だけ傾けて計測するものである．この傾斜管マノメータに圧力 p_1 および p_2 が作用するとき，差圧 Δp は，$\Delta p = 0$ の基準面からの体積差を考慮に入れれば，

$$\Delta p = p_1 - p_2 = \rho g (h_1 + h_2) = \rho g L \left(\sin\theta + \frac{A_2}{A_1} \right) \tag{2.23}$$

となる．ここに，L はガラス管内の液面が移動する距離の読み値，A_1 は液槽の底面積，A_2 はガラス管の断面積である．面積比 A_2/A_1 を十分に小さくとれば，上式の右辺第 2 項は省略でき，傾き角度 θ は，

$$\theta = \sin^{-1}\left(\frac{\Delta p}{\rho g L} \right) = \sin^{-1}\left(\frac{1}{\varepsilon} \right) \tag{2.24}$$

と表しても問題は無く，この傾斜管マノメータの拡大率は式 (2.22) より，$\varepsilon = \rho g L/\Delta p = 1/\sin\theta$ となる．このことから，傾き角度 θ を小さくすれば，拡大率 ε は増大し感度は良くなる．しかし，表面張力が原因でガラス管の液面形状が凸凹になって，結果として測定精度を下げることにもなるので，適切な傾き角度 θ を決めるには注意を要する．

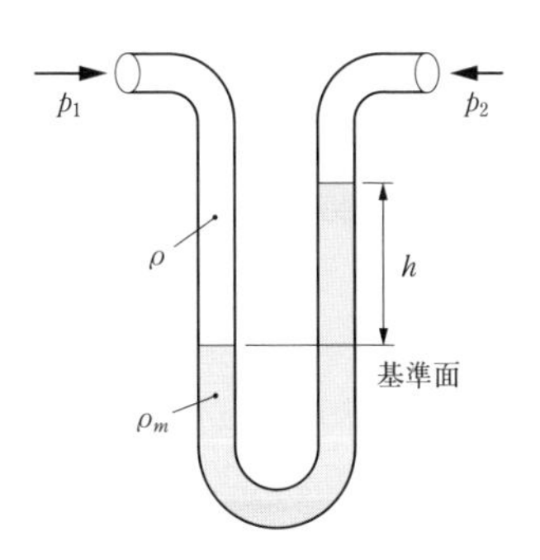

図2.12　U 字管マノメータ

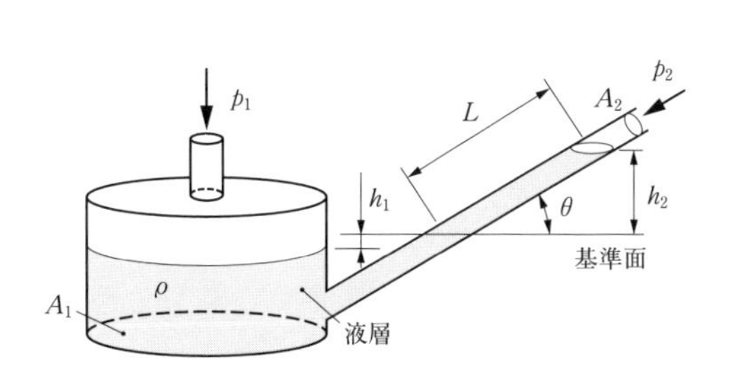

図2.13　傾斜管マノメータ

2.9 直線運動する液体容器内の圧力

液体の入った容器を一定方向に移動させても，流体と容器内壁面との間に相対運動が生じていない状態を**相対的静止**と呼ぶ．この相対的静止の場合には，隣り合う流体要素間に粘性によるせん断応力は働かないため，圧力のほかに慣性力を考え動的な力の釣り合いを，流体の静力学問題として取り扱うことができる．

ここでは，図2.14のように等しい加速度αで右方向に直線運動する液体容器内の圧力$p=f(x,y)$を考えよう．液面は，容器の速度uが変化せず動いているときは，完全な静止状態と同様に水平を保ち$\theta=0$であるが，等加速度$\alpha=du/dt=\text{const.}$で運動すれば角度$\theta$だけ左上方に傾く．この液体中に水平方向と垂直方向に2つの微小円柱要素をとると，それぞれ各軸に対して力の釣り合いが成立する．図2.15の水平方向のx軸では，長さdxの微小要素の円柱面積dAに左右方向から圧力が働き，円柱質量$m=\rho dxdA$に慣性力$-m\alpha$が働くのでダランベールの原理から以下の釣り合いの式で表される．

$$pdA-\left(p+\frac{\partial p}{\partial x}dx\right)dA-(\rho dxdA)\alpha=0 \tag{2.25}$$

したがって，水平方向の圧力こう配は上式から，

$$\frac{\partial p}{\partial x}=-\rho\alpha \tag{2.26}$$

のように得られ，等加速度$\alpha=\text{const.}$で液体容器が水平方向に運動している場合には，圧力こう配$\partial p/\partial x$は，加速度運動の方向に対して負となる．

一方，鉛直方向の長さdyの微小円柱要素には慣性力は働かず，すでに説明したように，圧力による力と重力の釣り合いのみを考えればよい（図2.5）．液面内の圧力pは，座標x，yの関数であるので，全微分すると，

$$dp=\frac{\partial p}{\partial x}dx+\frac{\partial p}{\partial y}dy \tag{2.27}$$

であるから，式(2.7)，(2.26)より，次式が得られる．

$$dp=-\rho\alpha dx-\rho g dy \tag{2.28}$$

液中で圧力が等しくなる**等圧面**は，上式で$dp=0$と置くことによって求められ，図2.14において細線で表すことができる．よって，自由表面（液面）も等圧面の一つであるので，水平軸に対する液面の傾き角θとの関係は，式(2.28)より，

$$\tan\theta=\frac{dy}{dx}=-\frac{\alpha}{g} \tag{2.29}$$

のとおり与えられる．

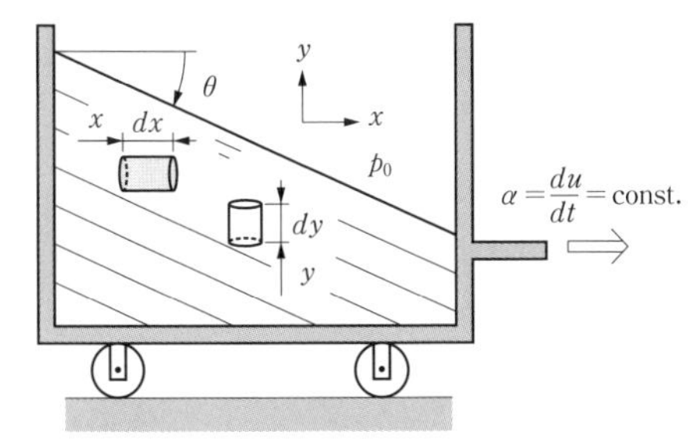

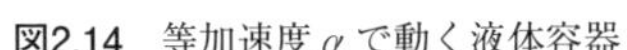
図2.14　等加速度 α で動く液体容器

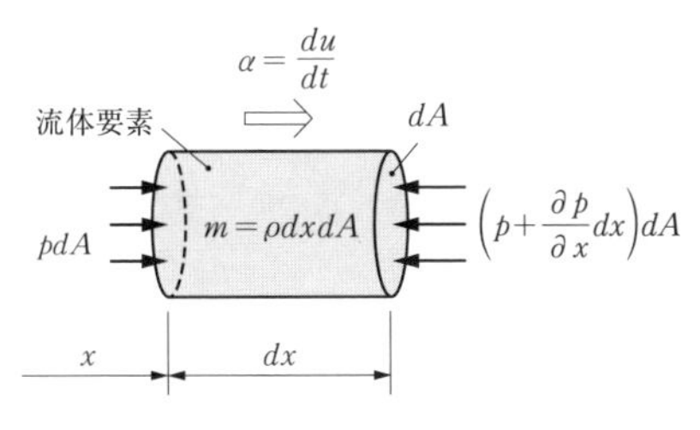

図2.15　水平方向の微小円柱要素に働く力

2.10 回転運動する液体容器内の圧力

相対的静止に関する別の例として，円筒状の容器に液体を入れ，鉛直中心軸回りに一定の角速度 $\omega=\text{const.}$ で回転させた状態を考える．図2.16 のように始動時からある程度の時間が経過すると，液体は容器とともに剛体のように回転し相対的静止を保つ．このような運動を**強制渦**という．この強制渦については，第 13 章にて述べる．

強制渦運動の液中では，垂直方向に重力が働くほか，半径方向に遠心力が働くので，2 つの微小円柱要素について釣り合い式をたてる．図2.17 は，回転軸から半径方向に r 座標をとり，長さ dr，断面積 dA，質量 $m=\rho drdA$ の微小円柱要素に働く力の釣り合いを示している．同図に見るように，向心加速度 $r\omega^2$ と反対の方向に慣性力である遠心力を受けるので，圧力による力との釣り合い式は，ダランベールの原理より，

$$pdA-\left(p+\frac{\partial p}{\partial r}dr\right)dA-(\rho drdA)(-r\omega^2)=0 \tag{2.30}$$

となる．ここで，上式の $r\omega^2$ に負号が付いているのは，r 座標の正方向と逆に向心加速度 α が働いているためであり，上式より次式の関係が成り立つ．

$$\frac{\partial p}{\partial r}=\rho r\omega^2 \tag{2.31}$$

したがって，等加速度で運動する液体容器の場合と同様に，液中の圧力 p は，座標 r，y の関数で $p=f(r,y)$ であるから，全微分して式 (2.7)，(2.31) を代入すると，

$$dp=\frac{\partial p}{\partial r}dr+\frac{\partial p}{\partial y}dy=\rho r\omega^2 dr-\rho g dy \tag{2.32}$$

が得られる．液面を含む等圧面では，$dp=0$ であるから，液面の傾き角 θ は，水平軸に対して，

$$\theta=\tan^{-1}\left(\frac{r\omega^2}{g}\right) \tag{2.33}$$

となり，水平軸に対して正の方向を示し，半径 r が増すほど傾き角 θ は大きくなる．

つぎに，回転容器内の圧力 p と液面の形状について考えよう．式 (2.31) を r で積分すると，

$$p=\frac{\rho\omega^2}{2}r^2+C \tag{2.34}$$

となる．y 軸の原点を容器の底に選び，回転軸中心 $r=0$ での液面を $y=y_0$ とすれば，この中心線上での圧力は，$p=\rho g(y_0-y)+p_0$ であるから，積分定数 C が得られ，流体容器内の圧力 p は，

$$p=\frac{\rho\omega^2}{2}r^2+\rho g(y_0-y)+p_0 \tag{2.35}$$

で求められる．たとえば，圧力が大気圧に等しく $p=p_0$ となる自由表面の液面形状は，上式から，

$$y=\frac{\omega^2}{2g}r^2+y_0 \tag{2.36}$$

のとおり得られる．同様に，一定の角速度 ω で回転する容器内の等圧面は，上式を y 軸に平行移動させた形状であり，回転放物面を描くことがわかる．

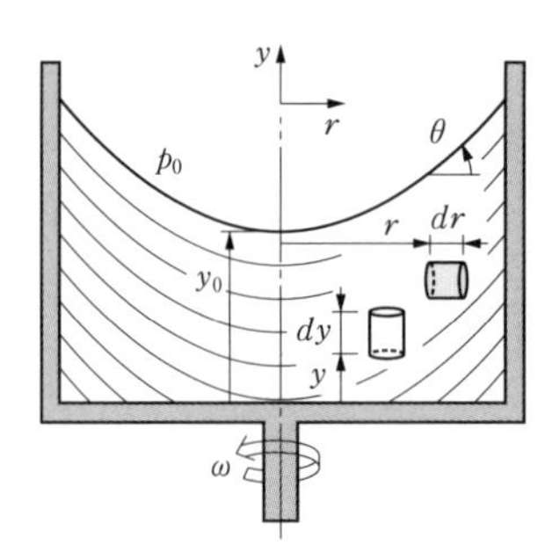

図2.16　角速度 ω で回転する液体容器

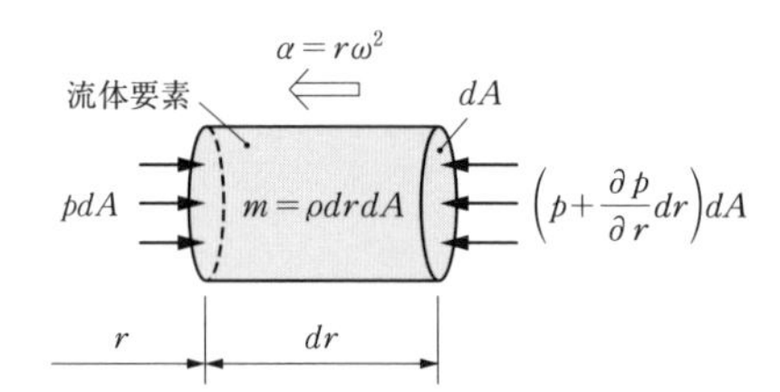

図2.17　半径方向の微小円柱要素に働く力

演習問題　第2章　流体の静力学

問 2-1　基礎★☆☆

図2.18 のように，静止液体中で長方形の面（面積 A，幅 B，高さ h）に，圧力 p が p_1 から p_2 まで直線的に変化するように作用している．上面から下方向への距離を y として面に掛かる全圧力 F を求めよ．

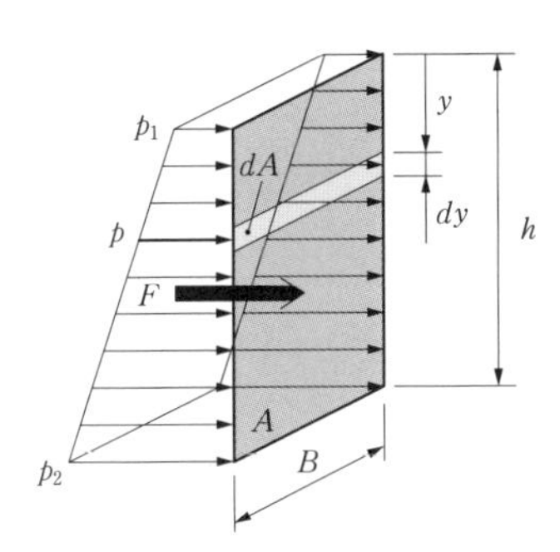

図2.18　静止液体中での面に働く全圧力

静止液体での圧力 p は，$y=0$ で $p=p_1$，$y=h$ で $p=p_2$ であるから，距離 y の関数として次式で与えられる．

$$p=\frac{p_2-p_1}{h}y+p_1$$

圧力 p が作用する微小面積 dA は，$dA=Bdy$ であるから，式 (2.1) より，

$$F=\int_A pdA=B\int_0^h\left(\frac{p_2-p_1}{h}y+p_1\right)dy=\underline{A\frac{p_1+p_2}{2}}$$

となり，この場合の全圧力 F は，平均圧力と面積の積で表される．

問 2-2

図2.19 に示すような原点Oを基準とする微小な直角三角柱（各辺が dx, dy, dz, ds）について，x 軸，y 軸，z 軸方向における圧力による力と重力との釣り合いを考え，圧力の等方性，すなわち「任意の点における圧力の大きさは，すべての方向に無関係に等しく $p=f(x,y,z)$ で表される.」ことを示せ.

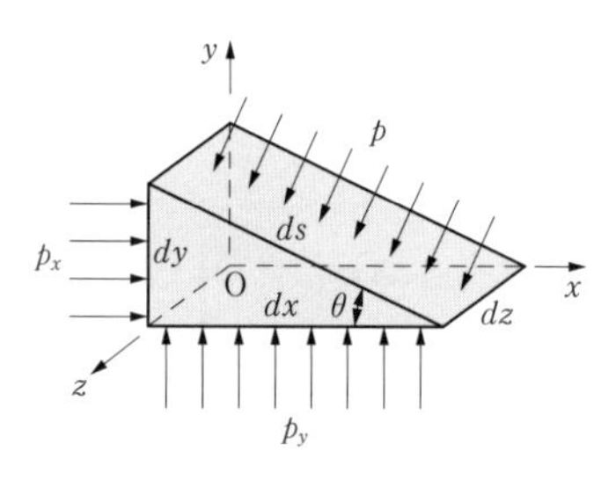

図2.19　微小三角柱に働く圧力

x 軸方向では，圧力による力は，

$$p_x dydz - pdsdz \cdot \sin\theta = 0$$

のとおり釣り合い，幾何学的に $ds\sin\theta = dy$ であるから，

$$p = p_x$$

となる．y 軸方向での圧力による力と重力との釣り合いは，

$$p_y dxdz - pdsdz\cos\theta - \frac{1}{2}\rho gdxdydz = 0$$

であり，幾何学的に $ds\cos\theta = dx$ であるから，

$$p_y - p - \frac{1}{2}\rho gdz = 0$$

となり，dz は微小であるので，第 3 項を消去すれば，

$$p = p_y$$

となる．このように，点 O での圧力 p は，その方向に関係せず等しいことがわかる．同様に，z 軸方向にも圧力は等しく，$p = p_x = p_y = p_z$ と等方性が確認できる.

問 2-3 応用★★☆

図2.20 に示す**油圧シリンダ**は，ピストン，ピストンロッド，シリンダから構成されている．キャップ側（①側）のピストンには，受圧面積 A_1 へ圧力 $p_1 = 5.8$ MPa が作用し，ロッド側（②側）のピストンには，受圧面積 A_2 へ圧力 $p_2 = 1.2$ MPa が作用している．これらの圧力により，ピストンロッドに作用する力 F を求めよ．また，流量 $Q_1 = 15$ L/min の油が①側から流入するとき，ピストンロッドの速度 U を求めよ．さらに，②側より流出する流量 Q_2 を [L/min] の単位で求めよ．ただし，摩擦抵抗は無視できるものとし，ピストンおよびロッドの直径は，それぞれ $d_1 = 40$ mm，$d_2 = 18$ mm とする．

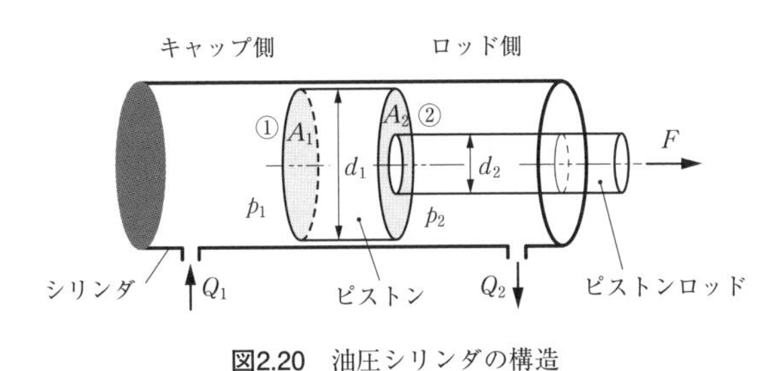

図2.20　油圧シリンダの構造

解 ピストンの①側，②側の受圧面積 A_1, A_2 は，ピストン直径が $d_1 = 0.04$ m，ロッド直径が $d_2 = 0.018$ m であるので，

$$A_1 = \frac{\pi {d_1}^2}{4} = \frac{3.14 \times 0.04^2}{4} = 1.26 \times 10^{-3}\ \text{m}^2$$

$$A_2 = \frac{\pi({d_1}^2 - {d_2}^2)}{4} = \frac{3.14 \times (0.04^2 - 0.018^2)}{4} = 1.00 \times 10^{-3}\ \text{m}^2$$

である．①側のピストンに作用する力 F_1 は，

$$F_1 = A_1 p_1 = (1.26 \times 10^{-3}) \times (5.8 \times 10^6) = 7.31 \times 10^3 = 7.31\ \text{kN}$$

となり，②側のピストンに作用する力 F_2 は，

$$F_2 = A_2 p_2 = (1.00 \times 10^{-3}) \times (1.2 \times 10^6) = 1.20 \times 10^3 = 1.20\ \text{kN}$$

となる．したがって，ピストンロッドに作用する力 F は，

$$F = F_1 - F_2 = 7.31 \times 10^3 - 1.20 \times 10^3 = 6.11 \times 10^3 = \underline{6.11\ \text{kN}}$$

のように得られる．また，ピストンロッドの速度 U は，式 (1.2) を参考にして考えれば，

$$U=\frac{Q_1}{A_1}=\frac{15\times10^{-3}/60}{1.26\times10^{-3}}=\underline{0.198\ \mathrm{m/s}}$$

となり，このピストンロッドの速度 U によって，流量 Q_2 は，$1\ \mathrm{m^3}=1000\ \mathrm{L}$ であるから，

$$Q_2=A_2U=(1.00\times10^{-3})\times0.198=0.198\times10^{-3}\ \mathrm{m^3/s}=\underline{11.9\ \mathrm{L/min}}$$

だけ流出する．

問 2-4 応用★☆☆

図2.21 は，**油圧ジャッキ**の外観と作動原理を示している．直径 $D=30$ mm のピストンに圧力が作用して，質量 4 トン（$m=4$ t $=4000$ kg）の荷を持ち上げるとき，油圧 p を求めよ．また，ピストン直径 $d=10$ mm の手動ポンプをレバー（全長 $L=300$ mm，ピストン中心と支点 O の間の距離 $l=20$ mm）を用いて駆動するならば，レバー先端にかかる操作力 F は，どれだけ必要か．ただし，両ピストンの高さは等しく，油圧 p は連結管を介して伝達し，ピストンの質量やあらゆる損失は無視できるものとする．

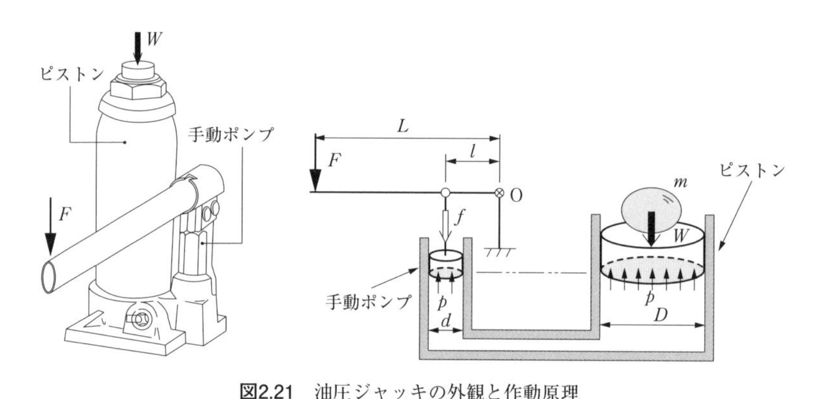

図2.21 油圧ジャッキの外観と作動原理

解 荷の重力 W に対して，ピストンへ垂直に作用する圧力 p は，

$$p=\frac{W}{A}=\frac{mg}{\pi D^2/4}=\frac{(4\times10^3)\times9.8}{(3.14\times0.03^2)/4}=5.55\times10^7=\underline{55.5\ \mathrm{MPa}}$$

となり，パスカルの原理から，この圧力 $p=55.5$ MPa が連結管を伝達する．手動ポンプのピストンに作用させるべき力 f は，ピストン直径が $d=0.01$ m であるので，式 (2.2) より，

$$f=\frac{\pi d^2}{4}p=\frac{3.14\times0.01^2}{4}\times(55.5\times10^6)=4.36\times10^3\ =4.36\ \mathrm{kN}$$

となるので，てこの原理より，レバー先端にかかる操作力 F は，

$$F = \frac{l}{L} f = \frac{20 \times 10^{-3}}{300 \times 10^{-3}} \times (4.36 \times 10^3) = \underline{291\ \mathrm{N}}$$

だけ必要となる．

問 2-5 応用★☆☆

図2.22 は，ブルドン管圧力計や圧力変換器の圧力値を校正（基準量に対して測定器の精度を正すことを校正という）する圧力標準器である．面積 $A = 0.3\ \mathrm{cm}^2$ のピストンに質量 $m = 6\ \mathrm{kg}$ の錘（おもり）を載せたところ，圧力計 (a) の読みが $p_a = 2\ \mathrm{MPa}$ であった．この圧力計の誤差 Δp を求めよ．つぎに，ピストンより高さ $h = 3\ \mathrm{m}$ の位置に正確な圧力計 (b) を装着するとき，この圧力計の読み p_b を求めよ．ただし，連結管内の油の密度は $\rho = 870\ \mathrm{kg/m^3}$ とする．また，ここでは重力加速度は，$g = 9.80665\ \mathrm{m/s^2}$ の値を用いることとする．

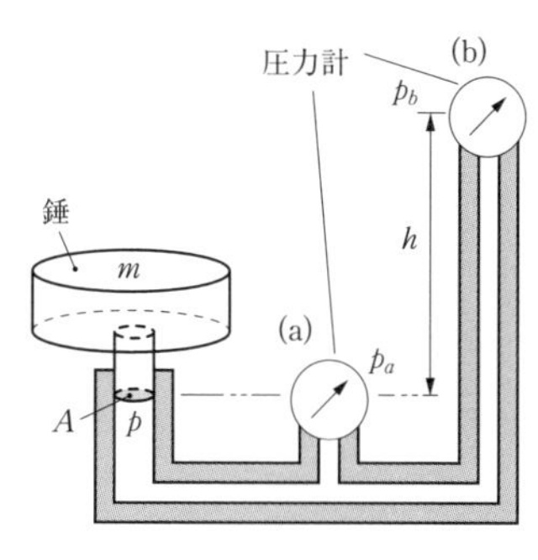

図2.22　圧力標準器

ピストン下面に作用する圧力 p は，

$$p = \frac{mg}{A} = \frac{6 \times 9.80665}{0.3 \times 10^{-4}} = 1.96 \times 10^6 = 1.96\ \mathrm{MPa}$$

であるので，圧力計 (a) の誤差は，

$$\Delta p = |\,p_a - p\,| = 2 - 1.96 = \underline{0.04\ \mathrm{MPa}}$$

となる．また，圧力計 (b) について，連結管内の圧力の釣り合いを考え，式 (2.9) を参考にすれば $p - p_b = \rho g h$ であるから，

$$p_b = p - \rho g h = (1.96 \times 10^6) - (870 \times 9.80665 \times 3) = 1.93 \times 10^6 = \underline{1.93\ \mathrm{MPa}}$$

となる．

問 2-6

水深 30 m での圧力をゲージ圧力 p_g と絶対圧力 p_a で示せ．ただし，標準大気圧は $p_0 = 101.3\,\text{kPa}$ とする．

水面より深さ $h = 10\,\text{m}$ であるので，ゲージ圧力 p_g と絶対圧力 p_a は，式 (2.9) より，

$$p_g = \rho g h = 1000 \times 9.8 \times 30 = 2.94 \times 10^5 = \underline{294\,\text{kPa}}$$

$$p_a = p_0 + \rho g h = 101.3 \times 10^3 + 1000 \times 9.8 \times 30 = 3.95 \times 10^5 = \underline{397\,\text{kPa}}$$

となる．

問 2-7

応用★★★

以下の問に答えよ．

(a) 水銀柱の高さが $h = 680\,\text{mm}$（図 2.11）であった．このときの大気圧を絶対圧力で示せ．

(b) 超音速旅客機コンコルドの油圧系統は，8000 psi であった．このゲージ圧力を SI 単位に変換せよ．

(c) 血圧を測定したところ，125 mmHg であった．このゲージ圧力を SI 単位で示せ．

(a) 式 (2.19) にて $p_v = 0$ とすれば，水銀の比重が $s = 13.6$ であるので，大気圧 p_0 は絶対圧力で示すと，

$$p_a = p_0 = \rho g h = (13.6 \times 10^3) \times 9.8 \times 0.68 = 9.06 \times 10^4 = \underline{906\,\text{hPa}}$$

である．

(b) 表 2.1 より，重量ポンド毎平方インチは，$1\,\text{psi} = 6.89 \times 10^3\,\text{Pa}$ であるから，そのゲージ圧力は，式 (2.5) より，

$$p_g = 8000 \times (6.89 \times 10^3) = 55.1 \times 10^6 = \underline{55.1\,\text{MPa}}$$

である．

(c) 表 2.1 より，水銀柱ミリメートル $1\,\text{mmHg} = 1.333 \times 10^2\,\text{Pa}$ であるから，そのゲージ圧力は，式 (2.5) より，

$$p_g = 125 \times (1.333 \times 10^2) = 1.67 \times 10^4 = \underline{16.7\,\text{kPa}}$$

である．

問 2-8

発展★★☆

図2.23のような底の直径が$d=2r=0.2\,\mathrm{m}$の容器に高さが$H=0.4\,\mathrm{m}$まで水が入っている．水面での断面の直径を$D=2R=0.6\,\mathrm{m}$とするとき，左図に示すように容器の底に作用する力F_1および右図に示すように容器が床面に作用する力F_2を求めよ．ただし，容器の質量は無視できるものとする．

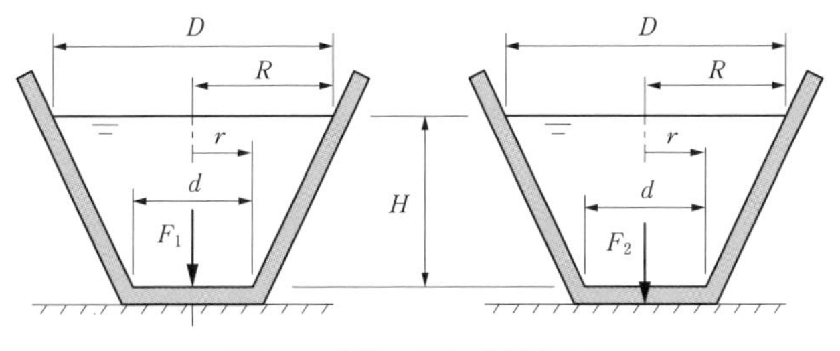

図2.23　容器の底面に作用する力

左図のように底面に作用する力，すなわち全圧力F_1は，水の密度をρとすれば式(2.10)より，

$$F_1=(\pi r^2)\rho gH=(3.14\times0.1^2)\times(1\times10^3)\times9.8\times0.4=\underline{123\,\mathrm{N}}$$

となる．この水の体積Vは，大小2つの円錐の体積差から求められ，

$$V=\frac{1}{3}\pi R^2(H+h)-\frac{1}{3}\pi r^2 h \qquad \cdots(1)$$

となる．ここに，hは，円錐の頂点から容器底面までの高さであり，

$$h=\frac{r}{R-r}H \qquad \cdots(2)$$

である．式(2)を式(1)に代入して整理すると，

$$V=\frac{1}{3}\pi H(R^2+Rr+r^2)=\frac{1}{3}\times3.14\times0.4\times(0.3^2+0.3\times0.1+0.1^2)=0.0544\,\mathrm{m}^3$$

であり，右図のように床面に作用する力F_2は，水の質量をmとすれば，式(1.6)より，

$$F_2=mg=\rho Vg=(1\times10^3)\times0.0544\times9.8=\underline{533\,\mathrm{N}}$$

となる．

問 2-9　応用★☆☆

図2.24に示す密閉容器の中に，水銀，水，油の異種流体が下面から順に高さ $h_m = 0.3$ m，$h_w = 4$ m，$h_o = 1.2$ m で混じらずに入っている．また，容器の上部には，ゲージ圧力で $p_a = 50$ kPa の空気が充填されている．断面①，②，③でのゲージ圧力 p_1, p_2, p_3 をそれぞれ求めよ．ただし，水銀，油の比重は，$s_m = 13.6$，$s_o = 0.85$ とし，空気の密度による影響は無視できる．

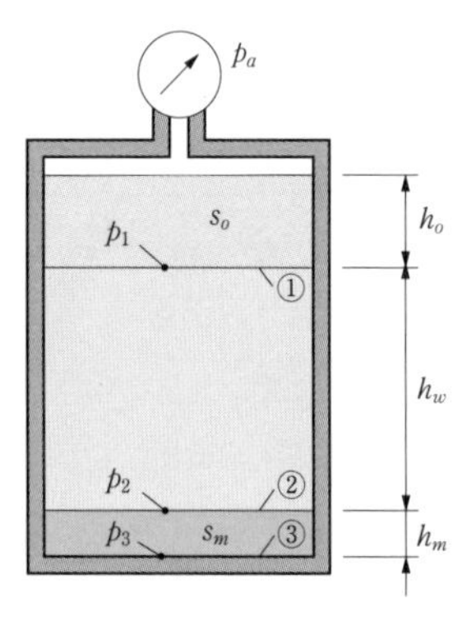

図2.24　容器に入った異種流体

断面①，②，③でのゲージ圧力 p_1，p_2，p_3 は，水の密度を ρ とすれば，

$$p_1 = p_a + s_o \rho g h_o = (50 \times 10^3) + (0.85 \times 10^3 \times 9.8 \times 1.2) = 6.00 \times 10^4 = \underline{60.0 \text{ kPa}}$$

$$p_2 = p_1 + \rho g h_w = (60.0 \times 10^3) + (1 \times 10^3 \times 9.8 \times 4.0) = 9.92 \times 10^4 = \underline{99.2 \text{ kPa}}$$

$$p_3 = p_2 + s_m \rho g h_m = (99.2 \times 10^3) + (13.6 \times 10^3 \times 9.8 \times 0.3) = 1.39 \times 10^5 = \underline{139 \text{ kPa}}$$

のとおりとなる．

問 2-10　応用★★☆

理想気体の等温変化が成り立つものと仮定し，海面から高さ y における圧力 p を求めよ．ただし，海面での圧力を p_0，密度を ρ_0 とする．

海面と高さ y での関係は，理想気体の等温変化が成立するので，高さ y での密度を ρ とすれば式 (1.7)，(1.10) より，

$$p\rho^{-1} = p_0 \rho_0^{-1}$$

となる．したがって，式 (2.7) に上式を代入すると，

$$\frac{dp}{dy}=-\rho g=-\frac{\rho_0 g}{p_0}p$$

であり，変数分離すれば，

$$dy=-\frac{p_0}{\rho_0 g}\frac{dp}{p}$$

となる．したがって，$y=0$ で $p=p_0$ の境界条件のもとで積分すれば，

$$y=-\frac{p_0}{\rho_0 g}\ln\left(\frac{p}{p_0}\right)$$

となり，

$$\underline{p=p_0\exp\left(-\frac{\rho_0 g}{p_0}y\right)}$$

が得られる．

問 2-11　応用★★☆

標高 3776 m の富士山頂上と同じ高さ y での絶対圧力 p，密度 ρ，絶対温度 T [K]，セルシウス温度 T_c [°C] を求めよ．ただし，ポリトロープ指数は $n=1.235$，空気のガス定数を $R=287$ J/(kg･K)，海面上での空気の絶対圧力は $p_0=1013$ hPa，密度は $\rho_0=1.225$ kg/m^3，絶対温度は $T_0=288$ K とする．

海面上から高さ y での絶対圧力 p は，式 (2.15) より，

$$p=p_0\left(1-\frac{g}{RT_0}\frac{n-1}{n}y\right)^{\frac{n}{n-1}}=1013\times10^2\times\left(1-\frac{9.8}{287\times288}\times\frac{1.235-1}{1.235}\times3776\right)^{\frac{1.235}{1.235-1}}$$

$$=6.34\times10^4=\underline{634\,\mathrm{hPa}}$$

であり，密度 ρ は，式 (2.16) より，

$$\rho=\rho_0\left(1-\frac{g}{RT_0}\frac{n-1}{n}y\right)^{\frac{1}{n-1}}=1.225\times\left(1-\frac{9.8}{287\times288}\times\frac{1.235-1}{1.235}\times3776\right)^{\frac{1}{1.235-1}}=\underline{0.839\,\mathrm{kg/m^3}}$$

であり，絶対温度 T は，式 (2.17) より，

$$T=T_0-\frac{g}{R}\frac{n-1}{n}y=288-\frac{9.8}{287}\times\frac{1.235-1}{1.235}\times3776=\underline{263\,\mathrm{K}}$$

となる．したがって，セルシウス温度 T_c は，$T_c=263-273=\underline{-10\,^\circ\mathrm{C}}$ となる．

問 2-12

対流圏において高さが1 km上昇すると，温度は -6.5°Cだけ低下することが経験的に知られている．この事実より，空気のポリトロープ指数 n を求めよ．

式 (2.17) を高さ y で微分すると，

$$\frac{dT}{dy}=-\frac{g}{R}\frac{n-1}{n}$$

となる．上式を変形し，表1.7より空気のガス定数 $R=287.03$ J/(kg・K) を代入すれば，$dT/dy=-6.5\times10^{-3}$ K/m であるから，

$$n=\frac{1}{\frac{R}{g}\frac{dT}{dy}+1}=\frac{1}{\frac{287.03}{9.8}\times(-6.5\times10^{-3})+1}=\underline{1.235}$$

が得られる．

問 2-13

発展 ★★☆

図2.25のような上部にマノメータを2本持つ容器があり，中央には仕切り板が置かれている．仕切り板の左側には密度 ρ_w の水のみが，右側には密度 ρ_o の油と水が混ざらない状態で入っている．図中のそれぞれの高さを $h_1=15$ cm，$h_2=45$ cm，$h_3=35$ cm，$h_4=30$ cm とするとき，容器底面での圧力 p と油の比重 s を求めよ．

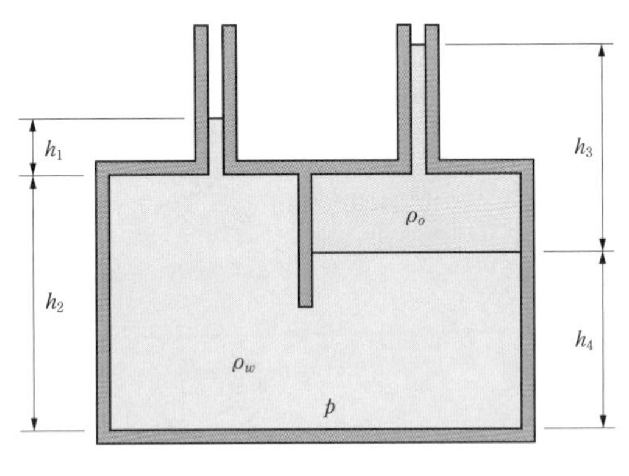

図2.25　2本のマノメータを持つ容器

容器の仕切板左側を考えると，底面でのゲージ圧力 p は，

$$p=\rho_w g(h_1+h_2)=(1\times10^3)\times9.8\times(0.15+0.45)=5.88\times10^3=\underline{5.88\text{ kPa}}$$

となる．この圧力 p は，仕切板右側での底面の圧力と等しく，

$$p=\rho_o g h_3+\rho_w g h_4$$

であり，比重 s は，両式より，

$$s=\frac{\rho_o}{\rho_w}=\frac{h_1+h_2-h_4}{h_3}=\frac{0.15+0.45-0.3}{0.35}=\underline{0.857}$$

となる．

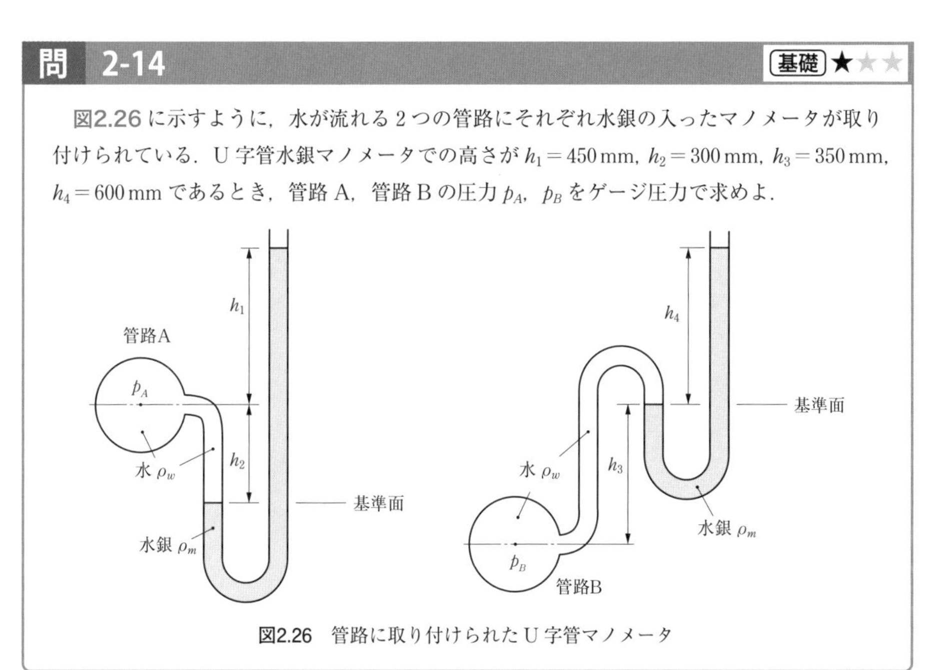

問 2-14　基礎★☆☆

図2.26 に示すように，水が流れる 2 つの管路にそれぞれ水銀の入ったマノメータが取り付けられている．U 字管水銀マノメータでの高さが $h_1=450\,\mathrm{mm}$，$h_2=300\,\mathrm{mm}$，$h_3=350\,\mathrm{mm}$，$h_4=600\,\mathrm{mm}$ であるとき，管路 A，管路 B の圧力 p_A，p_B をゲージ圧力で求めよ．

図2.26　管路に取り付けられた U 字管マノメータ

管路 A について U 字管マノメータの基準面における左側の圧力 p_L は，水の密度を ρ_w とすれば，

$$p_L=p_A+\rho_w g h_2$$

と表される．一方，基準面における右側の圧力 p_R は，水銀の密度を ρ_m とすれば，

$$p_R=\rho_m g(h_1+h_2)$$

である．両者の圧力は等しく $p_L=p_R$ であるので，管路の圧力 p_A は，以下のとおり得られる．

$$p_A=\rho_m g(h_1+h_2)-\rho_w g h_2=(13.6\times10^3)\times9.8\times(0.45+0.3)-(1\times10^3)\times9.8\times0.3$$

$$=9.70\times10^4=\underline{97.0\,\mathrm{kPa}}$$

管路Bについて U 字管マノメータの基準面における左側の圧力を p_L，水の密度を ρ_w すれば，管路の圧力 p_B は，

$$p_B = p_L + \rho_w g h_3$$

で表される．一方，基準面における右側の圧力 p_R は，水銀の密度を ρ_m とすれば，

$$p_R = \rho_m g h_4$$

である．基準面において圧力は等しく $p_L = p_R$ であるので，管路の圧力 p_B は，以下のとおり得られる．

$$p_B = \rho_w g h_3 + \rho_m g h_4 = (1\times10^3)\times9.8\times0.35 + (13.6\times10^3)\times9.8\times0.6 = 8.34\times10^4 = \underline{83.4\,\text{kPa}}$$

問 2-15　発展★☆☆

図2.27 のように2つの水タンクの底面に U 字管水銀マノメータが接続され，その読み h からタンクの水位差 H を求めたい．水銀の比重を s とするとき，水位差 H を得る式を示せ．

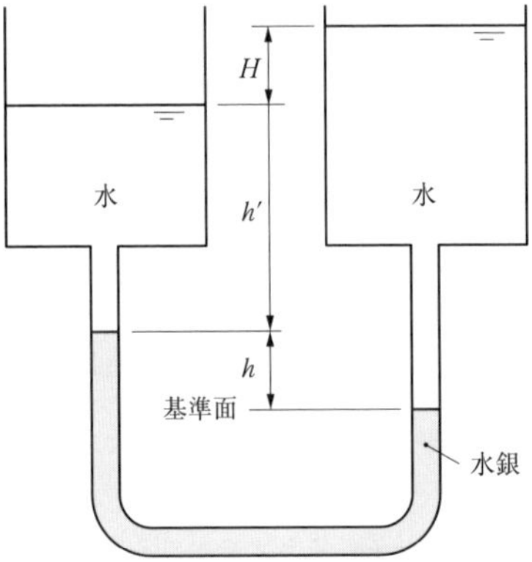

図2.27　タンクに接続された U 字管水銀マノメータ

解　U 字管マノメータの基準面における左側の圧力 p_L は，水の密度を ρ，水銀の比重を s とすれば，

$$p_L = \rho g h' + s\rho g h$$

と表される．一方，基準面における右側の圧力 p_R は，

$$p_R = \rho g (H + h' + h)$$

である．両者の圧力は等しく $p_L = p_R$ であるので，タンクの水位差 H は，

$$\underline{H=(s-1)h}$$

となる．

問 2-16

図2.28 に示すように，密度 $\rho_o = 830\ \mathrm{kg/m^3}$ の油を上部に封入し逆 U 字管マノメータによって，$H = 20\ \mathrm{cm}$ の高低差がある 2 つの管路中の水の圧力差を計測したい．逆 U 字管マノメータの読みが $h = 90\ \mathrm{cm}$ であるとき，水が流れている両管路中心の差圧 $p_1 - p_2$ を求めよ．また，油の代わりに空気を封入すると読み h は，どのように変化するか答えよ．

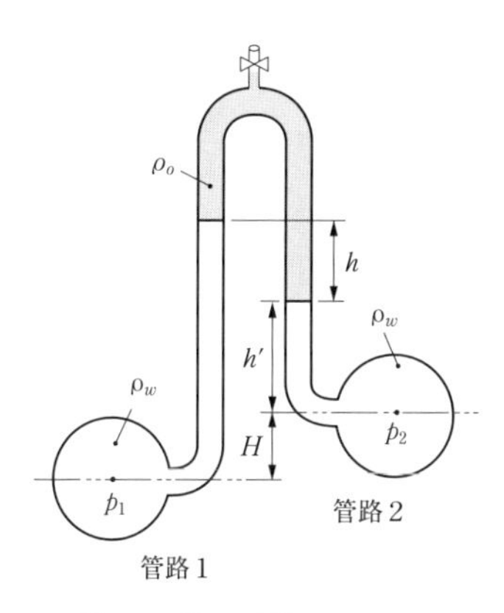

図2.28 逆 U 字管マノメータ

左側の液柱において油と水の境界面の圧力を p_o，高さ H と h の間の距離を h' とすると，圧力 p_1，p_2 は，それぞれ，

$$p_1 = p_o + \rho_w g(h + h' + H), \qquad p_2 = p_o + \rho_o gh + \rho_w gh'$$

となる．したがって，両管路の差圧 $p_1 - p_2$ は，

$$p_1 - p_2 = (\rho_w - \rho_o)gh + \rho_w gH$$

$$= (1 - 0.83) \times 10^3 \times 9.8 \times 0.9 + (1 \times 10^3) \times 9.8 \times 0.2 = 3.46 \times 10^3 = \underline{3.46\ \mathrm{kPa}}$$

である．上式において，油の密度 ρ_o を空気の密度 ρ_a に置き換えて $\rho_o = \rho_a = 1.20\ \mathrm{kg/m^3}$ とすると，空気を封入したときのマノメータの読み h は，

$$h = \frac{(p_1 - p_2) - \rho_w gH}{(\rho_w - \rho_a)g} = \frac{3.46 \times 10^3 - (1 \times 10^3) \times 9.8 \times 0.2}{(1 \times 10^3 - 1.20) \times 9.8} = \underline{0.153\ \mathrm{m}}$$

となる．

問 2-17

発展★★★

図2.29に示すように2つの管路A, 管路BがU字管マノメータを介して接続されている．両管路の圧力差 p_A-p_B を求めよ．ここで，基準面 (a)，(b)，(c) を定めると，マノメータの読みは $h_1=40$ cm，$h_2=60$ cm，$h_3=20$ cm，$h_4=10$ cm，$h_5=30$ cm である．また，それぞれの液体の密度は $\rho_1=0.85\times10^3$ kg/m^3，$\rho_2=1.26\times10^3$ kg/m^3，$\rho_3=0.79\times10^3$ kg/m^3，$\rho_4=13.6\times10^3$ kg/m^3，$\rho_5=1.02\times10^3$ kg/m^3 である．

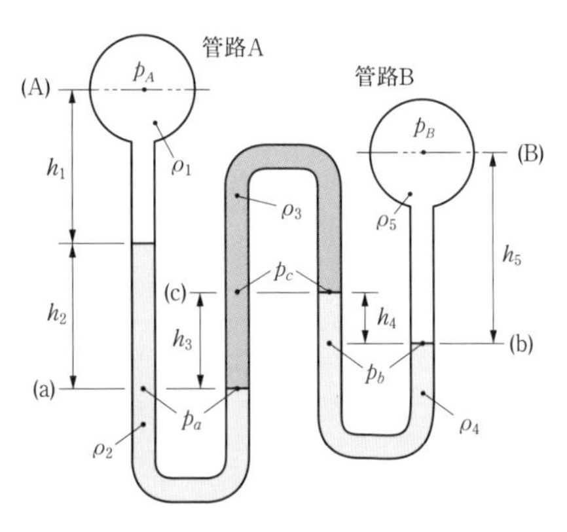

図2.29 U字管マノメータで接続された管路

解 マノメータの基準面 (a)，(b)，(c) における圧力を p_a, p_b, p_c と置き，基準面 (a)，(b) に対する圧力の釣り合いを考えると，それぞれ，

$$\left.\begin{aligned} p_a &= p_A+\rho_1 g h_1+\rho_2 g h_2 = p_c+\rho_3 g h_3 \\ p_b &= p_B+\rho_5 g h_5 = p_c+\rho_4 g h_4 \end{aligned}\right\}$$

となる．両式より，p_c を消去して各数値を代入すれば，

$$\begin{aligned} p_A-p_B &= (-\rho_1 h_1-\rho_2 h_2+\rho_3 h_3-\rho_4 h_4+\rho_5 h_5)g \\ &= (-0.85\times0.4-1.26\times0.6+0.79\times0.2-13.6\times0.1+1.02\times0.3)\times10^3\times9.8 \\ &= -1.95\times10^4 = \underline{-19.5\ \text{kPa}} \end{aligned}$$

が得られる．

問 2-18　応用 ★☆☆

拡大率 $\varepsilon=5$ の傾斜管マノメータ（図 2.13）で差圧 $\Delta p=p_1-p_2$ を計測したところ，読み値が $L=300\,\mathrm{mm}$ であった．このときの差圧 Δp およびマノメータの傾き角度 θ を求めよ．ただし，作動液は水である．

傾斜管マノメータの差圧 Δp は，式 (2.22) より，

$$\Delta p=\frac{\rho gL}{\varepsilon}=\frac{(1\times10^3)\times9.8\times0.3}{5}=588=\underline{0.588\,\mathrm{kPa}}$$

であり，そのときの傾き角度 θ は，面積比を無視すれば式 (2.24) より，

$$\theta=\sin^{-1}\left(\frac{1}{\varepsilon}\right)=\sin^{-1}\left(\frac{1}{5}\right)=\underline{11.5^\circ}$$

となる．

問 2-19　応用 ★★☆

図2.30 (a) は，大気圧下 $p_1=p_2=0$ のとき，高密度 ρ_h と低密度 ρ_l の液体を入れ，左右のマノメータの高さを揃えた状態にある．図2.30 (b) のように気体の圧力 p_1, p_2 を導き入れるとマノメータ高さに差 h および H が生じた．高さ H を用いずにマノメータの読み値 h のみから圧力差 p_1-p_2 を表せ．ただし，気体の密度は，液体の密度に比べ無視できるとし，マノメータの太い部分の断面積を A，細い部分の断面積を a とする．

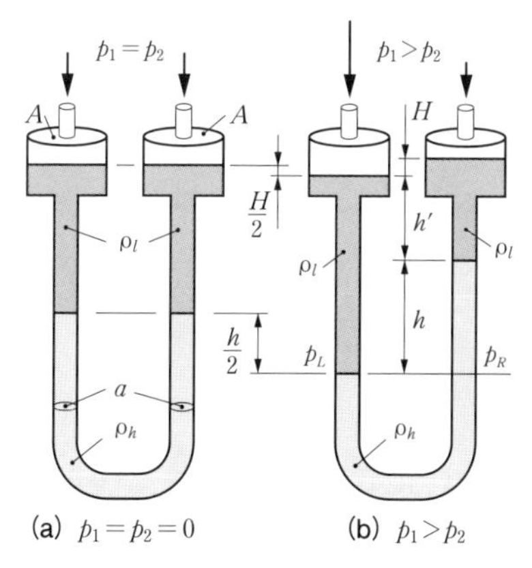

図2.30　指差圧力計

解　同図(b) において，右管の二液間から左管の液面までの高さを h' とし，マノメータ読み h の下部での左右の圧力をそれぞれ p_L, p_R と置けば，気体の密度は無視できるので，式 (2.9) を参考にすると，

$$p_L = \rho_l g(h+h') + p_1, \qquad p_R = \rho_l g(h'+H) + \rho_h gh + p_2$$

となり，$p_L = p_R$ であるから，

$$p_1 - p_2 = \rho_l gH + \rho_h gh - \rho_l gh \qquad \cdots(1)$$

である．同図(a), (b) での液体の体積を考えると，

$$A\frac{H}{2} = a\frac{h}{2} \qquad \cdots(2)$$

である．よって，式 (1)，(2) より，

$$p_1 - p_2 = \rho_l g\left(\frac{a}{A}\right)h + \rho_h gh - \rho_l gh = \underline{\left\{\rho_h - \rho_l\left(1-\frac{a}{A}\right)\right\}gh}$$

が導ける．

問 2-20 発展★★☆

図2.31 に示すように，液体容器が水平軸に対し角度 $\beta = 30°$ の傾斜面を等加速度 $\alpha = 2\ \mathrm{m/s^2}$ で右上方向に直線運動している．水面の傾き角 θ を求めよ．ただし，容器内の液体の密度は $\rho = 1.6 \times 10^3\ \mathrm{kg/m^3}$ とする．

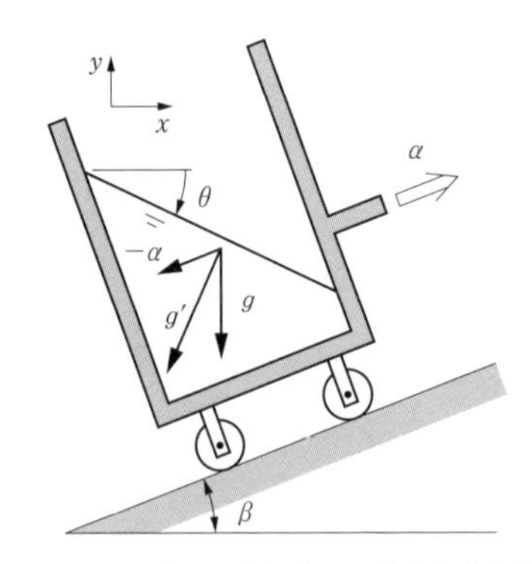

図2.31　傾斜面を等加速度で動く液体容器

解 同図中に加速度ベクトルで表しているように，等加速度 $-\alpha$ と重力加速度 g のベクトル和より見掛けの重力加速度 g' が液体に働き，水面と垂直を成す．x 軸と y 軸方向にそれぞれ微小円柱要素を取り，式 (2.25) や式 (2.6) と同じように力の釣り合いを考えると，見掛けの重力加速度 g' の各軸成分は，$g_x{}' = -\alpha\cos\beta$，$g_y{}' = -(g+\alpha\sin\beta)$ であるから，それぞれ，

$$\frac{\partial p}{\partial x}=-\rho(\alpha\cos\beta)\ ,\qquad \frac{\partial p}{\partial y}=-\rho(g+\alpha\sin\beta)$$

となる．したがって，式 (2.29) から，水面の傾き角 θ は，

$$\theta=\tan^{-1}\left(\frac{dy}{dx}\right)=\tan^{-1}\left(\frac{\alpha\cos\beta}{g+\alpha\sin\beta}\right)=\tan^{-1}\left(\frac{2\times\cos 30^\circ}{9.8+2\times\sin 30^\circ}\right)=\underline{9.11^\circ}$$

のとおり得られる．

問 2-21

図2.32 に示すように直径 $D=300$ mm の円筒容器に水が入っている．この容器を鉛直中心軸にまわりに回転させたところ，中心軸と容器内面との自由表面（水面）の差が $h=80$ mm であった．この容器の角速度 ω を求めよ．また，容器内面における水面の傾き角 θ を求めよ．

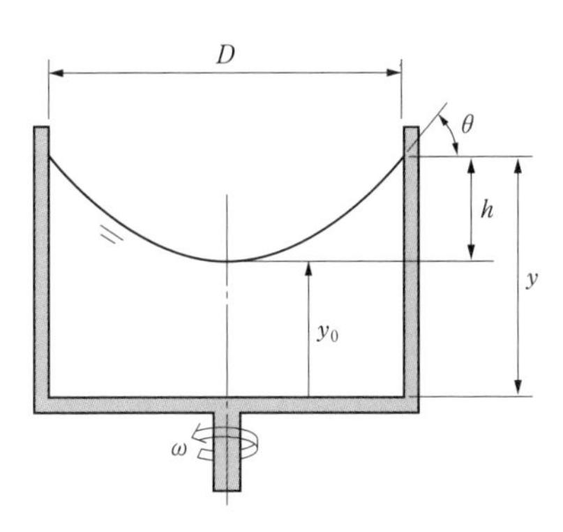

図2.32　水の入った回転円筒容器

同図中に示すように，中心軸での容器底面から自由表面までの高さを y_0，容器内面の半径 $r=D/2$ での高さを y とすれば，容器の角速度 ω は，式 (2.36) より，

$$\omega=\frac{\sqrt{2g(y-y_0)}}{D/2}=\frac{2\sqrt{2gh}}{D}=\frac{2\times\sqrt{2\times9.8\times0.08}}{0.3}=\underline{8.35\,\text{rad/s}}$$

となる．また，容器内面での水面の傾き角 θ は，式 (2.33) において $r=D/2$ と置き，

$$\theta=\tan^{-1}\left(\frac{D\omega^2}{2g}\right)=\tan^{-1}\left(\frac{0.3\times8.35^2}{2\times9.8}\right)=\underline{46.9^\circ}$$

となる．

問 2-22

図2.33 に示すように，直径 $D = 2R = 20$ cm，高さ $H = 50$ cm の円筒容器に $h = 30$ cm の深さまで，比重 $s = 0.9$ の液体が満たされている．この容器を静止状態から中心軸回りに回転させていく．液体が容器より溢れ出るときの回転速度 N を min^{-1} の単位で求めよ．また，この回転速度 N で回るとき，容器の中心より半径 $r_o = 3$ cm の底面に作用する圧力 p を求めよ．

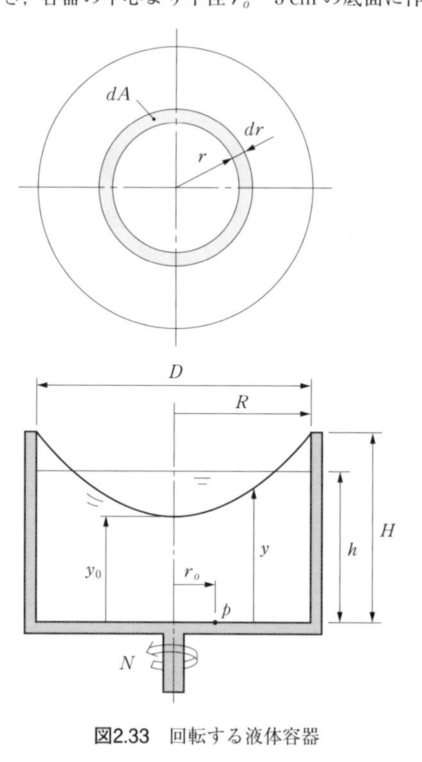

図2.33　回転する液体容器

解　まず，容器が回転している状態での液体の凹部の体積 V_1 は，式 (2.36) より，容器の半径を R，微小面積を $dA = 2\pi r dr$ すれば，

$$V_1 = \int_A y dA = \int_0^R y \cdot 2\pi r \cdot dr = 2\pi \int_0^R \left(\frac{\omega}{2g} r^3 + y_0 r \right) dr = \left(\frac{\omega^2 R^2}{4g} + y_0 \right) \pi R^2 \qquad \cdots (1)$$

であり，ここに，ω は角速度，y_0 は回転軸中心での液面の高さである．一方，容器が静止している状態での液体の体積 V_2 は，

$$V_2 = \pi R^2 h \qquad \cdots (2)$$

である．式 (1)，(2) において，両体積は $V_1 = V_2$ であるから，

$$h=\frac{\omega^2 R^2}{4g}+y_0 \qquad \cdots(3)$$

となる．式 (2.36) において，$r=R$ で $y=H$ なので，

$$H=\frac{\omega^2 R^2}{2g}+y_0 \qquad \cdots(4)$$

と書ける．式 (3)，(4) より，角速度 ω は，$R=D/2$ と置けば，

$$\omega=\frac{4\sqrt{g(H-h)}}{D}=\frac{4\sqrt{9.8\times(0.5-0.3)}}{0.2}=28.0\ \mathrm{rad/s}$$

であるので，回転速度 N は，

$$N=\frac{60\omega}{2\pi}=\frac{60\times 28.0}{2\times 3.14}=\underline{268\ \mathrm{min}^{-1}}$$

のとおり得られる．また，式 (4) から液体の入った容器の中心の高さ y_0 は，

$$y_0=H-\frac{\omega^2}{2g}\left(\frac{D}{2}\right)^2=0.5-\frac{28.0^2}{2\times 9.8}\times\left(\frac{0.2}{2}\right)^2=0.1\ \mathrm{m}=10\ \mathrm{cm}$$

であり，回転する液体容器内の圧力 p は，式 (2.35) において，ゲージ圧力で求めるならば $p_0=0$ であるから，$r=r_o$ と置き，

$$p=\frac{\rho\omega^2}{2}{r_o}^2+\rho g(y_0-y)=\frac{(0.9\times 10^3)\times 28^2}{2}\times 0.03^2+(0.9\times 10^3)\times 9.8\times(0.1-0)$$

$$=1.20\times 10^3=\underline{1.20\ \mathrm{kPa}}$$

が得られる．

問 2-23　発展★★☆

気体を密閉容器内に入れて，鉛直中心軸まわりに一定角速度 ω で回転させた．中心軸での絶対圧力を p_o とするとき，中心軸から半径 r での絶対圧力 p を求めよ．ただし，この気体は一定温度 T で状態方程式に従うものとし，ガス定数を R とする．

容器内の圧力 p は，その高さに関係せず半径方向 r のみの関数とすれば，式 (2.31) より，

$$\frac{dp}{dr}=\rho r\omega^2 \qquad \cdots(1)$$

であり，気体は等温変化し，容器内の密度 ρ は一定温度下では圧力 p に依存するので，式 (1.7)，

(1.9) より，

$$\rho=\frac{p}{RT} \qquad \cdots(2)$$

である．式 (2) を式 (1) に代入して，変数分離して積分すると，

$$\int\frac{dp}{p}=\frac{\omega^2}{RT}\int rdr+C$$

$$\ln p=\frac{\omega^2}{RT}\frac{r^2}{2}+C$$

となり，境界条件として $r=0$ で $p=p_o$ と置けば積分定数は $C=\ln p_o$ となるので，圧力 p は，

$$\underline{p=p_o\exp\left(\frac{\omega^2}{2RT}r^2\right)}$$

となり，半径方向 r に対する圧力分布を得ることができる．

第 3 章

壁面に作用する圧力

3.1 平板に作用する一様な圧力

図3.1 に示すような面積 A の平板に一様な圧力 p が作用している．このとき，全圧力 $F=Ap$ が作用する点Cについて考えよう．作用点Cの座標を $(x_G,\ y_G)$ とすれば，x 軸，y 軸まわりの力のモーメントは，それぞれ距離 y および x だけ離れた微小面積 dA に圧力 p が分布して働くので，

$$M_x = y_G F = \int_A yp dA\ , \qquad M_y = x_G F = \int_A xp dA \tag{3.1}$$

が成り立つ．圧力は均等で $p=\text{const.}$ であるので式 (2.2) より，$p=F/A$ であるから，

$$y_G = \frac{S_x}{A}\ , \qquad x_G = \frac{S_y}{A} \tag{3.2}$$

が得られる．ここに，S_x，S_y は，それぞれ x 軸および y 軸に関する**断面一次モーメント**と呼ばれ，次式で定義されている．

$$S_x = \int_A y dA\ , \qquad S_y = \int_A x dA \tag{3.3}$$

以上より，全圧力の作用点Cは平板の**図心** G（平面図形の重心）の定義と一致し，一様な圧力のもとでは，全圧力 F は図心Gに作用することになる．もし図心を原点に置けば，式 (3.2) より，断面一次モーメントは $S_x=0$，$S_y=0$ となり，対称図形では対称線の上に図心がある．

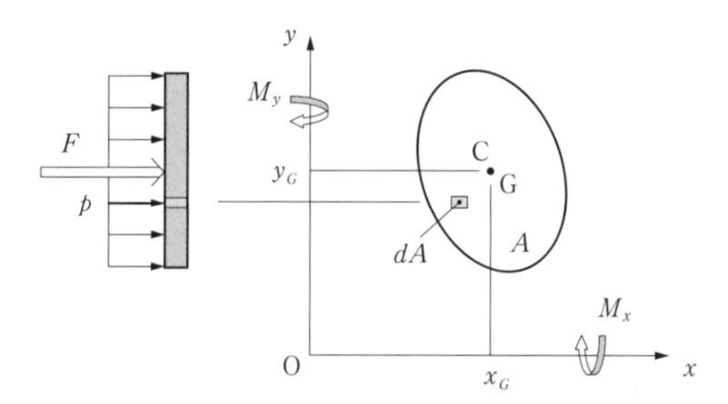

図3.1　平板に作用する一様な圧力

3.2 液面に垂直に置かれた平板に作用する圧力

図3.2 のように面積 A の平板が液面に対して垂直に，壁面の一部として液体中に置かれている．圧力（ゲージ圧力）p は平板に一方向から垂直に作用し，直線的に分布している．ここでは，液面の原点から鉛直下方に y 軸の正方向をとり，簡単な説明のために平板は y 軸に左右対称として，平板に及ぼす全圧力 F の大きさと，その作用点Cの位置を求めてみよう．

まず，全圧力 F について考える．深さ y における微小面積 dA に作用する全圧力 dF は，式 (2.9) より $dF=pdA=(\rho gy)dA$ となる．したがって，平板に及ぼす全圧力 F は，圧力 p の分布を面積分した次式で表される．

$$F = \int_A p dA = \rho g \int_A y dA \tag{3.4}$$

したがって，式 (3.2)～(3.4) から，図心 G に作用する圧力を p_G とすれば，

$$F = A\rho g y_G = A p_G \tag{3.5}$$

となる．上式より，平板に及ぼす全圧力 F は，平板面積 A と図心 G における圧力 p_G とを乗じたものであることがわかる．

つぎに，全圧力 F が平板に作用する点 C について考える．基準を液面の x 軸に選べば，微小面積 dA に作用する x 軸回りのモーメントは，$dM = ydF = y(pdA) = \rho g y^2 dA$ であるので，平板に分布した圧力によって生じるモーメント M は，

$$M = \int y dF = \int y p dA = \rho g \int_A y^2 dA \tag{3.6}$$

となる．このモーメント M は，全圧力 F が**圧力中心**という一点に集中すると仮定して置き換えることができる．基準の x 軸から圧力中心 C までの距離を y_c とすれば，その力のモーメントは，$M = y_c F$ となり，式 (3.5)，(3.6) より，

$$y_c = \frac{M}{F} = \frac{\rho g \int_A y^2 dA}{A\rho g y_G} = \frac{I_x}{A y_G} \tag{3.7}$$

が得られる．上式において，I_x は x 軸に関する**断面二次モーメント**と呼ばれ，

$$I_x = \int_A y^2 dA \tag{3.8}$$

で定義されている．断面二次モーメントとは，物体の形状や座標軸との位置関係により決まり，軸対称な平板の図心 G を通る x' 軸に関する断面二次モーメント I_G の例を**表3.1** に示す．この断面二次モーメント I_x と，図心 G を通り x 軸に平行な x' 軸に関する断面二次モーメント I_G との間には，つぎの**平行軸の定理**が成り立つ．

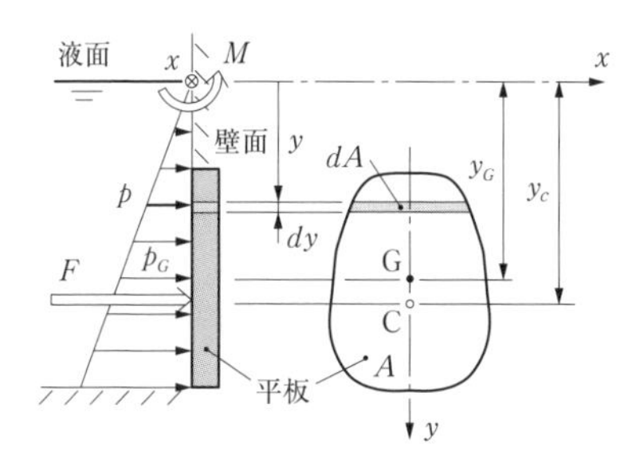

図3.2　液面に垂直な平板に作用する圧力と全圧力

$$I_x = I_G + A{y_G}^2 \tag{3.9}$$

したがって，式 (3.7)，(3.9) より，x 軸から圧力中心 C までの距離 y_c は次式により求められる．

$$y_c = y_G + \frac{I_G}{Ay_G} \tag{3.10}$$

なお，左右対称な平板の場合では，図心 G や圧力中心 C は，その対称線上の y 軸に存在する．

表3.1 図心 G を通る x' 軸に関する断面二次モーメント I_G

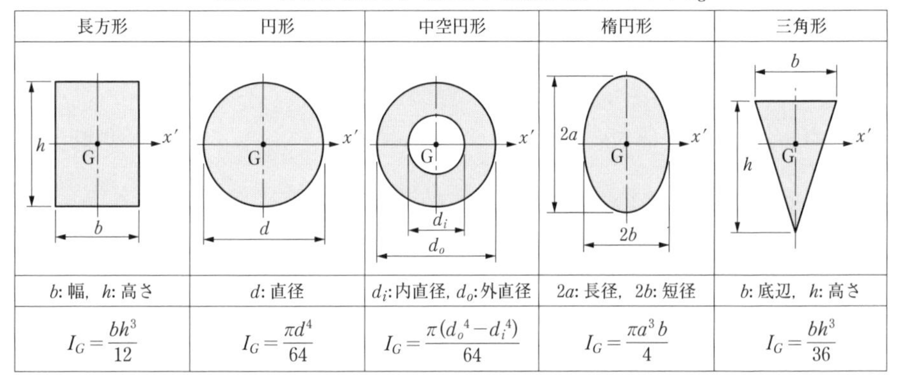

長方形	円形	中空円形	楕円形	三角形
b: 幅，h: 高さ	d: 直径	d_i:内直径, d_o:外直径	$2a$: 長径，$2b$: 短径	b: 底辺，h: 高さ
$I_G = \frac{bh^3}{12}$	$I_G = \frac{\pi d^4}{64}$	$I_G = \frac{\pi({d_o}^4 - {d_i}^4)}{64}$	$I_G = \frac{\pi a^3 b}{4}$	$I_G = \frac{bh^3}{36}$

3.3 液面に斜めに置かれた平板に作用する圧力

図3.3 のように，水中に幅 b，高さ h の長方形の平板が角度 θ だけ傾いて壁面上に置かれているとき，平板にかかる全圧力 F と圧力中心 C を考えよう．まず，壁面と水面が交わる線を x 軸にとり，水面からの平板の高さ方向を z 軸にとる．微小面積 $dA = bdz$ にかかる圧力は幾何学的な関係を考慮すれば $p = \rho gy = \rho gz\sin\theta$ である．よって，平板にかかる全圧力 F は，

$$F = \int_A pdA = \rho g \sin\theta \int_A zdA \tag{3.11}$$

である．水面から平板の図心 G までの距離を平板に沿って z_G とすれば，式 (3.5) および $y_G = z_G \sin\theta$ の関係より上式は，

$$F = A\rho g z_G \sin\theta = A\rho g y_G = Ap_G \tag{3.12}$$

となり，傾斜角度 θ にかかわらず，全圧力 F は，図心での圧力 $p_G = \rho g y_G$ と対象面積 A の積で表される．微小面積 dA に作用する x 軸回りのモーメントは $dM = \rho g z^2 \sin\theta dA$ であり，この面積分を圧力中心 C に作用する全圧力 F のモーメントと等しく置くと，

$$M = \rho g \sin\theta \int_A z^2 dA = z_c F \tag{3.13}$$

となる．式 (3.12)，(3.13) より，x 軸から圧力中心 C までの距離 z_c は，平行軸の定理の式 (3.9) を用いると，

$$z_c = \frac{M}{F} = \frac{\rho g \sin\theta \int_A z^2 dA}{A \rho g \sin\theta \, z_G} = \frac{I_x}{A z_G} = z_G + \frac{I_G}{A z_G} \tag{3.14}$$

となり，水面に対して垂直方向に平板を設置した場合の式 (3.10) と同じ形で表わせる．

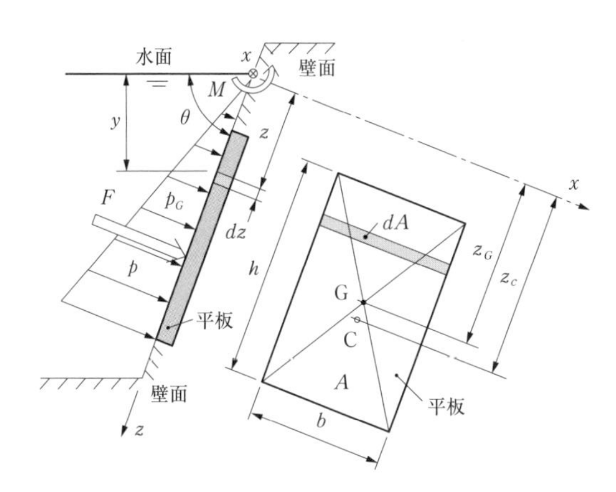

図3.3　液体中に斜めに置かれた長方形の平板

3.4 曲面に作用する圧力

図3.4 に示すような曲面を考え，その表面上の微小面積 dA にかかる圧力を p とすると，面積 dA は微小であるので平面で近似でき，その全圧力 dF は，

$$dF = p\, dA \tag{3.15}$$

となる．図3.5 の拡大図に示すように，この微小面積 dA に働く力 dF を x 軸方向と y 軸方向に分解すれば，それぞれの分力 dF_x，dF_y は，

$$dF_x = dF \cos\alpha = p\, dA \cos\alpha = p\, dA_x \tag{3.16}$$

$$dF_y = dF \sin\alpha = p\, dA \sin\alpha = p\, dA_y \tag{3.17}$$

となる．ここに，α は x 軸となす角度であり，dA_x，dA_y は，微小曲面をそれぞれ水平および垂直に投影した面積である．すなわち，圧力は曲面に対して常に垂直に働くため，任意の方向に働く全

圧力は，その方向の有効投影面積と圧力の積で表される．また，圧力pが場所に関係なく一様で均等に曲面へ働くような状態においては，複雑な形状の二次元曲面（図3.4）であっても，x軸およびy軸方向の全圧力は，

$$\left.\begin{aligned} F_x &= \int p\,dA_x = A_x p \\ F_y &= \int p\,dA_y = A_y p \end{aligned}\right\} \tag{3.18}$$

で表される．

図3.6は，直径の異なる穴の間に円錐状物体があり，左右側の圧力p_1，p_2の差によって，穴に密着している状況を示している．穴の直径をそれぞれd_1，d_2とすると，環状投影面積$A_1=\pi(d_1^2-d_2^2)/4$には，両面から同じ圧力p_1が作用し，x軸方向の全圧力は均衡している．他方，円形投影面積$A_2=\pi d_2^2/4$に作用する力Fは，

$$F=A_2(p_1-p_2) \tag{3.19}$$

となり，この全圧力Fがx軸の正方向に作用し，円錐状物体を密着させている．

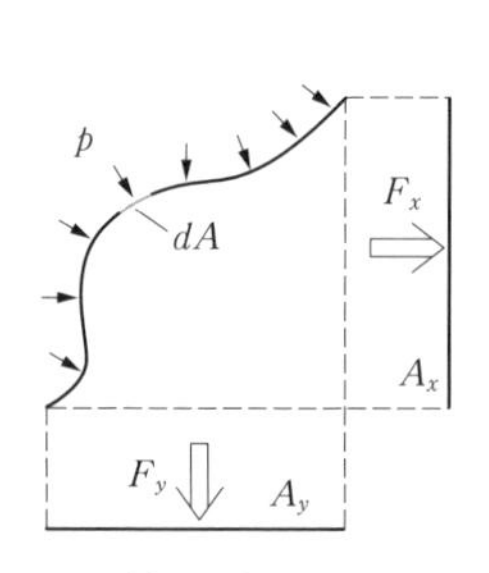

図3.4　一様な圧力が曲面に働く力

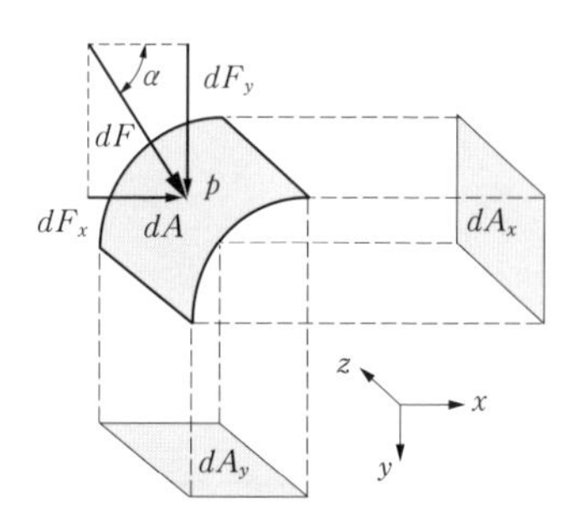

図3.5　微小曲面に働く全圧力

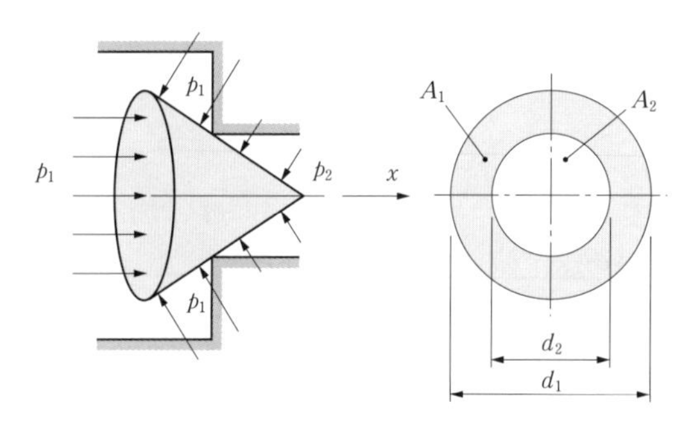

図3.6　円錐状物体の両面から働く圧力

3.5 液体中の曲板に作用する圧力

液体中での曲板に働く全圧力は，図3.7(a) に示すように，水平方向分力 F_x と鉛直方向分力 F_y に別けて考える．図3.7(b) には，液体中に置かれた幅 b の二次元曲面壁を示す．圧力 p は，液面からの深さ y によって異なるので，水平方向の全圧力 F_x は，式 (3.18), (2.9) より，

$$F_x = \rho g \int_A y\, dA_x = \rho g y_G A_x = \rho g y_G bH \tag{3.20}$$

となる．ここに，y_G は，液面から有効投影面積 A_x の図心までの距離である．同様に，式 (3.18), (2.9) より，鉛直方向の全圧力 F_y は，

$$F_y = \rho g \int_A y\, dA_y = \rho g b \int_{x_1}^{x_2} y dx = \rho g V = W \tag{3.21}$$

となる．ここに，V は対象とする曲面壁の上部を破線で囲む液体の体積であり，W は液体に働く重力である．このように，曲面壁に作用する全圧力の水平分力 F_x は，投影面積 A_x と，その図心での圧力 $\rho g y_G$ の積に等しく，垂直分力 F_y は，曲面壁上部の液体に働く重力 W に等しい．したがって，全圧力の合力の大きさ F と，その水平軸となす角度 α は，次式で与えられる．

$$F = \sqrt{F_x^{\,2} + F_y^{\,2}}, \qquad \alpha = \tan^{-1}\left(\frac{F_y}{F_x}\right) \tag{3.22}$$

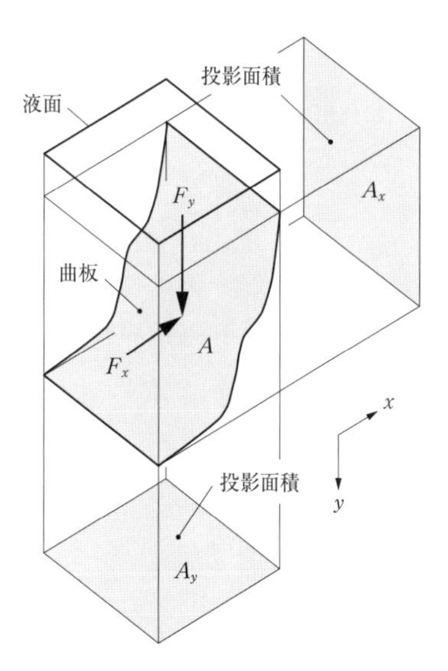

(a) 全圧力と投影面積

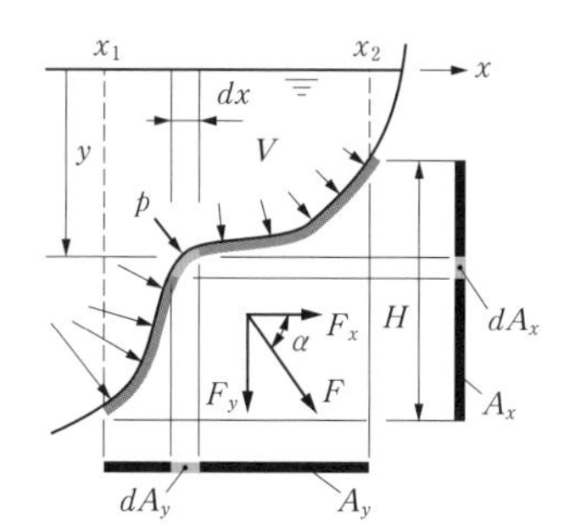

(b) 曲板に作用する圧力（幅 b：紙面に直角方向）

図3.7　液体中の曲板に働く圧力と全圧力

3.6 容器内に作用する圧力

圧力は壁面に対して垂直に作用するので，液体や気体などの流体を満たしている容器壁には，内圧に応じて応力が発生する．容器壁の肉厚が，容器内径に比べて小さい場合には，その応力は一様に分布しているとみなして差し支えなく，**薄肉容器**として扱うことができる．図3.8 (a) は，薄肉円筒容器に圧力 p が垂直に作用している状態を示している．x 軸方向と y 軸方向のそれぞれに働く力について考えてみよう．

x 軸方向：円筒容器の内直径を D，内圧を p とすると，容器の内側から働く x 軸方向の全圧力 F_x は，

$$F_x = \frac{\pi D^2}{4} p \tag{3.23}$$

である．図3.8 (b) のように，この全圧力 F_x によって，厚さ δ の容器壁面の円環状断面に垂直応力 σ_l を生じさせるので，引張り力 T_x は，

$$T_x = \left\{\frac{\pi}{4}(D+2\delta)^2 - \frac{\pi}{4}D^2\right\}\sigma_l \fallingdotseq \pi D\delta\sigma_l \tag{3.24}$$

となる．2 つの力は釣り合い $F_x = T_x$ であるから，式 (3.23)，(3.24) より**縦応力** σ_l は次式で得られる．

$$\sigma_l = \frac{D}{4\delta} p \tag{3.25}$$

y 軸方向：円筒容器の x 軸方向の長さを l とすれば，曲面に作用する y 軸方向の全圧力 F_y は，式 (3.18) より投影面積 $A_y = lD$ と内圧 p との積であるから，

$$F_y = lDp \tag{3.26}$$

となる．一方，この全圧力 F_y に抗して，図3.8 (c) のように，容器壁の長手断面には引張り応力 σ_h が生じるので，ここにかかる円周方向の力 T_y は，

$$T_y = 2\delta\, l\sigma_h \tag{3.27}$$

である．よって，双方の力を等しく $F_y = T_y$ と置くと，式 (3.26)，(3.27) から，

$$\sigma_h = \frac{D}{2\delta} p \tag{3.28}$$

が得られ，この周方向の応力 σ_h を**フープ応力**と呼び，縦応力 σ_l の 2 倍の大きさであることがわかる．

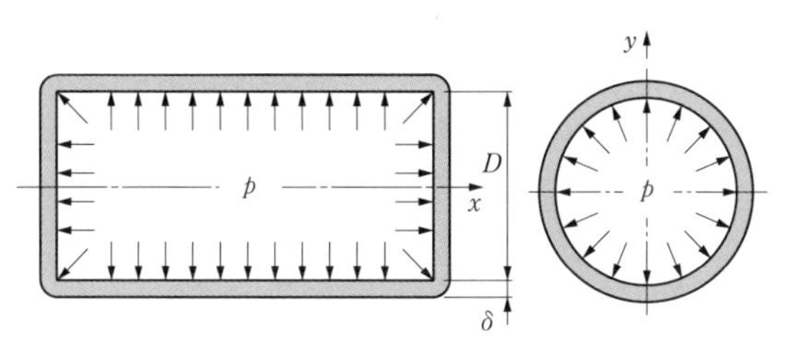

(a) 容器内の内圧

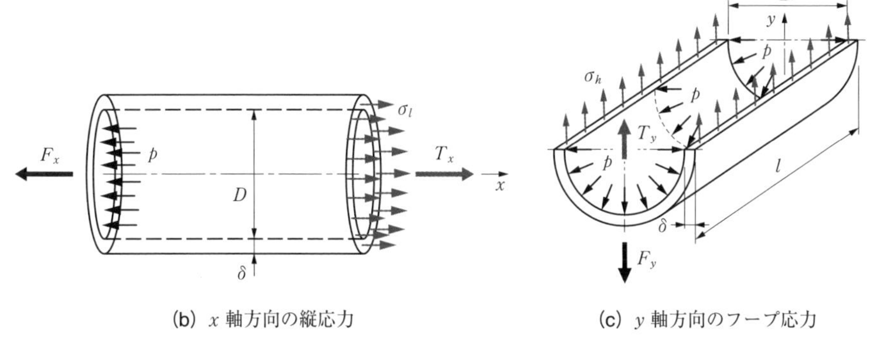

(b) x 軸方向の縦応力　　(c) y 軸方向のフープ応力

図3.8　薄肉円筒容器

3.7 浮力

図3.9は，体積 V の静止物体が密度 ρ の液体中に浸かっている様子を示している．この物体内を貫く微小面積 dA の仮想円柱を水平方向と鉛直方向に考える．まず，同図(a)に示す水平方向では，左右表面部の微小面積 dA_1，dA_2（投影面積 dA）に作用する圧力 $p=\rho gy$ が等しいので，水平方向の投影面積 A に働く全圧力 F は釣り合っている．一方，同図(b)に示す垂直方向の仮想円柱の上下部には，それぞれ圧力 p_1，p_2 が微小表面積 dA_1，dA_2 に対して垂直に作用している．微小面積 dA_1，dA_2 を y 方向へ垂直に投影した面積は，ともに dA であるので，式(3.17)より体積 dV の微小円柱の上下面に作用する力の差 dB は，

$$dB=dB_2-dB_1=p_2\,dA-p_1\,dA=\rho g(y_2-y_1)dA=\rho g\,dV \tag{3.29}$$

であり，つねに垂直上方に働く．ここに，y_1，y_2 は，液面から微小要素の上下面までの深さである．上式を物体全体にわたって体積積分すると，

$$B=\int_V \rho g\,dV=\rho gV \tag{3.30}$$

となり，この力 B を**浮力**と呼び，物体の上下表面に作用する圧力差のために，物体が排除した体積 V に相当する液体重量（重力の大きさ）$W=\rho gV$ と等しい力を上方に受ける．したがって，静止

している液体中では，物体は浮力 B の大きさに等しい分だけ見かけ上，重量 W が減少することになる．これを**アルキメデスの原理**という．すなわち，物体が液体中に完全に浸かっているとき，液の中での見かけの物体の重量 W' は，物体の密度を ρ_b とすれば，

$$W' = W - B = (\rho_b - \rho)gV \tag{3.31}$$

で表される．よって，$\rho_b/\rho > 1$ では物体は液体中に沈み，逆に，$\rho_b/\rho < 1$ では浮力によって液面に浮くことになる．浮力は，液体中だけではなく，気体中でも同様に生じるが，一般に気体の密度 ρ は，物体の密度 ρ_b に比べ極めて小さいので無視して考えることができる．

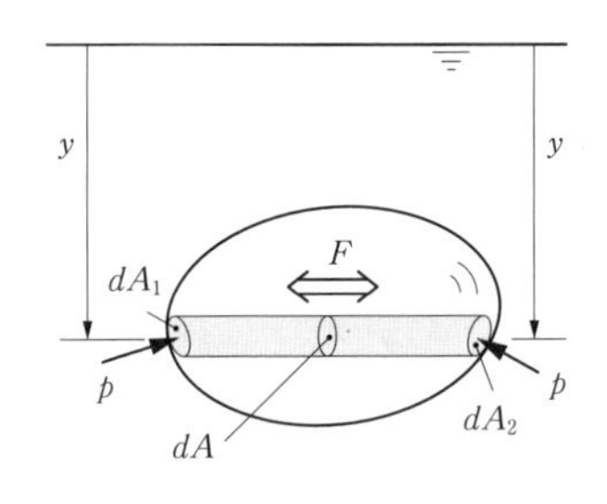

(a) 水平に物体を貫く仮想円柱

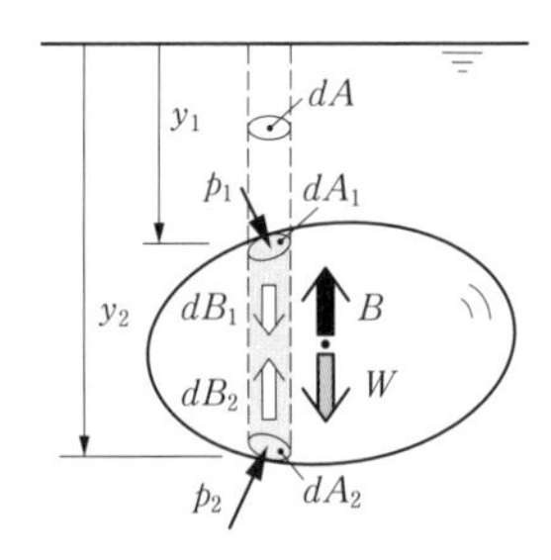

(b) 垂直に物体を貫く仮想円柱

図3.9　静止物体に働く浮力の原理

3.8 浮体の安定性

船のように浮力を受け液体中に浮いている物体を**浮体**と呼ぶ．浮体には，液体を排除した立体空間の図心に，浮力の作用点である**浮心**が存在する．図3.10(a) は，左右対称の二次元形状の浮体が静止を保ち，重量 W と浮力 B が静的に釣り合う状態を表している．すなわち，浮体により押しのけた液体の体積を V とすれば，式 (3.30) より浮心Cには $B = \rho gV$ の浮力が鉛直上方に働き，これと反対方向の下方に大きさが同じ重量 $W = mg$ が**重心** G に働く．このとき浮力の作用点である浮心Cと浮体の重心Gは，中心線上に位置する．なお，静的な中立状態での重心Gと浮心Cを通る中心線を**浮揚軸**，浮体を液面で切断する面 $x-x$ を**浮揚面**という．

図3.10(b) のように風や波などの外乱により浮体が角度 θ だけわずかに傾き，浮心がCからC′に移動すると，浮体の側面や底面に働く圧力の不均衡が生じ，浮体はO軸（紙面に垂直な回転軸）まわりに反時計方向へ回転しようとする．浮揚面が $x'-x'$ となる状態において，浮心C′を通る浮力 B の作用線が浮揚軸と交わる点Mを**メタセンタ**と呼ぶ．また，メタセンタMと重心Gとの距離 $h = \overline{\mathrm{GM}}$ を**メタセンタの高さ**という．同図に見るように，浮力 B と重量 W は，互いに平行で反対方向に大きさが等しいので**偶力**を形成し，θ が小さければ偶力の腕を $l = h\sin\theta \fallingdotseq h\theta$ とする回転モーメント N が次式のように生ずる．

$$N = lW \fallingdotseq h\theta W = h\theta\,\rho gV \tag{3.32}$$

上式より，メタセンタMが重心Gより上方の $h > 0$ のときに（同図(b)）元の平衡状態（同図(a)）へ戻るような**復元モーメント** $N > 0$ が働き静的に安定である．これに対して，図3.10(c) に示すよ

うに重心Gがメタセンタ M より上方の $h<0$ のときには，傾斜角 θ はさらに増加して静的に不安定となる．

このようにメタセンタの高さ $h=\overline{\mathrm{GM}}$ は，浮体の静的な安定性の尺度として重要であるので，以下ではその求め方について考えてみよう．同図(b)のように浮体が微小角度 θ だけ傾斜すると，浮体の左側が浮き，右側が沈む．これにより液面から浮き沈んだ要素は，図3.10(d) に詳細を示すとおり x 軸と x' 軸で囲まれる楔(くさび)形状を成す．回転軸 O から距離 x だけ離れた楔面に微小体積 $dV=x\theta dA$ をとれば，右側の沈んでいる微小要素は $dB=\rho g dV=\rho g x\theta dA$ の浮力を受け，左側の出ている要素は浮力を失うので，次式で与えられる偶力のモーメント M_o が生ずる．

$$M_o=\int x dB=\rho g\theta\int_A x^2 dA=\rho g\theta I_o \tag{3.33}$$

ここに，I_o は，O 軸まわりの断面二次モーメントである．他方，同図(b)において，点 C′ には浮力 B が作用しているので，基準とするモーメントの腕を $\overline{\mathrm{CC'}}\fallingdotseq\theta\,\overline{\mathrm{CM}}$ で近似すれば，点 C まわりのモーメント M_c が次式のように働く．

$$M_c=B\,\overline{\mathrm{CC'}}=\rho g V\theta\,\overline{\mathrm{CM}} \tag{3.34}$$

O 軸まわりの偶力のモーメント M_o は平面上でどこに動かしても，その効果は同じであるので，点 C まわりに移すことができる．よって，式 (3.33) と式 (3.34) とを等しく $M_o=M_c$ と置けば，$\overline{\mathrm{CM}}=\overline{\mathrm{CG}}+\overline{\mathrm{GM}}$ であるから，メタセンタの高さ h は，

$$h=\overline{\mathrm{GM}}=\frac{I_o}{V}-\overline{\mathrm{CG}} \tag{3.35}$$

で与えられる．

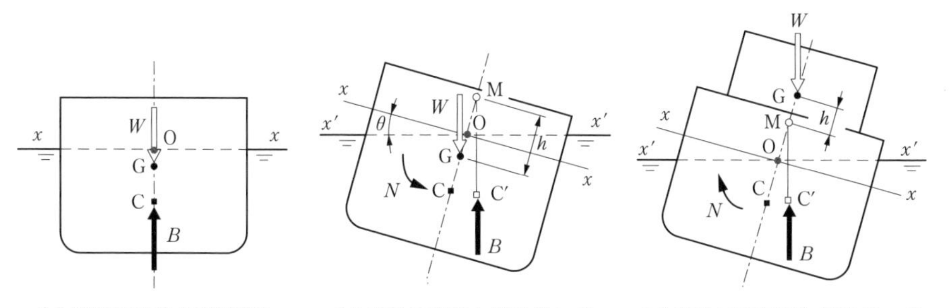

(a) 静的に中立な平衡状態　(b) 静的に安定な状態 ($h>0$)　(c) 静的に不安定な状態 ($h<0$)

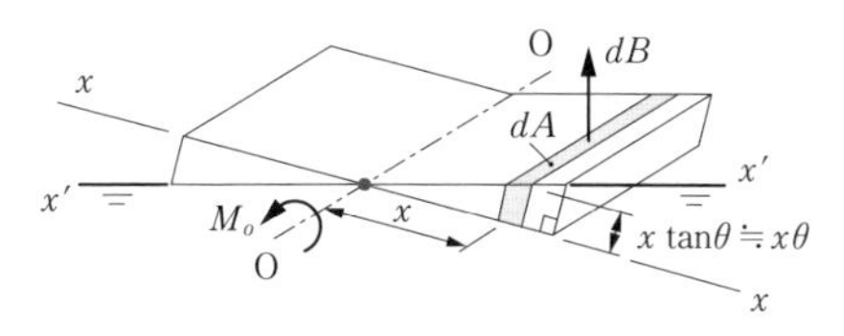

(d)　浮体要素の楔形状

図3.10　浮体とメタセンタ

Column B テイラー展開

テイラー展開は，関数を級数の形で示す方法である．関数$f(x)$が任意の区間において，n次まで微分可能であるならば，$x=a$の近傍で，次式のように表すことができる．

$$f(x)=f(a)+\frac{f'(a)}{1!}(x-a)+\frac{f''(a)}{2!}(x-a)^2+\cdots\cdots$$

$$+\frac{f^{(n-1)}(a)}{(n-1)!}(x-a)^{n-1}+R(x) \tag{B.1}$$

ここに，$n!$は階乗を表し，1からnまでの自然数の相乗であり，

$$n!=1\cdot 2\cdot 3\cdots i\cdots(n-1)\cdot n=\prod_{i=1}^{n} i \tag{B.2}$$

と書き，この相乗の記号Πをパイと読む．式(B.1)は，**テイラーの定理**と呼び，右辺の最後の剰余項$R(x)$が以下の式を満足するならば，

$$\lim_{n\to\infty} R(x)=0 \tag{B.3}$$

この関数$f(x)$は，テイラー展開が可能であるという．すなわち，**テイラー展開**とは，次のような無限べき級数で表すことを意味する．

$$f(x)=f(a)+\frac{f'(a)}{1!}(x-a)+\frac{f''(a)}{2!}(x-a)^2+\cdots$$

$$=f(a)+\sum_{n=1}^{\infty}\frac{f^{(n)}(a)}{n!}(x-a)^n \tag{B.4}$$

上式の**テイラー級数**において，xを$x_o+\Delta x$，aをx_oと置けば$(x-a)$をΔxであり，2次以降の微小項を消去すると，

$$f(x_o+\Delta x)=f(x_o)+\frac{df(x_o)}{dx}\Delta x \tag{B.5}$$

となり，上式は「流体の力学」をはじめ数値解析など関数近似として頻繁に用いられる．これを図B.1に表すと，関数$y=f(x)$において，$x=x_0$から微小変化Δxだけしたところでは，黒丸で示すように$f(x_o+\Delta x)=y_o+\Delta y$であるが，テイラー展開すれば，式(B.5)から同図中に白丸で表す値となる．このように，テイラー展開を利用すれば，Δxが十分に小さいとき$x=x_0$での値$y_o=f(x_o)$と，その点での微分係数$df(x_o)/dx$をもとに，$y=f(x_o+\Delta x)$の値を近似して得ることができる．

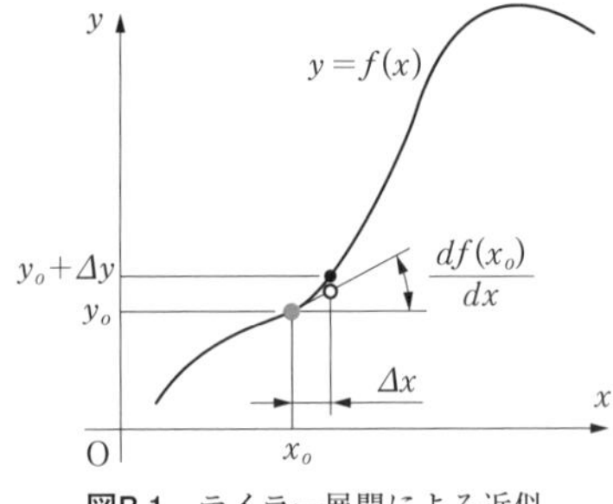

図B.1 テイラー展開による近似

演習問題　第3章　壁面に作用する圧力

問 3-1　基礎★☆☆

図3.11 に示す底辺 b, 高さ h の二等辺三角形の図心 G を底辺から距離 y_G で求めよ．つぎに，x' 軸上で図心 G を通る断面二次モーメント I_G を求めよ．

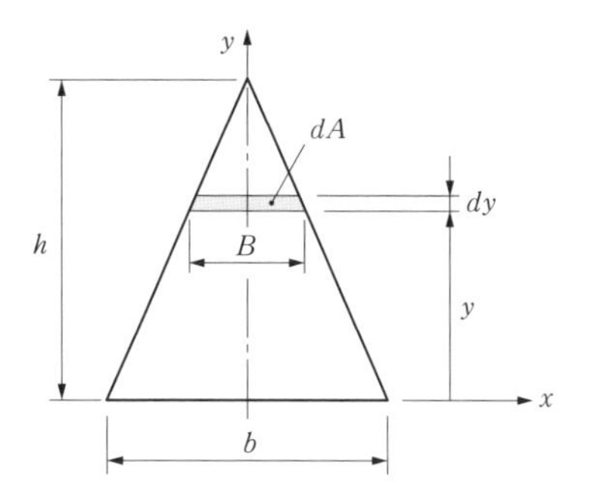

(a) 断面一次モーメント

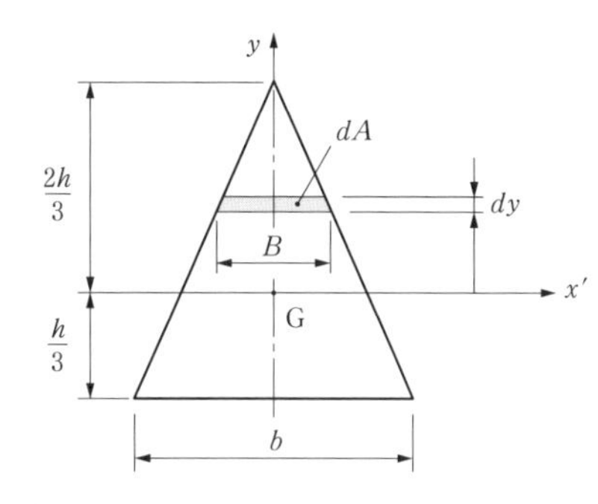

(b) 図心 G を通る断面二次モーメント

図3.11　二等辺三角形の断面一次モーメントと断面二次モーメント

まず，同図(a) に示すように微小面積は $dA = Bdy$ であり，二等辺三角形の幅 B は，底辺から高さ y において，

$$B = -\frac{b}{h}y + b$$

で表される．したがって，x 軸に関する断面一次モーメントは，式 (3.3) において，

$$S_x = \int_A ydA = \int_0^h \left(-\frac{b}{h}y^2 + by\right)dy = \left[-\frac{b}{3h}y^3 + \frac{b}{2}y^2\right]_0^h = \frac{bh^2}{6}$$

であり，x 軸から図心までの距離 y_G は，式 (3.2) より，

$$y_G = \frac{S_x}{A} = \frac{bh^2/6}{bh/2} = \underline{\frac{h}{3}}$$

となり，底辺から高さの 1/3 の点に図心がある．つぎに，同図(b) のように図心 G を通り y 軸に垂直な x' 軸を定めると，座標の原点は図心となる．このときの幅 B は，

$$B = \left(\frac{2}{3}h - y\right)\frac{b}{h}$$

で表される．したがって，図心 G を通る x' 軸に関する断面二次モーメント I_G は，式 (3.8) より，$dA = Bdy$ であるから，

$$I_G = \int_A y^2\,dA = \int_{-\frac{h}{3}}^{\frac{2}{3}h}\left(\frac{2b}{3}y^2 - \frac{b}{h}y^3\right)dy = \left[\frac{2b}{9}y^3 - \frac{b}{4h}y^4\right]_{-\frac{h}{3}}^{\frac{2}{3}h} = \underline{\frac{bh^3}{36}}$$

となる.

問 3-2 基礎★★☆

図3.12 に示すような幅 b, 高さ h の長方形および直径 d の円形において, x 軸上で図心を通る断面二次モーメント I_G をそれぞれ求めよ.

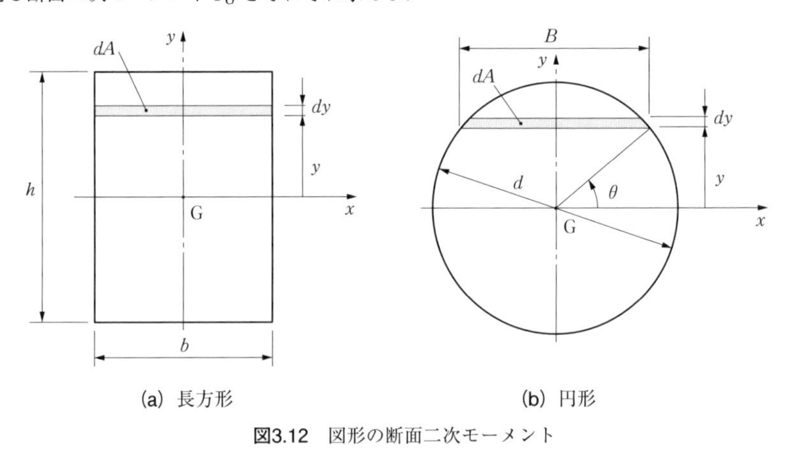

図3.12 図形の断面二次モーメント

解 同図(a) に示すように微小面積 $dA = bdy$ とすれば, 式 (3.8) より, 長方形の断面二次モーメント I_G は,

$$I_G = \int_A y^2\,dA = b\int_{-\frac{h}{2}}^{\frac{h}{2}} y^2\,dy = b\left[\frac{y^3}{3}\right]_{-\frac{h}{2}}^{\frac{h}{2}} = \underline{\frac{bh^3}{12}}$$

となる. また, 円形については, 同図(b) に示すように微小面積 $dA = Bdy$ と置くと,

$$I_G = \int_A y^2\,dA = \int_{-\frac{d}{2}}^{\frac{d}{2}} By^2\,dy$$

であり, x 軸から反時計まわりに角度 θ をとると, 座標 y は $y = (d/2)\sin\theta$ となり, 微分すると $dy = (d/2)\cos\theta \cdot d\theta$ となる. また, 長さは $B = d\cos\theta$ である. これらを上式に代入して計算すれば, 次式となる.

$$I_G = \int_{-\frac{d}{2}}^{\frac{d}{2}} By^2\,dy = \int_{-\frac{\pi}{2}}^{\frac{\pi}{2}} (d\cos\theta)\left(\frac{d^2}{4}\sin^2\theta\right)\frac{d}{2}\cos\theta \cdot d\theta = \frac{d^4}{8}\int_{-\frac{\pi}{2}}^{\frac{\pi}{2}} \sin^2\theta\cos^2\theta \cdot d\theta$$

ここで, つぎの三角関数の公式を用いれば,

$$\sin^2\theta\cos^2\theta=\frac{1-\cos 2\theta}{2}\cdot\frac{1+\cos 2\theta}{2}=\frac{1}{4}(1-\cos^2 2\theta)=\frac{1}{4}\left(1-\frac{1+\cos 4\theta}{2}\right)=\frac{1}{8}(1-\cos 4\theta)$$

であるので，断面二次モーメント I_G は，

$$I_G=\frac{d^4}{64}\int_{-\frac{\pi}{2}}^{\frac{\pi}{2}}(1-\cos 4\theta)d\theta=\frac{d^4}{64}\left[\theta-\frac{1}{4}\sin 4\theta\right]_{-\frac{\pi}{2}}^{\frac{\pi}{2}}=\underline{\frac{\pi d^4}{64}}$$

となる．このように図心Gを通る断面二次モーメントが表3.1に示すとおり得られる．

問 3-3

基礎★★☆

図3.13に示すように $x-y$ 平面上の面積 A の図形に対して微小面積 dA をとり，図心Gを通り x 軸に平行な x' 軸を定める．x 軸に関する断面二次モーメント I_x と，x' 軸に関する断面二次モーメント I_G の間には，両軸間の距離を y_G とすれば，次式 (3.9) が成り立つ．この**平行軸の定理**を証明せよ．

$$I_x=I_G+Ay_G{}^2$$

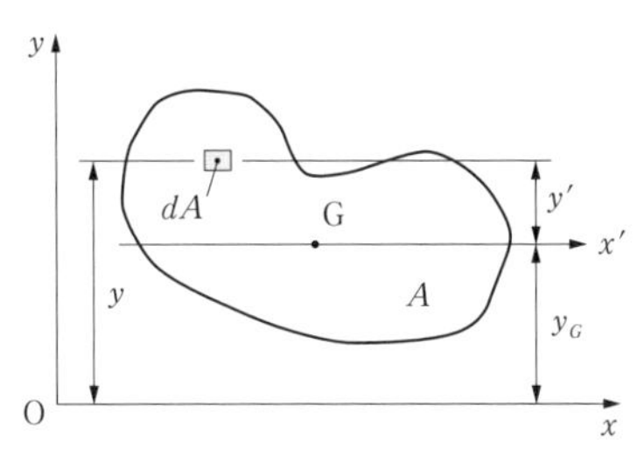

図3.13　断面二次モーメントと図心

x 軸に関する断面二次モーメント I_x は，式 (3.8) より，

$$I_x=\int_A y^2\,dA=\int_A (y'+y_G)^2\,dA=\int_A y'^2\,dA+2y_G\int_A y'\,dA+y_G{}^2\int_A dA$$

となり，x' 軸に関する断面二次モーメントは $I_G=\int_A y'^2\,dA$ であり，図心Gを通り x' に関する断面一次モーメントは $\int_A y'\,dA=0$ であるので，

$$\underline{I_x=I_G+Ay_G{}^2}$$

となり，平行軸の定理が導ける．

問 3-4

図3.14 のように水面に対して垂直に高さ $H=3$ m，上辺（底辺）の幅 $b=2.5$ m の逆二等辺三角形状のガラス板が頂点を下にして置かれている．このガラス板の上辺が水面から水深 $h=2$ m の位置にあるとき，ガラス板に作用する全圧力 F と水面から圧力の中心 C までの距離 y_c を求めよ．

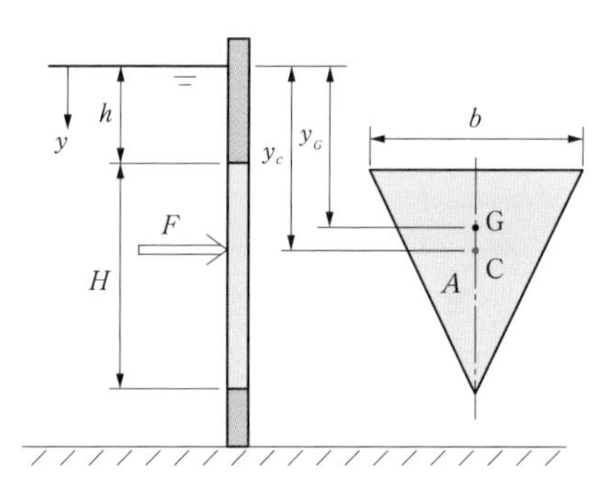

図3.14　三角形平板に作用する圧力

解　ガラス板の面積 A と水面からガラス板の図心 G（中心線上の底辺から 1/3 の点）までの距離 y_G は，それぞれ，

$$A=\frac{bH}{2}=\frac{2.5\times3}{2}=3.75\ \mathrm{m^2}$$

$$y_G=h+\frac{H}{3}=2+\frac{3}{3}=3\ \mathrm{m}$$

である．したがって，ガラス板に作用する全圧力 F は，式 (3.5) より，

$$F=Ap_G=A\rho g y_G=3.75\times(1\times10^3)\times9.8\times3=1.10\times10^5=\underline{110\ \mathrm{kN}}$$

である．三角形の図心 G を通り，y 軸に垂直な軸に関する断面二次モーメント I_G は，表 3.1 より，

$$I_G=\frac{bH^3}{36}=\frac{2.5\times3^3}{36}=1.88\ \mathrm{m^4}$$

であるので，水面から圧力の中心 C までの距離 y_c は，式 (3.10) より，

$$y_c=y_G+\frac{I_G}{Ay_G}=3+\frac{1.88}{3.75\times3}=\underline{3.17\ \mathrm{m}}$$

となる．

問 3-5　応用 ★★☆

図3.15は，浦賀ドック（船渠）の入口ゲート部を側面から簡易化して表したものである．左側の海水が長方形平板のゲートに作用する全圧力 F および下端のヒンジ（蝶番）回りの力のモーメント M を求めよ．さらに，このモーメントをすべてゲート上端の指示棒で受けるならば，その作用力 f を求めよ．ただし，水面よりヒンジまでの高さは $H = 10.7$ m，ゲートの幅は $B = 21.3$ m，ヒンジよりゲート上端の指示棒までの距離は $L = 12$ m，海水の比重は $s = 1.03$ とする．

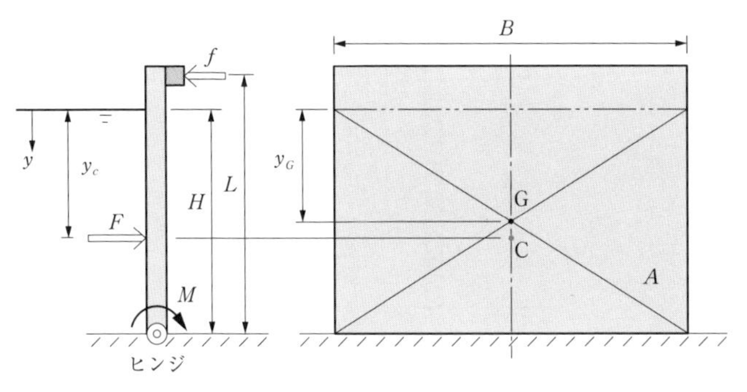

図3.15　ドックのゲート

海水がゲートに作用する全圧力 F は，式 (3.5) より，水面から図心Gまでの距離は $y_G = H/2$ であるので，

$$F = Ap_G = (BH)(\rho g y_G) = \rho g \frac{BH^2}{2} = (1.03 \times 10^3) \times 9.8 \times \frac{21.3 \times 10.7^2}{2} = \underline{1.23 \times 10^7 \text{ N}}$$

となり，また，水面より圧力の中心Cまでの距離 y_c は，式 (3.10) より，

$$y_c = y_G + \frac{I_G}{Ay_G} = \frac{H}{2} + \frac{BH^3/12}{BH(H/2)} = \frac{2}{3}H = \frac{2}{3} \times 10.7 = \underline{7.13 \text{ m}}$$

となる．したがって，下端のヒンジ回りのモーメント M は，つぎのとおり得られる．

$$M = (H - y_c)F = \left(H - \frac{2}{3}H\right)F = \frac{H}{3}F = \frac{10.7}{3} \times (1.23 \times 10^7) = \underline{4.39 \times 10^7 \text{ Nm}}$$

このモーメント M を指示棒ですべて支えるとすると，モーメントの釣り合いから作用力 f は，

$$f = \frac{M}{L} = \frac{4.39 \times 10^7}{12} = \underline{3.66 \times 10^6 \text{ N}}$$

となる．

問 3-6

応用★★☆

図3.16 に示す面積 A の円形断面（直径 d）を持つ**バタフライ弁**で流水が止められている．弁左側の水面は弁の回転軸（ヒンジ）O−O′ より高さ h_L にあり，これに対して，弁右側の水面は高さ h_R である．全圧力により生ずる弁の回転軸に関する時計回りと反時計回りのモーメントとは互いに釣り合うことを証明せよ．

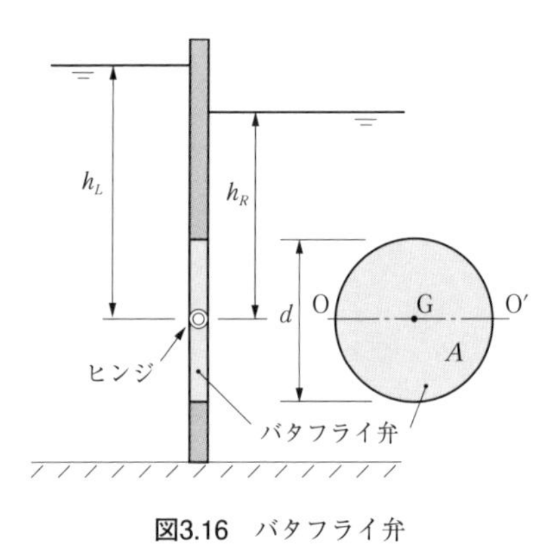

図3.16 バタフライ弁

解 バタフライ弁の左面から作用する全圧力 F_L は，水面から図心 G までの距離が $h_{GL}=h_L$ であるので，式 (3.5) より，

$$F_L = A\rho g h_{GL}$$

である．水面から全圧力が作用する圧力の中心 C までの距離 h_{cL} は，式 (3.10) より，

$$h_{cL} = h_{GL} + \frac{I_G}{Ah_{GL}}$$

である．よって，反時計回りのモーメント M_L は，

$$M_L = (h_{cL} - h_{GL})F_L = \left(h_{GL} + \frac{I_G}{Ah_{GL}} - h_{GL}\right)\rho g h_{GL} A = \rho g I_G$$

となり，水面の高さには関係しない．同様な考え方から，弁の右側に作用するモーメント M_R は，時計回りに負符号を付けて表せば，

$$M_R = -\rho g I_G$$

となり，両者のモーメントは $M_L + M_R = 0$ で釣り合う．

問 3-7

図3.17 に示すように，湖に高さ $H=1.2$ m，幅 $B=2$ m の長方形の水門がある．水門はヒンジ回りで回転できる機構であり，その下部のストッパによって力 f で押されている．水面から水門のヒンジまでの距離を $H_o=3$ m とするとき，以下の問に答えよ．

(a)　水面から水門の図心 G までの距離 y_G を求めよ．
(b)　図心に作用する圧力 p_G を求めよ．
(c)　水圧によって水門にかかる全圧力 F を求めよ．
(d)　全圧力 F が水門に作用する点 C（圧力中心）の水面からの距離 y_c を求めよ．
(e)　ストッパにかかる力 f を求めよ．

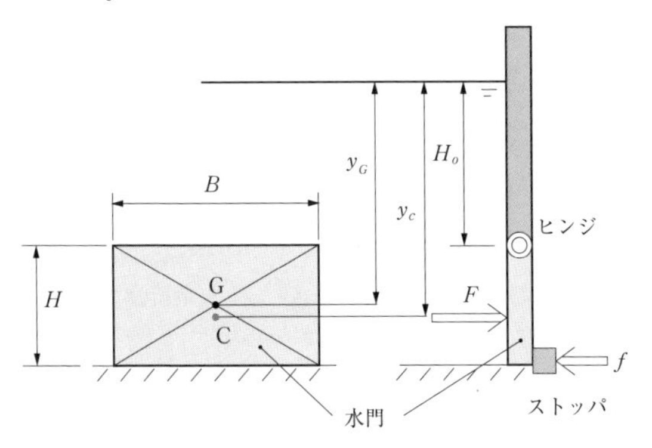

図3.17　水門にかかる力

(a)　水面から水門の図心 G までの距離 y_G は，以下のとおりである．

$$y_G=H_o+\frac{H}{2}=3+\frac{1.2}{2}=\underline{3.6\ \mathrm{m}}$$

(b)　図心 G にかかる圧力 p_G は，式 (2.9) より以下のとおりである．

$$p_G=\rho g y_G=(1\times10^3)\times9.8\times3.6=3.53\times10^4=\underline{35.3\ \mathrm{kPa}}$$

(c)　水門にかかる全圧力 F は，式 (3.5) より，以下のとおりである．

$$F=Ap_G=(BH)p_G=(2\times1.2)\times(3.53\times10^4)=8.47\times10^4=\underline{84.7\ \mathrm{kN}}$$

(d)　全圧力 F が水門に作用する圧力中心 C は，式 (3.10) より水面からの距離 y_c のところにあり，以下のとおりである．

$$y_c = y_G + \frac{I_G}{Ay_G} = y_G + \frac{BH^3/12}{BHy_G} = y_G + \frac{H^2}{12y_G} = 3.6 + \frac{1.2^2}{12 \times 3.6} = \underline{3.63\ \text{m}}$$

(e) ストッパにかかる力 f は，モーメントの釣り合いより以下のとおりである．

$$f = \frac{(y_c - H_o)F}{H} = \frac{(3.63-3)\times(8.47\times10^4)}{1.2} = 4.45\times10^4 = \underline{44.5\ \text{kN}}$$

問 3-8 応用★★★

水門を図3.18に示すような鉛直状態に保ちたい．必要なヒンジ回りの力のモーメント M が次式で表されることを下記の2つの方法 (a)，(b) によって示せ．ただし，水の密度を ρ，水門の幅を b，水面より水門上部までの高さを h_1，水面より水門下部（ヒンジ）までの高さを h_2 とする．

$$M = \rho g b\left(\frac{{h_2}^3}{6} - \frac{{h_1}^2 h_2}{2} - \frac{{h_1}^3}{3}\right) \tag{3.36}$$

(a) 水門に微小面積を考えて，そこに働くモーメントを定積分して求める方法

(b) 水門に働く全圧力と圧力中心から求める方法

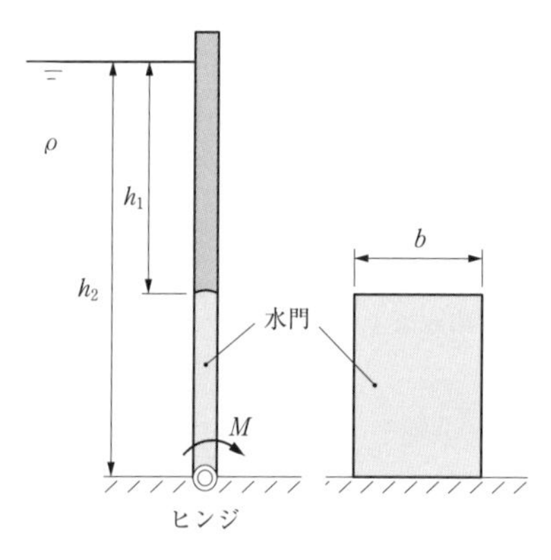

図3.18 水門に作用するモーメント

(a) 水面を基準として下方に y 軸をとると，その圧力は式 (2.9) より $p = \rho g y$ であり，微小面積 $dA = bdy$ に働く力 dF は，

$$dF = pdA = \rho g y(b \cdot dy)$$

となる．微小面積 dA に働く力 dF による水門下部のヒンジ回りのモーメント dM は，腕の長さを h_2-y とすれば，

$$dM=(h_2-y)\,dF=\rho gby(h_2-y)\,dy$$

となる．水圧により水門に作用する時計回りのモーメント M は，このモーメント dM を水門の高さにわたって h_1 より h_2 まで定積分すると，

$$M=\int dM=\rho gb\int_{h_1}^{h_2} y(h_2-y)dy=\rho gb\left[\frac{y^2}{2}h_2-\frac{y^3}{3}\right]_{h_1}^{h_2}=\underline{\rho gb\left(\frac{h_2{}^3}{6}-\frac{h_1{}^2h_2}{2}+\frac{h_1{}^3}{3}\right)}$$

のとおり与式が得られ，これと同じ大きさで反時計回りの力のモーメントを与える必要がある．

(b)　水面から水門の図心 G までの距離 y_G と水門の面積 A は，それぞれ，

$$y_G=\frac{h_1+h_2}{2},\qquad A=b(h_2-h_1)$$

となる．図心にかかる圧力 p_G は，$p_G=\rho gy_G$ であるから，水門にかかる全圧力 F は，式 (3.5) より，

$$F=Ap_G=b(h_2-h_1)\rho gy_G=\rho gb\frac{(h_2-h_1)(h_1+h_2)}{2}$$

である．全圧力 F が水門に作用する圧力中心 C は，式 (3.10) より水面からの距離 y_c のところにあり，

$$y_c=y_G+\frac{I_G}{Ay_G}=\frac{h_1+h_2}{2}+\frac{B(h_2-h_1)^3/12}{B(h_2-h_1)\{(h_1+h_2)/2\}}=\frac{h_1+h_2}{2}+\frac{(h_2-h_1)^2}{6(h_1+h_2)}$$

となる．よって，水圧により水門に作用する時計回りのモーメント M は，腕の長さを h_2-y_c とすれば，

$$M=(h_2-y_c)F=\rho gb\frac{(h_2-h_1)(h_1+h_2)}{2}\left\{\frac{h_2-h_1}{2}-\frac{(h_2-h_1)^2}{6(h_1+h_2)}\right\}$$

となり，上式を整理すると，

$$M=\rho gb\frac{(h_2-h_1)(h_1+h_2)}{2}\cdot\frac{(h_2-h_1)(h_2+2h_1)}{3(h_1+h_2)}=\underline{\rho gb\left(\frac{h_2{}^3}{6}-\frac{h_1{}^2h_2}{2}+\frac{h_1{}^3}{3}\right)}$$

となり，与式が得られる．

問 3-9　応用★★★

図3.19 に示すように，幅 $b=1.5$ m，高さ $L=3$ m，質量 $m=800$ kg の板状の水門が斜め（$\theta=60°$）に置かれ，水をせき止めている．同図の状態では，板の下端 Q より長さ $l=1$ m のところにヒンジがあり，水の自重 W によって水門は閉じられている．水位が $h=1.8$ m のとき，水門に働く全圧力 F，圧力の中心 C を求めた後に，下端の止め具の反力 f を求めよ．

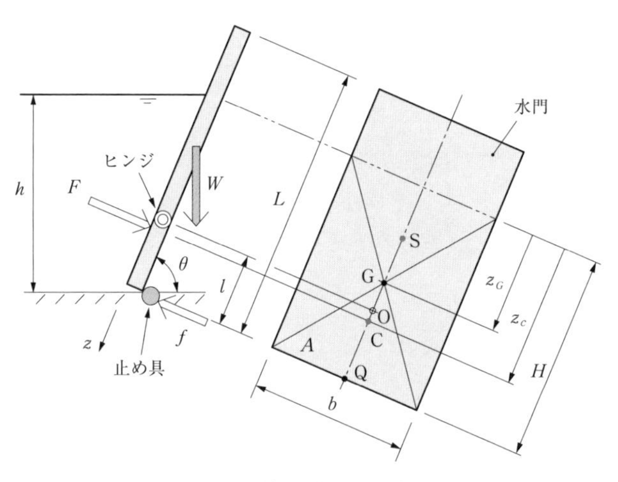

図3.19　斜めに置かれた水門

水圧が作用する水門の高さ H は，z 軸上の平板に沿い，

$$H=\frac{h}{\sin\theta} \qquad \cdots(1)$$

であるので，水門の平板にかかる全圧力 F は，式 (3.5) より，

$$F=A\rho g y_G=(bH)\rho g\frac{h}{2}=\frac{\rho gbh^2}{2\sin\theta}=\frac{(1\times10^3)\times9.8\times1.5\times1.8^2}{2\times\sin60^\circ}=2.75\times10^4=\underline{27.5\text{ kN}}$$

となる．式 (3.14) より，全圧力 F の圧力の中心 C は，水面から z 軸上の平板に沿い，

$$z_c=z_G+\frac{I_G}{Az_G}=\frac{H}{2}+\frac{(bH^3)/12}{(bH)(H/2)}=\frac{H}{2}+\frac{H}{6}=\frac{2}{3}H=\frac{2h}{3\sin\theta} \qquad \cdots(2)$$

であるので，

$$z_c=\frac{2\times1.8}{3\times\sin60^\circ}=\underline{1.39\text{ m}}$$

の位置にある．したがって，全圧力の作用する圧力の中心 C からヒンジの軸中心 O までの距離 $r=\overline{\text{CO}}$ は，

$$r = l-(H-z_c) = l-\frac{H}{3} = l-\frac{h}{3\sin\theta} = 1-\frac{1.8}{3\times\sin 60^\circ} = 0.307 \text{ m}$$

である．また，自重 $W = mg$ が水門に掛かる作用点Sからヒンジの軸中心Oまでの距離 $R = \overline{\text{SO}}$ は，

$$R = \frac{L}{2} - l = \frac{3}{2} - 1 = 0.5 \text{ m}$$

である．よって，**図3.20** に示すような力のモーメントの釣り合いより，下端の止め具の点Qから受ける反力 f は，

$$f = \frac{rF - R(mg\cos\theta)}{l} = \frac{0.307\times(2.75\times10^4) - 0.5\times(800\times9.8\times\cos60^\circ)}{1} = 6.48\times10^3$$
$$= \underline{6.48 \text{ kN}}$$

となる．

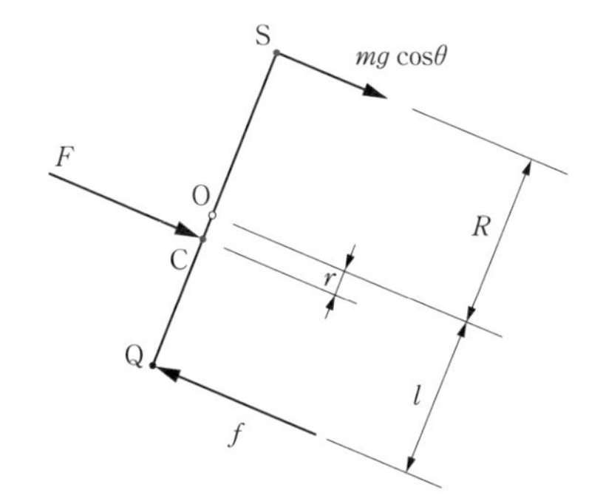

図3.20　力のモーメントの釣り合い

問 3-10

弁体が弁座から離れ，x 軸方向に移動する形式のバルブをポペット弁という．図3.21 のポペット弁では，ばねの力により円錐形の弁体が弁座に当たり，高圧の油の流れを完全に抑止している．ばね定数を $k=7$ kN/m，ばねの初期変位量を $x_o=5$ mm とするならば，この弁がばね力に抗して開くときの油圧（油の圧力）p を求めよ．ただし，ばね側の油圧は無視でき，弁体が弁座に接する流路の直径は $d=3$ mm とする．

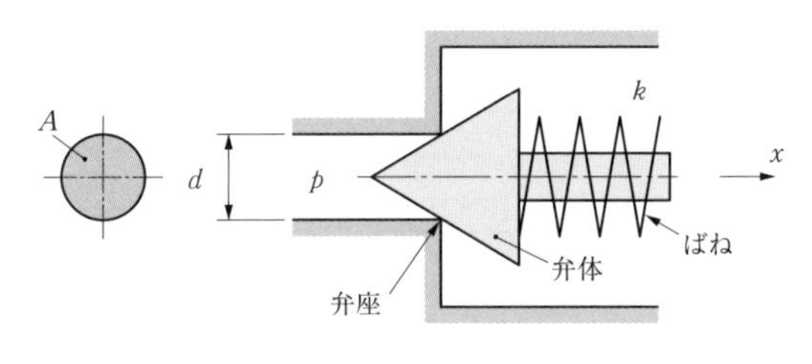

図3.21　ポペット弁

ばねによる力 F_k は，

$$F_k=kx_o$$

であり，油圧による全圧力 F_p は，式（3.19）より円錐形弁体の投影面積が $A=\pi d^2/4$ であるから，

$$F_p=\frac{\pi d^2}{4}p$$

である．2 つの力は等しく $F_k=F_p$ のとき，弁体はばね力に抗して弁座より離れて開くので，そのときの油圧 p は，

$$p=\frac{4kx_o}{\pi d^2}=\frac{4\times(7\times10^3)\times(5\times10^{-3})}{3.14\times(3\times10^{-3})^2}=4.95\times10^6=\underline{4.95\ \text{MPa}}$$

となる．

問 3-11　応用★★☆

図3.22 に示すように直径 $d_1 = 8\,\mathrm{mm}$ の鋼球が空気の圧力差 $\Delta p = p_1 - p_2$ によって直径 $d_2 = 5\,\mathrm{mm}$ の穴を塞ぎ，鋼球の重力による落下を防いでいる．鋼球の体積を $V = \pi d_1{}^3/6$，比重を $s = 7.8$ とするとき，鋼球が落下しないための圧力差 Δp を求めよ．

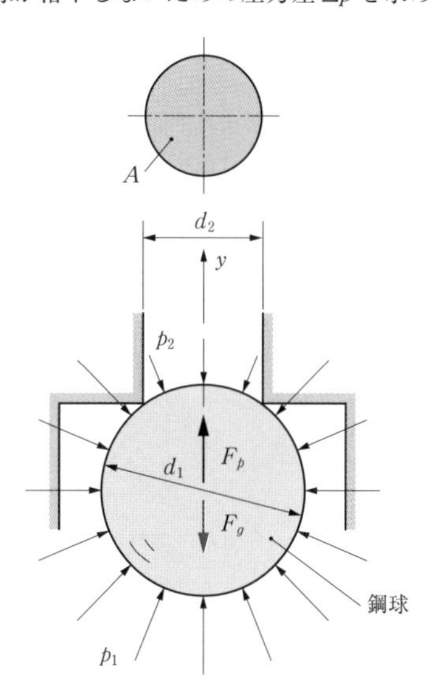

図3.22　鋼球に働く重力と全圧力

質量 m の鋼球に働く重力 F_g は，水の密度を ρ とすれば，

$$F_g = mg = s\rho Vg = s\rho\left(\frac{\pi d_1{}^3}{6}\right)g$$

であり，y 軸方向の全圧力 F_p は，式 (3.19) より投影面積 $A = \pi d_2{}^2/4$ に比例するので，

$$F_p = A(p_1 - p_2) = \frac{\pi d_2{}^2}{4}\Delta p$$

となる．これらの重力 F_g と全圧力 F_p を等しく置けば，圧力差 Δp は，

$$\Delta p = \frac{2s\rho g d_1{}^3}{3d_2{}^2} = \frac{2\times 7.8\times 10^3\times 9.8\times 0.008^3}{3\times 0.005^2} = 1.04\times 10^3 = 1.04\,\mathrm{kPa}$$

であり，$\Delta p > 1.04\,\mathrm{kPa}$ では鋼球は落下しない．

問 3-12

密度 $\rho = 880$ kg/m^3 の油中に図3.23のような曲率半径 $r = 0.8$ m，幅 $b = 1.2$ m の曲板が深さ $h = 2$ m の位置に置かれている．曲板に対して同図のように x 軸および y 軸をとるとき，各方向の全圧力 F_x，F_y を求めよ．さらに，これら全圧力の合力 F とその方向の角度 α を示せ．

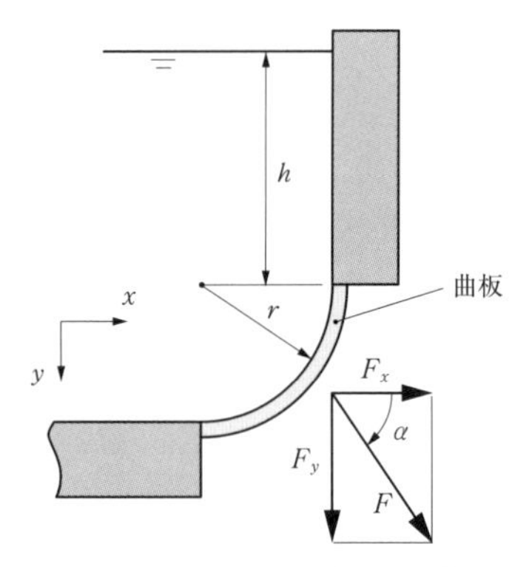

図3.23　曲板にかかる全圧力（奥行き方向の幅は b）

曲板の x 軸方向に垂直な投影面積は，$A_x = br$ であり，水面よりこの図心までの距離は $y_G = h + r/2$ であるので，x 軸方向に働く全圧力 F_x は，式 (3.20) より，

$$F_x = \rho g y_G A_x = \rho g\left(h + \frac{r}{2}\right)rb = 880 \times 9.8 \times \left(2 + \frac{0.8}{2}\right) \times 0.8 \times 1.2 = 1.99 \times 10^4 = \underline{19.9 \text{ kN}}$$

となる．また，曲板の上部の体積は，$V = b(rh + \pi r^2/4)$ であるので，y 軸方向に働く全圧力 F_y は，式 (3.21) より，

$$F_y = \rho g V = \rho g b\left(rh + \frac{\pi r^2}{4}\right) = 880 \times 9.8 \times 1.2 \times \left(0.8 \times 2 + \frac{3.14 \times 0.8^2}{4}\right) = 2.18 \times 10^4$$

$$= \underline{21.8 \text{ kN}}$$

となる．したがって，全圧力の合力 F とその方向 α は，式 (3.22) より，

$$F = \sqrt{F_x{}^2 + F_y{}^2} = \sqrt{(1.99 \times 10^4)^2 + (2.18 \times 10^4)^2} = 2.95 \times 10^4 = \underline{29.5 \text{ kN}}$$

$$\alpha = \tan^{-1}\left(\frac{F_y}{F_x}\right) = \tan^{-1}\left(\frac{2.18 \times 10^4}{1.99 \times 10^4}\right) = \underline{47.6°}$$

のとおり得られる．

問 3-13 

図3.24 に示すように直径 $d=3.6$ m，長さ $l=20$ m の円柱を横に置き，比重が $s=1.2$ の高濃度の塩水と真水を仕切っている．この円柱に及ぼす水平方向（x 軸），鉛直方向（y 軸）の分力 F_x，F_y を求めた後に，その合力 F の大きさとその方向の角度 α を示せ．ただし，円柱下面からの水位は，それぞれ $h_L=3.6$ m，$h_R=1.8$ m とする．

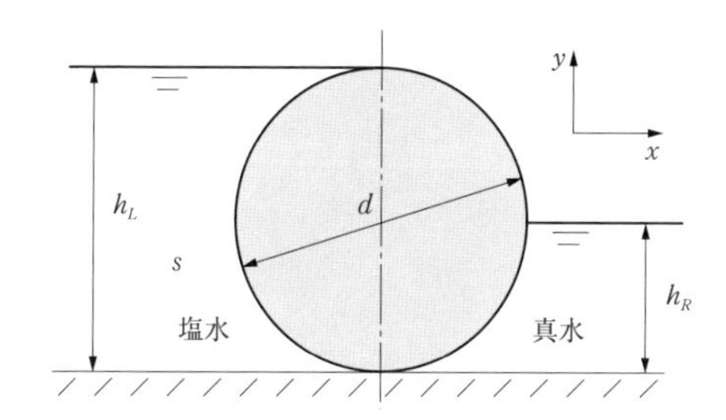

図3.24　塩水と真水を仕切る円柱（奥行き方向の長さは l）

左の塩水側から円柱に作用する水平方向の全圧力 F_{xL} は，真水の密度を ρ とすれば，式(3.20) より，

$$F_{xL}=s\rho g\frac{h_L}{2}lh_L$$

である．同様に，右の真水側から円柱に作用する x 軸方向の全圧力 F_{xR} は，

$$F_{xR}=\rho g\frac{h_R}{2}lh_R$$

である．したがって，以下のとおり，x 軸方向の分力 F_x が得られる．

$$F_x=F_{xL}-F_{xR}=(sh_L{}^2-h_R{}^2)\frac{\rho gl}{2}=(1.2\times3.6^2-1\times1.8^2)\times\frac{(1\times10^3)\times9.8\times20}{2}$$

$$=\underline{1.21\times10^6\ \mathrm{N}}$$

一方，円柱の中心線を垂直にとると，左の塩水側に没している体積 V_L は，

$$V_L=\frac{1}{2}\frac{\pi d^2}{4}l$$

であり，右の真水側に接している体積 V_R は，

$$V_R=\frac{1}{4}\frac{\pi d^2}{4}l$$

である．式 (3.21) より，左の塩水側から円柱に作用する y 軸方向の全圧力 F_{yL} は，y 軸の方向を考えて，

$$F_{yL} = s\rho g V_L$$

となる．同様に，右の真水側から円柱に作用する y 軸方向の全圧力 F_{yR} は，

$$F_{yR} = \rho g V_R$$

である．よって，以下のとおり，y 軸方向の分力 F_y が得られる．

$$F_y = F_{yL} + F_{yR} = \left(\frac{s}{2} + \frac{1}{4}\right)\rho g \frac{\pi d^2}{4} l = \left(\frac{1.2}{2} + \frac{1}{4}\right) \times (1 \times 10^3) \times 9.8 \times \frac{3.14 \times 3.6^2}{4} \times 20$$

$$= \underline{1.69 \times 10^6 \text{ N}}$$

これらの合力 F とその方向の角度 α は，**図3.25** に示すように直角三角形の力ベクトルを考えれば，式 (3.22) より，

$$F = \sqrt{F_x{}^2 + F_y{}^2} = \sqrt{1.21 \times 10^6 + 1.69 \times 10^6} = \underline{2.08 \times 10^6 \text{ N}}$$

$$\alpha = \tan^{-1}\left(\frac{F_y}{F_x}\right) = \tan^{-1}\left(\frac{1.69 \times 10^6}{1.21 \times 10^6}\right) = \underline{54.4°}$$

のとおり求められる．

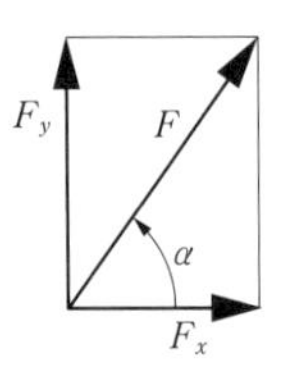

図3.25　力ベクトルの三角形

問 3-14　発展★☆☆

内径 D, 長さ l, 厚さ δ の薄肉円管内面に均等な圧力 p が加わっている（図 3.8）. **図3.26** のように微小角度 $d\theta$ の面積要素に圧力 p が作用することを考えて面積分を行い, y 軸方向の全圧力が $F_y = lDp$, すなわち, 圧力 p と投影面積 $A = lD$ との積で表されることを示せ.

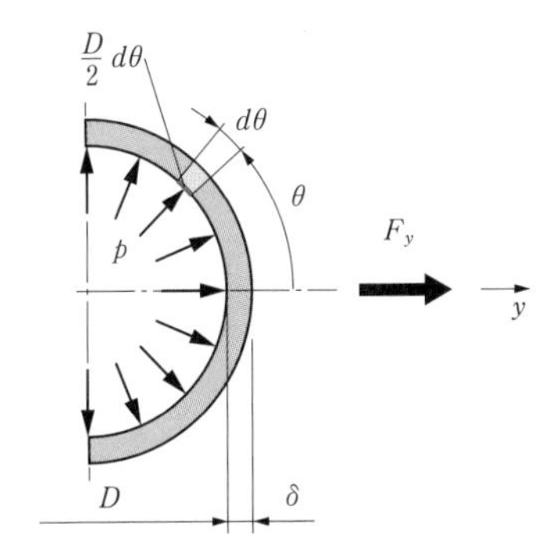

図3.26　薄肉円筒内面に作用する圧力（右断面：奥行き方向の長さは l）

微小角度要素 $d\theta$ における面積要素は, $dA = l(D/2)\,d\theta$ であり, この微小面積に対する法線方向の全圧力を dF とすれば,

$$dF = dA \cdot p = l\left(\frac{D}{2}\right)d\theta \cdot p$$

である. したがって, y 軸方向の全圧力 F_y は,

$$F_y = \int \cos\theta \cdot dF = \frac{lDp}{2}\int_{-\pi/2}^{+\pi/2} \cos\theta \cdot d\theta = lDp\left[\sin\theta\right]_0^{\pi/2} = \underline{lDp}$$

となる. なお, この全圧力 F_y は, 式（3.26）で求めた結果と同じである.

問 3-15

圧力配管用炭素鋼鋼管は，使用圧力 10 MPa 程度までの流体の配管に用いられ，日本工業規格（JIS G 3454）にて仕様が規定されている．この管路を用いて圧力 $p=3.5$ MPa の液体を封入したい．鋼管の外径が 20 インチ（$D_o=508$ mm），種類が STPG370（引張強さ $\sigma_t=370$ N/mm^2）であるとき，鋼管の厚さ δ は何 mm 以上にすればよいか．ただし，鋼管は薄肉円筒容器とみなし，フープ応力 σ_h を引張強さの 1/5 と見積もって計算せよ．

フープ応力 σ_h は，引張り強さ σ_t に対して $\sigma_h=\sigma_t/5$ であるから，式 (3.28) より，

$$p=\frac{2\delta\sigma_h}{D}=\frac{2\delta(\sigma_t/5)}{D_o-2\delta}$$

である．よって，このとき鋼管の厚さ δ は，

$$\delta=\frac{D_o}{2+\frac{2}{5}\frac{\sigma_t}{p}}=\frac{0.508}{2+\frac{2}{5}\times\frac{370\times10^6}{3.5\times10^6}}=0.0115\ \mathrm{m}$$

となり，鋼管の厚さが $\underline{\delta=11.5\ \mathrm{mm}}$ 以上になるようにすればよい．したがって，JIS G 3454 に従い，呼び厚さがスケジュール 30 の 12.7 mm を選定する．

問 3-16

質量 $m=0.4$ kg，直径 $d=15$ cm の球状物体が水面に浮いている．上から押して球状物体を完全に沈めるためには，力 F はどれほど必要か．なお，球の体積は $V=\pi d^3/6$ で表せる．

球に作用する浮力 B は，式 (3.30) より，

$$B=\rho gV=\rho g\frac{\pi d^3}{6}$$

である．球の重量を W とすれば，完全に沈めた状態では，$F+W=B$ で力が釣り合うから，上から球を押す力 F は，

$$F=B-W=\left(\rho\frac{\pi d^3}{6}-m\right)g=\left(1\times10^3\times\frac{3.14\times0.15^3}{6}-0.4\right)\times9.8=\underline{13.4\ \mathrm{N}}$$

のとおり求められる．

問 3-17　応用 ★★★

図3.27 は浮力の原理を利用した**比重計**であり，ガラス柱の底部には安定性を図るために鉛球が入っている．まず，質量 m の比重計を密度 ρ の蒸留水に入れると同図(a) に示すように重力と浮力により釣り合い静止している．つぎに，比重計を別の液体に入れると，同図(b) のように断面積 A の柄の部分が長さ l だけ下降した．この液体の比重 s を求めよ．

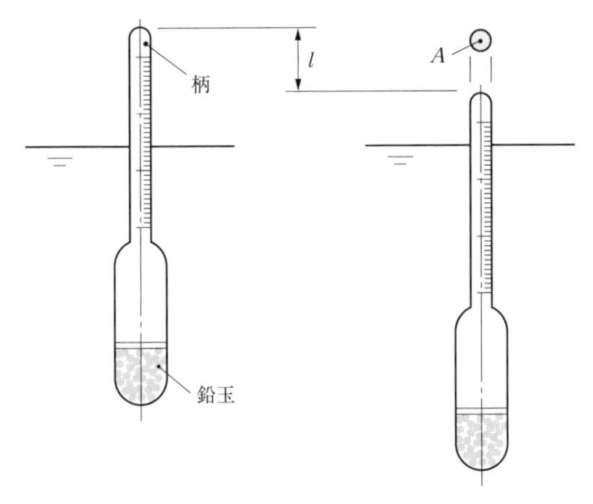

(a) 密度 ρ の蒸留水中　　(b) 比重 s の液体中

図3.27　比重計

解　まず，左図において質量 m の比重計に働く重力と浮力の釣り合いは，比重計が排除した体積を V とすれば，式 (3.30) より，

$$mg = \rho g V \qquad \cdots(1)$$

であり , 同様にして右図では密度 $s\rho$ の液体において，排除した体積が Al だけ増えるので，

$$mg = s\rho g(V+Al) \qquad \cdots(2)$$

で表される．したがって，液体の比重 s は，式 (1)，(2) より，

$$\underline{s = \frac{V}{V+Al} = \frac{1}{1+\dfrac{\rho Al}{m}}}$$

となる．

問 3-18

半径 $r=25\,\mathrm{cm}$，長さ $l=2\,\mathrm{m}$ の丸太（円形断面の木材）を水に浮かべたところ，図3.28(a)のように半分の体積が沈んだ．つぎに，同じ木材を塩分濃度の高い塩水に浮かべたところ，図3.28(b)のように，液面から高さ $h=30\,\mathrm{cm}$ の位置で静止した．この塩水の比重 s および木材の質量 m を求めよ．

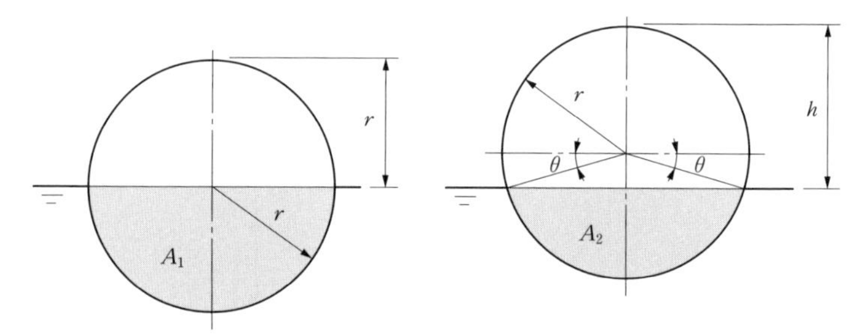

図3.28 液体に浮かぶ丸太（紙面に直角な奥行き方向に長さ l）

まず，同図(a)の水中において，質量 m の木材に働く重力と浮力の釣り合いは，排除した体積を V_1，水の密度を ρ とすれば，式(3.30)より，

$$mg=\rho g V_1 \qquad \cdots(1)$$

となる．また，同図(b)の塩水中では，排除した体積を V_2 とすれば，同様に釣り合い式は，

$$mg=s\rho g V_2 \qquad \cdots(2)$$

で表される．式(1)，(2)より，塩水の比重 s は，木材が液体に没している断面積をそれぞれ A_1，A_2 とすれば，

$$s=\frac{V_1}{V_2}=\frac{A_1 l}{A_2 l}=\frac{A_1}{A_1-A_0} \qquad \cdots(3)$$

となる．ここで，A_0 は，両者の断面積差 $A_0=A_1-A_2$ であり，同図(b)のとおり角度 θ を定めると幾何学的に断面積 A_1，A_0 は以下のように求められる．

$$A_1=\frac{1}{2}\pi r^2 \qquad \cdots(4)$$

$$A_0=2\left(\frac{\theta}{2\pi}\pi r^2+\frac{r\sin\theta\cdot r\cos\theta}{2}\right)=\left(\theta+\frac{\sin 2\theta}{2}\right)r^2 \qquad \cdots(5)$$

ここに，

$$\theta=\sin^{-1}\left(\frac{h-r}{r}\right) \qquad \cdots(6)$$

である．以下では，実際の数値を代入する．式 (6) より，角度 θ は，

$$\theta=\sin^{-1}\left(\frac{h-r}{r}\right)=\sin^{-1}\left(\frac{0.3-0.25}{0.25}\right)=11.5°$$

であるので，式 (4)，(5) より，断面積 A_1，A_0 は，

$$A_1=\frac{1}{2}\pi r^2=\frac{1}{2}\times 3.14\times 0.25^2=0.0981\,\mathrm{m}^2$$

$$A_0=\left(\theta+\frac{\sin 2\theta}{2}\right)r^2=\left\{\frac{3.14\times 11.5}{180}+\frac{\sin(2\times 11.5°)}{2}\right\}\times 0.25^2=0.0247\,\mathrm{m}^2$$

となり，したがって，塩水の比重 s は，式 (3) より，

$$s=\frac{A_1}{A_1-A_0}=\frac{0.0981}{0.0981-0.0247}=\underline{1.34}$$

となる．また，式 (1) より，この木材の質量 m は，

$$m=\rho V_1=\rho A_1 l=1000\times 0.0981\times 2=\underline{196\,\mathrm{kg}}$$

のとおり得られる．

問 3-19　応用★★★

図3.29 のように，水面より深さ $z_1 = 2.5\ \mathrm{m}$ のタンク底に円錐形状の栓があり，半径 $r_1 = 0.5\ \mathrm{m}$ の穴を塞いでいる．この栓を持ち上げるのに必要な力 f を下記の 2 つの方法で求めよ．ただし，円錐形状の栓は頂角 $\alpha = 90°$，半径 $r_2 = 1\ \mathrm{m}$，比重 $s = 2.7$ のアルミニウム素材とし，円錐の体積 V は，底面積の半径を r，高さを h とすれば $V = (1/3)\pi r^2 h$ である．

(a)　円錐の栓が水と接する面を内側と外側に分けて圧力による力と浮力から求める方法

(b)　円錐の栓が水と接する面に対し微小面積を取り定積分（下面部）して求める方法

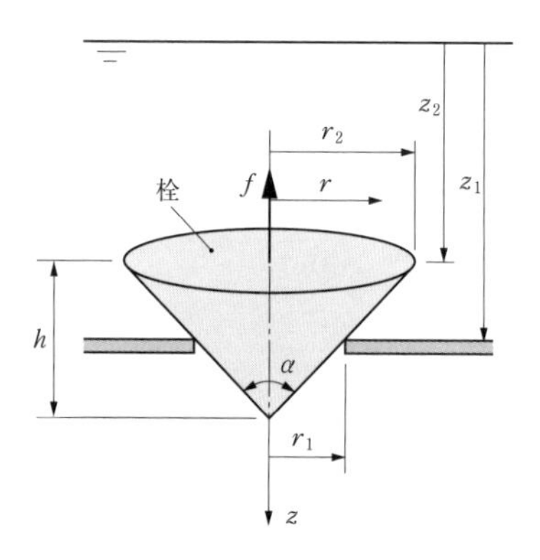

図3.29　タンク底の円錐形状の栓

(a)　図3.30 に示すように，栓に働く力は，①重力 F_g，②内側の面に働く全圧力 F_p，③外側の体積 V_b に働く浮力 F_b に分けられ，鉛直下方に働く力 F は，これら力の釣り合いより次式で表される．

$$F = F_g + F_p - F_b \qquad \cdots(1)$$

それぞれの力は以下の①，②，③のとおり考えられる．

①　円錐の頂角が 90° であるから，円錐の高さは $h = r_2 = 1\ \mathrm{m}$ であり，その体積 V は，

$$V = \frac{1}{3}\pi r_2{}^2 h = \frac{1}{3} \times 3.14 \times 1^2 \times 1 = 1.05\ \mathrm{m}^3$$

となり，このアルミニウムの密度は $\rho_a = 2.7 \times 10^3\ \mathrm{kg/m^3}$ であるので，その質量を m とすれば重力 F_g は，

$$F_g = mg = (\rho_a V)g = (2.7\times10^3)\times1.05\times9.8 = 2.78\times10^4 = 27.8\ \text{kN} \qquad \cdots(2)$$

となる．

② 円錐の半頂角が45°であるので $z_1 - z_2 = r_2 - r_1 = 0.5$ m であり，水面から栓の上面までの深さは $z_2 = 2$ m となる．したがって，内側の上面に働く全圧力 F_p は，その圧力を p_2 とすると，

$$F_p = (\pi r_2^2)p_2 = \pi r_2^2(\rho g z_2) = 3.14\times0.5^2\times(1\times10^3\times9.8\times2) = 1.54\times10^4 = 15.4\ \text{kN} \qquad \cdots(3)$$

となる．

③ 外側の体積 V_b を求めると，

$$V_b = \frac{1}{3}\pi r_2^2 h - \frac{1}{3}\pi r_1^2 h_1 - \pi r_1^2(h-h_1) = \frac{1}{3}\pi\{r_2^2 h - r_1^2 h_1 - 3r_1^2(h-h_1)\}$$

$$= \frac{1}{3}\times3.14\times\{1^2\times1 - 0.5^2\times0.5 - 3\times0.5^2\times(1-0.5)\} = 0.523\ \text{m}^3$$

であるから，外側の体積 V_b に働く浮力 F_b は，

$$F_b = \rho g V_b = 1\times10^3\times9.8\times0.523 = 5.13\times10^3 = 5.13\ \text{kN} \qquad \cdots(4)$$

となる．式 (2)，(3)，(4) を式 (1) に代入すると，

$$F = F_g + F_p - F_b = 2.78\times10^4 + 1.54\times10^4 - 5.13\times10^3 = 3.81\times10^4 = \underline{38.1\ \text{kN}}$$

が得られ，この力 F に等しい力 f で鉛直上方に持ち上げれば，栓は抜ける．

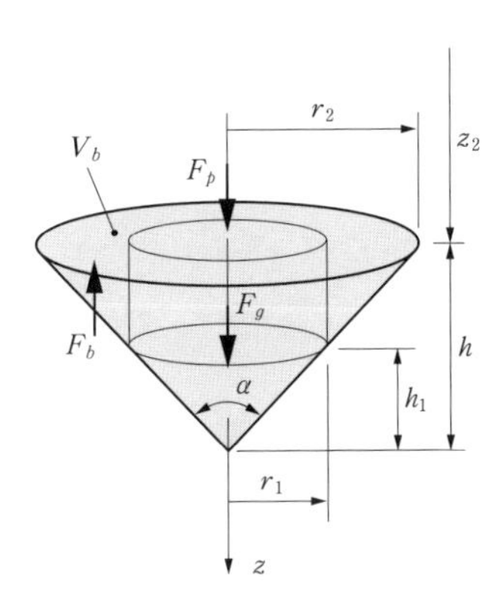

図3.30 円錐の栓に働く力

(b)　円錐の栓が受ける水圧は，**図3.31** に示すとおり，いずれの面に対して垂直に作用している．以下では，円錐下部に働く水圧による力 F_D と円錐上部に働く水圧による力 F_U とをそれぞれ求める．

まず，円錐下部面に働く圧力 p は，水の密度を ρ とすれば，水面からの深さ z とともに直線的に増加し，$p=\rho gz$ となり，上下端での境界において，下端部 $r=r_1$ では $p_1=\rho gz_1$，上端部 $r=r_2$ では $p_2=\rho gz_2$ となる．よって，圧力 p は，半径 r の関数として次式で与えられる．

$$p=\frac{p_1-p_2}{r_2-r_1}(r_2-r)+p_2 \qquad \cdots(5)$$

したがって，円錐下部面に働く力 F_D は，圧力 p が微小面積 $dA=2\pi rdr$ に作用するので，式(5)を代入して面積分すると，

$$F_D=\int_A pdA=2\pi\int_{r_1}^{r_2} r\left\{\frac{p_1-p_2}{r_2-r_1}(r_2-r)+p_2\right\}dr=2\pi\frac{p_1-p_2}{r_2-r_1}\left[r_2\frac{r^2}{2}-\frac{r^3}{3}\right]_{r_1}^{r_2}+2\pi p_2\left[\frac{r^2}{2}\right]_{r_1}^{r_2}$$

$$=2\pi\frac{p_1-p_2}{r_2-r_1}\left(\frac{{r_2}^3}{6}-\frac{{r_1}^2r_2}{2}+\frac{{r_1}^3}{3}\right)+\pi({r_2}^2-{r_1}^2)p_2$$

となる．一方，円錐上部面に働く圧力 p は，面に均一で $p=p_2=\rho gz_2$ である．上下面での圧力分布 p は，**図3.32** の示すように z 軸方向の投影面積に対して掛かる．したがって，上端部に働く力 F_U は，

$$F_U=\pi {r_2}^2 p_2$$

となる．最後に，円錐の栓に働く z 軸方向の力 F は，前問 (a) で求めた重力 F_g を加えて，

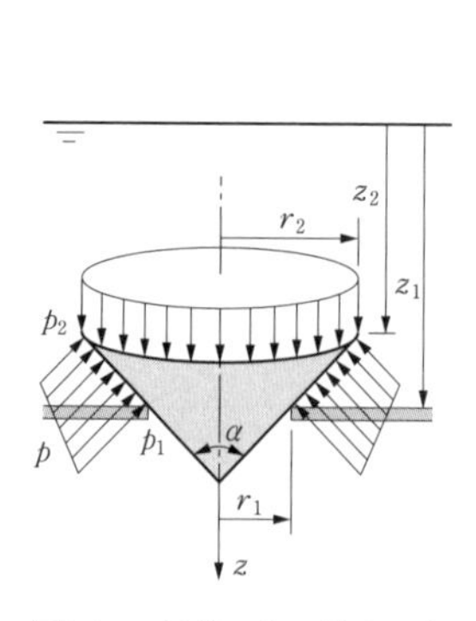

図3.31　円錐の栓に働く圧力

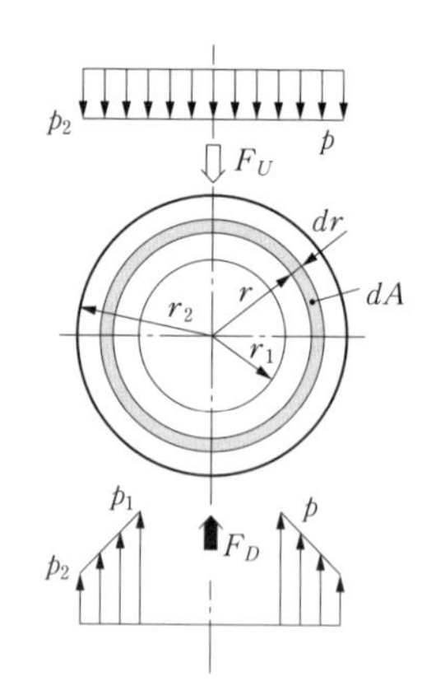

図3.32　上下投影面に働く圧力分布

$$F = F_U - F_D + F_g = \pi\rho g\left\{r_1^2 z_2 - 2\frac{z_1 - z_2}{r_2 - r_1}\left(\frac{r_2^3}{6} - \frac{r_1^2 r_2}{2} + \frac{r_1^3}{3}\right)\right\} + F_g$$

$$= 3.14 \times (1\times10^3) \times 9.8 \times \left\{(0.5^2 \times 2) - 2 \times \frac{2.5-2}{1-0.5} \times \left(\frac{1^3}{6} - \frac{0.5^2 \times 1}{2} + \frac{0.5^3}{3}\right)\right\} + 2.78\times10^4$$

$$= 3.81 \times 10^4 = \underline{38.1\ \mathrm{kN}}$$

が得られ，この力 F に等しい力 f で鉛直上方に持ち上げれば栓は抜ける．

問 3-20　発展★★☆

図3.33 のように，高さ $H = 5$ cm，直径 $D = 12$ cm の円柱形状の木材が水面に浮いて静止している．木材の下面が水面から $H_o = 3.2$ cm だけ水没しているとき，この木材の比重 s を求めよ．また，この状態のメタセンタの高さ $h = \overline{\mathrm{GM}}$ を計算せよ．さらに，木材の高さ H を同じにして直径 D を減少させるならば，この木材が水中にて安定性を保って浮いているための最小直径 $D_{\min}$ を求めよ．

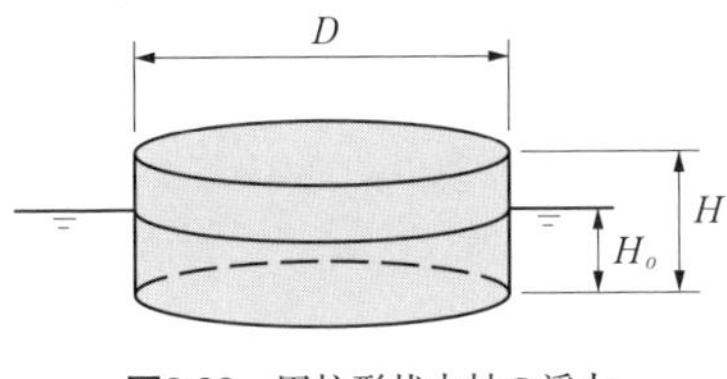

図3.33　円柱形状木材の浮力

木材の重量 W は，水の密度を ρ_w とすれば，

$$W = s\rho_w g\frac{\pi D^2}{4}H$$

である．一方，浮力 B は，式 (3.30) より，

$$B = \rho_w g\frac{\pi D^2}{4}H_o$$

であり，木材が釣り合い静止していれば，$W = B$ であるから，木材の比重 s は，

$$s = \frac{H_o}{H} = \frac{0.032}{0.05} = \underline{0.64}$$

である．一方，式 (3.35) において，水中に没している体積を $V = (\pi D^2/4)H_o$，図心と浮心間の距

離を $\overline{CG}$ とすれば，円形断面の中心軸を通る断面二次モーメントは表 3.1より $I_o = \pi D^4/64$ であるから，メタセンタの高さ $h = \overline{GM}$ は，

$$h = \frac{I_o}{V} - \overline{CG} = \frac{\pi D^4/64}{(\pi D^2/4)H_o} - \left(\frac{H}{2} - \frac{H_o}{2}\right) = \frac{D^2}{16H_o} - \frac{H-H_o}{2}$$

$$= \frac{0.12^2}{16 \times 0.032} - \frac{0.05-0.032}{2} = 0.0191 = \underline{19.1\ \mathrm{mm}}$$

となる．木材の浮体が安定性を保つためには，式 (3.35) において $h>0$ である必要があるので，上式で $D = D_{\min}$ と置き変形すると，

$$D_{\min} = \sqrt{8H_o(H-H_o)} = \sqrt{8 \times 0.032 \times (0.05-0.032)} = 0.0679 = \underline{67.9\ \mathrm{mm}}$$

の結果が得られる．

問 3-21 発展★★☆

幅 b，高さ H，長さ L の直方体の物体が液体中に H_o だけ沈み静止状態にある．長さ L が幅 b や高さ H に比べ十分に長いとき，この物体が**図3.34** のような安定した姿勢を保つことができるのは，幅と高さの比 b/H が幾つ以上までの状態かを示せ．ただし，物体と液体の比重はそれぞれ $s_m = 0.8$，$s_f = 1.2$ とする．

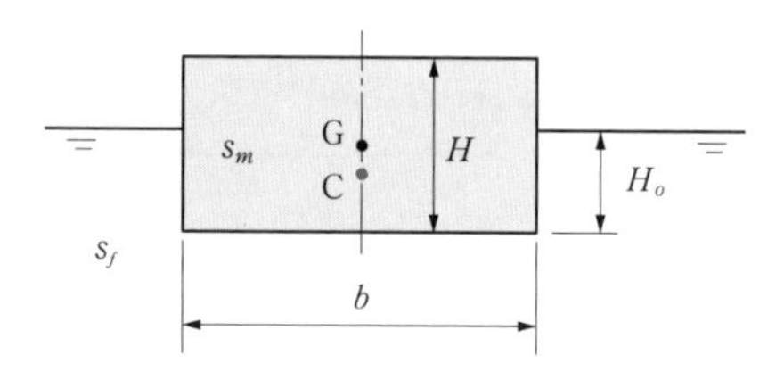

図3.34 直方体の物体の浮力（奥行き方向の長さは L）

材料の重量 W は，水の密度を ρ_w とすれば，

$$W = s_m \rho_w g(bHL)$$

であり，浮力 B は，式 (3.30) より，

$$B = s_f \rho_w g(bH_o L)$$

である．木材が釣り合い静止していれば，$W = B$ であるから，液体に没している高さ H_o は，両式

から，

$$H_o = \frac{s_m}{s_f} H = \frac{0.8}{1.2} H = \frac{2}{3} H \qquad \cdots(1)$$

となる．よって，同図に示すように，図心Gと浮心Cとの距離 $h = \overline{\mathrm{CG}}$ は，

$$\overline{\mathrm{CG}} = \frac{1}{2}(H - H_o) = \frac{H}{6} \qquad \cdots(2)$$

である．図3.35 に示すように図心Gを通り紙面に垂直な軸を通る断面二次モーメントは表3.1 より $I_o = Lb^3/12$ であるから，メタセンタの高さ h は，式 (3.35)，式 (1)，(2) より，

$$h = \frac{I_o}{V} - \overline{\mathrm{CG}} = \frac{Lb^3/12}{LbH_o} - \frac{H}{6} = \frac{b^2}{8H} - \frac{H}{6}$$

となる．上式において，メタセンタの高さが $h > 0$ のとき安定であるので，幅と高さの比 b/H は，

$$\frac{b}{H} > \sqrt{\frac{4}{3}} = \underline{1.15}$$

が得られる．

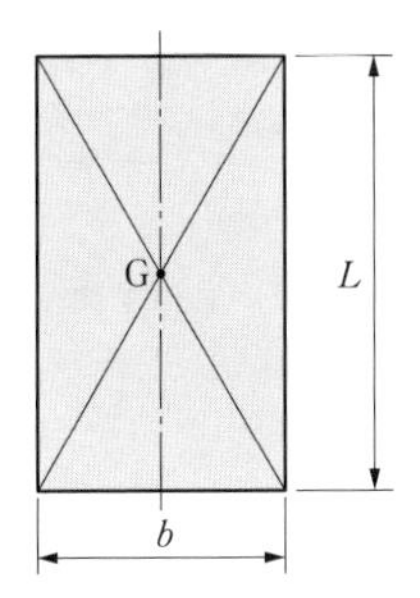

図3.35 図心Gを通り紙面に垂直な軸通る断面二次モーメント（図3.34の上面図）

Column C ニュートンの運動方程式

ニュートンの運動に関する三つの法則は，以下のとおりである。

(1) ニュートンの第一法則（**慣性の法則**）：物体に外部から力が作用しなければ，物体の運動は変化せず，静止の状態を保つか等速運動を続ける．
(2) ニュートンの第二法則（**運動の法則**）：運動量の時間的な変化は，これに作用する力に等しい（力の定義）．もしくは，物体に外から力が作用して運動するとき，その力の大きさは加速度の大きさに比例し，力の方向は加速度の方向に一致する．
(3) ニュートンの第三法則（**作用・反作用の法則**）：ある物体が他の物体に力を作用させるとき，両物体に作用する力はその大きさが等しく，方向が反対となる．

ニュートンの運動方程式とは，物体の運動を規定するために，ニュートンの第二法則を数式化したもので，次式で与えられている．

$$m\boldsymbol{\alpha} = \boldsymbol{F} \tag{C.1}$$

すなわち，ニュートンの第二法則を「流体の力学」に適用するならば，物体を流体要素（あるいは，流体粒子や流体塊）に置き換えて，「質量 m の流体要素に外部から力 $\boldsymbol{F}$ が作用すれば，その大きさに比例した加速度$\boldsymbol{\alpha}$が生じる」ことになる．質量 m の物体に n 個の力のベクトル $\sum_{i=1}^{n}\boldsymbol{F}_i$ が作用して，加速度 α で運動する**ニュートンの運動方程式**は，

$$\sum_{i=1}^{n}\boldsymbol{F}_i = m\alpha \tag{C.2}$$

で表される．このとき，もし物体が静止していれば平衡であるといい，その物体に働くすべての力の和が零でなければならない．すなわち，

$$\sum_{i=1}^{n}\boldsymbol{F}_i = 0 \tag{C.3}$$

であり，物体に働く力は釣り合う．ここで，式 (C.2) の右辺を左辺に移項すれば，

$$\sum_{i=1}^{n}\boldsymbol{F}_i - (m\alpha) = 0 \tag{C.4}$$

となり，物体が加速度 $+\alpha$ で移動する状態において，$-m\alpha$ を物体に働く力の一つとしてみなせば，上式の左辺は，式 (C.3) と同じように平衡を保ち，あたかも静止しているかのように考えることができる．この質量 m と加速度 α を掛け合わせ，ベクトルの向きを反対にした仮想の力 $-m\alpha$ を**慣性力**と呼び，外力に対して抗するため**慣性抵抗**ともいう．このように，物体に働く力は，慣性力を含めれば，つねに力学的に釣り合って平衡であることを**ダランベールの原理**という．

第 4 章

流体の運動と一次元流れ

4.1 流れの状態

流れの状態は，図4.1 に示すように時間と空間で分類できる．流れ場の中で，速度，圧力，密度，温度などが時間とともに変化しないことを定常といい，流体粒子の速度や流れの状態が時間には関係せず，位置のみに依存する流れを**定常流**と呼ぶ．これに対して，流れの状態が時間によって変化する流れを**非定常流**と呼ぶ．たとえば流速 v が定常か非定常かは，それぞれ次式のとおり表される．

$$\text{定常流：}\frac{\partial v}{\partial t}=0, \qquad \text{非定常流：}\frac{\partial v}{\partial t}\neq 0 \tag{4.1}$$

流れの状態は，時間的な分類のほかに，空間的な分類ができる．流れを厳密に考えるならば，三次元座標をとり，それぞれの空間位置での速度や圧力などを調べる必要がある．図4.2 に示すような**三次元流れ**では，座標 (x, y, z) において，流速 $\boldsymbol{v}$ はベクトル量で表せる．第 12 章で述べるオイラーの方法のように流れを任意の一点で観察するならば，各座標軸の速度成分 v_x, v_y, v_z は，それぞれ位置 x, y, z と時間 t の関数として，

$$v_x=f(x,y,z,t)\,, \qquad v_y=f(x,y,z,t)\,, \qquad v_z=f(x,y,z,t) \tag{4.2}$$

で与えられる．同様に，スカラー量の圧力 p や密度 ρ も次式のとおりに表される．

$$p=f(x,y,z,t)\,, \qquad \rho=f(x,y,z,t) \tag{4.3}$$

翼幅が一様で長い翼や，煙突のような円柱物体などは，z 軸に対してどこを取っても概ね同じ切断面を持っているので，両側の端部付近を除いて**二次元流れ**で近似して考える．そのような流れにおいては，流速 v_x, v_y は x, y の平面座標上で表せ，

$$v_x=f(x,y,t)\,, \qquad v_y=f(x,y,t) \tag{4.4}$$

となり，z 軸方向には依存しない．第 7 章での平行二平板間の粘性流れや第 13 章での二次元ポテンシャル流れは，二次元流れをもとにしている．これに対して，1 つの座標のみによって定められる流れの状態を**一次元流れ**といい，

$$v_x=f(x,t) \tag{4.5}$$

で表される．図4.3 のように s 軸方向に沿って管路の断面や方向が穏やかに変わる流速は，巨視的に管路断面にわたって平均流速 v であると考え，位置 s と時間 t のみの関数として次式のように簡易化する．

$$v=f(s,t) \tag{4.6}$$

上式で表される**準一次元流れ**は，s 軸方向に垂直な流れを無視しているため，理論的な扱いが簡単で実用上の設計計算などに幅広く用いられている．準一次元流れでは，断面上で平均流速 v として取り扱い，圧力 p や密度 ρ も断面にわたって平均値とみなすことができる．

●時間での分類
- 定常流
- 非定常流

●空間での分類
- 一次元流れ
- 二次元流れ
- 三次元流れ

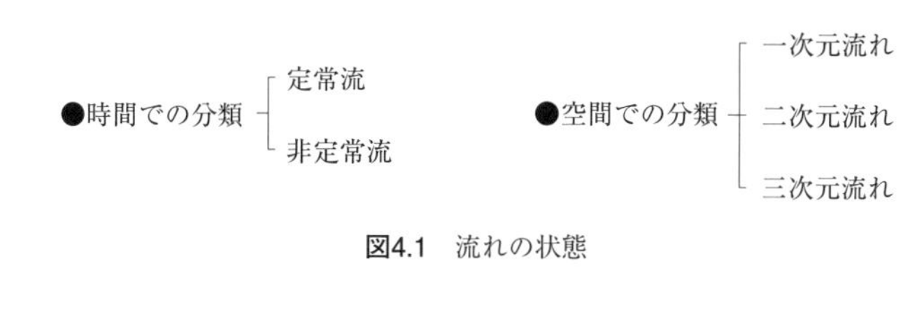

図4.1　流れの状態

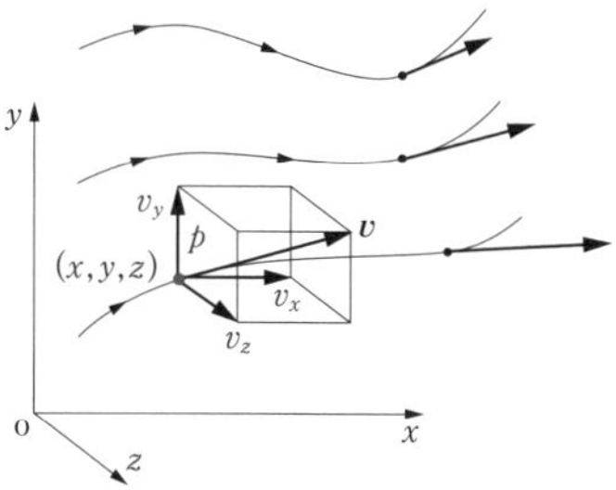

図4.2　三次元流れ

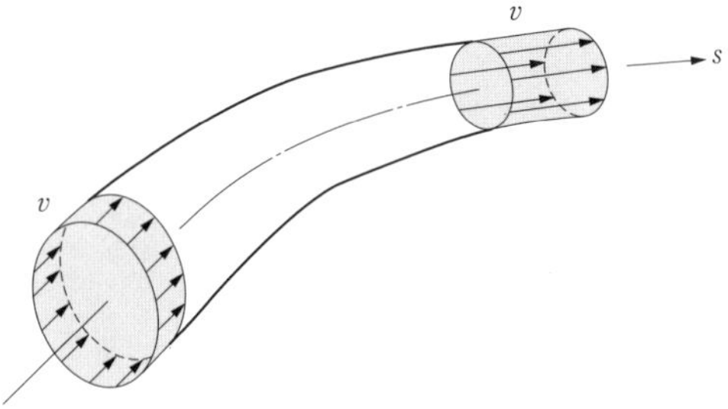

図4.3　準一次元流れ

4.2 流線・流跡線・流脈線

流れ場の状態を表現する線は3種類あり，それらは流線，流跡線，流脈線と呼ばれている．図4.4に示す**流線**とは，定められた時刻の瞬間において，それぞれの点での流体粒子のもつ速度ベクトルが接する曲線をいう．流れ場に任意の閉曲線を考え，この閉曲線を通る無数の流線で囲まれた管を**流管**と呼ぶ．任意の瞬間を捉えれば，流線は互いに交わることは無いので，流管に流れ込んだ流体は，あたかも閉曲線で囲われる面を管路壁面のように通り，流管内の流体粒子は流線に沿って流れる．図4.5に示す**流跡線**とは，流れ場の中で特定の流体粒子が描く道筋を軌跡として表したものであり，風の流れに従って風船が空中を漂う様子に似ている．図4.6に示す**流脈線**とは，流れの中の固定点から着色液を落とし，これらの流体粒子が，ある瞬間に描く曲線であり，煙突から排出され

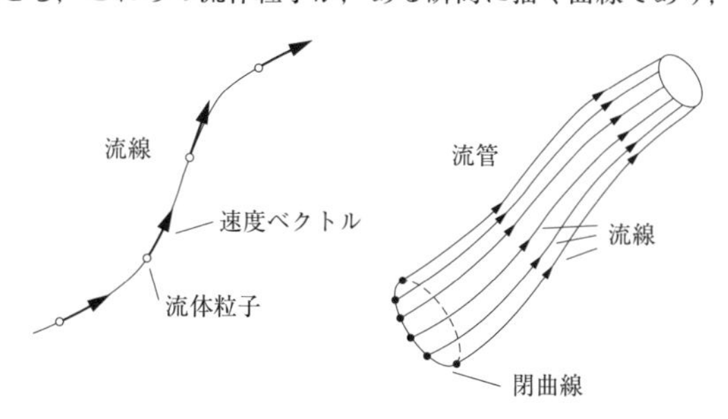

図4.4　流線と流管

る煙を目で観察することに相当する．流線，流跡線，流脈線の3者は，定常流では一致するが，非定常流では異なった線となる．

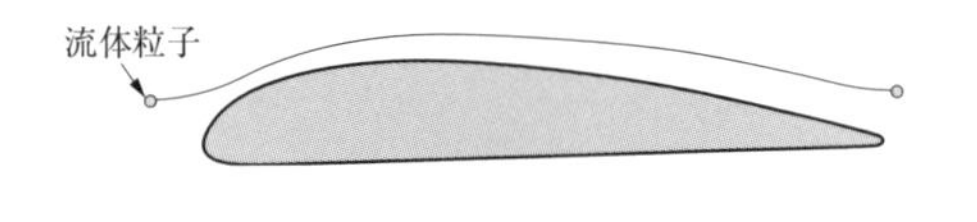

図4.5　流跡線（流体粒子の描く軌跡）

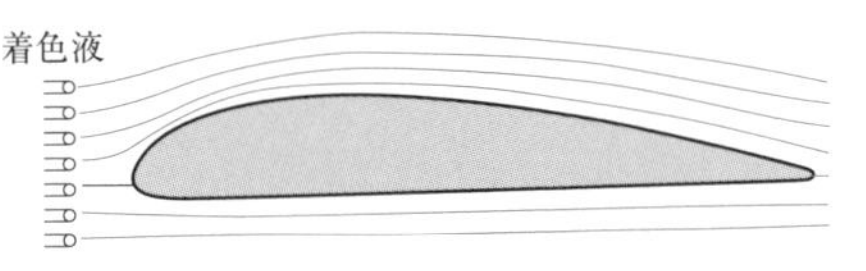

図4.6　流脈線（着色液の瞬間映像）

4.3 質量保存の法則と連続の式

図4.7 に示すような準一次元流れの流管に対して，質量保存の法則を適用しよう．まず流管内の中心にある流線に沿って座標 s を設け，微小長さ ds の微小要素を考える．断面①での面積を A，平均流速を v，流体の密度を ρ とすると，微小時間 dt に断面①を通して流入する質量 m_1 は，

$$m_1=\rho Avdt \tag{4.7}$$

である．また，断面②を通して流出する質量 m_2 は，流入質量 m_1 を位置 s についてテイラー展開して高次の微小項を消去すると，次式で与えられる．

$$m_2=\rho Avdt+\frac{\partial}{\partial s}(\rho Avdt)ds \tag{4.8}$$

一方，断面①と断面②で囲われる微小円柱要素の質量 m_o は，時刻 $t=t_o$ では，

$$m_o=\rho Ads \tag{4.9}$$

であるが，微小時間 dt 経過した後には，同様に時間 t についてテイラー展開すると，

$$m_t=\rho Ads+\frac{\partial}{\partial t}(\rho Ads)dt \tag{4.10}$$

で表される．**質量保存の法則**とは，「微小要素内の質量の時間的な変化割合と単位時間に微小要素を出入りする正味の質量の和は零に等しい」ことをいう．すなわち，

$$(m_t-m_o)+(m_2-m_1)=0 \tag{4.11}$$

の関係が成り立つので，位置 s と時間 t は互いに独立な変数であることに注意して整理すると，式(4.7)～(4.11) から，

$$\frac{\partial}{\partial t}(\rho A)+\frac{\partial}{\partial s}(\rho Av)=0 \tag{4.12}$$

が得られる．この式を一次元の**連続の方程式**といい，二次元および三次元流れについては第 12 章で取り扱う．定常流では，時間 t とともに変化しないので $\partial(\rho A)/\partial t = 0$ であり，式 (4.12) の左辺は第 2 項のみとなり，これを s で積分すると，

$$Q_m = \rho A v = \text{const.} \tag{4.13}$$

となる．この Q_m は，断面①から②に通過する単位時間当たりの質量，すなわち**質量流量**で，SI 単位は [kg/s] で表せる．また，非圧縮性流体を考えれば $\rho = \text{const.}$ なので，単位時間当たりに通過する流体の体積は，

$$Q = Av = \text{const.} \tag{4.14}$$

である．この Q を**流量**あるいは**体積流量**といい，SI 単位は [m^3/s] であるが，実際面では様々な単位が用いられている．式 (4.13)，(4.14) は，**連続の式**と呼ばれ，非圧縮性流体の一次元で定常流の条件において成立する．たとえば，**図4.8** のように，管路の断面積 A_1 が大きければ流速 v_1 は遅く，断面積 A_2 が小さければ流速 v_2 は速く，流量の**連続の条件**より $Q = A_1 v_1 = A_2 v_2$ となる．流量には，このほかに**重量流量**があり次式で与えられる．

$$Q_w = \rho g Q = \rho g A v = \text{const.} \tag{4.15}$$

連続の式は，粘性のある流れにも適用でき，流管だけではなく，面積が拡大や縮小する管路や，流体機器内の多くの流れに対し実用的に利用されている．

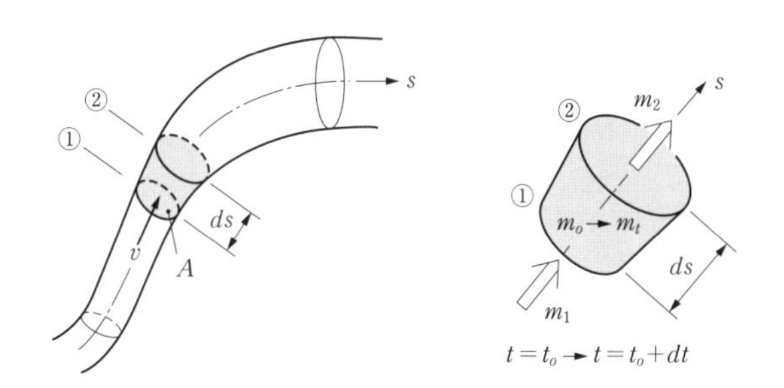

図4.7　流管内の微小要素と質量保存の法則

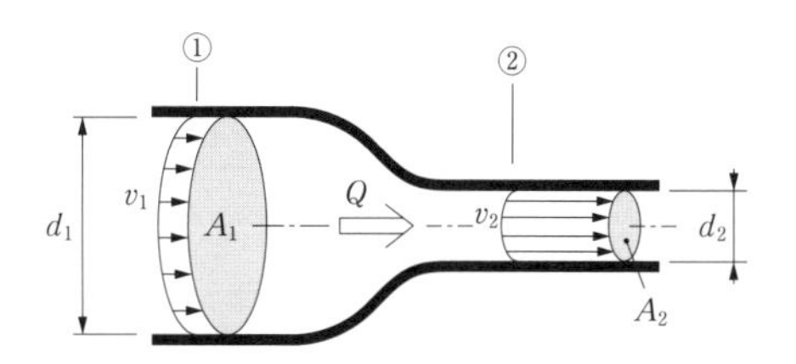

図4.8　管路内での連続の式

4.4 圧縮性を考慮した連続の式

図4.9 に示すような圧力が p で体積 V の液体が入った剛体容器がある．ピストンの移動により密度 ρ，圧力 p の液体は，微小時間 dt の間に体積変化 dV を起こしつつ，容器に定常的に質量流量 ρQ_1 が流入し，質量流量 ρQ_2 が流出している．この容器内の流体に対して質量保存の法則を適用すれば，式 (4.11) より，

$$\frac{d(\rho V)}{dt}+(\rho Q_2-\rho Q_1)=0 \tag{4.16}$$

が得られる．上式を変形すると，

$$\rho Q_1-\rho Q_2=\rho\frac{dV}{dt}+V\frac{d\rho}{dt} \tag{4.17}$$

となり，体積弾性係数 K に関する式 (1.16) を用いれば，つぎの**圧縮性を考慮した連続の式**が求められる．

$$Q_1-Q_2=\frac{dV}{dt}+\frac{V}{K}\frac{dp}{dt} \tag{4.18}$$

この式の右辺第 1 項は容器内流体の体積変化を，第 2 項は圧力変化を表現した式で，容積形ポンプ・モータや流体アクチュエータなどの内部圧力の非定常な過渡現象を取り扱う上で有用な式である．

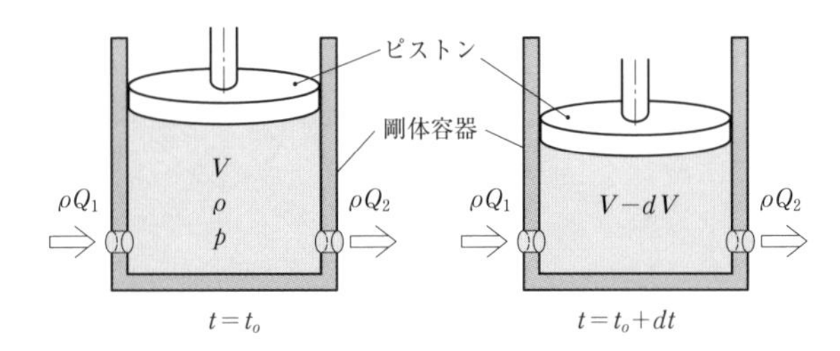

図4.9　圧縮性を考慮した連続の式

4.5 エネルギー保存の法則とベルヌーイの定理

流管で囲われた流体要素にエネルギー保存の法則を適用する．図4.10 に示すように，流管の入口断面①と出口断面②での流速を v_1，v_2，圧力を p_1，p_2，高さを z_1，z_2 とする．まず，流体の内部エネルギーの変化や外部との熱エネルギーの授受は考慮に入れないとすれば，流体の持つ単位質量当たりの位置エネルギー E_z は，断面①と断面②において，それぞれ，

$$E_{z1}=\frac{mgz_1}{m}=gz_1\,,\qquad E_{z2}=\frac{mgz_2}{m}=gz_2 \tag{4.19}$$

であり，流体の持つ単位質量当たりの運動エネルギーE_v は，断面①と断面②において，それぞれ，

$$E_{v1}=\frac{\frac{1}{2}m{v_1}^2}{m}=\frac{1}{2}{v_1}^2,\qquad E_{v2}=\frac{\frac{1}{2}m{v_2}^2}{m}=\frac{1}{2}{v_2}^2 \tag{4.20}$$

である．また流体が粘性や圧縮性が無い理想流体と仮定すれば，流管には圧力による外力のみが働くこととなる．断面①では，圧力 p_1 が流れ方向に対して正方向に断面積 A_1 作用するので，圧力による力 $F_1=A_1p_1$ が断面①を仮想的に s_1 だけ変位させ，正方向に仕事をしたと考える．したがって，その圧力による仕事は $W_1=F_1s_1=A_1p_1s_1$ で表され，このとき質量 $m_1=\rho A_1s_1$ の流体が移動しているので，断面①では単位質量当たりに圧力の成した仕事 E_{p1}は，

$$E_{p1}=\frac{W_1}{m_1}=\frac{A_1p_1s_1}{\rho A_1s_1}=\frac{p_1}{\rho} \tag{4.21}$$

である．ここに，ρ は流体の密度であり，非圧縮性流体では $\rho=\text{const.}$ である．同様に，断面②では単位質量当たりに圧力の成した仕事 E_{p2}は，圧力 p_2 が流れと反対方向に断面②に作用しているので，

$$E_{p2}=-\frac{p_2}{\rho} \tag{4.22}$$

となる．したがって，**エネルギー保存の法則**より，断面①と②で囲われる流体について，流体の持つ位置エネルギーと運動エネルギーの増加分は外部から及ぼされた仕事に等しいので，単位質量で考えれば，

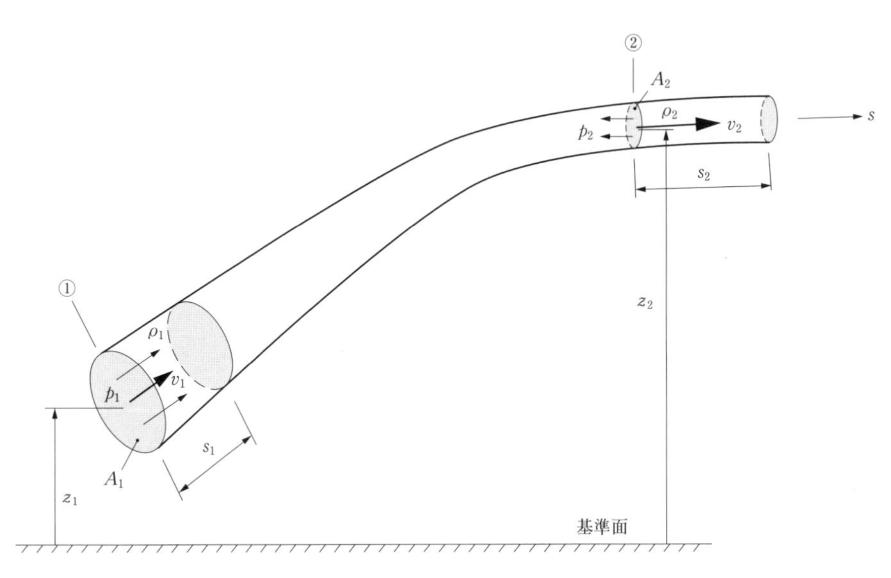

図4.10 エネルギー保存則とベルヌーイの定理

$$(E_{v2}-E_{v1})+(E_{z2}-E_{z1})=E_{p1}+E_{p2} \tag{4.23}$$

で表される．式 (4.19)～(4.22) を式 (4.23) に代入して整理すれば，

$$\frac{{v_1}^2}{2}+\frac{p_1}{\rho}+gz_1=\frac{{v_2}^2}{2}+\frac{p_2}{\rho}+gz_2 \tag{4.24}$$

となる．上式のように，流管のあらゆる断面に対して，つぎの**ベルヌーイの式**が成り立つ．

$$\frac{v^2}{2}+\frac{p}{\rho}+gz=\text{const.} \tag{4.25}$$

上式の各項の単位を考えれば [J/kg] であり，単位質量当たりのエネルギーを表す．また，上式の両辺に ρ を掛けて，

$$\frac{1}{2}\rho v^2+p+\rho gz=\text{const.} \tag{4.26}$$

とも書き換えられる．この**ベルヌーイの定理**は，理想流体の定常流において，流管に沿う任意の点での流体エネルギーの総和は，エネルギーの損失が無ければ一定に保たれることを意味する．すなわち，式 (4.26) を改めて書き表すと式 (1.6) より $\rho=m/V$ であるので，

$$\frac{\frac{1}{2}mv^2}{V}+\frac{pV}{V}+\frac{mgz}{V}=\text{const.} \tag{4.27}$$

となり，上式の各項は単位体積当たりの流体のもつ機械的なエネルギー[J/m^3] を示す．

4.6 動圧・静圧・ヘッド

ベルヌーイの式 (4.26) の左辺第 1 項 $(1/2)\rho v^2$ は，単位体積当たりの流体のもつ運動エネルギーで**動圧**と呼ばれ，第 2 項 p は，単位体積当たりの流体のもつ圧力エネルギーで**静圧**と呼ばれる．これら動圧と静圧の和を**全圧**と呼ぶ．また，第 3 項 ρgz は単位体積当たりの流体のもつ位置エネルギーである．さらに，ベルヌーイの式 (4.25) を重力加速度 g で除して書き換えると，

$$\frac{v^2}{2g}+\frac{p}{\rho g}+z=H \tag{4.28}$$

となり，上式の左辺第 1 項を**速度ヘッド**，第 2 項を**圧力ヘッド**，第 3 項を**位置ヘッド**，これらの総和 H を**全ヘッド**という．これらの**ヘッド**は長さの単位 [m] を有し，単位重量当たりのエネルギーを意味する．

4.7 損失を考慮したベルヌーイの式

図4.11 (a) は，管路に取り付けたマノメータから液体が見えている様子を示している．断面①，②に対して，速度ヘッド $v^2/(2g)$，圧力ヘッド $p/(\rho g)$，位置ヘッド z の総和 H が基準面から等しいことが理解できる．しかしながら，実際の流体システムを考えると，流体の有するエネルギーは，粘性摩擦などのために部分的に熱エネルギーなどに変換されるので，外部からのエネルギーの補充が無い限り，図4.11 (b) のように流れに沿って全ヘッドは減少していく．すなわち，断面①と②の間でのエネルギーの**損失ヘッド**を h_L とすると，

$$\frac{{v_1}^2}{2g}+\frac{p_1}{\rho g}+z_1=\frac{{v_2}^2}{2g}+\frac{p_2}{\rho g}+z_2+h_L=H \tag{4.29}$$

のとおり**損失を考慮したベルヌーイの式**となる．この式は，実用的な式として，第 10 章などで述べるような様々な管路要素やバルブの損失を見積るのに利用されている．

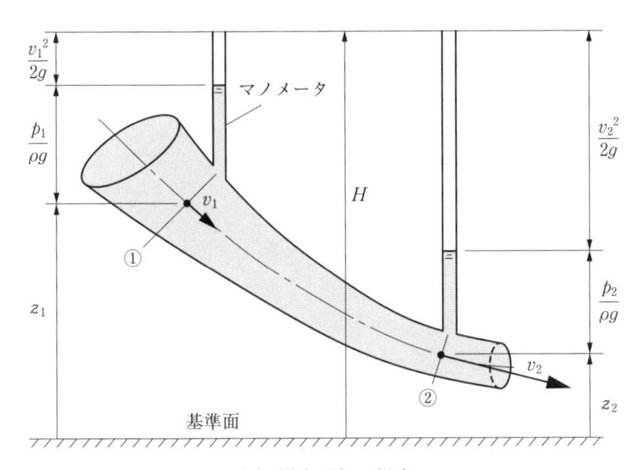

(a) 損失が無い場合

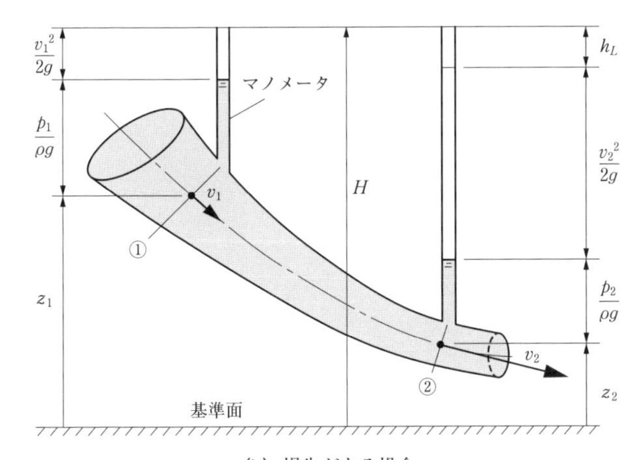

(b) 損失がある場合

図4.11 ベルヌーイの定理とヘッド

4.8 気体に関するベルヌーイの式

気体のような圧縮性流体では，密度 ρ は $\rho=\mathrm{const.}$ と置くことができず，圧力 p に依存するので，ベルヌーイの式 (4.25) は，つぎのように表される．

$$\frac{v^2}{2}+\int\frac{dp}{\rho}+gz=\mathrm{const.} \tag{4.30}$$

気体が断熱変化すると仮定すれば，式 (1.18) の右辺を $\mathrm{const.}=C$ と置き，

$$\rho=\frac{p^{1/\kappa}}{C^{1/\kappa}} \tag{4.31}$$

が得られる．ここに，κ は比熱比であり，上式を式 (4.30) に代入して積分すると，

$$\frac{v^2}{2}+\frac{\kappa}{\kappa-1}\frac{p}{\rho}+gz=\mathrm{const.} \tag{4.32}$$

となる．また．気体が等温変化すると仮定すれば，密度 ρ は式 (1.7)，(1.10) より，

$$\rho=\left(\frac{\rho_0}{p_0}\right)p \tag{4.33}$$

である．ここに，p_0，ρ_0 は基準状態での圧力，密度であり，上式を式 (4.30) に代入して積分すると，

$$\frac{v^2}{2}+\frac{p_0}{\rho_0}\ln p+gz=\mathrm{const.} \tag{4.34}$$

となる．これらの式 (4.32)，(4.34) は**気体に関するベルヌーイの式**という．

4.9 キャビテーション

図4.12に見るように，液体の流れが大きな断面①より極端に小さな断面②で絞られて，流速が v_1 から v_2 が増加すると，ベルヌーイの定理より圧力は p_1 から p_2 に急激に減少することになる．圧力 p_2 が飽和蒸気圧 p_v よりも低くなれば，液体は蒸発して気泡が発生する．すなわち，液相は相変化して気相になり，キャビティと呼ばれる空洞が出現する．その後，断面が拡大すると圧力は局所的に高くなり，キャビティは $p>p_v$ において潰され消滅していく．このキャビティの崩壊は，極めて高い圧力上昇を発生させて周囲に連続的な振動や騒音を誘発するばかりではなく，管路部材などの表面に対しエロージョン（かい食）と呼ばれる衝撃作用による損傷を与える．このような一連の流体現象を**キャビテーション**と呼ぶ．

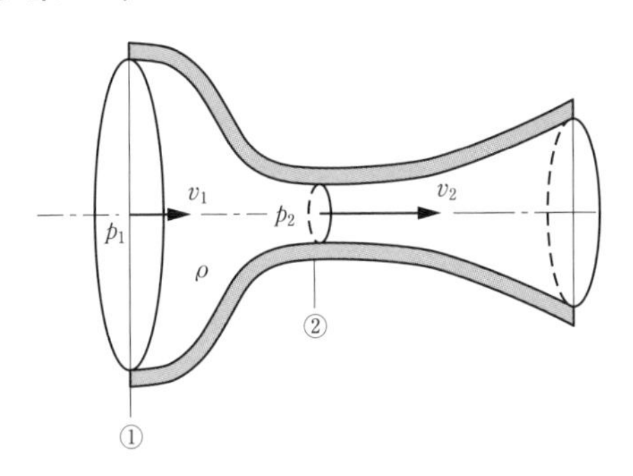

図4.12 管路絞り部でのキャビテーションの発生

Column D　運動量の保存則

質量 m の物体が速度 v で運動しているとき，**運動量 $\boldsymbol{M}$** は，

$$\boldsymbol{M} = m\boldsymbol{v} \tag{D.1}$$

で定義され，単位は [kgm/s] である．すなわち，ニュートンの運動方程式（C.1) から，

$$\boldsymbol{F} = m\frac{d\boldsymbol{v}}{dt} = \frac{d}{dt}(m\boldsymbol{v}) = \frac{d\boldsymbol{M}}{dt} \tag{D.2}$$

となり，「運動量の時間的な変化割合は，その物体に及ぶす力に等しい」ことがわかる．上式を書き換えると，

$$\boldsymbol{F}dt = md\boldsymbol{v} \tag{D.3}$$

で表され，物体の運動量の変化は，その間に物体が受けた**力積 $\boldsymbol{F}dt$** に等しいことになる．

図D.1 は，質量 m の軟らかいボールが壁面に衝突し，跳ね返っている状態を観察したものである．壁面に当たる瞬間の時刻を t_1，その垂直方向速度を v_1 とし，跳ね返って戻る瞬間の時刻を t_2，その垂直方向速度を v_2 とすると，式 (D.3) を積分すれば，

$$\int_{t_1}^{t_2} Fdt = m(v_2 - v_1) \tag{D.4}$$

となり，同図中の面積分が力積に相当する．時間 $\Delta t = t_2 - t_1$ の間の平均的な力 F_o は，積分平均して，

$$F_o = \frac{1}{\Delta t}\int_{t_1}^{t_2} Fdt = \frac{m(v_2 - v_1)}{\Delta t} \tag{D.5}$$

となり，この時間 Δt と，速度 v_1，v_2 が与えられれば，この力 F_o を求めることができる．

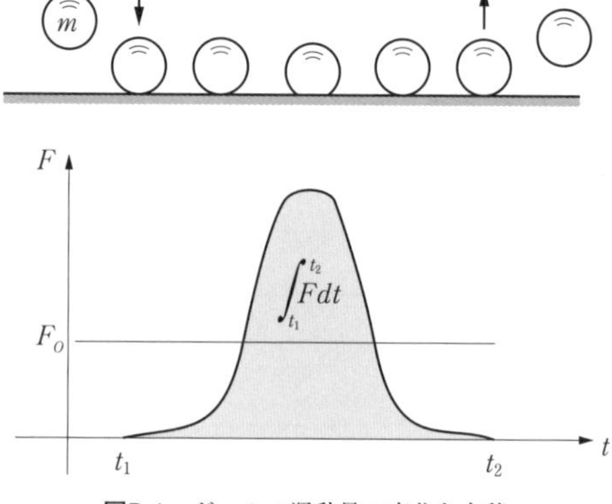

図D.1　ボールの運動量の変化と力積

演習問題　第4章　流体の運動と一次元流れ

問 4-1　基礎★☆☆

真っ直ぐな管路に非圧縮性流体を流量 $Q=320$ L/min で流したい．平均流速を $v=4$ m/s 以内にするためには，管内径（管路内側の直径）d を何 mm 以上にすればよいか．

断面積は $A=\pi d^2/4$ であり，流量 $Q=320$ L/min を m^3/s の単位に直せば，

$$Q=\frac{320\times10^{-3}}{60}=5.33\times10^{-3}\ \mathrm{m^3/s}$$

であるから，式 (4.14) より，

$$d=\sqrt{\frac{4Q}{\pi v}}=\sqrt{\frac{4\times(5.33\times10^{-3})}{3.14\times4}}=0.0412\ =41.2\ \mathrm{mm}$$

となる．したがって，直径 d は 41.2 mm 以上にする必要がある．

問 4-2　基礎★☆☆

図4.13 に示すように断面積 $A_0=12$ cm^2 のパイプから密度 $\rho=860$ kg/m^3 の油が入り，断面積 $A_1=8$ cm^2，$A_2=5$ cm^2 の 2 つのパイプに分岐している．断面①，②での各流量が $Q_1=1.6$ L/s，$Q_2=2$ L/s であるとき，断面①，②でのそれぞれの流速 v_1，v_2 および分岐パイプの上流側断面での流速 v_0 を求めよ．

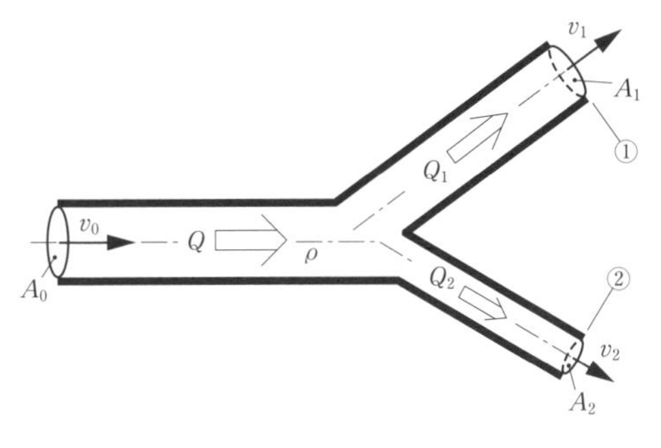

図4.13　分岐するパイプ

連続の式 (4.14) より，断面①での速度を v_1，断面②での速度を v_2 とすると，

$$v_1=\frac{Q_1}{A_1}=\frac{1.6\times10^{-3}}{8\times10^{-4}}=2\ \mathrm{m/s}\ ,\qquad v_2=\frac{Q_2}{A_2}=\frac{2\times10^{-3}}{5\times10^{-4}}=4\ \mathrm{m/s}$$

である．また，上流側の断面積 A_0 の管路の平均速度 v_0 は，上流側流量を Q とすれば連続の条件から，$Q = Q_1 + Q_2$ であるので，

$$v_0 = \frac{Q_1 + Q_2}{A_0} = \frac{(1.6+2)\times 10^{-3}}{12\times 10^{-4}} = \underline{3\ \mathrm{m/s}}$$

である．

問 4-3 基礎★

空気が断面積の縮小する管路を流れている．断面積が $A_1 = 0.05\ \mathrm{m}^2$ の断面①での流速が $v_1 = 7\ \mathrm{m/s}$，密度が $\rho_1 = 1.25\ \mathrm{kg/m^3}$ であった．質量流量 Q_m を求めよ．つぎに，断面積が $A_2 = 0.03\ \mathrm{m}^2$ の断面②での密度が $\rho_2 = 1.05\ \mathrm{kg/m^3}$ のとき，流速 v_2 を求めよ．

質量流量に関する連続の式 (4.13) より，断面①での質量流量 Q_m は，

$$Q_m = \rho_1 A_1 v_1 = 1.25\times 0.05\times 7 = \underline{0.438\ \mathrm{kg/s}}$$

である．また，断面②での流速 v_2 は，

$$v_2 = \frac{Q_m}{\rho_2 A_2} = \frac{0.438}{1.05\times 0.03} = \underline{13.9\ \mathrm{m/s}}$$

となる．

問 4-4 発展★★

図4.14 に示す剛体容器に体積 $V = 30\ \mathrm{mL}$ の鉱物油が充填されている．直径 $d = 1.8\ \mathrm{cm}$ のピストンは速度 $U = 20\ \mathrm{cm/s}$ で下方に移動し，油が外部に流量 $Q = 8\ \mathrm{mL/s}$ で流出している．このとき，$1\ \mu\mathrm{s}$ の間に容器内の圧力上昇 Δp はどれだけか．ただし，鉱物油の体積弾性係数は $K = 1.86\ \mathrm{GPa}$ とする．

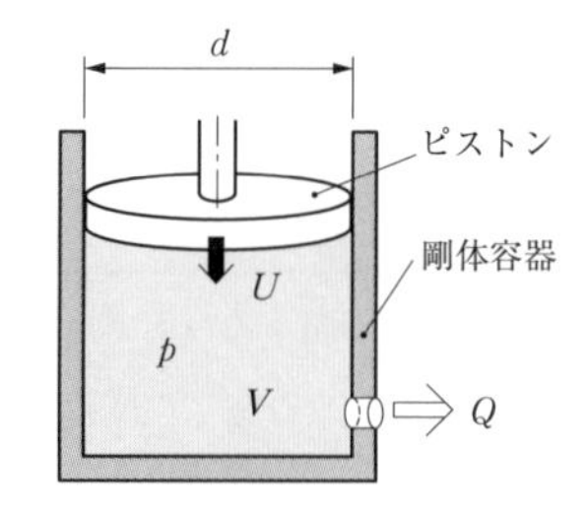

図4.14　剛体容器内での油の圧力上昇

ピストン運動による単位時間当たりの体積変化 $-dV/dt$ は，x をピストン変位，A をピストン面積とすれば，

$$-\frac{dV}{dt}=A\frac{dx}{dt}=\frac{\pi d^2}{4}U=\frac{3.14\times(1.8\times10^{-2})^2}{4}\times0.2=5.09\times10^{-5}\ \mathrm{m^3/s}$$

となる．式 (4.18) において，$Q_1=0$，$Q_2=Q$ と置けば，時間に対する圧力上昇率は，

$$\frac{dp}{dt}=\frac{K}{V}\left(Q_1-Q_2-\frac{dV}{dt}\right)=\frac{1.86\times10^9}{30\times10^{-6}}\times\{0-(8\times10^{-6})+(5.09\times10^{-5})\}=2.66\times10^9\ \mathrm{Pa/s}$$

である．したがって，$\Delta t=1\ \mu\mathrm{s}=1\times10^{-6}\ \mathrm{s}$ 間の圧力上昇 Δp は，

$$\Delta p=\left(\frac{dp}{dt}\right)\Delta t=(2.66\times10^9)\times(1\times10^{-6})=2.66\times10^3\ \mathrm{Pa}=\underline{2.66\ \mathrm{kPa}}$$

となる．

問 4-5　基礎★☆☆

図4.15 のように滑らかに断面が拡大する管路に流量 $Q=0.2\ \mathrm{m^3/s}$ の海水が斜め上方向に流れている．まず，直径が $d_1=25\ \mathrm{cm}$ の断面①の平均流速 v_1 および直径が $d_2=40\ \mathrm{cm}$ の断面②の平均流速 v_2 を求めよ．つぎに，断面①での圧力が $p_1=0.25\ \mathrm{MPa}$ のとき，断面②での圧力 p_2 を求めよ．ただし，海水の比重は 1.02 とし，断面①と断面②の高さの差は，$z_2-z_1=3\ \mathrm{m}$ である．

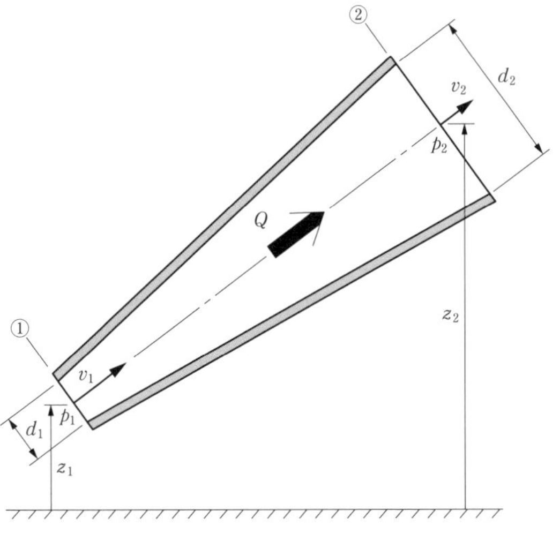

図4.15　滑らかに断面が拡大する管路

断面①および断面②での流速は，式 (4.14) より，

$$v_1=\frac{Q}{\pi d_1{}^2/4}=\frac{0.2}{3.14\times0.25^2/4}=\underline{4.08\,\mathrm{m/s}}\,,\qquad v_2=\frac{Q}{\pi d_2{}^2/4}=\frac{0.2}{3.14\times0.4^2/4}=\underline{1.59\,\mathrm{m/s}}$$

となる．断面②での圧力は，ベルヌーイの式 (4.26) より，海水の密度を ρ とすれば，

$$p_2=p_1+\rho g\left(\frac{v_1{}^2-v_2{}^2}{2g}+z_1-z_2\right)=0.25\times10^6+(1.02\times10^3)\times9.8\times\left(\frac{4.08^2-1.59^2}{2\times9.8}-3\right)$$

$$=0.227\times10^6=\underline{0.227\,\mathrm{MPa}}$$

となる．

問 4-6

基礎★★☆

図4.16は，断面が緩やかに縮小する管路内を比重 $s=0.78$ のエタノールが流れている様子を示している．断面①，②に垂直上方にたてられたマノメータの読みが $h=360$ mm であるとき，まず圧力差 p_1-p_2 を求めよ．つぎに，断面①，②での平均流速 v_1，v_2，流量 Q，質量流量 Q_m，重量流量（単位時間当たりに流れる流体の重量）Q_w を求めよ．ただし，管路は水平に置かれ，断面①，②の管路直径は $d_1=120$ mm，$d_2=80$ mm とする．

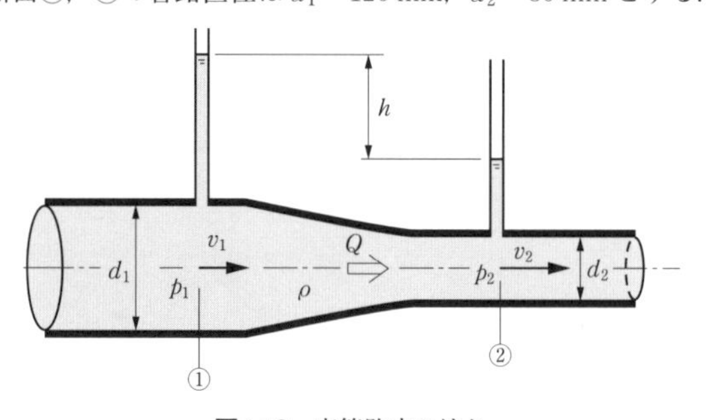

図4.16　直管路内の流れ

マノメータの読みより，断面①，②での圧力差 p_1-p_2 は，エタノールの密度を ρ とすれば，

$$p_1-p_2=\rho gh=(0.78\times10^3)\times9.8\times0.36=2.75\ \times10^3=\underline{2.75\,\mathrm{kPa}}$$

である．連続の式 (4.14) より，

$$Q=\frac{\pi d_1{}^2}{4}v_1=\frac{\pi d_2{}^2}{4}v_2 \qquad \cdots(1)$$

である．式 (4.26) のベルヌーイの定理において $z_1=z_2$ であるから，

$$\frac{1}{2}\rho{v_1}^2+p_1=\frac{1}{2}\rho{v_2}^2+p_2 \qquad \cdots(2)$$

である．したがって，式 (1)，(2) より，

$$\rho\frac{{v_2}^2}{2}\left\{1-\left(\frac{d_2}{d_1}\right)^4\right\}=p_1-p_2$$

であり，断面②での平均速度 v_2 は，

$$v_2=\frac{1}{\sqrt{1-\left(\frac{d_2}{d_1}\right)^4}}\sqrt{\frac{2(p_1-p_2)}{\rho}}=\frac{1}{\sqrt{1-\left(\frac{0.08}{0.12}\right)^4}}\times\sqrt{\frac{2\times(2.75\times10^3)}{0.78\times10^3}}=\underline{2.96\ \mathrm{m/s}}$$

と得られ，また式 (1) から，平均速度 v_1 は，

$$v_1=\left(\frac{d_2}{d_1}\right)^2v_2=\left(\frac{0.08}{0.12}\right)^2\times2.96=\underline{1.32\ \mathrm{m/s}}$$

となる．式 (4.13)～(4.15) より流量 Q，質量流量 Q_m，重量流量 Q_w は，それぞれ，

$$Q=\left(\frac{\pi{d_1}^2}{4}\right)v_1=\left(\frac{3.14\times0.12^2}{4}\right)\times1.32=\underline{0.0149\ \mathrm{m^3/s}}$$

$$Q_m=\rho Q=(0.78\times10^3)\times0.0149=\underline{11.6\ \mathrm{kg/s}}$$

$$Q_w=\rho gQ=(0.78\times10^3)\times9.8\times0.0149=\underline{114\ \mathrm{N/s}}$$

のように得られる．

問 4-7

発展★★★

図4.17 のように，密度 ρ の液体が直径 d の孔から流量 Q で流入し，固定した円錐状物体の側面を抜けて，外径 d_o，内径 d_i の円環状断面を通り大気圧に開放されている．このとき，上流側の孔断面での圧力 p_1 は次式で表されることを示せ．ただし，高さの影響は無視できるものとする．

$$p_1 = \frac{8\rho Q^2}{\pi^2}\left\{\frac{1}{({d_o}^2 - {d_i}^2)^2} - \frac{1}{d^4}\right\} \tag{4.35}$$

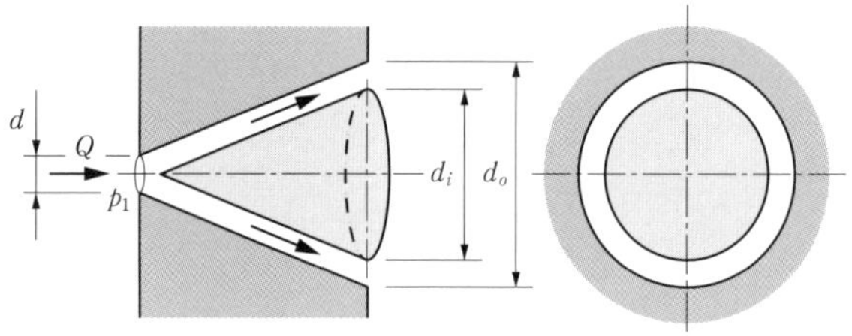

図4.17　円錐状物体側面の流れ

解　連続の式 (4.14) より，上流端側の孔断面での速度を v_1，下流端側の円環状断面 v_2 とすると，

$$Q = \frac{\pi d^2}{4} v_1 = \frac{\pi ({d_o}^2 - {d_i}^2)}{4} v_2 \qquad \cdots(1)$$

である．上流端側での孔断面での圧力を p_1 とすれば，式 (4.26) のベルヌーイの定理において $z_1 = z_2$，$p_2 = 0$ であるから，

$$\frac{1}{2}\rho {v_1}^2 + p_1 = \frac{1}{2}\rho {v_2}^2 \qquad \cdots(2)$$

である．したがって，式 (1)，(2) より，v_1，v_2 を消去すれば，

$$p_1 = \frac{\rho}{2}({v_2}^2 - {v_1}^2) = \underline{\frac{8\rho Q^2}{\pi^2}\left\{\frac{1}{({d_o}^2 - {d_i}^2)^2} - \frac{1}{d^4}\right\}}$$

が得られる．

問 4-8

基礎★★★

図4.18 のような先の細くなった直径比 $d_2/d_1 = 1/3$ の管路が液面に対して垂直に置かれている．この管路内を密度 $\rho = 930\ \mathrm{kg/m^3}$ の重油が断面①を流速 $v_1 = 2.5\ \mathrm{m/s}$ で上から下に流れ，重油の液面より深さ $h_2 = 1.8\ \mathrm{m}$ の断面②から静止液体中に放出している．液面より高さ $h_1 = 3.4\ \mathrm{m}$ の断面①における圧力計の読み p_1 をゲージ圧力で示せ．

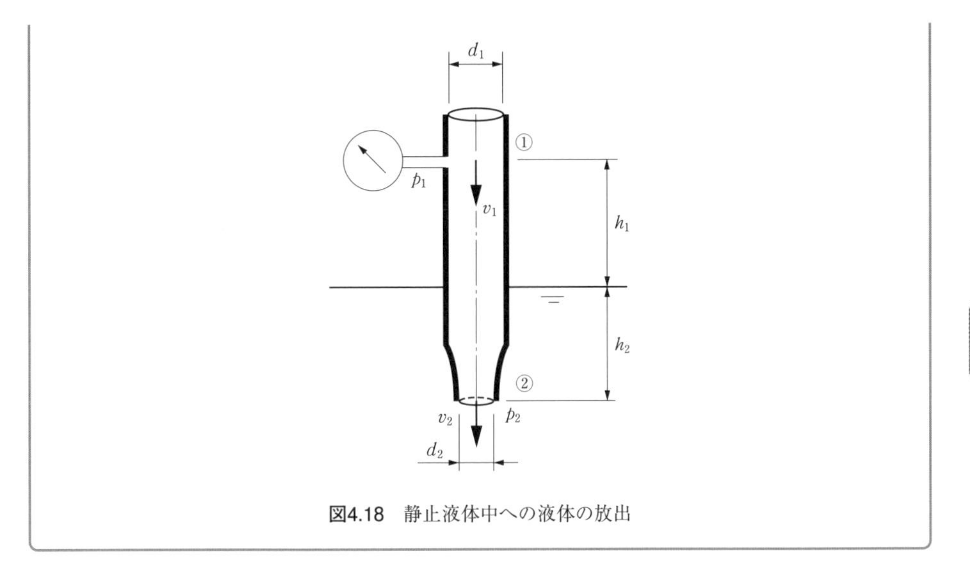

図4.18　静止液体中への液体の放出

液面を基準にして断面①，②に式 (4.26) のベルヌーイの定理を適用すると，

$$\frac{1}{2}\rho {v_1}^2 + p_1 + \rho g h_1 = \frac{1}{2}\rho {v_2}^2 + p_2 - \rho g h_2 \qquad \cdots(1)$$

となる．また，連続の式 (4.14) より，

$$v_2 = \left(\frac{d_1}{d_2}\right)^2 v_1 \qquad \cdots(2)$$

であり，式 (2.9) にてゲージ圧力 p_2 は，

$$p_2 = \rho g h_2 \qquad \cdots(3)$$

となる．よって，式 (2)，(3) を式 (1) に代入して整理すると，

$$p_1 = \frac{1}{2}\rho \left\{ \left(\frac{d_1}{d_2}\right)^4 - 1 \right\} {v_1}^2 - \rho g h_1$$

が求められ，圧力 p_1 は h_2 には依存しない．ここで，与えられている数値を代入すると，

$$p_1 = \frac{1}{2} \times (0.93 \times 10^3) \times (3^4 - 1) \times 2.5^2 - (0.93 \times 10^3) \times 9.8 \times 3.4 = 0.202 \times 10^6 = \underline{0.202\ \mathrm{MPa}}$$

となる．

問 4-9　基礎★★★

図4.19 のように $\theta = 30^\circ$ の傾斜を持つ管路内に水が左上から右下に流量 $Q = 0.03\ \mathrm{m^3/s}$ で流れている．断面②と断面①との圧力差 $p_2 - p_1$ と，これらに接続されている U 字管水銀マノメータの読み h を求めよ．ただし，断面①，②の直径は，それぞれ $d_1 = 0.08\ \mathrm{m}$，$d_2 = 0.12\ \mathrm{m}$，両断面間の管路長さは $L = 5\ \mathrm{m}$ とする．

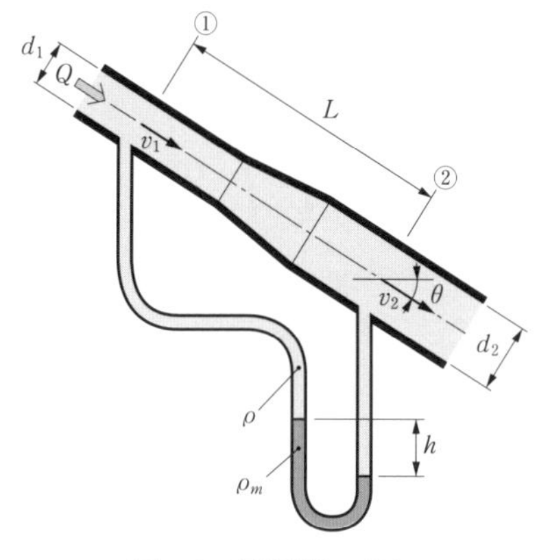

図4.19　傾斜管路の流れ

断面①，②の高低差 $z_1 - z_2$ は，

$$z_1 - z_2 = L\sin\theta = 5 \times \sin 30^\circ = 2.5\ \mathrm{m}$$

であり，流速を v_1，v_2 とすると，連続の式 (4.14) より，

$$v_1 = \frac{Q}{\pi d_1{}^2/4} = \frac{0.03}{3.14 \times 0.08^2/4} = 5.97\ \mathrm{m/s}$$

$$v_2 = \frac{Q}{\pi d_2{}^2/4} = \frac{0.03}{3.14 \times 0.12^2/4} = 2.65\ \mathrm{m/s}$$

となる．式 (4.26) のベルヌーイの定理から，水の密度を ρ とすると圧力差 $p_2 - p_1$ は，

$$p_2 - p_1 = \frac{1}{2}\rho(v_1{}^2 - v_2{}^2) + \rho g(z_1 - z_2) = \frac{1}{2}(1 \times 10^3) \times (5.97^2 - 2.65^2) + (1 \times 10^3) \times 9.8 \times 2.5$$

$$= 3.88 \times 10^4 = \underline{38.8\ \mathrm{kPa}}$$

となる．

U 字管マノメータの基準面（マノメータ読み h の下端）での左右の圧力を p_L，p_R とすると，

$$p_L = p_1 + \rho g(z_1 - z_2) + \rho g z_o + \rho_m g h$$

$$p_R = p_2 + \rho g(z_o + h)$$

である．ここに，z_o はマノメータ読み h の上端から断面②の中心までの距離，ρ_m は水銀の密度である．U 字管マノメータは $p_L = p_R$ で釣り合っているので，

$$p_2 - p_1 = \rho g(z_1 - z_2) + (\rho_m - \rho) g h$$

となり，U 字管マノメータの読み h は，

$$h = \frac{(p_2 - p_1) - \rho g(z_1 - z_2)}{(\rho_m - \rho) g} = \frac{38.8 \times 10^3 - (1 \times 10^3) \times 9.8 \times 2.5}{(13.6 - 1) \times 10^3 \times 9.8} = \underline{0.116\ \mathrm{m}}$$

となる．

問 4-10

図4.20 に示すように水が直径 d_1 の管路の鉛直下部から流速 v_1 で大気圧 p_o のもとに放出している．水が落下する様子を観察すると水流の直径は徐々に減少している．水流が流出口より Z だけ降下したときの，流速 v_2 と直径 d_2 を求めよ．

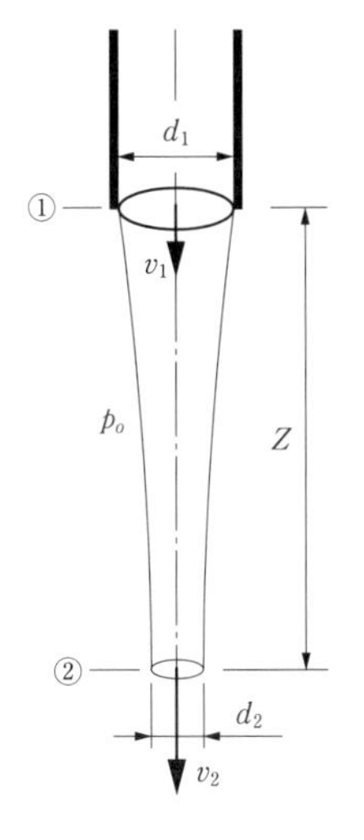

図4.20　大気中に放出する水

断面②を基準として，断面①，②に式 (4.26) のベルヌーイの定理を適用すると，

$$\frac{1}{2}\rho v_1{}^2 + p_o + \rho g Z = \frac{1}{2}\rho v_2{}^2 + p_o$$

である．大気圧は $p_o = 0$ であるから，断面②での流速 v_2 は，

$$\underline{v_2 = \sqrt{v_1{}^2 + 2gZ}} \qquad \cdots(1)$$

のように得られる．連続の式 (4.14) にて断面積は $A_1 = \pi d_1{}^2/4$，$A_2 = \pi d_2{}^2/4$ であるので，

$$d_2 = d_1\left(\frac{v_1}{v_2}\right)^{\frac{1}{2}} \qquad \cdots(2)$$

である．したがって，式 (1) を式 (2) に代入すると，

$$d_2 = d_1\left(\frac{\sqrt{v_1{}^2}}{\sqrt{v_1{}^2 + 2gZ}}\right)^{\frac{1}{2}} = \underline{d_1\left(\frac{v_1{}^2}{v_1{}^2 + 2gZ}\right)^{\frac{1}{4}}}$$

が得られる．

問 4-11 発展★★☆

図4.21 に示すように入口断面積 $A_1 = 25\ \mathrm{cm}^2$，出口断面積 $A_2 = 12.5\ \mathrm{cm}^2$ を持つ長さ L の管路が鉛直に置かれている．ガソリンが管路に充満しているが流れていないとき，断面②と断面①との圧力計の差圧を読んだところ $p_2 - p_1 = 20\ \mathrm{kPa}$ であった．ガソリンが上から下に流れると，その差圧の読みは $p_2 - p_1 = 15\ \mathrm{kPa}$ に減少した．まず管路長さ L を求め，つぎに断面②での流速 v_2，流量 Q を求めよ．ただし，このガソリンの比重は 0.72 とする．

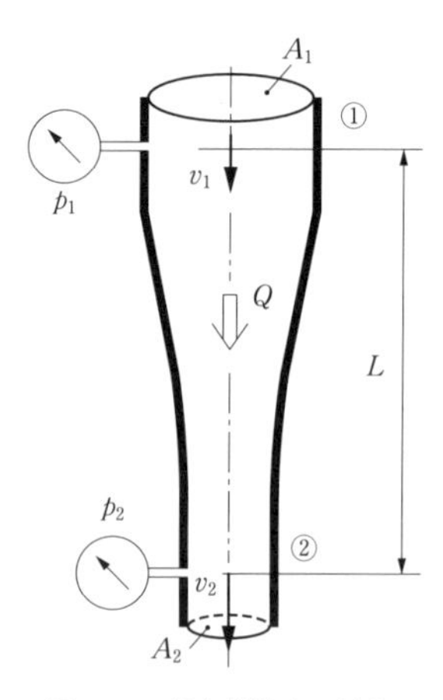

図4.21　鉛直管路内の流れ

密度 ρ のガソリンが静止しているとき，$p_2-p_1=\rho gL$ であるから，

$$L=\frac{p_2-p_1}{\rho g}=\frac{20\times10^3}{(0.72\times10^3)\times9.8}=\underline{2.83\ \mathrm{m}}$$

となる．流体が流れると，式 (4.26) のベルヌーイの定理より，

$$\frac{1}{2}\rho v_1{}^2+p_1+\rho gL=\frac{1}{2}\rho v_2{}^2+p_2 \qquad \cdots(1)$$

となり，連続の式 (4.14) より，

$$v_1=\left(\frac{A_2}{A_1}\right)v_2 \qquad \cdots(2)$$

である．式 (2) を式 (1) に代入して整理すると，断面②での流速 v_2 は，

$$v_2=\sqrt{\frac{2\left(gL-\dfrac{p_2-p_1}{\rho}\right)}{1-\left(\dfrac{A_2}{A_1}\right)^2}}=\sqrt{\frac{2\times\left(9.8\times2.83-\dfrac{15\times10^3}{0.72\times10^3}\right)}{1-\left(\dfrac{12.5\times10^{-4}}{25\times10^{-4}}\right)^2}}=\underline{4.29\ \mathrm{m/s}}$$

であり，流量 Q は，

$$Q=A_2v_2=(12.5\times10^{-4})\times4.29=\underline{5.36\times10^{-3}\ \mathrm{m^3/s}}$$

となる．

問 4-12　基礎★☆☆

基準面より高さ $z=1.5$ m にあるパイプ断面を液体が流速 $v=5$ m/s で流れている．全ヘッドが $H=6$ m のとき，この断面での速度ヘッドと圧力ヘッドを求めよ．

速度ヘッドと圧力ヘッドは，それぞれ式 (4.28) より，以下のとおり求められる．

$$\frac{v^2}{2g}=\frac{5^2}{2\times9.8}=\underline{1.28\ \mathrm{m}}$$

$$\frac{p}{\rho g}=H-\frac{v^2}{2g}-z=6-1.28-1.5=\underline{3.22\ \mathrm{m}}$$

問 4-13

図4.22 に示すような水が流れている管路では，曲がりや拡大縮小および粘性摩擦によって損失ヘッド h_L が生じている．管路入口①での高さを $z_1 = 2$ m，圧力を $p_1 = 0.3$ MPa，流速を $v_1 = 5$ m/s，管路出口②での高さを $z_2 = 6$ m，圧力を $p_2 = 0.25$ MPa，流速 $v_2 = 4$ m/s とするとき，その損失ヘッド h_L を求めよ．

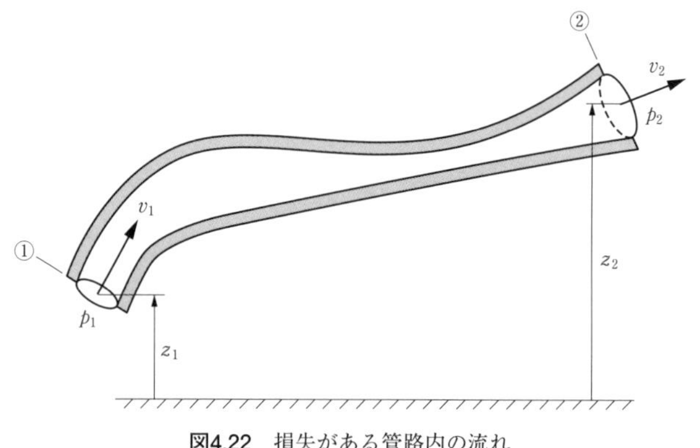

図4.22　損失がある管路内の流れ

損失を考慮したベルヌーイの式 (4.29) より，損失ヘッド h_L は，

$$h_L = (z_1 - z_2) + \frac{(p_1 - p_2)}{\rho g} + \frac{(v_1{}^2 - v_2{}^2)}{2g} = (2-6) + \frac{(0.3-0.25)\times 10^6}{(1\times 10^3)\times 9.8} + \frac{(5^2-4^2)}{2\times 9.8} = \underline{1.56 \text{ m}}$$

となる．

問 4-14

発展★★★

図4.23 のように断面が拡大する水平管路を水が流量 $Q = 30$ L/min で流れている．断面①の圧力が $p_1 = 0.1$ MPa のとき，損失ヘッド $h_L = 1.5$ m を考慮する場合と，考慮しない場合について断面②での圧力 p_2 を求めよ．ただし，断面①，②の直径は，それぞれ $d_1 = 10$ mm，$d_2 = 30$ mm とする．

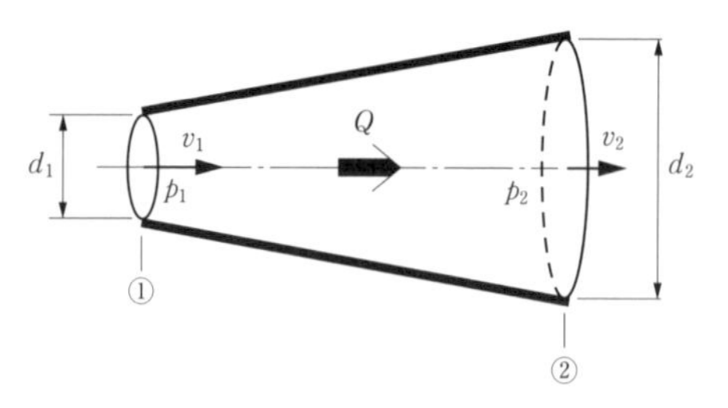

図4.23　拡大管路内の水の流れ

連続の式 (4.14) にて，断面積は $A_1=\pi d_1{}^2/4$，$A_2=\pi d_2{}^2/4$ であるので，断面①，②での流速 v_1, v_2 は，直径比が $d_1/d_2=1/3$ のとき，

$$v_1=\frac{Q}{\pi d_1{}^2/4}=\frac{30\times 10^{-3}/60}{3.14\times 0.01^2/4}=6.37\ \mathrm{m/s}$$

$$v_2=\left(\frac{d_1}{d_2}\right)^2 v_1=\left(\frac{1}{3}\right)^2\times 6.37\ =0.708\ \mathrm{m/s}$$

となる．したがって，損失を考慮したベルヌーイの式 (4.29) より，$z_1=z_2$ であるから，

$$p_2=p_1+\rho\left\{\frac{1}{2}(v_1{}^2-v_2{}^2)-gh_L\right\}=(0.1\times 10^6)+1\times 10^3\times\left\{\frac{1}{2}\times(6.37^2-0.708^2)-9.8\times 1.5\right\}$$

$$=0.105\times 10^6=\underline{105\ \mathrm{kPa}}$$

であり，上式において $h_L=0$ とすれば，

$$p_2=0.120\times 10^6=\underline{120\ \mathrm{kPa}}$$

となる．

問 4-15　応用★★★

図4.24 のようにサイフォンの原理を利用して，貯水槽の水を抜いている．直径 $d=15$ cm のホースから毎秒 50 L の水が流出している．この状態での全損失ヘッド h_L が 0.8 m であるとき，貯水槽の水面とホース端の高低差 z を求めよ．

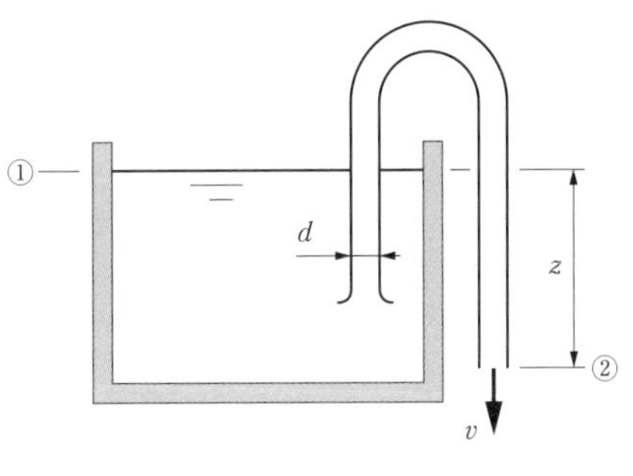

図4.24　サイフォンの原理

貯水槽の液面を①，ホースの出口を②として，これらの数字を添え字に用いて，損失を考慮したベルヌーイの式 (4.29) を考えると，

$$\frac{{v_1}^2}{2g}+\frac{p_1}{\rho g}+z_1=\frac{{v_2}^2}{2g}+\frac{p_2}{\rho g}+z_2+h_L \qquad \cdots(1)$$

となり，式 (1) において，圧力はともに大気圧 $p_1 = p_2 = 0$ であり，速度は $v_1 \fallingdotseq 0$，$v_2 = v$ と置く．一方，ホース内の流速 v は，式 (4.14) より，

$$v=\frac{Q}{\pi d^2/4}=\frac{(50\times 10^{-3})/1}{3.14\times 0.15^2/4}=2.83\ \mathrm{m/s}$$

である．したがって，式 (1) より，貯水槽の水面とホース端の高低差 z は，

$$z=z_1-z_2=\frac{v^2}{2g}+h_L=\frac{2.83^2}{2\times 9.8}+0.8=\underline{1.21\ \mathrm{m}}$$

のとおり得られる．

問 4-16 発展★★★

図4.25 のように断面が①から②に絞られている管路に気体が流れている．気体の状態は断熱変化していると仮定し，断面②での流速 v_2 が次式で与えられることを示せ．ただし，比熱比は κ，断面①での流速は v_1，圧力は p_1，密度は ρ_1，断面積は A_1，断面②での圧力は p_2，密度は ρ_2，断面積は A_2 とする．

$$v_2=\sqrt{\frac{2\kappa}{\kappa-1}\frac{p_1}{\rho_1}\left\{1-\left(\frac{p_2}{p_1}\right)^{\frac{\kappa-1}{\kappa}}\right\}\Big/\left\{1-\left(\frac{A_2}{A_1}\right)^2\left(\frac{p_2}{p_1}\right)^{\frac{2}{\kappa}}\right\}} \qquad (4.36)$$

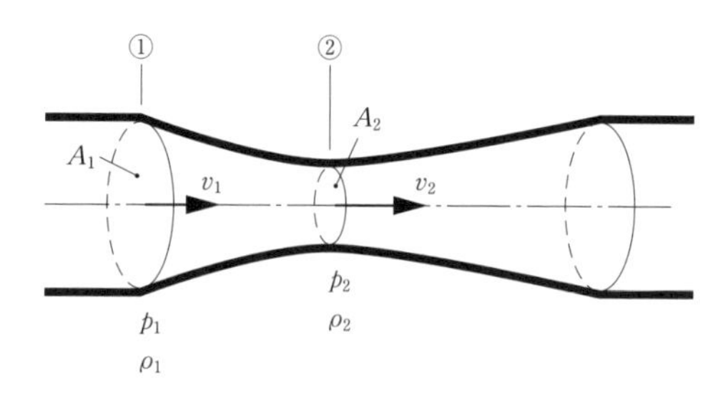

図4.25 管路内の気体の流れ

圧縮性流体に関するベルヌーイの式 (4.32) より，$z=\mathrm{const.}$ であるから，

$$\frac{1}{2}({v_2}^2-{v_1}^2)=\frac{\kappa}{\kappa-1}\frac{p_1}{\rho_1}\left(1-\frac{p_2}{p_1}\frac{\rho_1}{\rho_2}\right) \qquad \cdots(1)$$

であり，一方，質量流量に関する連続の式 (4.13) より，

$$v_1 = \left(\frac{\rho_2}{\rho_1}\right)\left(\frac{A_2}{A_1}\right)v_2 \qquad \cdots(2)$$

である．式 (2) を式 (1) に代入し，v_2 に関して整理すれば，

$$v_2 = \sqrt{\frac{\dfrac{2\kappa}{\kappa-1}\dfrac{p_1}{\rho_1}\left\{1-\left(\dfrac{p_2}{p_1}\right)\left(\dfrac{\rho_2}{\rho_1}\right)^{-1}\right\}}{1-\left(\dfrac{A_2}{A_1}\right)^2\left(\dfrac{\rho_2}{\rho_1}\right)^2}} \qquad \cdots(3)$$

となる．断熱変化では，式 (1.18) より，

$$\frac{\rho_2}{\rho_1} = \left(\frac{p_2}{p_1}\right)^{\frac{1}{\kappa}} \qquad \cdots(4)$$

であるから，式 (4) を式 (3) に代入すれば，断面②での流速 v_2 は，

$$v_2 = \sqrt{\frac{2\kappa}{\kappa-1}\frac{p_1}{\rho_1}\left\{1-\left(\frac{p_2}{p_1}\right)^{\frac{\kappa-1}{\kappa}}\right\}\Big/\left\{1-\left(\frac{A_2}{A_1}\right)^2\left(\frac{p_2}{p_1}\right)^{\frac{2}{\kappa}}\right\}}$$

のとおり与式が導ける．

問 4-17 発展★★★

図4.26 のような断面が縮小している水平な円管路に空気が流れている．断面①では温度が 20°C，風速が $v_1 = 30$ m/s，圧力（絶対圧）が $p_1 = 101.3$ kPa，密度が $\rho_1 = 1.204$ kg/m^3 であり，断面②では風速が $v_2 = 200$ m/s に上がっている．以下の問に答えよ．

(a)　空気を非圧縮性流体とみなし，断面②での圧力 p_2 を求めよ．また，このときの断面①と断面②の直径比 d_2/d_1 はいくらか．

(b)　空気の流れを断熱変化と仮定し圧縮性を考慮した場合に，断面②での圧力 p_2，密度 ρ_2，温度 T_2 を求めよ．このときの断面①と断面②の直径比 d_2/d_1 はいくらか．

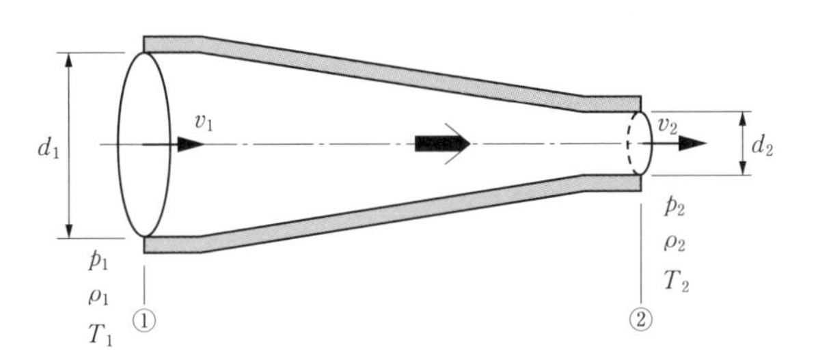

図4.26　空気が流れる縮小管路

(a)　非圧縮性流体に関するベルヌーイの式 (4.26) より，円管路は水平に配置され $z_1 = z_2$ であるから，

$$p_2 = p_1 + \frac{\rho_1}{2}(v_1{}^2 - v_2{}^2) = 101.3\times10^3 + \frac{1.204}{2}\times(30^2 - 200^2) = 7.78\times10^4 = \underline{77.8\ \mathrm{kPa}}$$

である．管路の直径比 d_2/d_1 は，連続の式 (4.14) より，

$$\frac{d_2}{d_1} = \sqrt{\frac{v_1}{v_2}} = \sqrt{\frac{30}{200}} = \underline{0.387}$$

となる．

(b)　断熱変化では式 (1.8) より断面②での密度 ρ_2 は，

$$\rho_2 = \rho_1\left(\frac{p_2}{p_1}\right)^{\frac{1}{\kappa}} \qquad \cdots(1)$$

であるから，圧縮性流体に関するベルヌーイの式 (4.32) に代入して整理すると，空気の比熱比は表 1.7 より $\kappa = 1.4$ であるので，

$$p_2 = p_1\left\{\frac{v_1{}^2 - v_2{}^2}{2}\frac{\kappa-1}{\kappa}\frac{\rho_1}{p_1} + 1\right\}^{\frac{\kappa}{\kappa-1}} = (101.3\times10^3)\times\left\{\frac{30^2 - 200^2}{2}\times\frac{1.4-1}{1.4}\times\frac{1.204}{101.3\times10^3} + 1\right\}^{\frac{1.4}{1.4-1}}$$

$$= 7.97\times10^4 = \underline{79.7\ \mathrm{kPa}}$$

となる．また，式 (1) より，断面②での密度 ρ_2 は，

$$\rho_2 = \rho_1\left(\frac{p_2}{p_1}\right)^{\frac{1}{\kappa}} = 1.204\times\left(\frac{7.97\times10^4}{101.3\times10^3}\right)^{\frac{1}{1.4}} = \underline{1.01\ \mathrm{kg/m^3}}$$

である．断面②での温度 T_2 は，理想気体の状態方程式 (1.9) および式 (1.7) を用い，表 1.7 から空気のガス定数は，$R = 287\ \mathrm{J/(kg\cdot K)}$ であるので，

$$T_2 = \frac{p_2}{R\rho_2} = \frac{7.97\times10^4}{287\times1.01} = \underline{275\ \mathrm{K}}$$

となり 2℃ を得る．質量流量に関する連続の式 (4.13) を用いると，$Q_m = \rho(\pi d^2/4)v = \mathrm{const.}$ であるから，管路の直径比 d_2/d_1 は，

$$\frac{d_2}{d_1} = \sqrt{\frac{v_1}{v_2}\frac{\rho_1}{\rho_2}} = \sqrt{\frac{30}{200}\times\frac{1.204}{1.01}} = \underline{0.423}$$

となる．

第 5 章

ベルヌーイの定理の応用

5.1 ピトー管

先端が半球形の棒状な物体を一様な流れの中に水平に置くと，**図5.1** に示すような流線が形成される．その中央の流線に着目すれば，①点での流速 v は，徐々に減少し物体先端の②点での流速は $v=0$ になる．このように流速が零の点を**よどみ点**と呼ぶ．この流線の①点，②点に対してベルヌーイの式 (4.26) を用いれば，両点の高さは等しいので，流体の密度を ρ とすれば，

$$\frac{1}{2}\rho v^2 + p_s = p_t \tag{5.1}$$

となる．ここに，左辺の第 1 項は**動圧**，第 2 項の p_s は①点の圧力で**静圧**といい，右辺 p_t は②点での圧力で**全圧**と呼ばれている．上式は，流体を物体先端のよどみ点でせき止めることによって，圧力が $\rho v^2/2$ だけ上昇することを意味している．式 (5.1) より，流速 v は，

$$v = \sqrt{\frac{2(p_t - p_s)}{\rho}} \tag{5.2}$$

となり，流体の密度 ρ を知れば，全圧 p_t と静圧 p_s との差を計測することによって求められる．全圧は，**全圧管**という先端に小孔を設けた棒状物体を外部に導ければ測定でき，静圧は，流れの垂直方向に穴を持つ**静圧管**で測定できる．

図5.2 に示すとおり，管路内で液体の流速 v は全圧管と静圧管を使って測定できる．すなわち，流れ方向に正対して全圧管を②点に置き，それを L 字状に曲げて液柱マノメータに接続し全圧 p_t を読みとり，また①点では静圧管を管壁に設け静圧 p_s を液柱マノメータで読みとっている．静圧 p_s と全圧 p_t は，それぞれのマノメータの高さ h_s，h_t を読むと式 (2.18) から，

$$p_s = \rho g h_s, \qquad p_t = \rho g h_t \tag{5.3}$$

であるので，流速 v は $h = h_t - h_s$ とすれば，上式より，

$$v = c\sqrt{2gh} \tag{5.4}$$

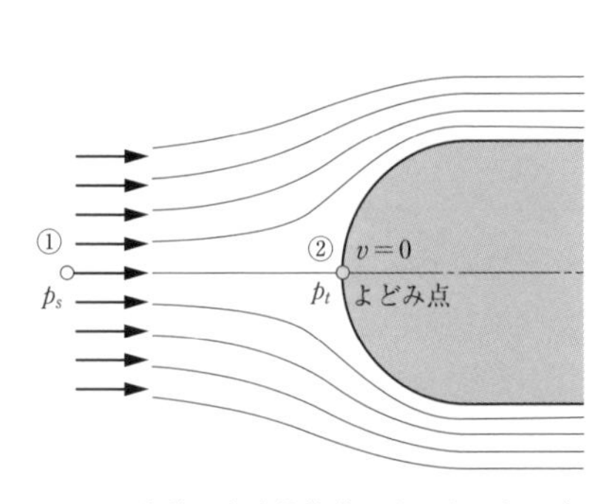

図5.1 先端が半球状物体の流れとよどみ点

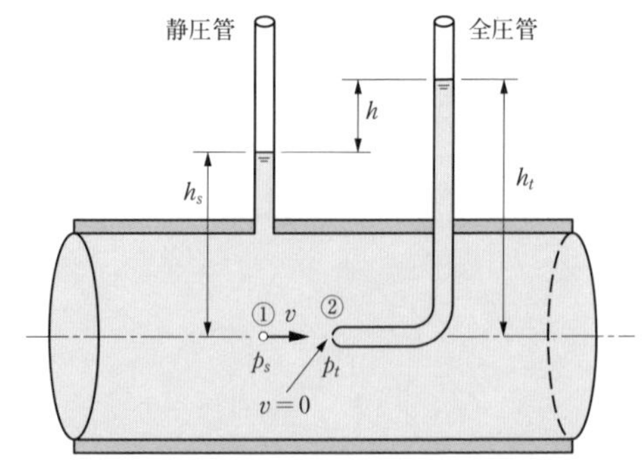

図5.2 全圧管と静圧管

となる．ここに，c は**ピトー管係数**と呼ばれ，実際面では補正を加えて $0.97 \leqq c \leqq 1$ の値が用いられている．

ピトー管の外観図を図5.3 に，JIS にて規定されている標準形ピトー管（外側の直径 d）を図5.4 に示す．L 字形状の棒の球形先端部には孔があけられ，全圧 p_t が全圧管を通して外部に導かれる．また，棒の側面に数個の孔が設けられ，静圧 p_s が環状の静圧管を通して外部に導かれる．このピトー管を用いれば，水中や空気中での流速 v が次式より求められる．

$$v = c\sqrt{\frac{2(p_t - p_s)}{\rho}} \tag{5.5}$$

ピトー管は，流れに正対させながら特定の断面を移動させれば，流速分布を計測できる．また，航空機，船舶，レーシングカーなどの先端部に設けて，速度を計測するために利用されている．

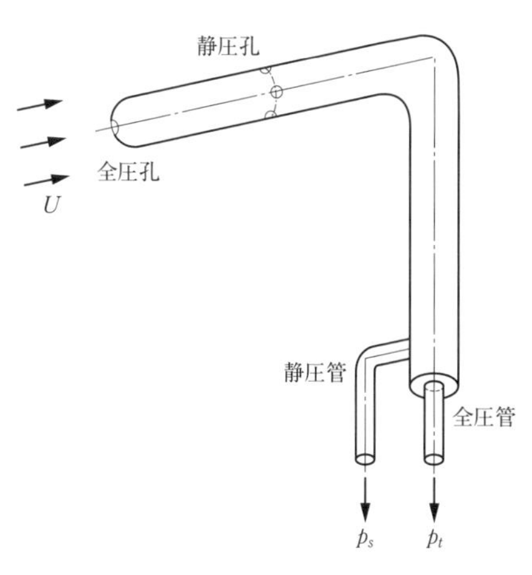

図5.3　ピトー管の外観

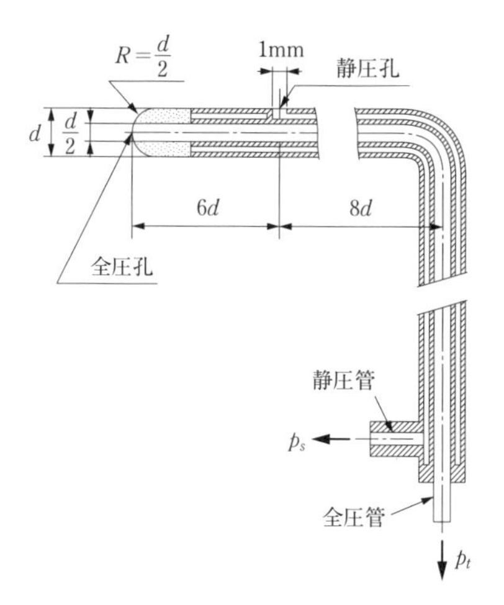

図5.4　標準形ピトー管の構造（JIS B 8330）

5.2 オリフィス

オリフィスとは，比較的薄い板に設けられた孔より流体が噴出するものをいう．図5.5 にオリフィス板の形状を示す．オリフィス板は，流れに垂直に置かれ，中央に直径 d の孔を持つ．その下流部は 45° 程度の面取りを施し，薄刃形状として流体の接触をできるだけ少なくし，粘性による影響を無くしている．オリフィス板を管路の中に配置して流量を測定するものを**管**（くだ）**オリフィス**と呼ぶ．このように管路の途中に取り付けて，管路断面積を狭める装置を**絞り機構**といい，ほかに後節にて述べるノズルやベンチュリ管がある．

図5.6 に管オリフィス内の流れの状況を示す．管内の流れは，オリフィス板の十分に上流では内壁に沿っているが，オリフィス板に近づくと流管は徐々に縮まる．流体が面積 A のオリフィス孔を通過した後には，流体のもつ慣性により**縮流**が生じ，最小の断面積 A_2 に収縮する．オリフィス板の上流部①と縮流部②に式 (4.26) のベルヌーイの定理を適用すると次式で表される．

$$\frac{1}{2}\rho {v_1}^2+p_1=\frac{1}{2}\rho {v_2}^2+p_2 \tag{5.6}$$

また，縮流部②とオリフィス部③との間に連続の式 (4.14) を適用すれば，

$$A_2 v_2 = A v_3 \tag{5.7}$$

となる．上式 (5.6)，(5.7) より，縮流部②での流速 v_2 は，

$$v_2=\frac{1}{\sqrt{1-{C_c}^2 m^2}}\sqrt{\frac{2(p_1-p_2)}{\rho}} \tag{5.8}$$

となる．ここに，C_c は縮流部②とオリフィス部③の面積比で**収縮係数**，m は上流管路①とオリフィス孔③の面積比で**絞り面積比**と呼ばれ，それぞれ次式で定義されている．

$$C_c=\frac{A_2}{A} \tag{5.9}$$

$$m=\frac{A}{A_1} \tag{5.10}$$

しかし，実際の縮流部②での流速 v は，流れの損失のために，式 (5.8) の流速 v_2 より多少遅くなり，次式のように速度係数 C_v を用いての補正が必要となる．

$$v=C_v v_2=\frac{C_v}{\sqrt{1-{C_c}^2 m^2}}\sqrt{\frac{2(p_1-p_2)}{\rho}} \tag{5.11}$$

上式より，絞り面積比 m が小さい管オリフィスでは，流速 v は，

$$v=C_v\sqrt{\frac{2(p_1-p_2)}{\rho}} \tag{5.12}$$

と書ける．また，縮流部②での流量 Q は，式 (5.9)，(5.11) を用いて，

$$Q=A_2 v=\alpha A\sqrt{\frac{2(p_1-p_2)}{\rho}} \tag{5.13}$$

となる．ここに，α は**流量係数**と呼ばれ，式 (5.8) より，

$$\alpha=\frac{C_c C_v}{\sqrt{1-{C_c}^2 m^2}} \tag{5.14}$$

で表される．流量係数 α は，実験にもとづく多数のデータが提供されているが，オリフィス板を管路の途中に挿入して流量計測する場合には，

$$\alpha = 0.598 - 0.003m + 0.404m^2 \tag{5.15}$$

が実用的な式として知られている．ただし，絞り面積比が $0.05 \leqq m \leqq 0.65$ の範囲で有効である．

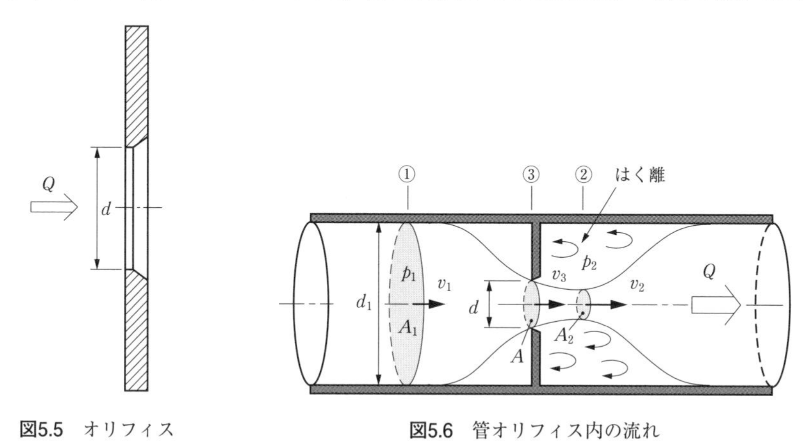

図5.5　オリフィス　　**図5.6**　管オリフィス内の流れ

5.3 ノズル

管オリフィスは，比較的に製作が容易で低価格であるものの，オリフィス板の下流部で流れがはく離を起こし（図 5.6），圧力損失の低下を招く短所もある．**図5.7** に示す**ノズル**は，内曲面が円弧状の輪郭を持つ入口部と直径 d の円筒状の出口部から成り，縮流を防いで圧力損失を少なくした絞り機構である．ノズルの流量 Q を求めるには，ノズル断面積を $A=\pi d^2/4$ と置き，オリフィスと同様な式 (5.13) が利用できる．この場合には，式 (5.14) において縮流係数は $C_c=1$ とみなすことができ，流量係数は，$\alpha=0.98$〜1.18 が概略値として採用されている．ノズルが管の途中にあるとき，流量係数 α は，

$$\alpha = \frac{1}{\sqrt{1-m^2}}\left(1.071 - \sqrt{0.00723 + \frac{m^2}{30}}\right) \tag{5.16}$$

で与えられている．ただし，上式は絞り面積比が $0.05 \leqq m \leqq 0.45$ の範囲で有効である．

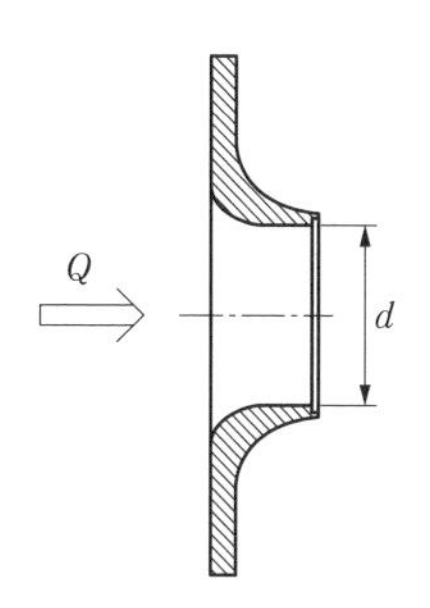

図5.7　ノズル

5.4 ベンチュリ管

オリフィスやノズルのほかに絞り機構として**ベンチュリ管**がある．ベンチュリ管は，オリフィスやノズルに比べ，圧力損失が小さく耐摩耗性に優れているが，構造がやや複雑で高い加工精度が要求される．図5.8 に**スロート**（のど部）を持つ円錐形のベンチュリ管を示す．この測定法は，内径 d_1 の管路の途中で断面積を緩やかに縮小させ，直径 d_2 のスロート②を設け，上流部①との圧力差 p_1-p_2 を計測することにより，流量 Q を求めるものである．ベンチュリ管は水平に置かれているので，流体の密度を ρ として①点と②点にベルヌーイの式 (4.26) を適用すると，

$$\frac{1}{2}\rho {v_1}^2+p_1=\frac{1}{2}\rho {v_2}^2+p_2 \tag{5.17}$$

である．また，連続の式 (4.14) から上流部①の流速 v_1 は，

$$v_1=\left(\frac{d_2}{d_1}\right)^2 v_2 \tag{5.18}$$

であるので，式 (5.18) を式 (5.17) に代入して整理すれば，スロート②での流速 v_2 は，

$$v_2=\frac{1}{\sqrt{1-\beta^4}}\sqrt{\frac{2(p_1-p_2)}{\rho}} \tag{5.19}$$

で与えられる．ただし，β は上流部①とスロート②との**絞り直径比**であり，次式で与えられる．

$$\beta=\frac{d_2}{d_1} \tag{5.20}$$

したがって，スロート②での流量 Q は，オリフィスと同じように α を流量係数とすれば，次式のとおり得られる．

$$Q=\alpha A v_2=\alpha A\sqrt{\frac{2(p_1-p_2)}{\rho}} \tag{5.21}$$

ここに，A はスロート断面積で $A=\pi {d_2}^2/4$ である．上式において，①点と②点との圧力差 p_1-p_2 は，液柱マノメータ（管路の上部に表示）の読み h_m，あるいはＵ字管マノメータ（管路の下部に表示）の読み h_u を測定すると，式 (2.18)，(2.21) より次式から得られる．

$$p_1-p_2=\rho g h_m\,, \qquad p_1-p_2=(\rho_u-\rho) g h_u \tag{5.22}$$

ここに，ρ_u はＵ字管マノメータの液体密度である．

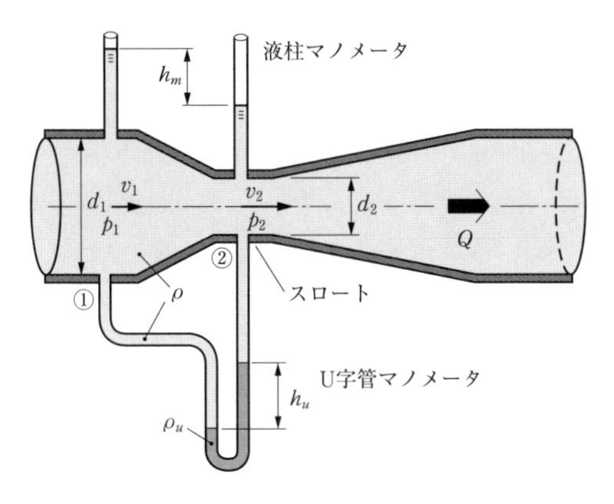

図5.8　ベンチュリ管と測定原理

5.5 先細ノズル

図5.9 に示す大きなタンクに圧力 p_1, 密度 ρ_1 の気体が入っている．気体が**先細ノズル**から速度 v_2 で圧力 p_2 に放出するとき，気体の状態変化は，断熱的と仮定すれば，タンク①とノズル②に圧縮性流体に関するベルヌーイの式 (4.32) が適用できる．タンク内の速度は小さく $v_1 \fallingdotseq 0$ であるので，

$$\frac{\kappa}{\kappa-1}\frac{p_1}{\rho_1}=\frac{{v_2}^2}{2}+\frac{\kappa}{\kappa-1}\frac{p_2}{\rho_2} \tag{5.23}$$

である．ここに，圧力 p_1, p_2 は絶対圧力であり，κ は比熱比である．よって，先細ノズルからの流速 v_2 は，

$$v_2=\sqrt{\frac{2\kappa}{\kappa-1}\frac{p_1}{\rho_1}\left(1-\frac{\rho_1}{\rho_2}\frac{p_2}{p_1}\right)} \tag{5.24}$$

となる．断熱変化であるから，式 (1.18) より，

$$\frac{\rho_1}{\rho_2}=\left(\frac{p_2}{p_1}\right)^{-\frac{1}{\kappa}} \tag{5.25}$$

であり，式 (5.25) を式 (5.24) に代入すると次式が得られる．

$$v_2=\sqrt{\frac{2\kappa}{\kappa-1}\frac{p_1}{\rho_1}\left\{1-\left(\frac{p_2}{p_1}\right)^{\frac{\kappa-1}{\kappa}}\right\}} \tag{5.26}$$

ノズル先端の断面積を A_2 とすれば，ノズルを通過する気体の質量流量 Q_m は，式 (4.13) より，

$$Q_m=\rho_2 A_2 v_2=A_2\sqrt{\frac{2\kappa}{\kappa-1}\frac{p_1{\rho_2}^2}{\rho_1}\left\{1-\left(\frac{p_2}{p_1}\right)^{\frac{\kappa-1}{\kappa}}\right\}} \tag{5.27}$$

である．式 (5.25) より $\rho_2{}^2=\rho_1{}^2(p_2/p_1)^{2/\kappa}$ であるから，上式に代入すると，

$$Q_m=A_2\sqrt{\frac{2\kappa}{\kappa-1}\rho_1 p_1\left\{\left(\frac{p_2}{p_1}\right)^{\frac{2}{\kappa}}-\left(\frac{p_2}{p_1}\right)^{\frac{\kappa+1}{\kappa}}\right\}} \tag{5.28}$$

が得られる．上式をもとに，横軸に圧力比 p_2/p_1 をとり，縦軸に質量流量 Q_m をとると，**図5.10** に実線で示す曲線が描ける．気体の質量流量 Q_m が最大値 $Q_{\max}$ を示す極値を求めるため，

$$\frac{dQ_m}{d(p_2/p_1)}=0 \tag{5.29}$$

とする．この条件を満足するには，

$$\frac{2}{\kappa}\left(\frac{p_2}{p_1}\right)^{\frac{2}{\kappa}-1}-\frac{\kappa+1}{\kappa}\left(\frac{p_2}{p_1}\right)^{\frac{\kappa+1}{\kappa}-1}=0 \tag{5.30}$$

である必要があり，このときの先細ノズルでの圧力を $p_2=p_c$ と置けば，次式が得られる．

$$\frac{p_c}{p_1}=\frac{p_2}{p_1}=\left(\frac{2}{\kappa+1}\right)^{\frac{\kappa}{\kappa-1}} \tag{5.31}$$

たとえば，ノズルから噴出する気体が空気であれば，比熱比は $\kappa=1.4$ であるから，$p_c/p_1=0.528$ となる．この状態の絶対圧力 p_c を**臨界圧力**と呼び，p_c/p_1 を**臨界圧力比**と呼ぶ．式 (5.31) を式 (5.26) に代入し，断熱変化 $\rho_1/\rho_c=(p_c/p_1)^{-1/\kappa}$ の関係を用いて整理すれば，臨界圧力での速度 v_c が次式のとおり求まる．

$$v_c=\sqrt{\frac{2\kappa}{\kappa+1}\frac{p_1}{\rho_1}}=\sqrt{\frac{\kappa p_c}{\rho_c}} \tag{5.32}$$

先細ノズルでの**臨界速度** v_c は，式 (1.21) での音速 a に一致する．このような臨界状態になることを**閉塞**（チョーク）と呼んでいる．ここで，先細ノズルから噴出する質量流量 Q_m を実際に計測することを考えれば，出口圧力がタンク圧力に等しい $p_2/p_1=1$ のとき，式 (5.27) から当然ながら $Q_m=0$ である．タンク圧力 p_1 を一定に保ちつつ，同図のグラフに矢印で示すように，段々と出口圧 p_2 を減少させていくと，臨界圧力に達し $p_2=p_c$ において，質量流量は最大値 $Q_m=Q_{\max}$ となる．しかし，式 (5.28) からの計算結果のとおり，圧力差 p_1-p_2 が増加するにもかかわらず，質量流量 Q_m が減少するのは不合理である．同図中の破線に見るように，実験的には出口圧力 p_2 を臨界圧力 p_c より下げても，質量流量 $Q_m=Q_{\max}$ は変わらない．この現象は以下のように考えることができる．流れの中で圧力の増減が起こると，一般的に上下流の方向に音速で伝わるが，このようにノズル断面で音速に達していると相対的な伝ぱ速度は零となり，出口圧 p_2 の圧力擾乱の影響は，上流側のタンク圧力 p_1 へは伝達されず，質量流量 Q_m は常に最大値 $Q_{\max}$ で一定となる．

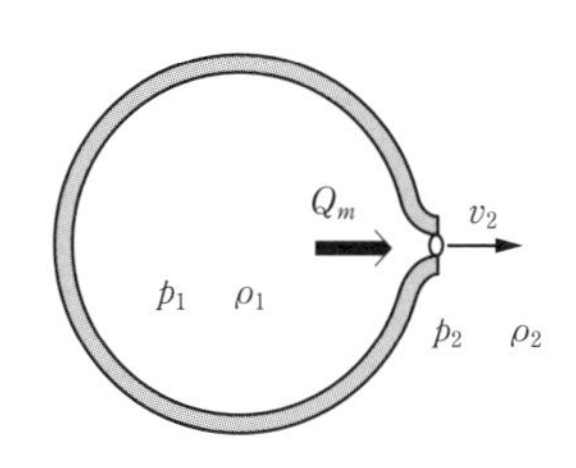

図5.9　タンクから先細ノズルへの流出

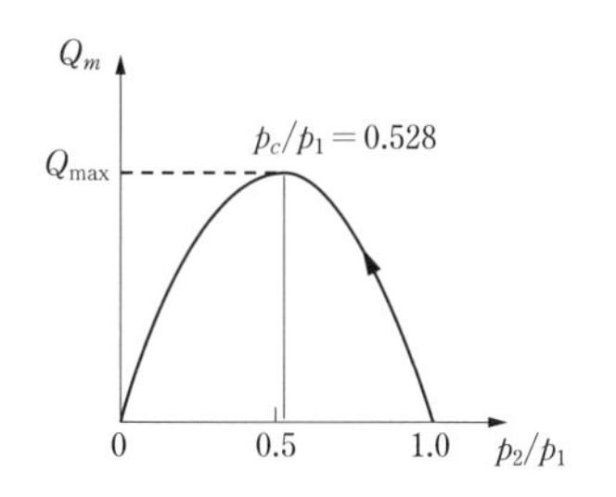

図5.10　圧力比と質量流量の関係

5.6 スプール弁とポペット弁

オリフィスは，流量の測定ばかりでなく，バルブなどの圧力や流量を制御したり，緩衝器のように流体抵抗を与えたりする目的として，様々な流体機器に内蔵されている．**スプール弁**とは，図5.11のようなスプールと呼ばれる段付き棒状の軸が，すきまのほとんど無い円筒穴を x 軸方向に移動し，開口部の絞り機構によって流れを調整するバルブである．また，**ポペット弁**とは，図5.12に示すように，ポペットと呼ばれる円錐または球の形状物体が x 軸方向に移動して，開口部の絞り機構により流れを調整するバルブである．この弁ではポペットが弁座に接する閉位置の状態では漏れは基本的に無い．この絞り機構をオリフィスで近似すると，バルブでの通過流量 Q は，式 (5.13) より，

$$Q=\alpha A\sqrt{\frac{2(p_u-p_d)}{\rho}} \tag{5.33}$$

となる．ここに，p_u-p_d は開口部①での上下流の圧力差であり，開口面積 A は，それぞれの弁に対して，

$$\text{スプール弁：}A=\pi d\cdot x\,,\qquad \text{ポペット弁：}A=\pi D\cdot x\sin\phi \tag{5.34}$$

で表され，スプールやポペットの閉状態からの変位 x の関数で与えられる．

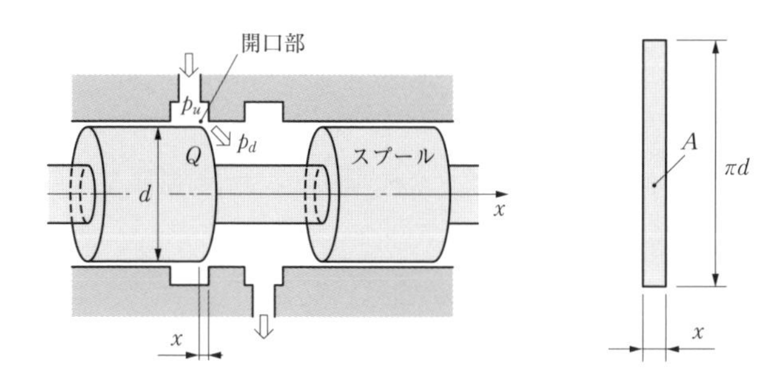

図5.11　スプール弁と開口面積

第5章
ベルヌーイの定理の応用

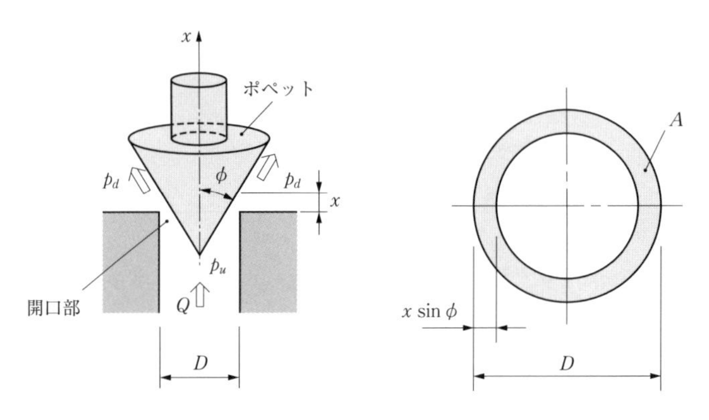

図5.12　ポペット弁と開口面積

5.7 水槽オリフィス

図5.13(a) は，円筒状の水槽下部の比較的薄い側板にオリフィスがあけられ，内部の水が大気に放出している様子を示している．まず，水槽断面積 A_1 の液面①にある液体粒子が流線に沿って，断面積 $A_2=\pi d^2/4$ のオリフィス②から噴出する流速 v_2 について考えよう．基準面から高さ z_1 の液面①における下降速度を v_1，圧力を p_1 と定め，基準面から高さ z_2 におけるオリフィス部②の圧力を p_2 と定める．液面①とオリフィス②について，連続の式 (4.14) とベルヌーイの式 (4.26) を適用すれば，それぞれ，

$$A_1 v_1 = A_2 v_2 \tag{5.35}$$

$$\frac{1}{2}\rho {v_1}^2 + p_1 + \rho g z_1 = \frac{1}{2}\rho {v_2}^2 + p_2 + \rho g z_2 \tag{5.36}$$

となる．液面①とオリフィス②は，ともに大気に接しているので，そこでの圧力は大気圧 p_0 に等しく $p_1=p_2=p_0$ である．したがって，式 (5.35)，(5.36) より，流出速度 v_2 は，

$$v_2 = \frac{1}{\sqrt{1-(A_2/A_1)^2}}\sqrt{2gh} \tag{5.37}$$

で与えられる．ここに $h=z_1-z_2$ であり，タンク断面積 A_1 と小孔断面積 A_2 との関係は $A_1 \gg A_2$ であるので，流出速度 v_2 は次式で近似できる．

$$v_2 = \sqrt{2gh} \tag{5.38}$$

上式は，**トリチェリの定理**と呼ばれ，小孔から流出する流量 Q は，

$$Q = \alpha A_2 v_2 = \alpha A_2 \sqrt{2gh} \tag{5.39}$$

となる．ここに，α は流量係数であり，一般には $\alpha = 0.6 \sim 0.68$ の値が採用されている．

つぎに，水槽の液面が下がる時間について考えてみよう．まず，**図5.13 (b)** のように水槽下面から高さ z の液面を想定して，そこでの流量 Q を考える．液面の下降速度 v は，微小時間 dt の間に微小距離 dz だけ z 軸の負方向に降下するので，水が水槽の断面積 A を通過する流量 Q は，

$$Q = Av = -A\frac{dz}{dt} \tag{5.40}$$

となる．一方，その時点でオリフィスから流出する流量 Q_2 は，式 (5.39) より，

$$Q_2 = \alpha A_2 \sqrt{2gz} \tag{5.41}$$

で与えられる．したがって，両流量を等しく $Q = Q_2$ と置き，変数分離すれば，微小時間 dt は，

$$dt = -\frac{A}{\alpha A_2}\frac{dz}{\sqrt{2gz}} \tag{5.42}$$

で表される．液面が z_1 から z_2 まで降下するのに要する時間 $t_0 = t_2 - t_1$ は，式 (5.42) を定積分すれば，面積 A が高さ z によって変化しないので，

$$t_0 = \sqrt{\frac{1}{2g}}\frac{A}{\alpha A_2}\int_{z_1}^{z_2} z^{-1/2}\,dz = \sqrt{\frac{2}{g}}\frac{A}{\alpha A_2}(\sqrt{z_1} - \sqrt{z_2}) \tag{5.43}$$

のとおり得られる．

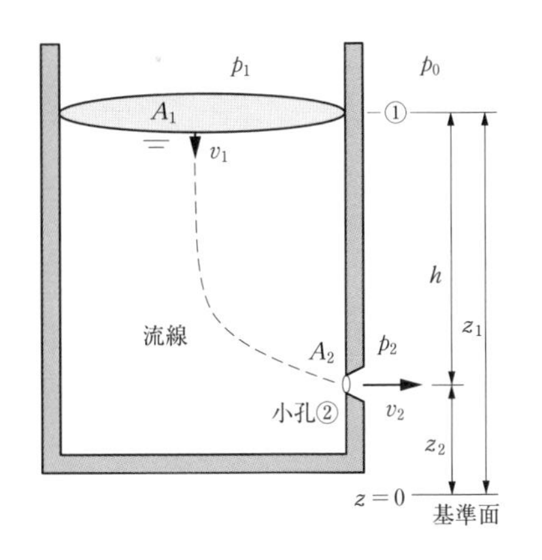

(a) 液面が一定の状態

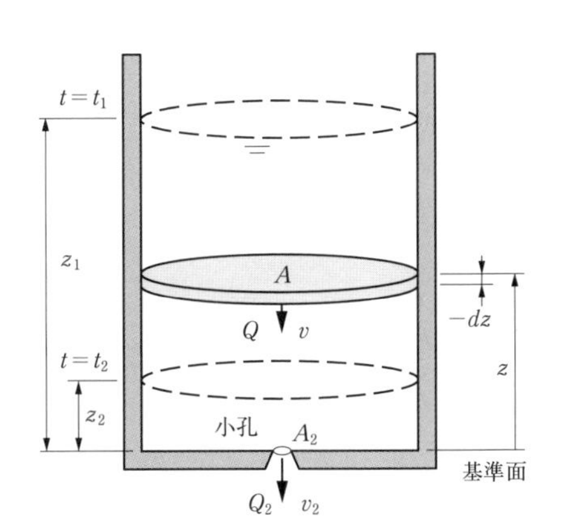

(b) 液面が降下している状態

図5.13 水槽オリフィスからの流出

5.8 せき

せきとは，河川などの自由表面（液面）のある開水路の液体流量を計測する装置である．**図5.14**にせきの一例として，せき板の幅 b が水路の幅 B より狭い**四角せき**を示す．せきは，同図のように水路の途中に薄刃状のせき板を流れに直角に設け，このせき板を乗り越える水位 h を測定することによって，流量 Q を求める方法である．以下では，トリチェリの定理を用いて水位 h から流量 Q を求めてみよう．同図に示すように，自由表面より z だけ鉛直下方に微小の高さ dz をとると，微小な矩形面積 $dA = bdz$ が仮想的に形成される．この微小面積 dA を長方形状のオリフィスとみなし，損失が無いとすれば，そこでの流速 v は，トリチェリの定理より，

$$v = \sqrt{2gz} \tag{5.44}$$

となる．したがって，微小面積 $dA = bdz$ を通る流量 dQ は，流量係数を α とすると，式 (5.39) より，

$$dQ = \alpha bdz\sqrt{2gz} \tag{5.45}$$

が得られる．ここで，せき板には無数個の微小矩形面積 dA のオリフィス孔が高さ方向に連なってあいていると考える．基準面である自由表面 $z = 0$ から，せき板の切欠き底部までの距離 $z = h$ で上式を定積分すると，せき板を通過する流量 Q は次式のとおり求められる．

$$Q = \alpha\sqrt{2g}\int_0^h b\sqrt{z}\,dz \tag{5.46}$$

四角せきの場合では，せきの幅 b は，高さ方向 z に依存せず一定であるので，

$$Q = \frac{2}{3}\alpha b\sqrt{2g}\,h^{3/2} \tag{5.47}$$

となる．水路とせきの幅が等しい $B = b$ のせきを**全幅せき**，逆三角形の切欠きを持つせきを**三角せき**と呼び，四角せきのほかに様々な種類のせきがある．

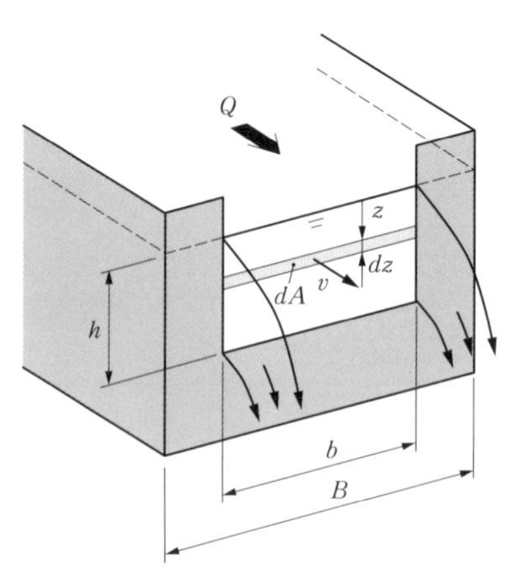

図5.14　四角せき

問 5-1　基礎★★★

図5.15 のように内径が $d_1 = 30$ cm から $d_2 = 20$ cm に縮小する管の中を水が流量 $Q = 0.25$ m^3/s で流れている．まず，管路の断面①，②の圧力差 $p_1 - p_2$ および両者に接続されているU字管水銀マノメータの読み h_u を求めよ．つぎに，全圧管が断面②に流れに正対して置かれているとき，液柱マノメータの読み h_m を求めよ．

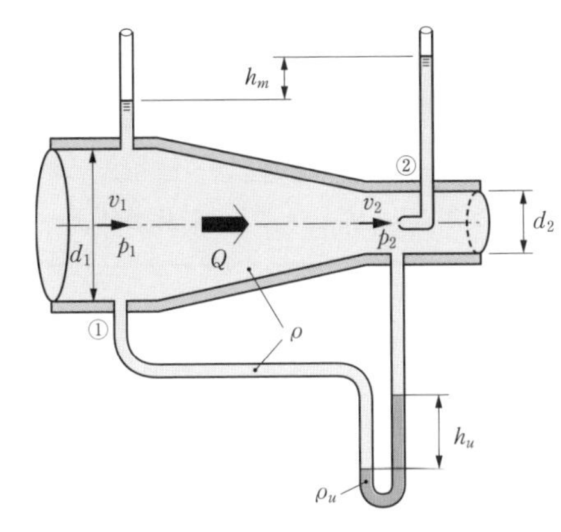

図5.15　縮小管路とマノメータ

ベルヌーイの式 (4.26) より，$z = \text{const.}$ であるから，断面①，②において，

$$p_1 - p_2 = \frac{1}{2}\rho({v_2}^2 - {v_1}^2) \qquad \cdots(1)$$

であり，連続の式 (4.14) より，断面積は $A = \pi d^2/4$ なので，断面①，②での流速 v_1，v_2 は，

$$v_1 = \frac{4Q}{\pi {d_1}^2}, \qquad v_2 = \frac{4Q}{\pi {d_2}^2} \qquad \cdots(2)$$

である．式 (2) を式 (1) に代入すると，断面①，②の圧力差 $p_1 - p_2$ は，

$$p_1 - p_2 = \frac{8\rho Q^2}{\pi^2}\left(\frac{1}{{d_2}^4} - \frac{1}{{d_1}^4}\right) = \frac{8\times(1\times10^3)\times0.25^2}{3.14^2}\times\left(\frac{1}{0.2^4} - \frac{1}{0.3^4}\right) = 2.54\times10^4 = \underline{25.4\ \text{kPa}}$$

と求められる．式 (2.21) から，U字管水銀マノメータの読み h_u は次式で求められる．

$$h_u = \frac{p_1 - p_2}{(\rho_u - \rho)g} = \frac{2.54\times10^4}{(13.6-1)\times10^3\times9.8} = \underline{0.206\ \text{m}}$$

全圧管先端のよどみ点では $v_2 = 0$ であり，断面②での全圧を $p_t = p_2$ と置き，静圧管は断面①にある

から，その静圧を $p_s = p_1$ と置くと式 (5.1) より，

$$p_t - p_s = \frac{1}{2}\rho {v_1}^2 \qquad \cdots(3)$$

となる．式 (5.3) を用いれば液柱マノメータの読み h_m は，式 (2)，(3) より，

$$h_m = \frac{p_t - p_s}{\rho g} = \frac{8Q^2}{g\pi^2 {d_1}^4} = \frac{8 \times 0.25^2}{9.8 \times 3.14^2 \times 0.3^4} = \underline{0.639\ \text{m}}$$

のとおり求められる．

問 5-2　基礎★☆☆

管路での水の流速 v を全圧管と静圧管で測定した（図 5.2）．両者のマノメータの差 h が 60 cm であるとき，流速 v を求めよ．ただし，ピトー管係数は $c = 0.98$ とする．

管路内の水の流速 v は，式 (5.4) より，

$$v = c\sqrt{2gh} = 0.98 \times \sqrt{2 \times 9.8 \times 0.6} = \underline{3.36\ \text{m/s}}$$

となる．

問 5-3　応用★☆☆

ピトー管（図 5.3, 図 5.4）で風速を計測している．全圧管と静圧管を水の入った U 字管マノメータに接続し，全圧 p_t と静圧 p_s の差圧をマノメータの読みで計測したところ $h = 80$ mm であった．風速 v を求めよ．ただし，空気の密度は $\rho = 1.2$ kg/m^3，ピトー管係数は $c = 1$ とする．

式 (5.5) より，ピトー管で計測する流速 v は，

$$v = c\sqrt{\frac{2(p_t - p_s)}{\rho}} \qquad \cdots(1)$$

であり，U 字管マノメータの全圧 p_t と静圧 p_s との差圧は，式 (2.21) において，U 字管内の水銀の密度を水の密度に置き代え $\rho_m = \rho_w$ とすれば，$\rho_w \gg \rho$ であるので，

$$p_t - p_s = \rho_w g h \qquad \cdots(2)$$

となる．式 (2) を式 (1) に代入すれば，風速 v は次式のとおり求められる．

$$v = c\sqrt{\frac{2\rho_w gh}{\rho}} = 1\times\sqrt{\frac{2\times(1\times10^3)\times9.8\times0.08}{1.2}} = \underline{36.1\ \mathrm{m/s}}$$

問 5-4 応用★★☆

水平に設置された管オリフィス（図 5.6）の中を水が流れている．オリフィス孔の上下流での圧力差 $p_1 - p_2$ を U 字管水銀マノメータで計測すると読みが $h = 50$ cm であった．管路の直径が $d_1 = 100$ mm，オリフィス孔の直径が $d = 40$ mm であるとき，流量係数 α および水の流量を [L/s] の単位で求めよ．

U 字管水銀マノメータで計測すると，読みは $h = 0.5$ m であるので，式 (2.21) より圧力差 $p_1 - p_2$ は，

$$p_1 - p_2 = (\rho_m - \rho)gh = (13.6-1)\times10^3\times9.8\times0.5 = 6.17\times10^4 = 61.7\ \mathrm{kPa}$$

である．一方，絞り面積比 m は，式 (5.10) より，

$$m = \frac{A}{A_1} = \left(\frac{d}{d_1}\right)^2 = \left(\frac{0.04}{0.1}\right)^2 = 0.16$$

であるから，式 (5.15) を用いると，流量係数 α は，

$$\alpha = 0.598 - 0.003m + 0.404m^2 = 0.598 - 0.003\times0.16 + 0.404\times0.16^2 = \underline{0.608}$$

となる．したがって，式 (5.13) にて $A = \pi d^2/4$ より，

$$Q = \alpha\frac{\pi d^2}{4}\sqrt{\frac{2(p_1 - p_2)}{\rho}} = 0.608\times\frac{3.14\times0.04^2}{4}\times\sqrt{\frac{2\times(6.17\times10^4)}{1\times10^3}} = 8.48\times10^{-3}\ \mathrm{m^3/s}$$

$$= \underline{8.48\ \mathrm{L/s}}$$

が求められる．

問 5-5 応用★★★

図5.16 に示すように，剛体容器の中に体積 V の油（体積弾性係数 K，密度 ρ）が孔を開口する前には圧力 $p=p_c$ で蓄圧されている．直径 d の孔から油を流量 Q で大気圧下に抜くとき，容器内の圧力 p を時間 t の関数として表せ．つぎに，油を抜くのに必要な時間 t_o を求めよ．ただし，孔はオリフィス流れを仮定し，流量係数は α とする．さらに，表5.1 に示す諸元の数値を用いるならば，油を抜くのに必要な時間 t_o を計算せよ．

表5.1 諸元

体積：$V=10\,\mathrm{L}$	流量係数：$\alpha=0.6$
初期の容器内圧力：$p_c=40\,\mathrm{MPa}$	油の密度：$\rho=860\,\mathrm{kg/m^3}$
孔の直径：$d=0.8\,\mathrm{mm}$	油の体積弾性係数：$K=2.1\,\mathrm{GPa}$

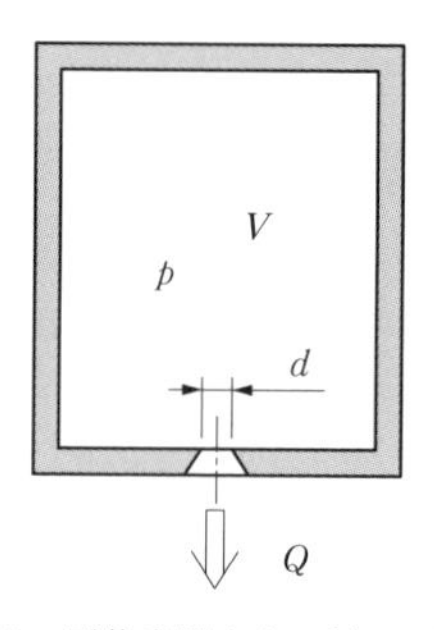

図5.16 剛体容器からの油の圧抜き

解 面積 $A=\pi d^2/4$ の孔より流出する流量 Q は，下流部の圧力が大気圧であるので，オリフィスの式 (5.13) より，

$$Q=\alpha\frac{\pi d^2}{4}\sqrt{\frac{2p}{\rho}} \qquad \cdots(1)$$

である．圧縮性を考慮した連続の式 (4.18) にて，流入流量も体積変化も無いので，

$$-Q=\frac{V}{K}\frac{dp}{dt} \qquad \cdots(2)$$

であるから，式 (1)，(2) を等しく置いて変数を分離すると，

$$dt=-\frac{4V}{\pi\alpha d^2 K}\sqrt{\frac{\rho}{2}}\,p^{-1/2}\,dp$$

であり，上式を積分して，初期条件として $t=0$ で $p=p_c$ を考慮すれば，

$$t = C(\sqrt{p_c} - \sqrt{p}) \qquad \cdots(3)$$

が得られる．ここに，係数 C は，

$$C = \frac{4\sqrt{2\rho}\,V}{\pi\alpha d^2 K} \qquad \cdots(4)$$

である．式 (3) を整理すると，剛体容器の圧力 p は，時間 t の関数として，

$$\underline{p = \left(\sqrt{p_c} - \frac{t}{C}\right)^2} \qquad \cdots(5)$$

のとおり求められる．また，剛体容器内の圧力が $p=0$ になるときの時間 t_o は，式 (5) より，

$$\underline{t_o = C\sqrt{p_c}} \qquad \cdots(6)$$

となる．諸元の数値にもとづき，係数 C を式 (4) より算出すると，

$$C = \frac{4\sqrt{2\rho}\,V}{\pi\alpha d^2 K} = \frac{4\times\sqrt{2\times 860}\times(10\times 10^{-3})}{3.14\times 0.6\times(0.8\times 10^{-3})^2\times(2.1\times 10^9)} = 6.55\times 10^{-4}[\mathrm{Pa}^{-1/2}\cdot\mathrm{s}]$$

となり，油を抜くのに必要な時間 t_o は，式 (6) から，

$$t_o = C\sqrt{p_c} = (6.55\times 10^{-4})\times\sqrt{40\times 10^6} = \underline{4.14\,\mathrm{s}}$$

のとおり求められる．

問 5-6　発展★★☆

直径が $d_1 = 100\,\mathrm{mm}$ の水平な管路の途中に，直径 $d = 60\,\mathrm{mm}$ のノズル（図 5.7）があり水が流れている．ノズル前後の圧力差をＵ字管マノメータで調べたところ水銀柱で $h = 400\,\mathrm{mm}$ であった．まず，ノズル前後の圧力差 $p_1 - p_2$ を求めよ．つぎに，ノズルの流量係数 α および流量 Q を求めよ．

Ｕ字管マノメータで測定したノズル前後の圧力差 $p_1 - p_2$ は，式 (2.21) より，

$$p_1 - p_2 = (\rho_m - \rho)gh = (13.6-1)\times 10^3\times 9.8\times 0.4 = 4.94\times 10^4 = \underline{49.4\,\mathrm{kPa}}$$

である．ノズルの面積比 m は，式 (5.10) より，

$$m = \frac{A}{A_1} = \left(\frac{d}{d_1}\right)^2 = \left(\frac{0.06}{0.1}\right)^2 = 0.36$$

であり，面積比が $0.05 \leqq m \leqq 0.45$ の範囲に入るので流量係数 α は，式 (5.16) より，

$$\alpha=\frac{1}{\sqrt{1-m^2}}\left(1.071-\sqrt{0.00723+\frac{m^2}{30}}\right)=\frac{1}{\sqrt{1-0.36^2}}\times\left(1.071-\sqrt{0.00723+\frac{0.36^2}{30}}\right)=\underline{1.03}$$

となる．したがって，ノズルを流れる水の流量 Q は，式 (5.13) より，ノズル面積が $A=\pi d^2/4$ であるから，

$$Q=\alpha\frac{\pi d^2}{4}\sqrt{\frac{2(p_1-p_2)}{\rho}}=1.03\times\frac{3.14\times0.06^2}{4}\times\sqrt{\frac{2\times4.94\times10^4}{1\times10^3}}=\underline{0.0289\,\mathrm{m^3/s}}$$

となる．

問 5-7

応用 ★★☆

図5.17 は霧吹きやエンジンのキャブレタの原理を示したものである．同図に示すように，ベンチュリ管が水平に置かれ，絞り部①は液体の入ったタンクと細管で接続されている．ベンチュリ管に流量 Q の空気を流すと，タンク内の液体は絞り部での負圧によって細管を上昇していく．直径 d_2 の出口部②が大気圧に開放されているとき，タンク液面より高さ h まで液体を吸い上げるためには，絞り部①の直径 d_1 をどのように設計すればよいか示せ．ただし，液体の密度は ρ_L，空気の密度は ρ_A，絞り部での流量係数は $\alpha=1$ とし，細管での表面張力，空気の圧縮性の影響は無視できるものとする．

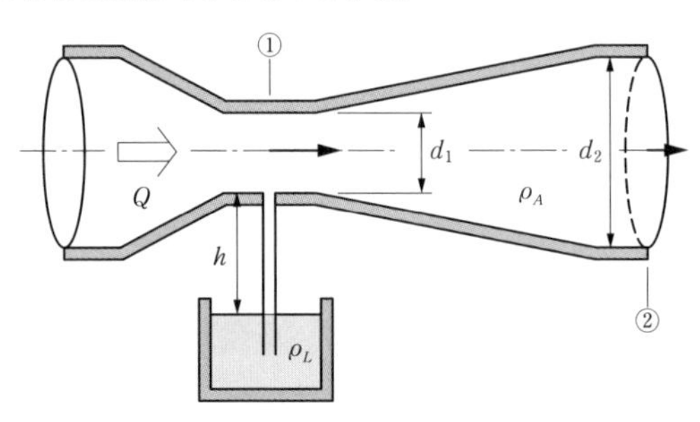

図5.17　ベンチュリ管による液体の上昇

解 同図において断面①，②での流速および圧力を v_1，v_2，p_1，p_2 と置き，ベルヌーイの式 (4.26) を適用すると，ベンチュリ管は水平に置かれているので $z=\mathrm{const.}$ であり，出口端は大気圧に開放されているので $p_2=0$ である．よって，

$$\frac{1}{2}\rho_A v_1{}^2+p_1=\frac{1}{2}\rho_A v_2{}^2 \qquad \cdots(1)$$

となる．また，連続の式 (4.14) から，

$$v_1 = \frac{4Q}{\pi {d_1}^2}, \qquad v_2 = \frac{4Q}{\pi {d_2}^2} \qquad \cdots(2)$$

である．細管の中で断面①の圧力 p_1 と液面での圧力 p_o を考えれば，$p_o = p_1 + \rho_L gh$ となり，大気圧は $p_o = 0$ であるから，

$$p_1 = -\rho_L gh \qquad \cdots(3)$$

である．式 (2)，(3) を式 (1) に代入して整理すると，

$$d_1 = \frac{d_2}{\sqrt[4]{\dfrac{\pi^2 \rho_L gh}{8\rho_A Q^2}{d_2}^4 + 1}}$$

となる．

問 5-8 発展★★★

圧力 p_1，密度 ρ_1 の気体が入った大きなタンクから先細ノズルを通り，圧力 p_2 の外部に噴出している（図 5.9）．臨界圧力比 p_c/p_1 が式 (5.31) で与えられているとき，ノズル断面での臨界速度 v_c が式 (5.32) となることを導け．

式 (5.31) を式 (5.26) に代入すると，

$$v_c = \sqrt{\frac{2\kappa}{\kappa-1}\frac{p_1}{\rho_1}\left\{1-\left(\frac{2}{\kappa+1}\right)^{\frac{\kappa}{\kappa-1}\frac{\kappa-1}{\kappa}}\right\}} = \sqrt{\frac{2\kappa}{\kappa-1}\frac{p_1}{\rho_1}\left(\frac{\kappa+1-2}{\kappa+1}\right)} = \sqrt{\frac{2\kappa}{\kappa+1}\frac{p_1}{\rho_1}}$$

となる．上式の平方根内の分母分子に $p_c \rho_c$ をそれぞれ乗じて変形すれば，

$$v_c = \sqrt{\frac{2\kappa}{\kappa+1}\left(\frac{p_1}{p_c}\frac{\rho_c}{\rho_1}\right)\frac{p_c}{\rho_c}} \qquad \cdots(1)$$

である．上式の括弧内は，式 (5.25)，(5.31) を利用すれば，

$$\frac{p_1}{p_c}\frac{\rho_c}{\rho_1} = \left(\frac{p_c}{p_1}\right)^{-1}\left(\frac{p_c}{p_1}\right)^{\frac{1}{\kappa}} = \left(\frac{p_c}{p_1}\right)^{\frac{1-\kappa}{\kappa}} = \left\{\left(\frac{2}{\kappa+1}\right)^{\frac{\kappa}{\kappa-1}}\right\}^{\frac{1-\kappa}{\kappa}}$$

$$= \left(\frac{2}{\kappa+1}\right)^{\frac{\kappa}{\kappa-1}\frac{-(\kappa-1)}{\kappa}} = \frac{\kappa+1}{2} \qquad \cdots(2)$$

である，よって，式 (2) を式 (1) に代入すると，

$$v_c = \sqrt{\frac{\kappa p_c}{\rho_c}}$$

となり，式 (5.32) が得られる．

問 5-9

スプール弁の絞り機構（図5.11）を用いて油の流量を制御している．開口部①での差圧が $p_u - p_d = 3.5$ MPa であるとき，流量 Q を [L/min] の単位で求めよ．ただし，スプールの直径は $d = 16$ mm，変位量は $x = 0.3$ mm，流量係数は $\alpha = 0.7$，油の密度は $\rho = 870$ kg/m^3 とする．

スプールを通過する流量 Q は，式 (5.33)，(5.34) より，

$$Q = \alpha \pi d \cdot x \sqrt{\frac{2(p_u - p_d)}{\rho}}$$

$$= 0.7 \times 3.14 \times 0.016 \times (0.3 \times 10^{-3}) \times \sqrt{\frac{2 \times (3.5 \times 10^6)}{870}} = 9.47 \times 10^{-4}\ \mathrm{m^3/s} = \underline{56.8\ \mathrm{L/min}}$$

である．

問 5-10

発展 ★★☆

図5.18のように水槽が水平軸に対して角度 $\theta = 30°$ だけ傾いて置かれている．水面から深さ $h = 10$ m のオリフィスから水が流速 v で噴出し，放物線状の水流軌跡を描いた．オリフィス先端を原点として水平方向に x 軸，垂直方向に y 軸をとり，水流が最頂点に達する座標 $(x_p,\ y_p)$ を [m] の単位で求めよ．ただし，水の流れは，空気抵抗を受けずに，水平方向に等速直線運動，垂直方向には重力が働き等加速度運動するものと考える．

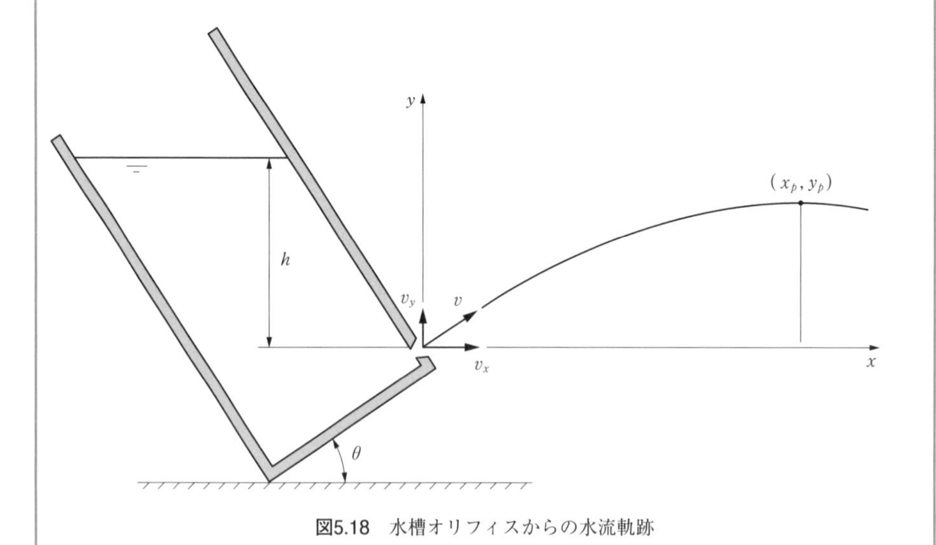

図5.18　水槽オリフィスからの水流軌跡

 水槽オリフィスから流出する水の速度 v は，式 (5.38) より，

$$v=\sqrt{2gh} \qquad \cdots(1)$$

であるので，このオリフィスから噴出した流速 v の x 軸，y 軸方向成分 v_x，v_y は，

$$\left.\begin{aligned} v_x &= v\cos\theta \\ v_y &= v\sin\theta \end{aligned}\right\} \qquad \cdots(2)$$

である．水平方向には等速直線運動，垂直方向には等加速度運動するので，$x-y$ 座標平面において，

$$x=v_x t \qquad \cdots(3)$$

$$y=v_y t-\frac{1}{2}gt^2 \qquad \cdots(4)$$

となる．式 (2)～(4) より，時間 t を消去して式 (1) を代入すると，

$$y=\tan\theta\cdot x-\frac{g}{2v^2\cos^2\theta}x^2 \qquad \cdots(5)$$

となり，式 (5) を x で微分し $dy/dx=0$ と置けば極値が求められ，最頂点の距離 $x=x_p$ は，式 (1) より，

$$x_p=\frac{v^2\sin\theta\cos\theta}{g}=2h\sin\theta\cos\theta=h\sin 2\theta \qquad \cdots(6)$$

である．式 (5) において $x=x_p$ と置くと，最頂点の距離 $y=y_p$ は次式となる．

$$y_p=h\sin^2\theta \qquad \cdots(7)$$

したがって，式 (6)，(7) に数値を入れれば，

$$x_p=10\times\sin(2\times 30^\circ)=8.66\ \mathrm{m}$$

$$y_p=10\times(\sin 30^\circ)^2=2.50\ \mathrm{m}$$

となるので，水流の最頂点における座標は，$(x_p, y_p)=\underline{(8.66\ \mathrm{m}, 2.50\ \mathrm{m})}$ である．

問 5-11

図5.19 のようなタンクの側面に一端が閉じた管路を水平に設け，その上方に小孔が一つあけられ水流が速度 v で垂直上方に噴出している．管路や空気抵抗などすべての損失が無視できるならば，噴水は水面と同じ高さ h まで上昇することを式 (5.38) に示すトリチェリの定理を用いて証明せよ．ただし，水流は垂直方向に等加速度運動するものとする．

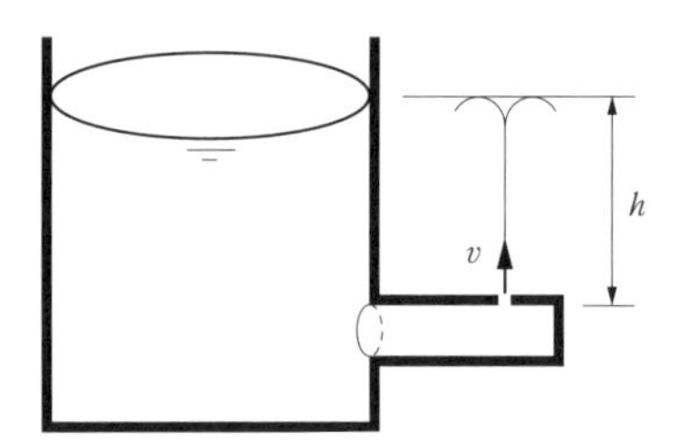

図5.19 タンクに接続された閉管路の小孔からの流出

小孔を原点として垂直上方向を y 軸にとると，噴流は等加速度運動するので，水流の軌跡は，

$$y = vt - \frac{1}{2}gt^2 \qquad \cdots(1)$$

となる．式 (1) を t で微分すれば，

$$\frac{dy}{dt} = v - gt$$

が得られる．$dy/dt = 0$ と置くと，噴流が最頂部に達する時間 t は，

$$t = \frac{v}{g} \qquad \cdots(2)$$

となる．式 (2) を式 (1) に代入し，式 (5.38) のトリチェリの定理 $v = \sqrt{2gh}$ を用いると，最頂部の高さは，

$$y = \frac{v^2}{2g} = \frac{2gh}{2g} = h$$

となり，水面と同じ高さであることが証明される．

問 5-12 発展★★★

図5.20に示すように，大きな液体タンクに幅 B，高さ H の長方形の比較的大きな穴があいている．この穴の中心から液面までの高さを h_o とするとき，穴より流出する流量 Q の式を求めよ．また，小さいオリフィス孔と考えた場合の流量 Q_o と比べ，どの程度の誤差があるか示せ．ただし，高さの寸法比は $H/h_o = 1/2$，流量係数は α とする．

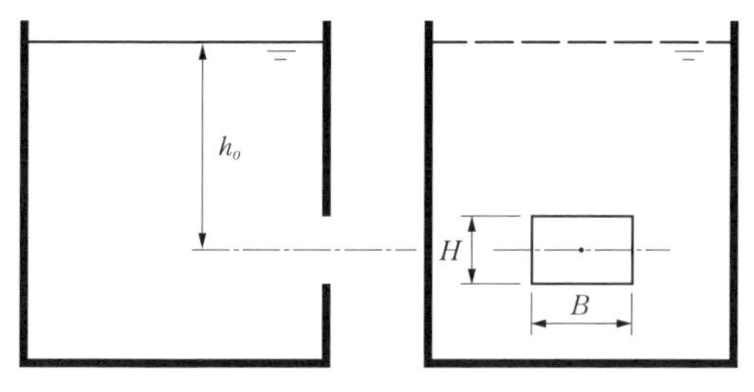

図5.20　比較的大きな穴からの液体の流出

図5.21に示すように液面より深さ h での穴の微小面積 $dA = Bdh$ を流れる流量は，式(5.39)より，

$$dQ = \alpha(Bdh)\sqrt{2gh}$$

となる．これを $h_1 = h_o - H/2$ から $h_2 = h_o + H/2$ まで積分すると，

$$Q = \int dQ = \alpha B\sqrt{2g}\int_{h_1}^{h_2} h^{1/2}\,dh = \frac{2}{3}\alpha B\sqrt{2g}\left\{\left(h_o + \frac{H}{2}\right)^{\frac{3}{2}} - \left(h_o - \frac{H}{2}\right)^{\frac{3}{2}}\right\} \qquad \cdots(1)$$

となる．一方，長方形の穴を面積 $A = BH$ の小さなオリフィス孔とみなせば，式(5.39)より流量 Q_o は，

$$Q_o = \alpha(BH)\sqrt{2gh_o} \qquad \cdots(2)$$

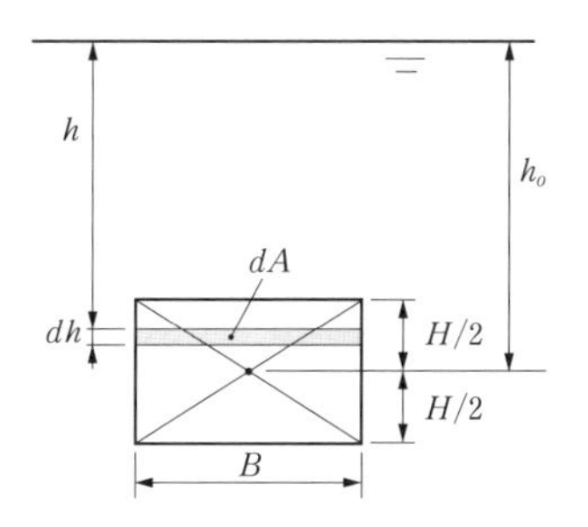

図5.21　穴の微小面積

となる．式 (1)，(2) より両者の比 Q/Q_o をとり，$H=h_o/2$ と置くと，

$$\frac{Q}{Q_o}=\frac{\frac{2}{3}\alpha B\sqrt{2g}\left\{\left(h_o+\frac{H}{2}\right)^{\frac{3}{2}}-\left(h_o-\frac{H}{2}\right)^{\frac{3}{2}}\right\}}{\alpha(BH)\sqrt{2gh_o}}=\frac{\frac{2}{3}\alpha B\sqrt{2g}\left\{\left(\frac{5h_o}{4}\right)^{\frac{3}{2}}-\left(\frac{3h_o}{4}\right)^{\frac{3}{2}}\right\}}{\frac{1}{2}\alpha B\sqrt{2g}\,h_o{}^{3/2}}=\frac{\frac{2}{3}\left\{\left(\frac{5}{4}\right)^{\frac{2}{3}}-\left(\frac{3}{4}\right)^{\frac{2}{3}}\right\}}{\frac{1}{2}}$$

$$=0.997=99.7\%$$

となり，0.3% の誤差がある．

問 5-13 応用★★★

図5.22 のような底面積 A のドックに，海より断面積 a の取水口を通して海水を引き入れる．注水を開始してから満水になるまでの時間 t_o を与える式を求めよ．ただし，海面より取水口までの高さは H，流量係数は α とし，ドック底面より上方に z 座標をとって考えよ．つぎに，底面積が $A=25\text{ m}\times200\text{ m}$，高さが $H=15\text{ m}$，取水口の流量係数が $\alpha=0.6$ であるとき，12 時間で満水になった場合，その取水口の断面積 a を求めよ．

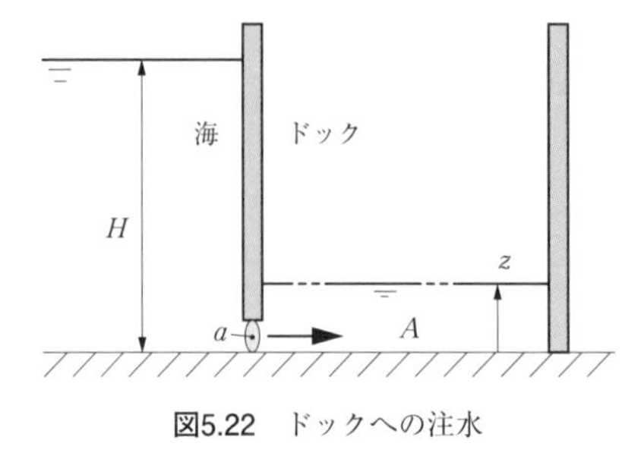

図5.22　ドックへの注水

解　取水口での流量 Q_o は，ドックの底面からの水位を z とすれば，海面は常に一定であると考えられるので，式 (5.41) より，

$$Q_o=\alpha a\sqrt{2g(H-z)} \qquad \cdots(1)$$

となる．ドックの水位 z は，速度 dz/dt で上昇するから，底面積 A を通る流量 Q は，式 (5.40) より，

$$Q=A\frac{dz}{dt} \qquad \cdots(2)$$

であり，連続の条件から，式 (1) と式 (2) の流量を等しく $Q_o=Q$ と置き変数を分離すると，

$$dt=\frac{A}{\alpha a\sqrt{2g}}\frac{dz}{\sqrt{H-z}} \qquad \cdots(3)$$

となる．上式 (3) の両辺を積分すると，ドックが満水になる時間 t_o は，

$$t_o=\frac{A}{\alpha a\sqrt{2g}}\int_0^H (H-z)^{-1/2}dz=-\frac{2A}{\alpha a\sqrt{2g}}\left[\sqrt{H-z}\,\right]_0^H=\underline{\frac{A}{\alpha a}\sqrt{\frac{2H}{g}}} \quad \cdots(4)$$

が得られる．式 (4) より，取水口の断面積 a は，諸数値を代入すると，

$$a=\frac{A}{\alpha t_o}\sqrt{\frac{2H}{g}}=\frac{25\times 200}{0.6\times 12\times 60^2}\times\sqrt{\frac{2\times 15}{9.8}}=\underline{0.338\ \mathrm{m}^2}$$

のとおり得られる．

問 5-14　発展★★★

図5.23 は容器の底にある小孔から速度 v_2 で水が流出している様子を示している．水位 z が一定速度 v_1 で降下するようにして，数千年前に利用されていた水時計を復元したい．容器内面の形状を設計するために，底面の小孔からの距離 z を容器断面の直径 d の関数で表し，z が d の何乗に比例するかを示せ．ただし，小孔の面積は a として，その流量係数を α とする．

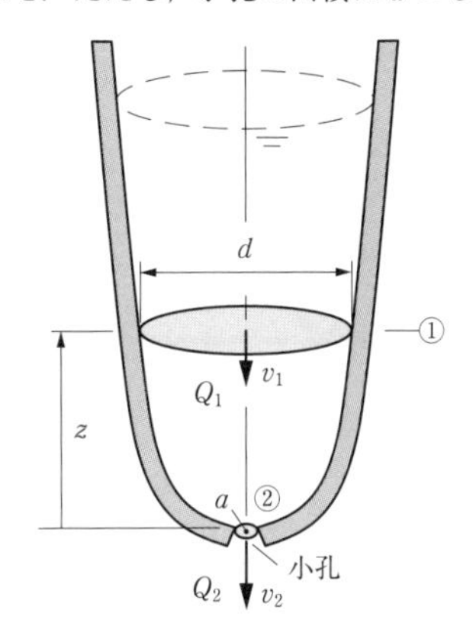

図5.23　水時計の原理

容器の任意断面①を通る流量 Q_1 は，下降速度 v_1 を一定にさせるのだから，式 (5.40) より，

$$Q_1=\frac{\pi d^2}{4}v_1 \quad \cdots(1)$$

である．ここで，容器の直径 d は位置 z の関数となる．一方，断面②において断面積 a の小孔より流出する流量 Q_2 は，式 (5.41) から次式となる．

$$Q_2=\alpha a\sqrt{2gz} \quad \cdots(2)$$

連続の条件より $Q_1=Q_2$ であるので，式 (1)，(2) より，

$$z = \left(\frac{\pi^2 {v_1}^2}{32 g \alpha^2 a^2}\right) d^4$$

となる．上式において，水位の下降速度は $v_1 = \text{const.}$ であり，括弧内は定数として扱える．よって，容器の底面からの距離 z は，容器の直径 d の 4 乗に比例するように容器内曲面の形状を設計すればよい．

問 5-15 発展★★★

図5.24 のように左右の 2 つのタンクは，仕切板で隔たれている．仕切板の下部に面積 a の小孔があけられ，両タンクの液体が流入出するようになっている．初期状態において，断面積 A_L の左側タンクの液面が，断面積 A_R の右側の液面より h だけ高いとき，両タンクの液面が等しくなるまでの時間 t_o を求めよ．ただし，小孔の流量係数は α とする．

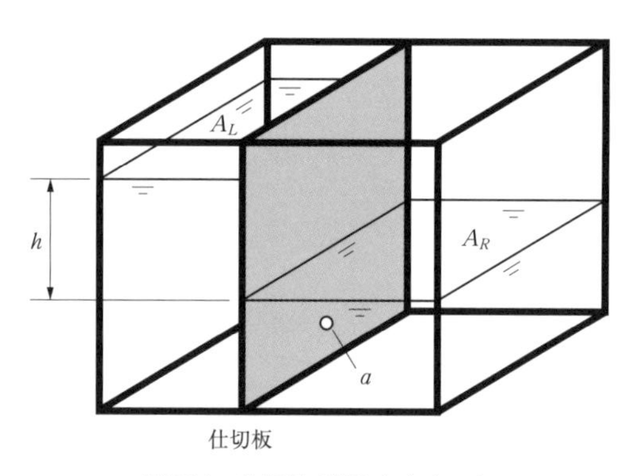

図5.24　仕切板で隔たれたタンク

解 図5.25 に示すとおり z 軸をタンクの上方にとる．任意の時間 t で左側の液面 z_L は下降し，右側の液面 z_R は上昇するので，液体がタンク断面 A_L，A_R をそれぞれ通過する流量 Q_L，Q_R は，式 (5.40) より，

$$Q_L = A_L\left(-\frac{dz_L}{dt}\right) \quad \cdots(1)$$

$$Q_R = A_R \frac{dz_R}{dt} \quad \cdots(2)$$

となる．そのとき，仕切り板の小孔を通過する流量 Q_o は，式 (5.41) より，

$$Q_o = \alpha a \sqrt{2g(z_L - z_R)} \quad \cdots(3)$$

である．式 (1)，(2)，(3) の流量は等しいので，

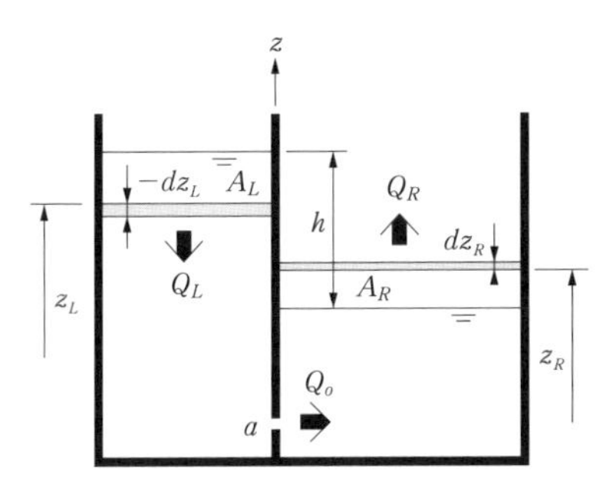

図5.25 仕切板で隔たれたタンク液面の変化

$$\frac{dz_L}{dt} = -\frac{\alpha a}{A_L}\sqrt{2g(z_L - z_R)} \quad \cdots(4)$$

$$\frac{dz_R}{dt} = \frac{\alpha a}{A_R}\sqrt{2g(z_L - z_R)} \quad \cdots(5)$$

となり，式 (4)，(5) の両辺の差をとると，

$$\frac{dz}{dt} = -k\sqrt{z} \quad \cdots(6)$$

となる．ここに，

$$z = z_L - z_R \quad \cdots(7)$$

$$k = \sqrt{2g}\,\alpha a\left(\frac{A_L + A_R}{A_L A_R}\right) \quad \cdots(8)$$

である．式 (6) より，変数分離して積分すると，

$$\int dt = -\int \frac{dz}{k\sqrt{z}} + C \quad \cdots(9)$$

であり，次式となる．

$$t = -\frac{2\sqrt{z}}{k} + C \quad \cdots(10)$$

初期条件での $t=0$ では $z=h$ であるから，積分定数 C は，

$$C = \frac{2}{k}\sqrt{h} \quad \cdots(11)$$

となり，式 (10)，(11) から，

$$t=\frac{2}{k}(\sqrt{h}-\sqrt{z}) \qquad \cdots(12)$$

が得られる．両タンクの液面が等しくなるのは，式 (7) で $z=z_L-z_R=0$ の状態であるから，その時間を t_o とすると，式 (8) を式 (12) に代入すれば，

$$t_o=\sqrt{\frac{2}{g}}\frac{A_L A_R\sqrt{h}}{\alpha a(A_L+A_R)}$$

が得られる．

問 5-16 発展★★

図5.26 のように水が円すい状の容器に満たされ，底部にあいている面積 a の小孔から流出している．容器の底部から水面までの高さを h，その水面の直径を D とするとき，容器の水がすべて流れつくす時間 t_o を求めよ．ただし，小孔の流量係数は α とする．

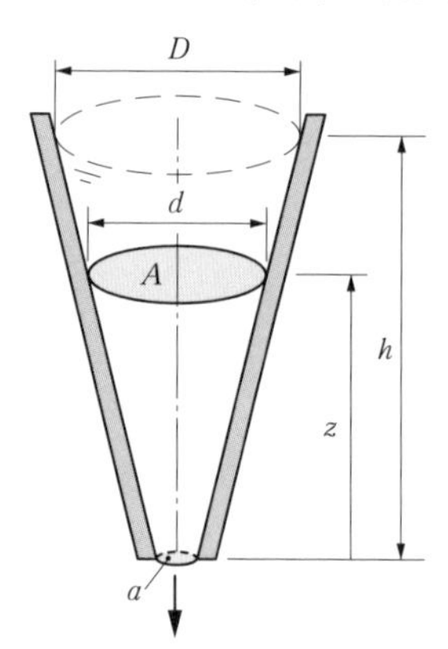

図5.26 円すい状容器からの流出

解 底部から高さ z での容器断面の直径 d は，

$$d=\frac{D}{h}z$$

であり，その断面積 A は $A=\pi d^2/4$ であるから，式 (5.42) を用いると，微小時間 dt は，

$$dt=-\frac{(\pi/4)(D/h)^2}{\alpha a\sqrt{2g}}\frac{z^2}{\sqrt{z}}dz$$

となる．上式を初期の水位 $z_1=h$ から最終の水位 $z_2=0$ まで定積分すれば，容器の水がすべて無くなる時間 $t_o=t_2-t_1$ は，次式のとおり得られる．

$$\int_{t_1}^{t_2} dt = -\frac{\pi D^2}{4\alpha a h^2\sqrt{2g}}\int_h^0 z^{3/2}\,dz$$

$$\therefore\quad t_o = t_2 - t_1 = \frac{\pi D^2}{4\alpha a h^2\sqrt{2g}}\frac{2}{5}h^{5/2} = \underline{\frac{\pi D^2}{10\alpha a\sqrt{2g}}h^{1/2}}$$

問 5-17　応用 ★★☆

図5.27 は台形せきと呼ばれている．この流量の公式を求め，せきの下面幅が $b_o = 1.2$ m，水位が $h = 0.3$ m，$\theta = 20°$，流量係数が $\alpha = 0.62$ のとき，流量 Q を [m^3/min] の単位で計算せよ．

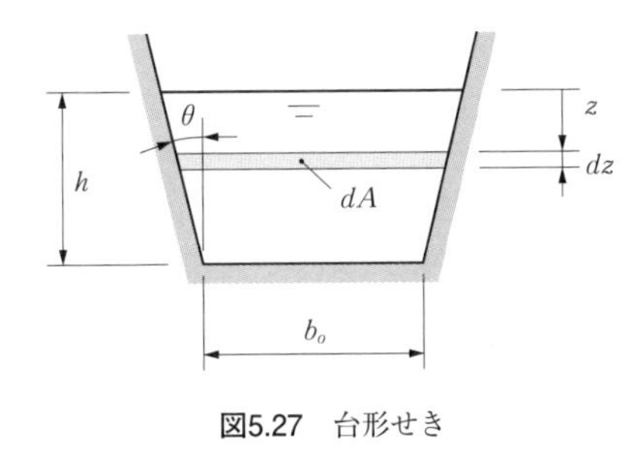

図5.27　台形せき

解 自由表面から鉛直下方に深さ z をとれば，せきの幅 b は，$b = b_o + 2(h-z)\tan\theta$ で表される．深さ z での微小距離を dz とすると，微小面積は $dA = bdz$ となるので，そこでの微小流量 dQ は，式 (5.45) より，

$$dQ = \alpha dA\sqrt{2gz} = \alpha\sqrt{2g}\{b_o + 2(h-z)\tan\theta\}\sqrt{z}\,dz$$

となる．上式を $z=0$ から $z=h$ まで定積分すると，

$$Q = \alpha\sqrt{2g}\,b_o\int_0^h z^{1/2}\,dz + 2\alpha\tan\theta\sqrt{2g}\int_0^h (h-z)z^{1/2}\,dz = \underline{\frac{2}{3}\alpha\sqrt{2g}\left(b_o + \frac{4}{5}\tan\theta\cdot h\right)h^{3/2}}$$

が得られる．上式に数値を代入すると，

$$Q = \frac{2}{3}\times 0.62\times\sqrt{2\times 9.8}\times\left(1.2 + \frac{4}{5}\times\tan 20^\circ\times 0.3\right)\times 0.3^{3/2} = 0.387\ \text{m}^3/\text{s} = \underline{23.2\ \text{m}^3/\text{min}}$$

となる．

問 5-18

せきの形状は，図5.28に示すように底部を原点とする放物線 $y=Kx^2$ $(K>0)$ で表される．水位を h とするとき，せきの流量 Q は水位 h の2乗に比例し，定数 K の平方根に反比例する式で与えられることを示せ．ただし，導出には以下の積分公式を利用せよ．

$$\int\sqrt{2aX-X^2}\,dX=\frac{X-a}{2}\sqrt{2aX-X^2}+\frac{a^2}{2}\sin^{-1}\frac{X-a}{a} \tag{5.48}$$

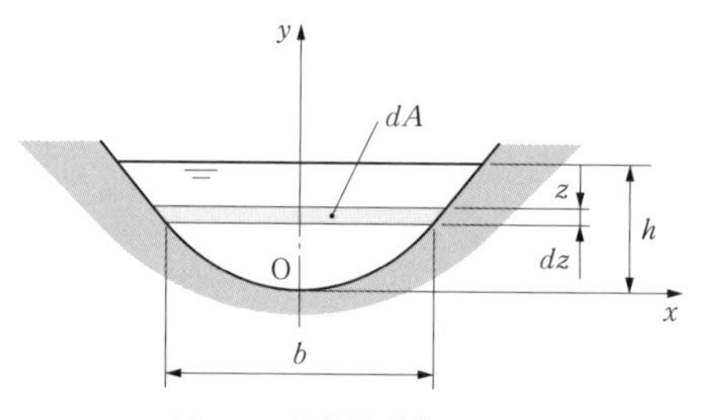

図5.28　放物線形状のせき

微小面積 $dA=bdz$ を通過する流量 dQ は，式 (5.45) より流量係数を α とすると，

$$dQ=\alpha bdz\sqrt{2gz}$$

となる．上式において，座標および幾何学的形状により，

$$b=2x=2\sqrt{\frac{y}{K}},\qquad z=h-y,\qquad dz=-dy$$

であるので，式 (5.46) の積分範囲は $z=0$ にて $y=h$，$z=h$ にて $y=0$ となり，

$$Q=-2\alpha\sqrt{\frac{2g}{K}}\int_h^0\sqrt{(h-y)y}\,dy=C_o\int_0^h\sqrt{hy-y^2}\,dy \qquad \cdots(1)$$

が得られる．ここに，係数 C_o は，

$$C_o=2\alpha\sqrt{\frac{2g}{K}} \qquad \cdots(2)$$

である．問題にて与えられている積分公式 (5.48) において $a=h/2$，$X=y$ と置いて式 (1) を解き，式 (2) を代入すると，

$$Q=C_o\left[\frac{y-h/2}{2}\sqrt{2\frac{h}{2}y-y^2}+\frac{1}{2}\frac{h^2}{4}\sin^{-1}\left(\frac{y-h/2}{h/2}\right)\right]_0^h$$

$$= C_o\left[\frac{2y-h}{4}\sqrt{hy-y^2}+\frac{h^2}{8}\sin^{-1}\left(\frac{2y-h}{h}\right)\right]_0^h$$

$$= C_o\frac{h^2}{8}\left\{\sin^{-1}\left(\frac{h}{h}\right)-\sin^{-1}\left(\frac{-h}{h}\right)\right\}= C_o\frac{h^2}{8}\left(\frac{\pi}{2}+\frac{\pi}{2}\right)=\frac{\pi C_o}{8}h^2=\underline{\frac{\pi\sqrt{2g}\,\alpha}{4}\frac{h^2}{\sqrt{K}}}$$

のとおり求められる.

Column E ポテンシャルエネルギー

ポテンシャルとは一般に「潜在的にもっている能力」のことをいう．重力加速度 g が存在する重力場で，図E.1 に示すように質量 m の物体を高さ z まで持ち上げることを考えよう．重力によって，点 A から点 B まで物体に成される仕事は，摩擦を無視すれば，経路①，②，③に関係なく一定である．このような仕事を成し得る能力のことを**ポテンシャルエネルギー**といい，

$$U = mgz \tag{E.1}$$

で表される．上式の単位質量当たりのポテンシャルエネルギーは，**力のポテンシャル**と呼び，次式で表される．

$$\Omega = gz \tag{E.2}$$

また，重力場では，z 軸の負方向に重力 mg が物体に働くので，単位質量当たりの体積力 Z は，

$$Z = -g \tag{E.3}$$

であり，式 (E.2) より，力のポテンシャルとの関係は，

$$Z = -\frac{\partial \Omega}{\partial z} \tag{E.4}$$

となる．このような力は，**保存力**と呼ばれ，空間座標における力のポテンシャルのこう配に比例している．ほかに，弾性ばねの復元力，電場力などが保存力であり，摩擦力は熱エネルギーにも変化するので非保存力という．三次元の直角座標 (x,y,z) においては，

$$X = -\frac{\partial \Omega}{\partial x} \ , \ Y = -\frac{\partial \Omega}{\partial y} \ , \ Z = -\frac{\partial \Omega}{\partial z} \tag{E.5}$$

のとおり，各軸方向の保存力 X，Y，Z は，力のポテンシャル Ω を持つことになる．

いま質量 m の物体が z 軸上を運動するとき，運動方程式は，

$$m\frac{d^2z}{dt^2} = -mg \tag{E.6}$$

で表せ，上式の両辺に dz/dt を掛け変形して微分方程式を解くと，式 (E.1) より，

$$\frac{1}{2}mv^2 + mgz = \frac{1}{2}mv^2 + U = \text{const.} \tag{E.7}$$

の力学的エネルギーの保存則が示される．**力学的エネルギー**は，機械的エネルギーとも呼ばれ，運動エネルギー$(1/2)mv^2$ とポテンシャルエネルギーU（あるいは，位置エネルギー mgz）との和であり、力学的エネルギーは常に一定に保たれる．

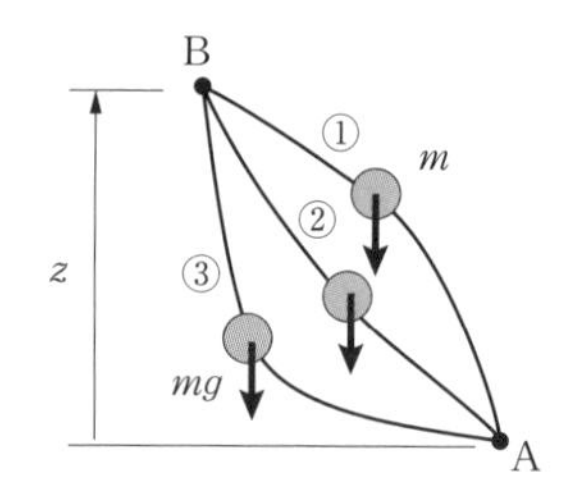

図E.1　力のポテンシャル

第 6 章

運動量の法則とその応用

6.1 運動量の法則

質点の力学においては，ニュートンの第 2 法則から，「運動量 M の時間的な変化割合は，その質点に及ぼす力 F に等しい」．すなわち，**運動量**の定義は質量 m と速度 v の積で $M=mv$ であるので，この法則は次式で表される．

$$F=\frac{dM}{dt}=\frac{d(mv)}{dt} \tag{6.1}$$

上式は**運動量の法則**と呼ばれ，質点の集合体とみなせる連続体の流体要素にも適用でき，「運動量 M の時間的な変化割合は，その流体要素に及ぼす力 F に等しい」と言い換えられる．

本章では説明を簡単にするために，定常流の状態に限定して考えよう．図6.1 に示す流管は，中心軸が x 軸に沿い断面積が徐々に小さくなっている管路に包まれている．同図に二点鎖線で示すように，流管を切断した断面①$_a$ と断面②$_a$ で囲まれる仮想の閉じた境界面を**検査面**，その中の領域を**検査体積**といい，これらは空間に固定されて動かない．検査体積内に満たされている流体要素は系と呼ばれ，時刻 $t=t_a$ において，その運動量を $M(t_a)$ とする．この系は，微小時間 Δt が経過した後の時刻 $t=t_b=t_a+\Delta t$ では，断面①$_b$ と断面②$_b$ で囲まれる領域に移動して，運動量は $M(t_b)$ となる．したがって，系の微小時間 Δt 内における運動量の変化は，$\Delta M=M(t_b)-M(t_a)$ である．ここで，断面①$_b$ と断面②$_a$ との共通領域の運動量を M'，断面①$_a$ と断面①$_b$ 間の領域に検査面（断面①$_a$）を通して入る運動量を M_{in}，断面②$_a$ と断面②$_b$ 間の領域に検査面（断面②$_a$）を通して出る運動量を M_{out} とすると，

$$\Delta M=M(t_b)-M(t_a)=(M_{\mathrm{out}}+M')-(M_{\mathrm{in}}+M')=M_{\mathrm{out}}-M_{\mathrm{in}} \tag{6.2}$$

となる．したがって，系の運動量の変化量 ΔM は，断面②$_a$ を通して出る運動量 M_{out} から，断面①$_a$ を通して入る運動量 M_{in} を差し引けばよい．

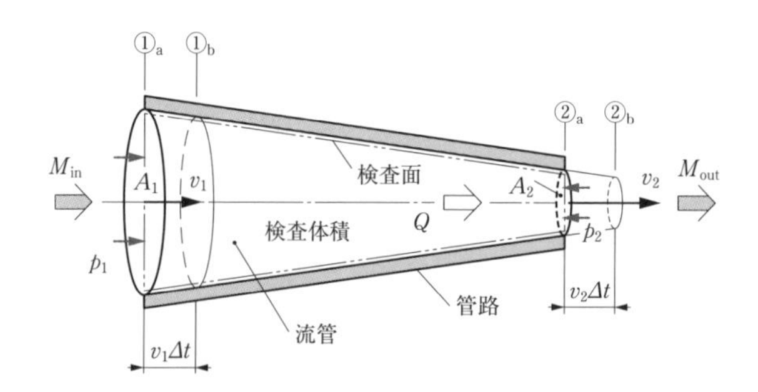

図6.1 検査面を通して流入出する運動量

まず，断面①$_a$ と断面②$_a$ の断面積を A_1，A_2，そこでの平均流速を v_1，v_2，密度を ρ_1，ρ_2 として，検査面上の 2 つの断面より検査体積に流入出する単位時間の運動量について考えよう．断面①$_a$ から入る流体は，微小時間 Δt の間には断面①$_b$ に距離 $v_1\Delta t$ だけ移動し，検査体積へ流体質

量 $m_1=\rho_1 A_1 v_1 \Delta t$ が平均流速 v_1 で入るので運動量 M_{in} は,

$$M_{\mathrm{in}}=m_1 v_1=(\rho_1 A_1 v_1 \Delta t)\, v_1 \tag{6.3}$$

である．同様に，断面②$_\mathrm{a}$ を通して検査体積から出る運動量 M_{out} は,

$$M_{\mathrm{out}}=(\rho_2 A_2 v_2 \Delta t)\, v_2 \tag{6.4}$$

となる．ここで，各断面の流量は $Q_1=A_1 v_1$，$Q_2=A_2 v_2$ であるから，式 (6.3)，(6.4) を式 (6.1)，(6.2) に代入すれば，検査体積内の流体に及ぼす外力 F は,

$$F=\frac{dM}{dt}=\lim_{\Delta t\to 0}\frac{M(t_b)-M(t_a)}{\Delta t}=\rho_2 Q_2 v_2-\rho_1 Q_1 v_1 \tag{6.5}$$

となる．上式で添え字 1 を in に，添え字 2 を out に置き換え，力と流速をベクトルで表記すると「流体の力学」における**運動量の式**は,

$$\boldsymbol{F}=(\rho Q\boldsymbol{v})_{\mathrm{out}}-(\rho Q\boldsymbol{v})_{\mathrm{in}} \tag{6.6}$$

のように表せる．すなわち，この運動量の式は，「定常流において，検査体積内の流体に及ぼす力は，検査面上の断面を通して単位時間に流入出する運動量の変化に等しい」ことを意味し，粘性や圧縮性のある流体にも適用できるという利点を持っている．後述の例に見るように，非圧縮性の流体ならば，密度 ρ を一定として扱えばよい．

つぎに，運動量の式 (6.6) の左辺に示す外力 $\boldsymbol{F}$ について考えよう．検査体積内の流体に及ぼす外力 $\boldsymbol{F}$ は，(a) 検査面を介して働く圧力やせん断応力による力である**表面力**，(b) 検査体積に比例する重力や電磁力などの**体積力**，(c) 検査体積内や検査面に接する対象物体（管路，板など）から受ける反力，に分類できる．しかし，本章では，粘性摩擦による壁面のせん断応力を考慮せず，体積力による影響が無いと仮定すると，外力 $\boldsymbol{F}$ は,

$$\boldsymbol{F}=-\boldsymbol{f}+\boldsymbol{f}_p \tag{6.7}$$

で与えられる．ここで，上式の右辺第 1 項の $-\boldsymbol{f}$ は「検査体積内の流体が，物体から受ける力（反力）」であり，$+\boldsymbol{f}$ は言い方を換えれば，作用反作用の法則より「検査体積内の流体が，物体に及ぼす力」と表現できる．また，右辺第 2 項の $\boldsymbol{f}_p$ は「検査体積内の流体が，検査面上の流入出口面から受ける力（圧力による力）」である．

同図においては，$\boldsymbol{f}_p$ は検査面上の流入出口の断面①$_\mathrm{a}$，断面②$_\mathrm{a}$ において圧力によって働く表面力であり,

$$\boldsymbol{f}_p=A_1 p_1-A_2 p_2 \tag{6.8}$$

となる．したがって，検査体積内の流体が管路に及ぼす力 $\boldsymbol{f}$ は，式 (6.6)～(6.8) より,

$$\boldsymbol{f}=\boldsymbol{f}_p-(\rho Q\boldsymbol{v})_{\mathrm{out}}+(\rho Q\boldsymbol{v})_{\mathrm{in}}=A_1 p_1-A_2 p_2-\rho_2 Q_2 v_2+\rho_1 Q_1 v_1 \tag{6.9}$$

が得られる．このように流体の運動に対して適切な検査体積をとり，その検査面の一部となる断面から流体が流入出するとき，各断面での断面積，圧力，密度，流量，流速を知ることができれば，対

象とする物体表面の圧力やせん断応力を知らずしても，流体が物体に及ぼす力 $\boldsymbol{f}$ を求めることができる．

次節以降では，運動量の法則を実際の様々な流体の運動にあてはめてみよう．ここでは，流体はベルヌーイの定理が用いられる理想流体と考え，基本的に以下の手順 (1)～(5) を踏んで解法する．

(1)　対象物体を意識して検査体積をとり，それを囲む検査面を二点鎖線で示す．（検査体積の定め方は自由であるが，原則的に流管に沿ってとることにする）

(2)　検査面上の一部である断面を通して，流体が流入出するとき，流管に対して垂直に断面①，②…を定め，その圧力，流速などを求める．（未知な数値は，ベルヌーイの定理や連続の式を用いて検討する）

(3)　座標を決める．（どのようにとるのが一番便利か考える）

(4)　各座標軸に対して運動量の法則を適用する．（流速，力などの方向に注意する）

(5)　検査体積内の流体が物体に及ぼす力などを求める．（必要があれば合力の大きさやその方向の角度を得る）

6.2 管路に流体が及ぼす力

図6.2 は，角度 α だけ曲がった管路に，流体が左下から右上に流量 Q で流れる様子を示している．二点鎖線内で示すように検査面は，曲管の入口断面①，出口断面②と管内壁で囲まれるように定める．曲管に流体が入る断面①の断面積を A_1，流速を v_1，圧力を p_1 とし，曲管から流体が出る断面②の断面積を A_2，流速を v_2，圧力を p_2 とする．断面①に垂直に x 軸を，水平に y 軸をとる．各軸に運動量の法則を適用すると，式 (6.6)，(6.7) より次式のとおり各力が得られる．

x 軸方向：

$$F_x = \rho Q v_2 \cos\alpha - \rho Q v_1 \tag{6.10}$$

$$F_x = -f_x + (A_1 p_1 - A_2 p_2 \cos\alpha) \tag{6.11}$$

y 軸方向：

$$F_y = \rho Q v_2 \sin\alpha - 0 \tag{6.12}$$

$$F_y = -f_y + (0 - A_2 p_2 \sin\alpha) \tag{6.13}$$

したがって，x 軸方向の検査体積内の流体が物体（曲管）に及ぼす力 f_x は，式 (6.10)，(6.11) を等しくおくと，次式で与えられる．

$$f_x = \rho Q v_1 + A_1 p_1 - (\rho Q v_2 + A_2 p_2)\cos\alpha \tag{6.14}$$

同様に，式 (6.12)，(6.13) より，y 軸方向の検査体積内の流体が曲管に及ぼす力 f_y は，

$$f_y = -(\rho Q v_2 + A_2 p_2)\sin\alpha \tag{6.15}$$

となり，この力 f_y の向きは，同図中の矢印の方向と反対である．検査体積内の流体が曲管に及ぼす合力 f と，その x 軸に対する方向の角度 θ は，式 (6.14)，(6.15) を用いて，

$$f = \sqrt{{f_x}^2 + {f_y}^2} \tag{6.16}$$

$$\theta = \tan^{-1}\left(\frac{f_y}{f_x}\right) \tag{6.17}$$

となる．このように，管路内の局所的な圧力や速度の分布が詳細にわからないとしても，管路の入口と出口の条件を知るだけで，比較的簡単に管路に及ぼす力を求めることができる．

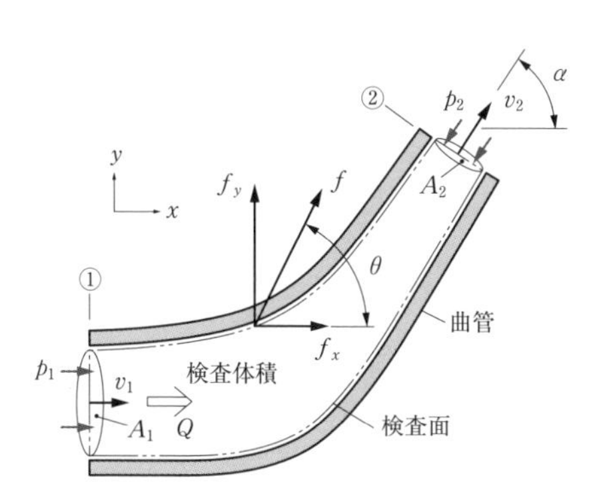

図6.2　曲管に流体が及ぼす力

6.3 静止板に流体が及ぼす力

図6.3は，大きな平板が噴流（ジェット）に対して角度 α だけ傾き置かれている状態を上方より見たものである．断面積 A のノズルから定常的に噴出される流速 v，流量 $Q = Av$ の噴流は平板の中央に衝突し，その後，平板に沿って整然と左右方向に分流して平板の端から離れる．ここでは，噴流は紙面に対して垂直に単位幅をもつ二次元噴流として取り扱い，損失は無いものとする．噴流の流れが平板に衝突する部分を含めながら，検査面を二点鎖線で示すように定める．噴流は平板に1箇所から流入し，2箇所から流出するので，検査面上の断面を①，②，③と置く．ここで，連続の条件から流量 $Q = Q_1$ は，上下に別れる流量を Q_2，Q_3 とすれば，

$$Q_1 = Q_2 + Q_3 \tag{6.18}$$

で与えられる．平板が大気圧 p_0 の中にあり，噴流内部の圧力と同じであると仮定すれば，各点での圧力は等しく，その高さは同一であるので，ベルヌーイの定理より，

第6章
運動量の法則とその応用

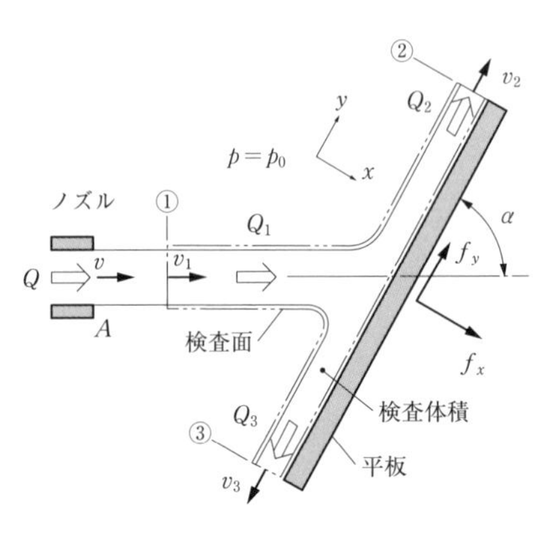

図6.3 平板に流体が及ぼす力

$$v = v_1 = v_2 = v_3 \tag{6.19}$$

のとおり，流速はどこでも等しい．平板に対して垂直に x 座標を，水平に y 座標を決める．圧力による力 f_p は，平板が大気圧下にあるので考慮に入れる必要が無く，つぎのとおり各軸に対して運動量の法則を適用する．

x 軸方向：

$$F_x = 0 - \rho Q_1 v_1 \sin\alpha \tag{6.20}$$

$$F_x = -f_x + 0 \tag{6.21}$$

y 軸方向：

$$F_y = (\rho Q_2 v_2 - \rho Q_3 v_3) - \rho Q_1 v_1 \cos\alpha \tag{6.22}$$

$$F_y = -f_y + 0 \tag{6.23}$$

よって，x 軸方向の検査体積内の流体が平板に及ぼす力 f_x は，式 (6.18)～(6.21) から，次式で与えられる．

$$f_x = \rho Q v \sin\alpha \tag{6.24}$$

ここで，平板に働く流体の摩擦力が無視できるとすれば，y 軸方向の検査体積内の流体が平板に及ぼす力 f_y は，$f_y = 0$ であり，式 (6.22)，(6.23) より，

$$f_y = \rho Q_3 v_3 - \rho Q_2 v_2 + \rho Q_1 v_1 \cos\alpha = 0 \tag{6.25}$$

となる．また，式 (6.19) より，式 (6.25) は次式で表される．

$$Q_2 - Q_3 = Q_1 \cos\alpha \tag{6.26}$$

したがって，平板に沿って上下に分流する流量 Q_2，Q_3 は，式 (6.18)，(6.26) から次式となる．

$$Q_2 = \frac{1+\cos\alpha}{2} Q, \qquad Q_3 = \frac{1-\cos\alpha}{2} Q \tag{6.27}$$

6.4 移動羽根に流体が及ぼす力

図6.4 は，流速 v の噴流が同一方向に速度 U（$U < v$）で移動する半円曲面状の羽根に衝突し，損失なく上下の羽根面に沿って角度 α で流れ去る様子を示している．このような場合において，噴流が羽根に及ぼす力について考えてみよう．羽根は Δt 時間後に $U\Delta t$ だけ動くため，検査面は移動する羽根に固定して二点鎖線で表す．

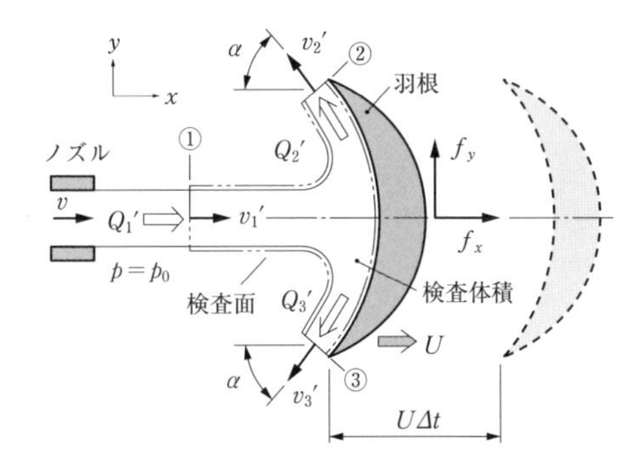

図6.4　移動羽根に流体が及ぼす力

ここで，相対座標系として検査面とともに動く羽根から見ると，噴流の相対速度は，

$$v' = v - U \tag{6.28}$$

である．流体が流入出する検査面上の断面を①，②，③とし，検査面より各点での相対速度 v_1'，v_2'，v_3' を観察するならば，これらの点での圧力は大気圧 p_0 であるから，ベルヌーイの定理より，それぞれの相対速度は等しく，

$$v' = v_1' = v_2' = v_3' \tag{6.29}$$

となる．また，断面①から相対的に単位時間当たりに流入する流体の体積，すなわち相対流量 Q_1' は，ノズル断面積 A と噴流の断面積が同じであれば，次式で表される．

$$Q_1' = Av_1' = A(v-U) \tag{6.30}$$

この相対流量 Q_1' は，連続の式から $Q_1' = Q_2' + Q_3'$ のように上下に分流し，断面②，③を通り羽根から流出する．ここに，羽根は上下対称であるので，

$$Q_2' = Q_3' = \frac{Q_1'}{2} \tag{6.31}$$

である．x 軸はノズルからの流れ方向に，y 軸はそれと直角上方にとる．羽根周辺の圧力は，大気圧に等しく $p = p_0$ であるので，圧力による力 f_p は考慮に入れる必要が無く，各軸に運動量の法則を適用すると次式となる．
x 軸方向：

$$F_x = (-\rho Q_2' v_2' \cos\alpha - \rho Q_3' v_3' \cos\alpha) - \rho Q_1' v_1' \tag{6.32}$$

$$F_x = -f_x + 0 \tag{6.33}$$

y 軸方向：

$$F_y = (\rho Q_2' v_2' \sin\alpha - \rho Q_3' v_3' \sin\alpha) - 0 \tag{6.34}$$

$$F_y = -f_y + 0 \tag{6.35}$$

各軸方向の流体が羽根に及ぼす力 f_x，f_y は，式 (6.28)～(6.35) から次式で与えられる．

$$f_x = \rho Q_1' v' (1+\cos\alpha) = \rho A(v-U)^2(1+\cos\alpha) \tag{6.36}$$

$$f_y = 0 \tag{6.37}$$

したがって，y 軸方向に力が働いていないので，合力 f は，

$$f = \rho A(v-U)^2(1+\cos\alpha) \tag{6.38}$$

である．噴流の方向を反対に曲げる形状（$\alpha = 0$）の羽根を用いるとき，

$$f = 2\rho A(v-U)^2 \tag{6.39}$$

で最大の力 f が働く．この力 f は，羽根が動いていないとき，式 (6.38) において $U=0$ であるから，

$$f=\rho A v^2(1+\cos\alpha) \tag{6.40}$$

で表される．この流体が羽根に及ぼす力 f によって，羽根は速度 U で動かされると，動力 P は式 (6.38) より次式で表される．

$$P=fU=\rho A(v-U)^2 U(1+\cos\alpha) \tag{6.41}$$

図6.5 は**ペルトン水車**といい，このような羽根（バケット）が 15～25 枚ほど円板（ディスク）の外周上に配置されている．それぞれの羽根に与えられる噴流の流体動力は，円板中心の回転軸を駆動し，軸に取り付けてある発電機によって電力に変換される．ペルトン水車への流入流量 Q は，噴流が何れかの羽根に常に衝突するので，

$$Q=Av \tag{6.42}$$

と考えられる．

したがって，式 (6.30) で定義した相対流量 Q_1' をこの実質的な全流量 Q に，すなわち式 (6.38)，(6.41) の $A(v-U)$ を Av に置き換えることで，噴流からの流体がペルトン水車に及ぼす力 f および動力 P は，それぞれ，

$$f=\rho Av(v-U)(1+\cos\alpha) \tag{6.43}$$

$$P=fU=\rho AvU(v-U)(1+\cos\alpha) \tag{6.44}$$

のように得られる．

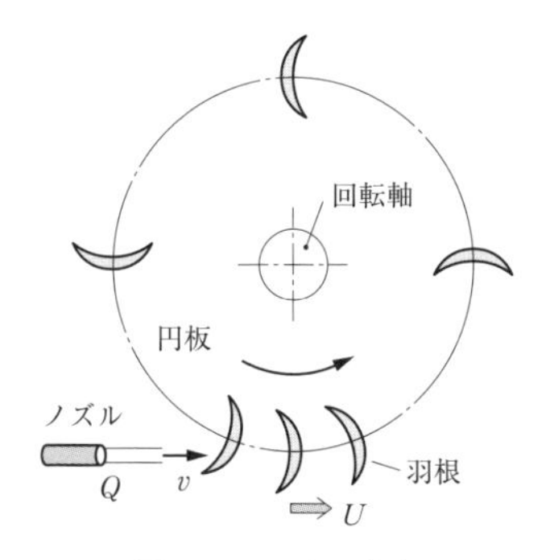

図6.5　ペルトン水車

6.5 タンクに流体が及ぼす力

図6.6に示すように，液体タンクの底部側壁に断面積 a の小孔があり，液体が流速 v で噴出している．ここでは，タンクは十分な大きさであるので液面の高さ h が一定に保たれていると仮定して，噴流がタンクに及ぼす力を求めよう．タンクの内面を囲むように検査面を二点鎖線で示す．水槽オリフィスでのトリチェリの定理の式 (5.38) を用いると，噴流の流速 v は，

$$v=\sqrt{2gh} \tag{6.45}$$

で表される．噴流の方向に x 軸をとる．x 軸方向のみに，運動量の法則を考えればよいので，

$$-f_x+0=\rho Qv-0 \tag{6.46}$$

となる．よって，検査体積内の流体がタンクに及ぼす力 f_x は，式 (5.39) において流量係数を $\alpha=1$ とすれば，$Q=av$ であり，式 (6.45)，(6.46) から，次式が得られる．

$$f_x=-\rho av^2=-2g\rho ah \tag{6.47}$$

上式の負符号は，同図中の噴流の向きとは反対に x 軸の負方向に力が働き，もしタンクを台車の上に載せれば，左方向に動くことを意味している．このとき，作用反作用の法則から，噴流によって，タンクは流体から大きさが同じで向きが反対の力，すなわち次式で表す反作用力 F_T を受ける．

$$F_T=-f_x \tag{6.48}$$

この力 F_T を**推力**あるいはスラストといい，ジェット機やロケットなどの推進機構は，この原理にもとづいている．ところで，小孔をプラグで塞ぐとき，式 (2.9) から，プラグにかかる静的な圧力は $p_s=\rho gh$ であるので，そのプラグに働く全圧力 f_s は，

$$f_s=ap_s=g\rho ah \tag{6.49}$$

で与えられ，噴流による力 f_x の大きさの半分であることがわかる．

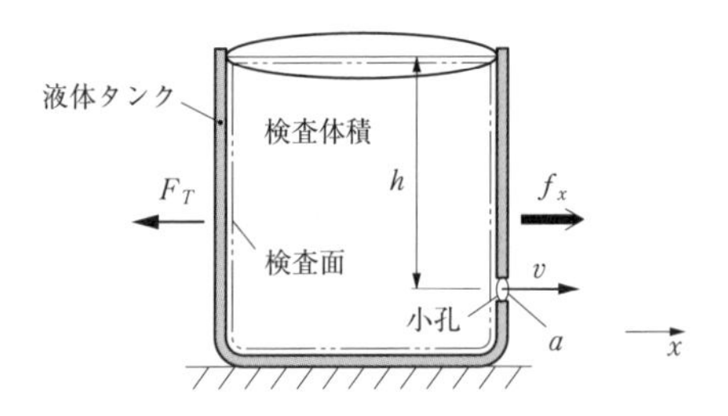

図6.6　タンクに流体が及ぼす力

6.6 バルブに流体が及ぼす力

図6.7 に油空圧機器などで制御バルブに用いられている**スプール弁**を示す（第 5.6 節）. 段付き棒形状のスプール（弁体）は，筒状のスリーブ内を軸方向に摺動（しゅうどう）しながら変位し，流路の微妙な開閉を行う．スプールが静止している状態において，流量 Q の流体がポート①から弁室に流入し，円環放射状の噴流がポート②から角度 ϕ で流出しているとき，流体がスプールに及ぼす軸方向の力を考えよう．スプールとスリーブで囲まれる環状の弁室を検査体積にとり，その検査面を二点鎖線で示す．これら流入出ポートでの流れに対して垂直に断面①，②を検査面上に定める．スプールの右への移動方向を x 軸の正とする．ポート②での絞りは，上下流で $p_u - p_d$ の圧力差をもつオリフィスとみなせるので，速度係数を $C_v = 1$ とすれば，噴流の速度 v_2 は，式 (5.12) より次式で与えられる．

$$v_2 = \sqrt{\frac{2(p_u - p_d)}{\rho}} \tag{6.50}$$

x 軸方向に対して，運動量の法則を適用すると，

$$-f_x + 0 = \rho Q v_2 \cos\phi - 0 \tag{6.51}$$

が得られるので，流体がスプールに及ぼす軸方向の力 f_x は，式 (5.33)，(5.34)，(6.50) を式 (6.51) に代入して整理すると，

$$f_x = -\rho Q v_2 \cos\phi = -2\pi\alpha Dx(p_u - p_d)\cos\phi \tag{6.52}$$

となる．このような力を**流体力**といい，この定常な力 f_x は，同図中の矢印の向きと異なり，つねに負の値を持ち，ポート②を閉じる方向に働く．この現象は，ポート②の付近では，開口面積が小さいので流速 v_2 は非常に高くなり，ベルヌーイの定理より局所的にスプール表面へ働く圧力が低下することに起因している．

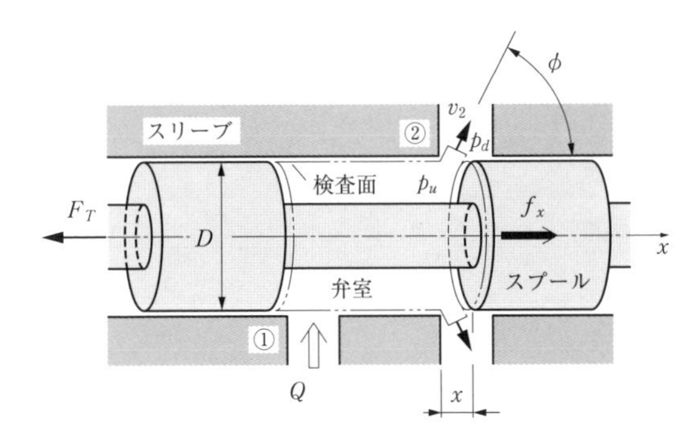

図6.7　スプール弁に流体が及ぼす力

6.7 プロペラの推力

図6.8に示すように，速度 U の一様な速度分布を持つ流れ場に，プロペラが回転して置かれている．その下流部での速度 v は増加し，円形断面積 A_0 にわたり一様であるときプロベラの推力 F_T を求めてみよう．同図中に二点鎖線で示すように，検査体積を円筒形状 ABCD にとる．流体が流入する断面 AD を検査面①，流出する断面 BC を検査面②と定め，その断面積を A_1 とする．検査体積を検査面①を通り流入する流量 Q_1 および検査面②を通り流出する流量 Q_0，Q_2 は，非圧縮性流体では連続の式から，それぞれ，

$$Q_1 = A_1 U\,, \qquad Q_0 = A_0 v\,, \qquad Q_2 = (A_1 - A_0)U \tag{6.53}$$

となる．そのほかに，流体は検査体積の側面 AB，CD の検査面③を通り流入するので，流量 Q_3 は，連続の条件および上式 (6.53) より，

$$Q_3 = Q_0 + Q_2 - Q_1 = A_0(v - U) \tag{6.54}$$

で表せる．各検査面での圧力は大気圧であるから圧力による力は存在せず，流れの方向に対して運動量の法則を適用すると，式 (6.9) から，

$$f = f_p - (\rho Q v)_{\mathrm{out}} + (\rho Q v)_{\mathrm{in}} = -\rho Q_2 v_2 - \rho Q_0 v_0 + \rho Q_1 v_1 + \rho Q_3 v_3 \tag{6.55}$$

となる．ここで，添え字は検査面を表し，$v_0 = v$，$v_1 = v_2 = v_3 = U$ と置き，式 (6.53)，(6.54) を式 (6.55) に代入して整理すれば，流体が物体に接する検査面（プロペラ）に及ぼす力は，

$$f = -\rho A_0 v(v - U) \tag{6.56}$$

であり，式 (6.48) より，その反作用力が推力 F_T に相当するから，次式となる．

$$F_T = -f = \rho A_0 v(v - U) \tag{6.57}$$

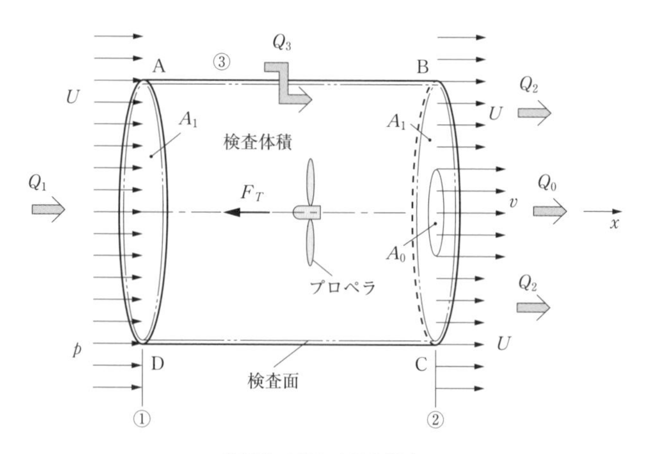

図6.8　プロペラの推力

6.8 角運動量の法則

質点の運動における運動量の法則，式 (6.1) の両辺に対して，原点Oから質点までの位置ベクトル $\boldsymbol{r}$ のベクトル積をとって整理すると，

$$\boldsymbol{r}\times\boldsymbol{F}=\frac{d}{dt}(\boldsymbol{r}\times m\boldsymbol{v}) \qquad (6.58)$$

で表せる．この式の左辺 $\boldsymbol{r}\times\boldsymbol{F}$ は原点Oに関する力のモーメント $\boldsymbol{T}$ であり，右辺にある $\boldsymbol{r}\times m\boldsymbol{v}$ は運動量の点Oに関するモーメント，すなわち**角運動量** $\boldsymbol{L}$ であるので，

$$\boldsymbol{T}=\frac{d\boldsymbol{L}}{dt} \qquad (6.59)$$

が成り立つ．**図6.9** のように任意の原点Oを通る回転軸を平面上にとり，この軸方向成分のみを示せば，モーメントの腕を r とするトルク T は，式 (6.58)，(6.59) より，

$$T=rF_n=\frac{d}{dt}(mrv_n) \qquad (6.60)$$

となる．ここに，力 F_n，速度 v_n は，それぞれモーメントの腕 r に対して垂直な成分である．これらの式は，質点の力学では「角運動量 $L=mrv_n$ の時間的な変化割合は，その質点に及ぼす力のモーメント，すなわちトルク T に等しい」ことを意味する．

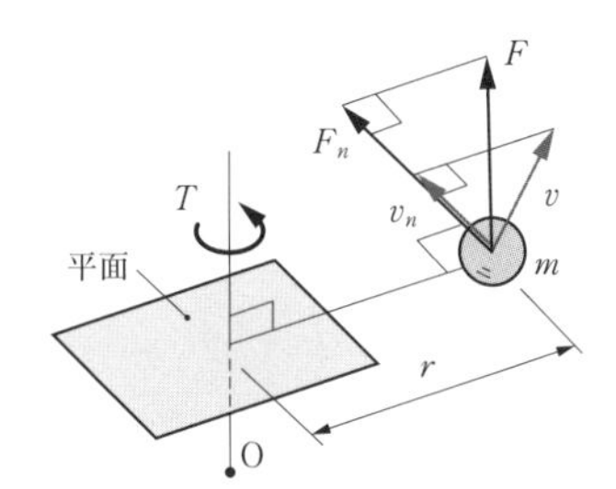

図6.9 平面上での角運動量とトルク

上述の**角運動量の法則**で質点を流体要素に置き換え，**図6.10** に示すような原点Oを基準に矩形状断面をもつ曲管路内の定常流に角運動量の法則を適用してみよう．運動量の考え方と同じように，まず検査体積を囲む検査面は，二点鎖線で示す．微小時間 $\Delta t=t_a-t_b$ の間で検査体積内の流体に生じる角運動量の変化量 ΔL は，検査面上の矩形面積 A_2 の断面②を通して流出する角運動量 L_{out} より，矩形面積 A_1 の断面①を通して流入する角運動量 L_{in} を差し引いたものに等しく，式 (6.2) と同様に次式で与えられる．

$$\Delta L=L(t_b)-L(t_a)=L_{\mathrm{out}}-L_{\mathrm{in}} \qquad (6.61)$$

微小時間 Δt の間に，断面①から検査体積に入る流体質量は，検査面に対して垂直な流速を v_1 とすれば $m_1=\rho A_1 v_1 \Delta t$ であるから，ここでの原点 O 回りの角運動量 L_{in} は，

$$L_{\mathrm{in}}=m_1 r_1 v_{1n}=(\rho A_1 v_1 \Delta t) r_1(v_1 \cos\alpha_1)=\rho A_1 r_1 v_1{}^2 \cos\alpha_1 \cdot \Delta t \tag{6.62}$$

となる．同じように，検査体積から断面②を通して出る流体質量を m_2 とすれば，原点 O 回りの角運動量 L_{out} は，次式で表される．

$$L_{\mathrm{out}}=m_2 r_2 v_{2n}=(\rho A_2 v_2 \Delta t) r_2(v_2 \cos\alpha_2)=\rho A_2 r_2 v_2{}^2 \cos\alpha_2 \cdot \Delta t \tag{6.63}$$

式 (6.62)，(6.63) において，r_1，r_2 は原点 O から矩形断面の中心までの距離，v_{1n}，v_{2n} は流速 v_1，v_2 の円周方向成分，α_1，α_2 はそれらが成す角度である．したがって，式 (6.59)～(6.63) より，流量は $Q=A_1v_1=A_2v_2$ なので，管路壁が検査体積内の流体に及ぼすトルク T は次式で与えられる．

$$T=\frac{dL}{dt}=\lim_{\Delta t\to 0}\frac{L_{\mathrm{out}}-L_{\mathrm{in}}}{\Delta t}=\rho Q(r_2 v_2 \cos\alpha_2-r_1 v_1 \cos\alpha_1) \tag{6.64}$$

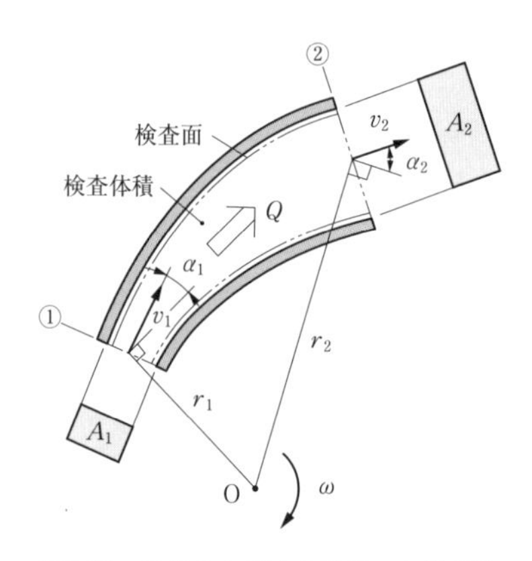

図6.10　原点 O に関する流体の角運動量

6.9 羽根車への応用

この角運動量の法則を羽根車の回転によってエネルギー変換を行うターボ形流体機械へ応用しよう．**羽根車**とは，図6.11 (a) に示すように，流体が中央の断面①から入り，数枚の羽根で覆われている流路を通り抜け，外周側面②へ出ていく流体機械の重要な構成部品の一つである．羽根車が角速度 ω で一定回転し，流体が羽根に沿って相対速度 w（運動する羽根車を座標にとる速度）で流れると，図6.11 (b) の羽根車内の流れや図6.11 (c) の速度三角形に見るように，半径 r の羽根車内では，周速度 $u=r\omega$ とのベクトル和から，絶対速度 v（固定座標から見た速度）が得られる．羽根の厚さを考慮に入れず，入口および出口での流路幅を b_1，b_2 とすれば，連続の式 (4.14) より，断面②から流れ出る流量 Q は近似的に次式で表される．

$$Q = 2\pi r_2 b_2 v_{r2} \tag{6.65}$$

ここに，v_{r2} は，断面②での速度の半径方向成分である．

つぎに，羽根車内の流体を検査体積にとり，密度 ρ で流量 Q の流体が半径 r_1 の断面①の検査面へ流入し，半径 r_2 の断面②の検査面から流出することを考えると，羽根車が流体に及ぼすトルク T は式 (6.64) から求められる．この式の中で，v_1，v_2 は，それぞれ羽根車の入口①，出口②での絶対速度，α_1，α_2 は，これらの絶対速度が周方向と成す角度に対応している．また，断面①，②での入口と出口の周速度 u_1，u_2 は，それぞれ，

$$u_1 = r_1\omega\,, \qquad u_2 = r_2\omega \tag{6.66}$$

であるので，流体に対して単位時間当たりに成す仕事，すなわち動力 P は，トルク T と角速度 ω の積で表されるから，式 (6.64)，(6.66) より，

$$P = T\omega = \rho Q(u_2 v_2 \cos\alpha_2 - u_1 v_1 \cos\alpha_1) \tag{6.67}$$

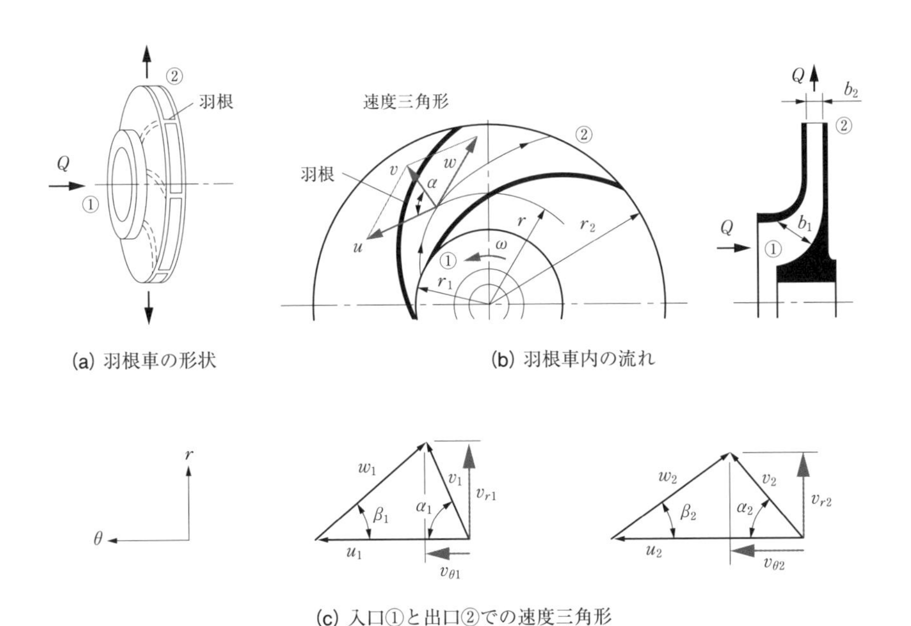

図6.11 羽根車（u：周速度，v：絶対速度，w：相対速度，v_r：速度の半径方向成分，v_θ：絶対速度の周方向成分，α：絶対速度の周方向と成す角度，β：羽根の周方向と成す角度）

のように得られる．この P をターボ形流体機械では**軸動力**と呼んでいる．上式において，軸動力 P の符号が正ならば，検査体積内の流体は，検査面である羽根を介して外部からエネルギーを受けることになり，羽根車は，機械的エネルギーを流体エネルギーに変換するポンプなどの**インペラ**に相当する．これとは逆に，動力 P の符号が負となるときは，検査体積内の流体は，検査面である羽根を介して外部にエネルギーを与えることになり，羽根車は，流体エネルギーを機械的エネルギーに変換する水車などの**ランナ**に相当する．

ここで，流体が液体の場合に，理論的な動力 P_{th} は，単位時間 Δt に質量 m の流体（質量流量 $Q_m = \rho Q = m/\Delta t$）を鉛直方向に H_{th} だけ移動させる位置エネルギーを考えれば，

$$P_{th} = \frac{mgH_{th}}{\Delta t} = \rho g Q H_{th} \tag{6.68}$$

になる．上式の H_{th} は，ポンプでは**理論揚程**，水車では**有効落差**と呼ばれている．この動力 P_{th} は，流体にエネルギーを与えるターボ形ポンプの場合，羽根車を駆動するために必要な軸動力 P と等しく置くことができる．よって，ポンプが液体を汲み上げることのできる高さ，すなわち理論揚程 H_{th} は，式 (6.67) と式 (6.68) を等しく置き，

$$H_{th} = \frac{1}{g}(u_2 v_2 \cos\alpha_2 - u_1 v_1 \cos\alpha_1) \tag{6.69}$$

となる．上式は，**オイラーの理論揚程の式**，あるいはオイラーの法則とも呼ばれている．速度三角形（同図(c)）は余弦定理から，$2uv\cos\alpha = u^2 + v^2 - w^2$ の関係が断面①，②で成立するので，式 (6.69) は，

$$H_{th} = \frac{{u_2}^2 - {u_1}^2}{2g} + \frac{{w_1}^2 - {w_2}^2}{2g} + \frac{{v_2}^2 - {v_1}^2}{2g} \tag{6.70}$$

とも書ける．上式において，右辺の第 1 項は遠心力によって静圧が増加すること，第 2 項は羽根車内の流路断面形状によって相対速度 w が変化して静圧が増加すること，第 3 項は絶対速度 v の二乗差にもとづき動圧が増加することを意味している．

また，式 (6.69) において $\alpha_1 = \pi/2$ のとき括弧内の第 2 項は零となり，最大の理論揚程 H_{th} が得られるので，一般的に流体が流入する角度 α_1 は直角となるよう設計されている．したがって，式 (6.69) は，出口での絶対方向速度の周方向成分を $v_{\theta 2}$，羽根の周方向と成す角度を β_2 とすれば，速度三角形を参考に次式のとおり与えられる．

$$H_{th} = \frac{u_2 v_2 \cos\alpha_2}{g} = \frac{u_2 v_{\theta 2}}{g} = \frac{u_2(u_2 - w_2 \cos\beta_2)}{g} \tag{6.71}$$

演習問題 第6章 運動量の法則とその応用

問 6-1

基礎★★☆

曲管（図6.2）の中を比重 $s=0.9$ の重油が流量 $Q=0.25\,\mathrm{m^3/s}$ で流れ，断面②において大気に放出している．曲管の角度は $\alpha=30^\circ$ であり，直径は断面①で $d_1=0.4\,\mathrm{m}$，断面②で $d_2=0.3\,\mathrm{m}$ である．まず，断面①での圧力 p_1 を求めよ．つぎに重油が曲管に及ぼす x 軸方向と y 軸方向の力 f_x，f_y，そして合力 f とその方向の角度 θ を求めよ．ただし，この曲管は水平に置かれている．

連続の式 (4.14) より，断面①，②での流速 v_1，v_2 は，

$$\left.\begin{aligned} v_1 &= \frac{Q}{\pi {d_1}^2/4} = \frac{0.25}{3.14\times 0.4^2/4} = 1.99\,\mathrm{m/s} \\ v_2 &= \frac{Q}{\pi {d_2}^2/4} = \frac{0.25}{3.14\times 0.3^2/4} = 3.54\,\mathrm{m/s} \end{aligned}\right\} \quad \cdots(1)$$

である．また，ベルヌーイの式 (4.26) にて水平であるので $z_1=z_2$ であり，断面②は大気圧下で $p_2=0$ であるから，断面①における圧力は，式 (1) より，

$$p_1 = \frac{1}{2}\rho({v_2}^2-{v_1}^2) = \frac{1}{2}\times(0.9\times10^3)\times(3.54^2-1.99^2) = 3.86\times10^3 = \underline{3.86\,\mathrm{kPa}} \quad \cdots(2)$$

となる．したがって，式 (6.14) から，重油が曲管に及ぼす x 軸方向の力 f_x は，式 (1)，(2) を代入すると，

$$\begin{aligned} f_x &= \rho Q(v_1 - v_2\cos\alpha) + \frac{\pi {d_1}^2}{4}p_1 \\ &= (0.9\times10^3)\times0.25\times(1.99-3.54\times\cos30^\circ) + \frac{3.14\times0.4^2}{4}\times(3.86\times10^3) = 2.43\times10^2 \\ &= \underline{0.243\,\mathrm{kN}} \end{aligned}$$

であり，同様に，式 (6.15) から，重油が曲管に及ぼす y 軸方向の力 f_y は，

$$f_y = -\rho Q v_2\sin\alpha = -(0.9\times10^3)\times0.25\times3.54\times\sin30^\circ = -3.98\times10^2 = \underline{-0.398\,\mathrm{kN}}$$

となる．合力 f 及びその方向の角度 θ は，

$$f = \sqrt{{f_x}^2+{f_y}^2} = \sqrt{(2.43\times10^2)^2+(-3.98\times10^2)^2} = 4.66\times10^2 = \underline{0.466\,\mathrm{kN}}$$

$$\theta = \tan^{-1}\left(\frac{f_y}{f_x}\right) = \tan^{-1}\left(\frac{-3.98\times10^2}{2.43\times10^2}\right) = \underline{-58.6^\circ}$$

のとおり得られる．

問 6-2

図6.12のように内径が $d=500$ mm の直角に曲がった流体管路の中を比重 $s=1.03$ の塩水が流れている．この曲管の入口断面①と出口断面②の圧力は，ともにゲージ圧力で $p=300$ kPa であり，平均流速が $v=4$ m/s になるように設計されている．流体が曲管に及ぼす x 軸，y 軸方向の力 f_x，f_y を求め，つづいて合力 f ならびにその方向の角度 θ を求めよ．

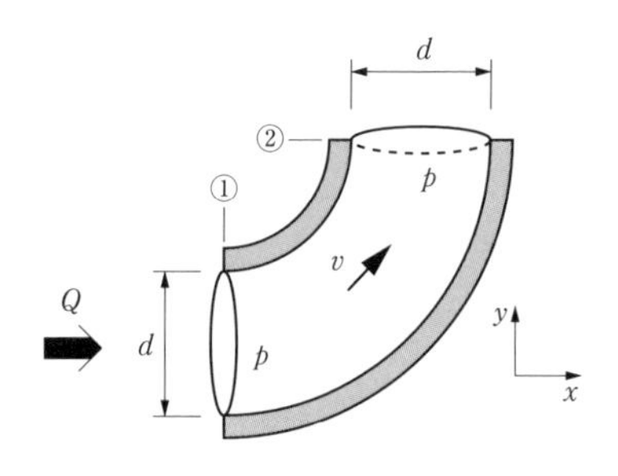

図6.12　曲管に及ぼす力

曲管路の断面積 A は，

$$A=\frac{\pi d^2}{4}=\frac{3.14\times0.5^2}{4}=0.196\ \mathrm{m}^2$$

であり，流量 Q は，

$$Q=Av=0.196\times4=0.784\ \mathrm{m}^3/\mathrm{s}$$

である．流体が曲管に及ぼす x 軸方向の力 f_x は，式 (6.14) において $v_1=v_2=v$，$p_1=p_2=p$，$A_1=A_2=A$，$\alpha=\pi/2$ と置けば，

$$f_x=(\rho Qv+Ap)\left(1-\cos\frac{\pi}{2}\right)$$

$$=\{(1.03\times10^3)\times0.784\times4+0.196\times(300\times10^3)\}\times(1-\cos 90^\circ)$$

$$=6.20\times10^4=\underline{62.0\,\mathrm{kN}}$$

となる．同様に，y 軸方向の流体が曲管に及ぼす力 f_y は，式 (6.15) より，

$$f_y=-(\rho Qv+Ap)\sin\frac{\pi}{2}$$

$$=-\{(1.03\times10^3)\times0.784\times4+0.196\times(300\times10^3)\}\times\sin 90^\circ$$

$$=-6.20\times10^4=\underline{-62.0\,\mathrm{kN}}$$

となる．合力の大きさ f およびその方向の角度 θ は，

$$f=\sqrt{f_x{}^2+f_y{}^2}=\sqrt{(6.20\times10^4)^2+(-6.20\times10^4)^2}=8.77\times10^4=\underline{87.7\,\mathrm{kN}}$$

$$\theta=\tan^{-1}\left(\frac{f_y}{f_x}\right)=\tan^{-1}\left(\frac{-6.20\times10^4}{6.20\times10^4}\right)=-\frac{\pi}{4}=\underline{-45°}$$

のように得られる．

問 6-3 発展★★★

図6.13 のような消防ノズルの先端から，水が大気圧下に放水されている．水が消防ノズルに及ぼす力を測定したところ f_x であった．ノズル入口①の面積を A_1，ノズル先端出口②の面積を A_2，水の密度を ρ とするとき，ノズルを通る水の流量 Q を求めよ．

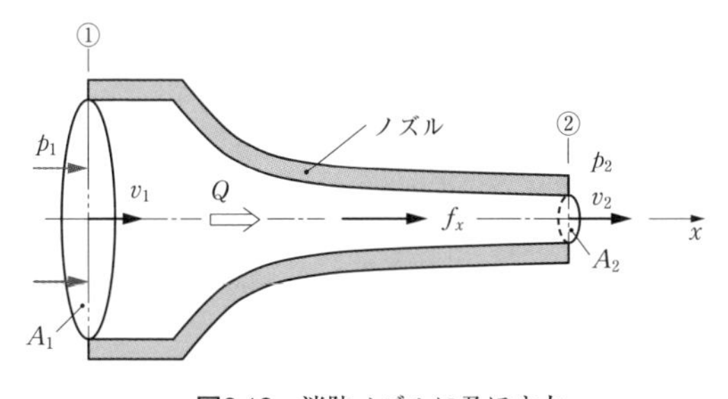

図6.13　消防ノズルに及ぼす力

解 x 軸をノズル中心の流れ方向にとり，断面①，②でのノズル入口と出口の流速 v_1，v_2 とすると，式 (6.6)，(6.7) の運動量の法則より，ノズル出口の圧力は大気圧 p_o に等しく $p_2=p_o=0$ と置けるので，

$$F_x=\rho Qv_2-\rho Qv_1\,,\qquad F_x=-f_x+A_1p_1$$

であり，流体がノズルに及ぼす力 f_x は，上式より，

$$f_x=A_1p_1-\rho Q(v_2-v_1) \qquad \cdots(1)$$

となる．ここで，連続の式 (4.14) より，

$$v_1=\frac{Q}{A_1},\qquad v_2=\frac{Q}{A_2} \qquad \cdots(2)$$

である．また，ベルヌーイの式 (4.26) から，断面①での圧力 p_1 は，

第6章 運動量の法則とその応用 演習問題

$$p_1 = \frac{\rho({v_2}^2 - {v_1}^2)}{2} \qquad \cdots(3)$$

となる．式 (1)～(3) より，p_1，v_1，v_2 を消去すれば，次式となる．

$$f_x = \left(\frac{1}{{A_2}^2} - \frac{1}{{A_1}^2}\right)\frac{\rho A_1 Q^2}{2} - \left(\frac{1}{A_2} - \frac{1}{A_1}\right)\rho Q^2 = \frac{(A_1 - A_2)^2 \rho Q^2}{2A_1 {A_2}^2}$$

したがって，

$$\underline{Q = \frac{A_2}{A_1 - A_2}\sqrt{\frac{2A_1}{\rho} f_x}}$$

が得られる．

問 6-4　応用★★☆

図6.14のような断面積 $A_2 = 50\ \mathrm{cm}^2$ のノズルが断面積 $A_1 = 150\ \mathrm{cm}^2$ の円管にフランジを用いて取付けられ，密度 $\rho = 880\ \mathrm{kg/m}^3$ の原油が先端部②から大気圧下 $p_2 = 0$ に噴出している．ノズルを円管から引き離す力を $f = 6\ \mathrm{kN}$ 以下にするためには，ノズルと円管の接合部①での圧力 p_1 はどのように設定しなければならないか求めよ．ただし，ノズルの流量係数は $\alpha = 1$ で近似できるものとする．

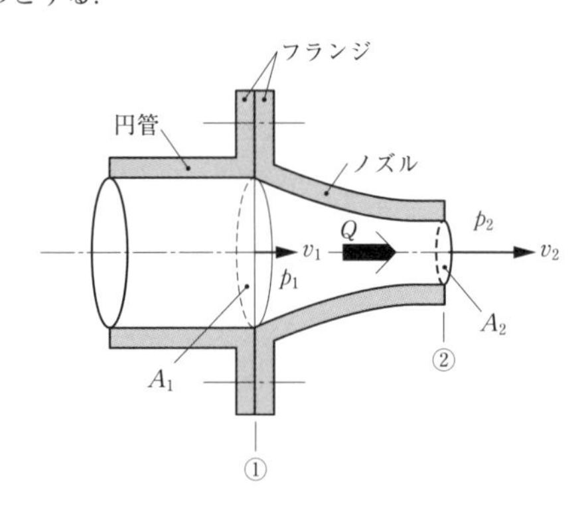

図6.14　ノズルに及ぼす力

解　ノズル部での流量 Q は，オリフィスと同じ式 (5.13) が用いられ，流量係数は $\alpha = 1$ で，原油は大気圧下に放出するから $p_2 = 0$ であるので，

$$Q = \alpha A_2 \sqrt{\frac{2(p_1 - p_2)}{\rho}} = A_2\sqrt{\frac{2p_1}{\rho}} \qquad \cdots(1)$$

である．また，連続の式 (4.14) より，断面①，②での流速 v_1，v_2 は，

$$v_1 = \frac{Q}{A_1}, \qquad v_2 = \frac{Q}{A_2} \qquad \cdots(2)$$

となる．流体がノズルに及ぶす力は，式 (6.14) において $f_x = f$，$p_2 = 0$，$\alpha = 0$ と置けば，

$$f = A_1 p_1 + \rho Q(v_1 - v_2 \cos 0) \qquad \cdots(3)$$

である．式 (1)，(2) を式 (3) に代入して整理すると，ノズル部での圧力 p_1 は，

$$p_1 = \frac{f}{2A_2\left(\dfrac{A_2}{A_1} - 1\right) + A_1} = \frac{6 \times 10^3}{2 \times (50 \times 10^{-4}) \times \left(\dfrac{50 \times 10^{-4}}{150 \times 10^{-4}} - 1\right) + (150 \times 10^{-4})}$$

$$= 0.720 \times 10^6 = 0.720\ \mathrm{MPa}$$

のように得られる．したがって，この力 f がノズルを円管より引き離す力より小さければよいので，ノズル圧力は，$\underline{p_1 < 0.720\,\mathrm{MPa}}$ にする必要がある．

問 6-5 発展★★☆

図6.15 のような 2 種類の異なる密度 ρ_1，ρ_2 の液体を混ぜ，新たな密度 ρ_3 の液体を作る混合器（ミキサー）がある．混合器の管路入口①，②，管路出口③の断面積を A_1，A_2，A_3，それらの圧力を p_1，p_2，p_3，管路入口①，②からの流量を Q_1，Q_2 とするとき，流体が混合器に及ぼす x 軸および y 軸方向の力 f_x，f_y を求めよ．ただし，それぞれの入射角度は x 軸に対して ϕ_1，ϕ_2 とする．

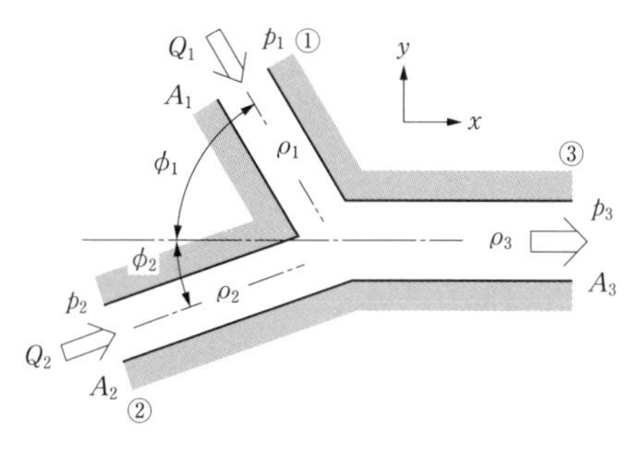

図6.15　混合器に及ぼす力

解 断面①，②での流速 v は，それぞれに添字 1, 2 を付けると，連続の式 (4.14) より，

$$v_1 = \frac{Q_1}{A_1}, \qquad v_2 = \frac{Q_2}{A_2} \qquad \cdots(1)$$

である．また，連続の条件から断面①と断面②での質量流量の和と断面③での質量流量が等しいの

で，式 (4.13) より断面③での流量 Q_3 は，

$$Q_3 = \frac{\rho_1 Q_1 + \rho_2 Q_2}{\rho_3} \qquad \cdots(2)$$

で表せる．よって，断面③での流速 v_3 は，

$$v_3 = \frac{Q_3}{A_3} = \frac{\rho_1 Q_1 + \rho_2 Q_2}{\rho_3 A_3} \qquad \cdots(3)$$

となる．式 (6.6)，(6.7) に従い，運動量の法則を x 軸方向に適用すると，

$$F_x = \rho_3 Q_3 v_3 - \rho_1 Q_1 v_1 \cos\phi_1 - \rho_2 Q_2 v_2 \cos\phi_2 \qquad \cdots(4)$$

$$F_x = -f_x + A_1 p_1 \cos\phi_1 + A_2 p_2 \cos\phi_2 - A_3 p_3 \qquad \cdots(5)$$

となり，式 (4)，(5) を等しく置き，式 (1)～(3) を代入すると，x 軸方向の流体が混合機に及ぼす力 f_x は，

$$\underline{f_x = A_1 p_1 \cos\phi_1 + A_2 p_2 \cos\phi_2 - A_3 p_3 + \frac{\rho_1 Q_1{}^2}{A_1}\cos\phi_1 + \frac{\rho_2 Q_2{}^2}{A_2}\cos\phi_2 - \frac{(\rho_1 Q_1 + \rho_2 Q_2)^2}{\rho_3 A_3}}$$

で与えられる．同様に，y 軸方向に適用すると，

$$F_y = -(\rho_2 Q_2 v_2 \sin\phi_2 - \rho_1 Q_1 v_1 \sin\phi_1)$$

$$F_y = -f_y + A_2 p_2 \cos\phi_2 - A_1 p_1 \cos\phi_1$$

となり，y 軸方向の流体が混合機に及ぼす力 f_y は，

$$\underline{f_y = -A_1 p_1 \sin\phi_1 + A_2 p_2 \sin\phi_2 - \frac{\rho_1 Q_1{}^2}{A_1}\sin\phi_1 + \frac{\rho_2 Q_2{}^2}{A_2}\sin\phi_2}$$

で与えられる．

問 6-6 応用★★★

水道の蛇口から平均流速 $v = 2$ m/s，流量 $Q = 8$ L/min で流れ出る水は，垂直に置かれた静止平板の端に当たり，図6.16 のように平板に沿う流量 Q_1 の流れと，平板から離れる流量 Q_2 の流れに分かれる．平板から離れる水の角度が $\alpha = 45°$ の場合，流体が平板に対し垂直に及ぼす力 f を求めよ．また，角度が $\alpha = 30°$，$\alpha = 60°$ のとき，この力 f は $\alpha = 45°$ に比べて，それぞれ何 % ほど増減するか．ただし，水流は二次元流れとして，損失は無く，重力の影響は無視できるものとする．

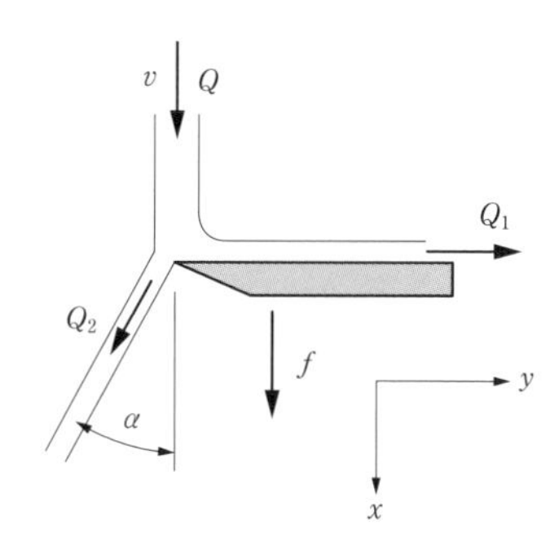

図6.16 静止平板に及ぼす力

平板に沿う水の流量を Q_1，平板から離れる水の流量を Q_2 とすれば，連続の条件より，

$$Q = Q_1 + Q_2 \quad \cdots(1)$$

であり，$p = p_1 = p_2 = 0$ の大気圧下の流れであるので，ベルヌーイの定理より，

$$v = v_1 = v_2 \quad \cdots(2)$$

である．したがって，蛇口からの水の流れ方向を x 軸に，水が平板に沿って流れる方向を y 軸にとり，式 (6.6)，(6.7) での運動量の法則を適用すると，

$$x \text{ 軸方向：} -f_x + 0 = \rho Q_2 v \cos\alpha - \rho Q v \quad \cdots(3)$$

$$y \text{ 軸方向：} -f_y + 0 = \rho(Q_1 v - Q_2 v \sin\alpha) - 0 \quad \cdots(4)$$

となる．平板に沿って働く摩擦損失を無視すると $f_y = 0$ であり，式 (4) より，

$$Q_1 = Q_2 \sin\alpha \quad \cdots(5)$$

である．また，式 (1)，(3) より，$f_x = f$ であるから，

$$f = \left(1 - \frac{\cos\alpha}{1+\sin\alpha}\right)\rho Q v \qquad \cdots(6)$$

が得られる．角度が $\alpha = 45°$ の場合には，

$$f_{\alpha=45°} = \left(1 - \frac{\cos 45°}{1+\sin 45°}\right) \times (1\times 10^3) \times \frac{8\times 10^{-3}}{60} \times 2 = \underline{0.157\ \mathrm{N}}$$

である．この力は，$\alpha = 30°$ のときには $\alpha = 45°$ に比較して，

$$\frac{f_{\alpha=30°}}{f_{\alpha=45°}} = \frac{1 - \dfrac{\cos 30°}{1+\sin 30°}}{1 - \dfrac{\cos 45°}{1+\sin 45°}} = 0.721$$

となり <u>28%ほど減少する</u>．$\alpha = 60°$ のときには，

$$\frac{f_{\alpha=60°}}{f_{\alpha=45°}} = \frac{1 - \dfrac{\cos 60°}{1+\sin 60°}}{1 - \dfrac{\cos 45°}{1+\sin 45°}} = 1.25$$

となり <u>25%ほど増加する</u>．

問 6-7　応用 ★★☆

図6.17 のように，直径 $d = 15$ mm のノズルからの水の噴流が静止円板に対して垂直に衝突し，角度 $\phi = 80°$ で後方へ放射状に流れ去っている．流体が平板に及ぼす力を $f = 100$ N にするための噴流速度 v を求めよ．また，この噴流速度において平板が $U = 10$ m/s で右方向に移動するとき，流体が平板に及ぼす力 f_U を求めよ．ただし，平板が動く場合でも流出角度 ϕ は静止の状態と同じとする．

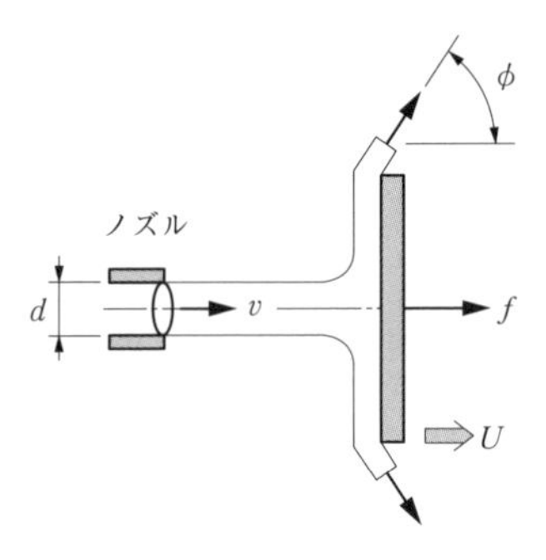

図6.17　垂直円板に及ぼす力

ベルヌーイの定理より大気圧下の流れであるので，水の流速はどこでも等しく $v=\text{const.}$ である．したがって，噴流の方向に対して運動量の法則を適用すると，

$$-f+0=\rho Qv\cos\phi-\rho Qv \qquad \cdots(1)$$

となる．ノズルからの流量 Q は，連続の式 (4.14) より，

$$Q=\frac{\pi d^2}{4}v \qquad \cdots(2)$$

である．したがって，式 (1)，(2) より，

$$f=\frac{\pi}{4}\rho d^2 v^2(1-\cos\phi) \qquad \cdots(3)$$

であり，噴流速度 v は，

$$v=\sqrt{\frac{4f}{\pi\rho d^2(1-\cos\phi)}}=\sqrt{\frac{4\times 100}{3.14\times(1\times 10^3)\times 0.015^2\times(1-\cos 80^\circ)}}=\underline{26.2\ \text{m/s}}$$

となる．平板が速度 U で動いているとき，噴流に対する相対速度は $v-U$ であるから，流体が平板に及ぼす力 f_U は，式 (6.38) および式 (3) を参考にして，

$$f_U=\frac{\pi}{4}\rho d^2(v-U)^2(1-\cos\phi)=\frac{3.14}{4}\times(1\times 10^3)\times 0.015^2\times(26.2-10)^2\times(1-\cos 80^\circ)$$

$$=\underline{38.3\ \text{N}}$$

のように得られる．

問 6-8

図6.18 のように水槽の右側壁に面積 a の小孔が，水面より深さ h の位置にあけられている．この水槽を台車の上に載せて小孔の栓を抜くと，密度 ρ の水が流速 v で噴出して，台車は速度 U で左方向に動いた．水面の上部にはゲージ圧力 p_a の空気圧が作用しているとき，流体が水槽に及ぼす力 f，推力 F_T，動力 P を求めよ．

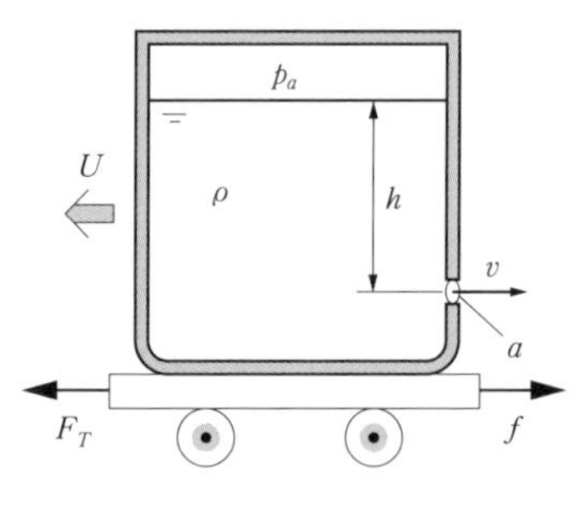

図6.18　水槽に及ぼす力

ベルヌーイの式 (5.36) において $p_1=p_a$，$p_2=0$，$v_1 \fallingdotseq 0$，$v_2=v$，$z_1-z_2=h$ と置くと，小孔よりの流出速度 v は，

$$v=\sqrt{\frac{2(p_a+\rho gh)}{\rho}}$$

となる．よって，流体が水槽に及ぼす力 f は，式 (6.47) より，

$$f=-\rho av^2=\underline{2a(p_a-\rho gh)}$$

となり，式 (6.48) より<u>推力として $F_T=-f$ が働き，速度 U と同方向となる</u>．力と速度の方向が一致しているから，動力 P は，

$$P=F_T U=\underline{2aU(p_a-\rho gh)}$$

となる．

問 6-9

図6.19 のようなシャワーヘッドへ流量 $Q=15\ \mathrm{L/min}$ の水が断面積 $A=140\ \mathrm{mm}^2$ の真直ぐなホースより流れ込んでいる．シャワーヘッド中央にある 1 つの小孔 (断面積 $a=7\ \mathrm{mm}^2$) より水を流出させるとき，流体がシャワーヘッドに及ぼす力 f とその角度 θ を求めよ．なお，ホースからの流れの方向とシャワーヘッドからの水流の方向とは垂直である．

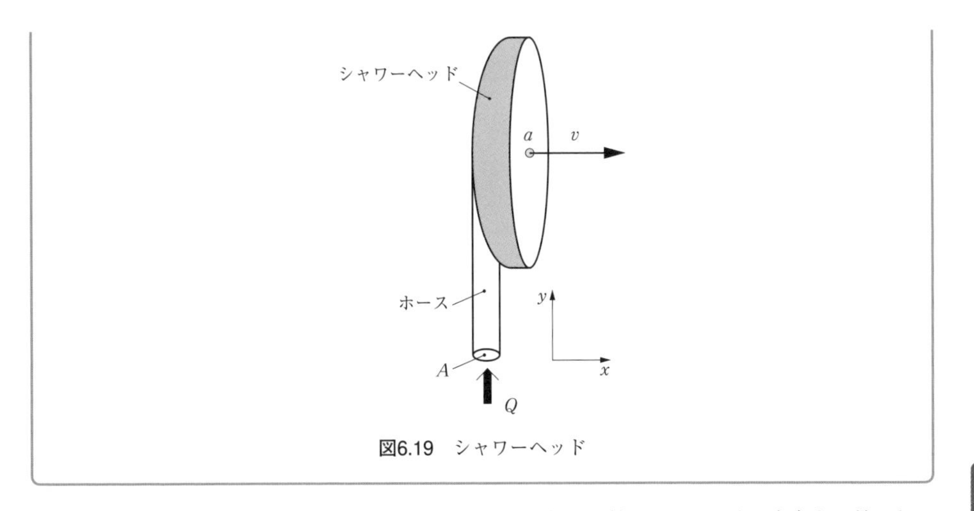

図6.19 シャワーヘッド

解 同図のように，シャワーヘッドから出る水流の方向を x 軸，ホースの流れ方向を y 軸にとる．水がシャワーヘッドに及ぼす x 軸方向および y 軸方向の力をそれぞれ f_x, f_y とし，シャワーヘッドからの水流の流速を v，ホース内の流速を v_o とすると，運動量の法則の式 (6.6)，(6.7) より，

$$x\ 軸方向：\ -f_x+0=\rho Qv-0$$

$$y\ 軸方向：\ -f_y+0=0-\rho Qv_o$$

である．連続の式より，$v=Q/a$，$v_o=Q/A$ であるから，それぞれの力は，

$$f_x=-\rho\frac{Q^2}{a}=-(1\times10^3)\times\frac{\left(\frac{15\times10^{-3}}{60}\right)^2}{7\times10^{-6}}=-8.93\,\mathrm{N}$$

$$f_y=\rho\frac{Q^2}{A}=(1\times10^3)\times\frac{\left(\frac{15\times10^{-3}}{60}\right)^2}{140\times10^{-6}}=0.446\,\mathrm{N}$$

となり，合力 f およびその角度 θ は，

$$f=\sqrt{f_x{}^2+f_y{}^2}==\sqrt{(-8.93)^2+(0.446)^2}=\underline{8.94\,\mathrm{N}}$$

$$\theta=\tan^{-1}\left(\frac{f_y}{f_x}\right)=\tan^{-1}\left(\frac{0.446}{-8.93}\right)=\underline{-2.86^\circ}$$

のとおり得られる．このように，x 軸方向の力 f_x に比べ y 軸方向の力 f_y は無視することができる．

問 6-10

図6.20に示すように，すきまが h で幅が b の平行平板間の二次元流れにおいて，断面①では圧力 p_1，速度 v の一様流れとして流入し，ある一定の距離 L を経ると壁面から受ける粘性の影響により，断面②では圧力 p_2 で速度分布は放物線となる．以下の問に答えよ．

(a)　断面②での速度分布を求めよ．ただし，速度 u は，平板の中心で最大速度が $u=u_{\max}$，平板と接する面での速度は $u=0$ とする．

(b)　一様流れでの速度分布を持つ断面①と放物線の速度を持つ断面②に対して連続の式をたて，速度 v と最大速度 $u_{\max}$ の関係を求めよ．

(c)　断面①と断面②の間に検査体積をとり，運動量の法則から流体が平行平板に及ぼす力 f を求めよ．

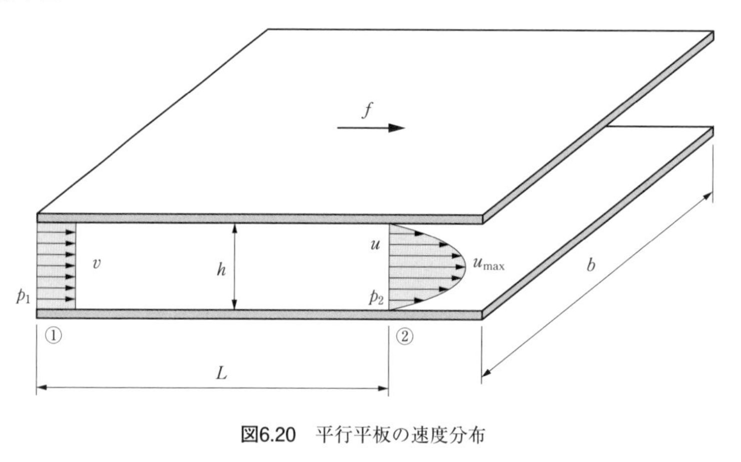

図6.20　平行平板の速度分布

(a)　速度分布は放物線であるので速度 u を平板下面からの座標 y の二次関数として，

$$u=ay^2+by+c$$

と置く．ここに，a，b，c は係数である．境界条件は，両平板上での $y=0$，$y=h$ では $u=0$，平板中央の $y=h/2$ では $u=u_{\max}$ であるので，それぞれの係数は，

$$a=-\frac{4}{h^2}u_{\max}, \qquad b=\frac{4}{h}u_{\max}, \qquad c=0$$

となり，次式の速度分布が得られる．

$$u=\frac{4u_{\max}}{h^2}(h-y)y \qquad \cdots(1)$$

(b)　断面①では連続の式 (4.14) より，

$$Q_1 = (bh)v$$

であり，式 (1.1) から断面②での流量 Q_2 は，式 (1) を代入すると，

$$Q_2 = \int_A u dA = b\int_0^h u dy = \frac{4bu_{\max}}{h^2}\int_0^h (hy - y^2)\, dy = \frac{2}{3}bhu_{\max}$$

である．連続の条件から，$Q_1 = Q_2$ と置くと，

$$\underline{u_{\max} = \frac{3}{2}v} \quad \cdots(2)$$

となる．

(c)　式 (2) を式 (1) に代入すると，断面②での速度分布は，

$$u = \frac{6v}{h^2}(h - y)y \quad \cdots(3)$$

であり，式 (6.6) の運動量の法則を適用し，式 (3) を代入して積分すれば，

$$F = (\rho Qv)_{\text{out}} - (\rho Qv)_{\text{in}} = \int_A \rho u^2 dA - \rho Q_1 v = \frac{36\rho bv^2}{h^4}\int_0^h \{(h - y)^2 y^2\} dy - \rho bhv^2$$

$$= \frac{6}{5}\rho bhv^2 - \rho bhv^2 = \frac{1}{5}\rho bhv^2 \quad \cdots(4)$$

となり，この外力 F は，式 (6.7) から，

$$F = -f + f_p = -f + bh(p_1 - p_2) \quad \cdots(5)$$

である．式 (4)，(5) を等しく置けば，流体が平行平板に及ぼす力 f は，

$$\underline{f = bh(p_1 - p_2) - \frac{1}{5}\rho bhv^2}$$

として求められる．

問 6-11

図6.21 にジェットエンジンを地上試験している概要を示す．ジェットエンジンに取り入れられた質量流量 G_a の空気は，圧縮機で圧縮された後，燃焼器にて質量流量 G_f の燃料と混合され燃焼する．ここで得た高温高圧のガスは，タービンを駆動すると同時に，ジェットノズルを通して速度 v_j で大気圧に放出される．ジェットエンジンの入口速度が v_i のとき，この推力 F_T を求めよ．ただし，ジェットエンジン入口および出口での圧力はともに大気圧に等しいとする．

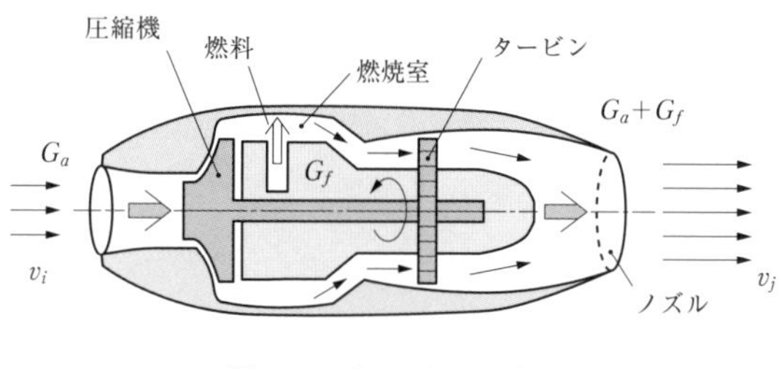

図6.21　ジェットエンジン

式 (6.6)，(6.7)，(6.48) から，圧力によって働く表面力の項 f_p は大気圧のため省略できるから，推力 F_T は，

$$F_T = -f = (\rho Qv)_{\mathrm{out}} - (\rho Qv)_{\mathrm{in}} = \underline{(G_a + G_f)v_j - G_a v_i}$$

と表される．

問 6-12

スプール弁（図6.7）に流量 $Q = 30$ L/min で比重 0.87 の油が流入している．ポート②における差圧が $p_u - p_d = 3.5$ MPa であるとき，油が弁体に及ぼす軸流体力 f_x を計算せよ．ただし，流出角度は $\phi = 69°$ とする．

スプール端を通る流速 v_2 は，式 (6.50) から，

$$v_2 = \sqrt{\frac{2(p_u - p_d)}{\rho}}$$

であり，上式を式 (6.51) に代入すると，

$$f_x = -\rho Q v_2 \cos\phi = -\sqrt{2\rho(p_u - p_d)}\,Q\cos\phi$$

$$= -\sqrt{2\times(0.87\times10^3)\times(3.5\times10^6)}\times\frac{30\times10^{-3}}{60}\times\cos 69^\circ = \underline{-14.0\ \mathrm{N}}$$

が得られる．

問 6-13　応用★★☆

図6.22はポペット弁と呼ばれ，円錐形状のポペット（弁体）が弁座に対して直角に移動して流体の流れを制御するバルブである．圧力 $p=0.2$ MPa の水が下部の直径 $d=20$ mm の流路からポペットと弁座との環状すきま $\delta=1$ mm を通って上部に流れ，ポペットの半頂角と同じ角度 $\beta=30^\circ$ で大気に放出している．弁体は静止し，流量が $Q=60$ L/min であるとき，水が弁体に及ぼす力 f を求めよ．

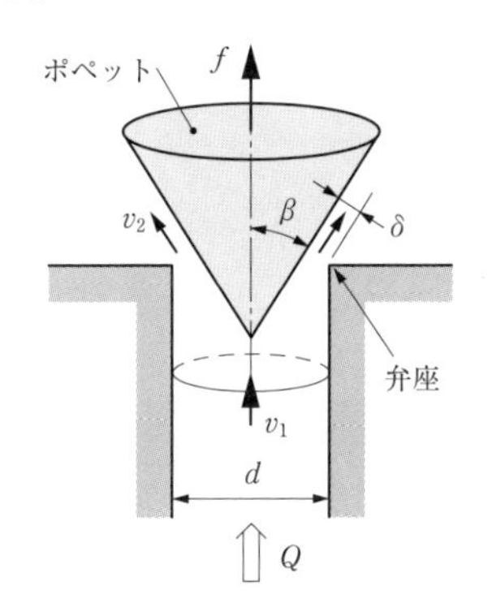

図6.22　ポペット弁に及ぼす力

下部の流路の流速 v_1 および環状すきま δ を通る流速 v_2 は，

$$v_1 = \frac{Q}{\pi d^2/4}, \qquad v_2 = \frac{Q}{\pi d\delta}$$

である．図6.23に示すとおり二点鎖線で検査体積をとると，上式より運動量の式 (6.6) は，

$$F = \rho Q v_2 \cos\beta - \rho Q v_1 = \frac{\rho Q^2 \cos\beta}{\pi d\delta} - \frac{4\rho Q^2}{\pi d^2} \qquad \cdots(1)$$

となり，式 (6.7) より外力 F は，ポペット上部では大気圧であるから，

$$F = -f + f_p = -f + \frac{\pi d^2}{4}p \qquad \cdots(2)$$

となる．式 (1)，(2) から，

$$f = \frac{\pi d^2}{4} p - \frac{\rho Q^2}{\pi d}\left(\frac{\cos\beta}{\delta} - \frac{4}{d}\right)$$

$$= \frac{3.14 \times 0.02^2}{4} \times (2 \times 10^5) - \frac{(1 \times 10^3) \times \left(\frac{60 \times 10^{-3}}{60}\right)^2}{3.14 \times 0.02} \times \left(\frac{\cos 30^\circ}{0.001} - \frac{4}{0.02}\right) = \underline{52.2\ \mathrm{N}}$$

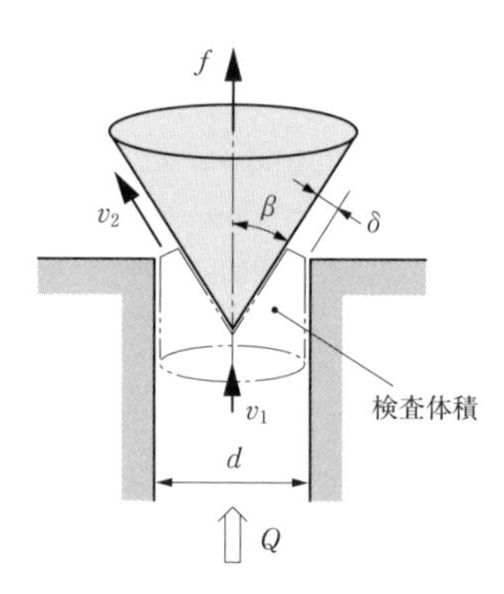

図6.23　ポペット弁の検査体積

問 6-14　応用★★☆

図6.24 に示すようなスプリンクラー（散水器）の中央下部から流量 $Q_o = 15\ \mathrm{L/min}$ の水が入り，外側に $\theta = 45^\circ$ だけ傾いた 2 箇所のノズル先端から流速 v で噴出している．噴流の反動でスプリンクラーが一定の回転に達するとき，その回転速度 $N\,[\mathrm{min}^{-1}]$ を求めよ．また，回転しているスプリンクラーを静止させるために必要なトルク T を求めよ．ただし，回転軸中心 O よりノズル先端までの腕の長さは $r = 100\ \mathrm{mm}$，ノズル噴出口の断面積は $a = 30\ \mathrm{mm}^2$ とし，回転摺動部の摩擦は無視できるものとする．

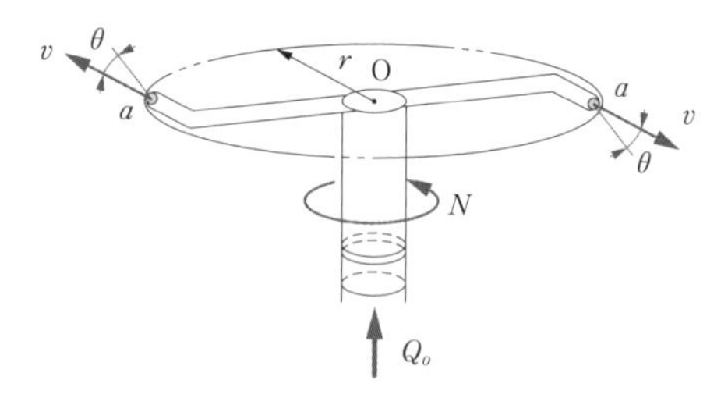

図6.24　スプリンクラー

2 箇所あるノズルからの水の流速 v は，連続の式 (4.14) より，

$$v = \frac{Q_o/2}{a} = \frac{(15 \times 10^{-3}/60)/2}{30 \times 10^{-6}} = 4.17\ \mathrm{m/s}$$

であり，周方向の流速成分 v_θ は，

$$v_\theta = v\cos\theta = 4.17\times\cos 45^\circ = 2.95\ \mathrm{m/s}$$

である．一定の回転速度に達するまでは，慣性モーメントによる影響を考慮する必要があるが，一定の回転時では，スプリンクラーの角速度 ω と回転速度 N は，それぞれ，

$$\omega = \frac{v_\theta}{r} = \frac{2.95}{0.1} = 29.5\ \mathrm{rad/s}$$

$$N = \frac{60\omega}{2\pi} = \frac{60\times 29.5}{2\times 3.14} = \underline{282\ \mathrm{min}^{-1}}$$

となる．スプリンクラーの回転を止めるためのトルク T は，角運動量の法則より，式 (6.64) を用いると，流入する角運動量は無く $r_1 v_1 \cos\alpha_1 = 0$ である．また，$r_2 v_2 \cos\alpha_2 = r v_\theta$ であり 2 箇所のノズルから放出されるので，

$$T = \rho Q(r_2 v_2 \cos\alpha_2 - r_1 v_1 \cos\alpha_1) = 2\rho\frac{Q_o}{2} r v_\theta = (1\times 10^3)\times\frac{15\times 10^{-3}}{60}\times 0.1\times 2.95$$

$$= \underline{7.38\times 10^{-2}\ \mathrm{Nm}}$$

が得られる．

Column F 仕事と動力

物体に力 $\boldsymbol{F}$ が働き，変位 $\boldsymbol{s}$ だけ動くとき，力 $\boldsymbol{F}$ は，W の**仕事**をしたといい，このことは次式で表される．

$$W = \boldsymbol{F} \cdot \boldsymbol{s} \tag{F.1}$$

上式において，力 $\boldsymbol{F}$ と変位 $\boldsymbol{s}$ の間の・は，ベクトルの内積を表す記号である．この２つのベクトルの内積は，図F.1 のように，力と位置ベクトルの方向が角度 θ を成しているならば，力の移動方向成分 $F\cos\theta$ と変位 s の積として，

$$W = \boldsymbol{F} \cdot \boldsymbol{s} = Fs\cos\theta \tag{F.2}$$

で表される．上式より，仕事 W は，力 $\boldsymbol{F}$ と変位 $\boldsymbol{s}$ の方向が一致する $\theta = 0$ とき，

$$W = Fs \tag{F.3}$$

で最大となり，２つのベクトルが直交する $\theta = 90^\circ$ のとき $W = 0$ となる．なお，仕事の単位は，熱量やエネルギーと同じジュール [J] である．

動力とは単位時間になされる仕事をいい，式 (F.1) より $dW = \boldsymbol{F} \cdot d\boldsymbol{s}$ であるから，動力 P は，

$$P = \frac{dW}{dt} = \frac{\boldsymbol{F} \cdot d\boldsymbol{s}}{dt} \tag{F.4}$$

のスカラで表され，単位はワット [W] が用いられる．すなわち，力 F が物体に働き速度 v で移動すれば，動力 P はこれらのベクトルの内積で表現でき，両者の方向が同じ場合には，

$$P = Fv \tag{F.5}$$

で与えられる．このように，物理学で**仕事率**とも呼ばれる動力は，力と動きとの協調動作によって成し得ることができるもので，工学にとって重要な物理量の一つである．エンジンなどの出力を表示するとき，古くから動力の単位として馬力（フランス馬力）[PS] が用いられているが，1 PS ＝735.5W＝0.7355kW である．

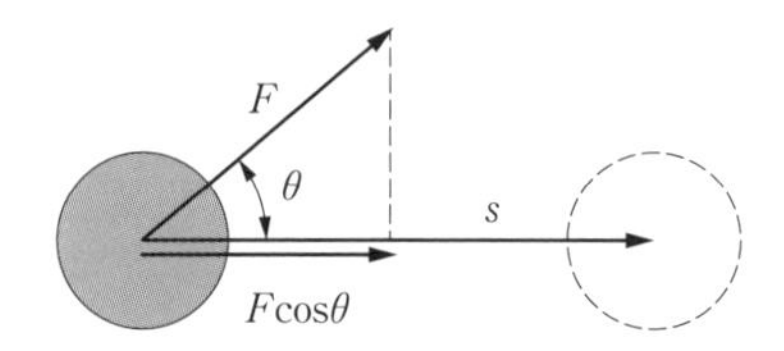

図F.1 力と変位のベクトル

第 7 章

粘性流体の内部流れ

7.1 平行平板間の流れ

図7.1は，平行な平板間のすきまを粘性流体が完全に層状を成し，左から右に定常で流れている状態（これを層流と呼び，第8章で述べる）を示している．下面を基準として流れの方向にx軸，垂直上方にy軸，紙面と垂直にz軸をとると，この流れ場は，z軸方向の平行平板の幅bを単位幅，すなわち$b=1$とする二次元流れで表される．まず，同図中の右端にあるような，辺がdx，dyの矩形状の微小な流体要素について力の釣り合いを考え，速度分布を求めてみよう．粘性流れでは，慣性力が無視できるので，流体要素には圧力pとせん断応力τのみが働き，x軸方向に関する力の釣り合いを見れば，以下の式が得られる．

$$pdy-\left(p+\frac{\partial p}{\partial x}dx\right)dy+\left(\tau+\frac{\partial \tau}{\partial y}dy\right)dx-\tau dx=0 \tag{7.1}$$

上式を整理すると，x軸方向に対する圧力pのこう配と，y軸方向に対するせん断応力τのこう配は等しく，

$$\frac{dp}{dx}=\frac{d\tau}{dy} \tag{7.2}$$

となる．ここに，y軸方向の平行平板間の距離hが，x軸方向の平板長さに比較して十分に短いすきまの場合には，圧力pはx軸方向のみの関数，せん断応力τはy軸方向のみの関数であるとみなせるので，式(7.1)での偏微分記号は常微分記号で表されている．式(1.25)に示したニュートンの粘性法則を式(7.2)に代入して，yに関して2回積分すると，速度uは，

$$u=\frac{1}{2\mu}\frac{dp}{dx}y^2+C_1y+C_2 \tag{7.3}$$

となる．両平板とも固定され，流体と平板壁面との間に滑りが無いとするならば，境界条件は$y=0$および$y=h$で$u=0$であるから，2つの積分定数は$C_1=\{1/(2\mu)\}(-dp/dx)h$，$C_2=0$と求まる．よって，同図に示す放物線の**速度分布**は次式で表され，このような流れを**二次元ポアズイユ流れ**という．

$$u=\frac{1}{2\mu}\left(-\frac{dp}{dx}\right)(h-y)y \tag{7.4}$$

ここで最大速度$u_{\max}$は，上式をyで微分し$du/dy=0$と置けば，その位置は平板間の中心線上の$y=h/2$であり，

$$u_{\max}=u\Big]_{y=\frac{h}{2}}=\frac{1}{8\mu}\left(-\frac{dp}{dx}\right)h^2 \tag{7.5}$$

が得られる．一方，平行平板間を通過する単位幅当たりの流量Q[m^2/s]は，式(7.4)の速度uを$y=0$から$y=h$までyに関して定積分すれば，次式のとおりとなる．

$$Q=\int_0^h udy=\frac{1}{12\mu}\left(-\frac{dp}{dx}\right)h^3 \tag{7.6}$$

平行平板間の平均流速 v は，次式のように最大速度 $u_{\max}$ の 2/3 になることが式 (7.5) と対比するとわかる．

$$v=\frac{Q}{h}=\frac{1}{12\mu}\left(-\frac{dp}{dx}\right)h^2=\frac{2}{3}u_{\max} \tag{7.7}$$

式 (7.6) において，流量 Q とすきま h は一定であり，**圧力こう配** dp/dx は，一般には図7.2 に示すとおり，流れ方向の x 軸に沿って直線的に減少するので，一定の負の値をもつ．したがって，流れ方向の平板の長さ l に対して Δp の**圧力降下**があるとすれば，

$$-\frac{dp}{dx}=\frac{\Delta p}{l} \tag{7.8}$$

の関係で与えられる．平行平板の幅を b として，上式を用いて式 (7.6) を書き改めると，流量の式がつぎのとおり得られる．

$$Q=\frac{b\Delta p}{12\mu l}h^3 \tag{7.9}$$

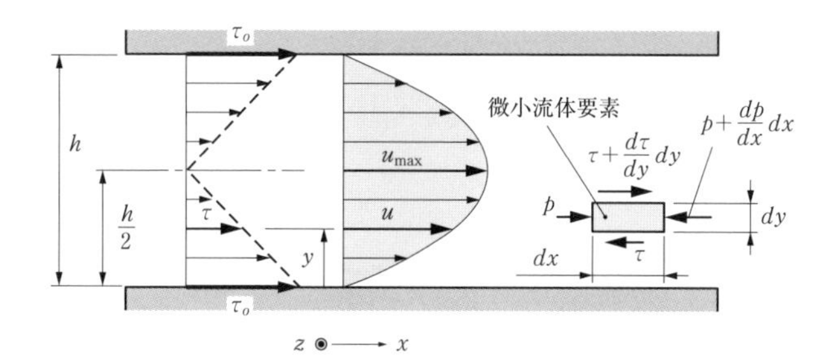

図7.1 平行平板間の流れ（二次元ポアズイユ流れ）

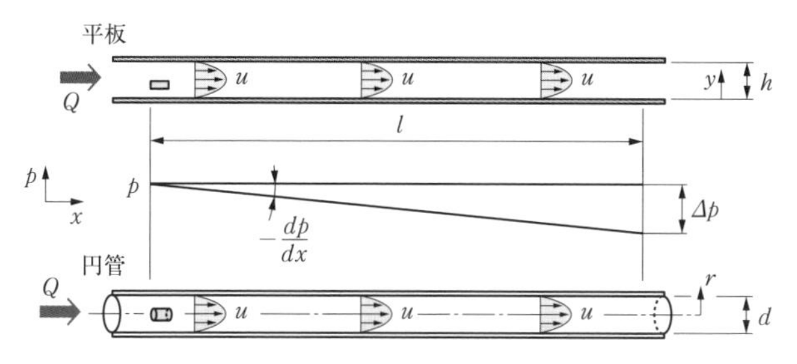

図7.2 平行平板間と円管路内の圧力こう配

このように平行平板を流れる体積流量 $Q[\mathrm{m^3/s}]$ は，平板の幅 b，圧力降下 Δp，流体の粘度 μ，平板の長さ l に比例および反比例し，平板間の距離 h の 3 乗に比例することになる．

つぎに，流体相互や，流体と平板壁面に働くせん断応力について考えよう．流れは平板間の中央 $y=h/2$ で上下軸対称であるので，せん断応力 τ は，式 (7.4) を y で微分して，式 (1.25)，(7.8) を用いれば，$0 \leqq y \leqq h$ の範囲において，

$$\tau=\mu\frac{du}{dy}=\frac{\Delta p}{2l}|h-2y| \tag{7.10}$$

で与えられる．図 7.1 に破線で示すように，せん断応力 τ の変化は直線で表され，平板間の中央 $y=h/2$ で，せん断応力は $\tau=0$ となる．平板壁面に接する $y=0$ および $y=h$ でのせん断応力 τ_o は，**壁面せん断応力**と呼ばれ，次式のように最大値をとる．

$$\tau_o=\tau]_{y=0}=\tau]_{y=h}=\frac{\Delta p}{2l}h \tag{7.11}$$

7.2 上板が移動する平板間の流れ

図7.3 に示すように下板が固定され，上板が x 軸の正方向に速度 $u=+U$ で移動しているとき，平行平板間の速度分布を表す式 (7.3) において，境界条件は $y=0$ で $u=0$，$y=h$ で $u=+U$ であるので，平板間の速度 u は，

$$u=\frac{1}{2\mu}\left(-\frac{dp}{dx}\right)(h-y)y+\frac{U}{h}y \tag{7.12}$$

となる．上式において，$dp/dx=\mathrm{const.}$ であるから，$dQ=udy$ を $y=0$ から $y=h$ まで定積分すると，

$$Q=\int_0^h udy=\frac{1}{12\mu}\left(-\frac{dp}{dx}\right)h^3+\frac{U}{2}h \tag{7.13}$$

であり，式 (7.8) を用いて上式の $-dp/dx$ を置き換えると，幅 b の平行平板間の体積流量 Q は，

$$Q=b\left(\frac{\Delta p}{12\mu l}h^3+\frac{U}{2}h\right) \tag{7.14}$$

のように得られる．ここで，$U=0$ と置けば，上下板が両方とも固定されている場合の式 (7.9) となる．式 (7.9) や式 (7.14) は，すきま内の漏れ流量を見積もるときに用いられる基礎式である．式 (7.12) において，右辺の第 1 項は式 (7.4) で表した二次元ポアズイユ流れであり，第 2 項は式 (1.22) で表したクエット流れである．すなわち，この流れは，同図(a) に破線と細線で示すように，圧力こう配によって生じる二次元ポアズイユ流れ（速度 u_1）と，壁面の移動によるクエット流れ（速度 u_2）を合成し重ね合わせたもの（速度 $u=u_1+u_2$）である．

また，この速度分布の式 (7.12) を無次元化して表すと，

$$\overline{u} = \overline{p'}(1-\overline{y})\overline{y} + \overline{y} \tag{7.15}$$

となる．ここに，$\overline{u}$，$\overline{y}$，$\overline{p'}$ は，それぞれ無次元速度，無次元距離，無次元圧力こう配で次式のとおり表される．

$$\overline{u} = \frac{u}{U}, \qquad \overline{y} = \frac{y}{h}, \qquad \overline{p'} = \left(-\frac{dp}{dx}\right)\frac{h^2}{2\mu U} \tag{7.16}$$

同図(b)は，横軸に無次元速度 $\overline{u}$ を，縦軸に無次元距離 $\overline{y}$ をとり，式(7.15)の関係を図示している．これより，無次元圧力こう配の値を $\overline{p'} = -3 \sim +3$ に変化させると，無次元速度分布が大きく変わることがわかる．前述したように通常の流れでは，圧力 p は x 軸方向に対して減少し $\overline{p'} > 0$ $(dp/dx < 0)$ であるので，速度分布は右側に凸の形状となる．これに対して，$\overline{p'} < 0$ $(dp/dx > 0)$ の条件においては，左側に凸の形状に変わる．その際，$\overline{p'} < -1$ では，固定板の付近において，$\overline{u} < 0$ の速度分布となり逆流領域が生じている．

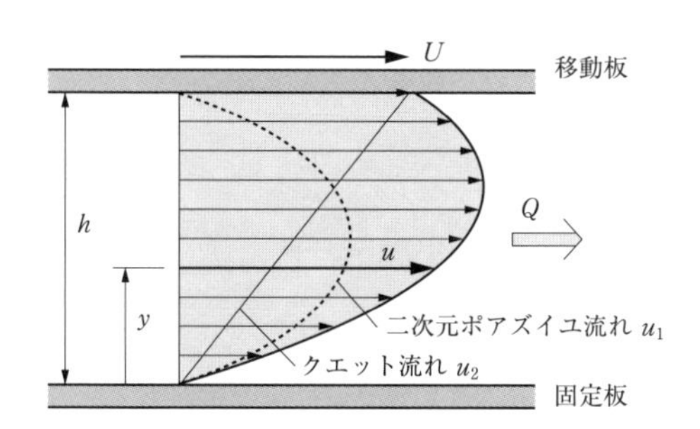

(a) 二次元ポアズイユ流れとクエット流れの合成

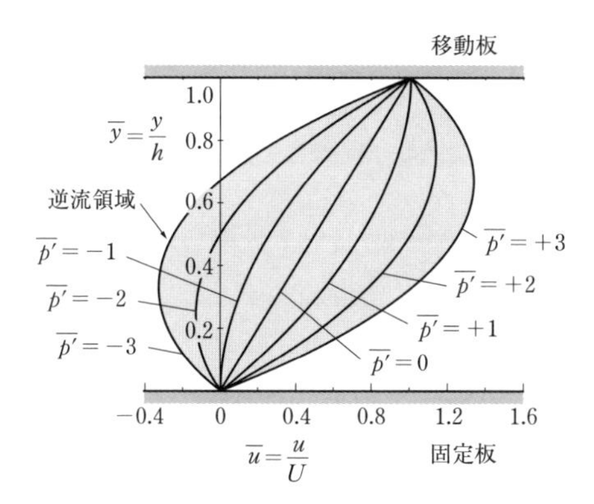

(b) 無次元圧力こう配 $\overline{p'}$ の変化に対する無次元速度分布 $\overline{u}$

図7.3　上板が速度 U で動く平板間の粘性流れ

7.3 同心環状すきまの流れ

図7.4 (a) のように半径 r のピストン外面と半径 R のシリンダ内面で構成される同心環状の狭いすきまがあり，このすきま h に粘度 μ の液体が左から右へ流れている．図7.4 (b) に示す円環状の狭いすきま h は，ピストンやシリンダの半径に比べて $h \ll r$，$h \ll R$ であるから，図7.4 (c) に示すように平面に引き伸ばせば，幅 b が $2\pi R(\fallingdotseq 2\pi r)$ の二次元ポアズイユ流れで近似できる．したがって，式 (7.9) の幅を $b=2\pi R$ に置き換えると同心の環状すきまを流れる流量 Q は，

$$Q=\frac{\pi R\Delta p}{6\mu l}h^3 \tag{7.17}$$

となる．

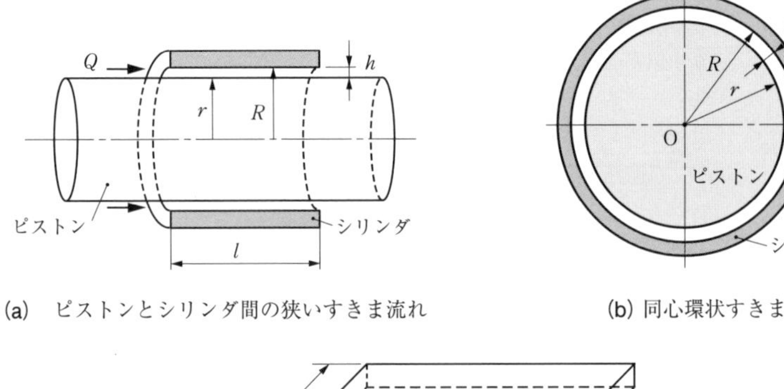

(a)　ピストンとシリンダ間の狭いすきま流れ　　(b) 同心環状すきま

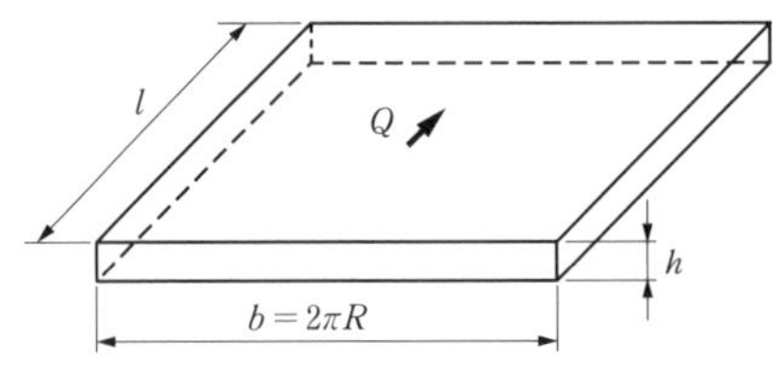

(c) 同心環状すきまの展開図

図7.4　同心環状すきまの流れ

7.4 偏心環状すきまの流れ

図7.5 (a) に示すように，半径 r のピストンが半径 R のシリンダに対して $e=\overline{\mathrm{O_R O_r}}$ だけ偏心して置かれている．環状すきま h_θ は，角度 θ によって変化し，図7.5 (b) に見るように $R=\overline{\mathrm{O_R P_R}}$，$r=\overline{\mathrm{O_r P_r}}$ であるので幾何学的な関係から，

$$h_\theta = R - r\cos\alpha - e\cos\theta \tag{7.18}$$

となる．同図中の角度 α は $r \gg e$ のとき $\alpha \fallingdotseq 0$ であり，$\cos\alpha \fallingdotseq 1$ となる．よって，平均すきま $h=R-r$ を用いれば，偏心環状すきま h_θ は，角度 θ の関数として，

$$h_\theta = h - e\cos\theta \tag{7.19}$$

で表される．この偏心環状すきま h_θ は，$\theta=0$ で切断し展開すると，**図7.5 (c)** のような形状になる．このような流れ場に二次元ポアズイユ流れの式 (7.4) および式 (7.8) を適用すると，角度 θ でピストン内壁から高さ y に置かれた微小流体要素（辺が $Rd\theta$，dy の矩形断面）を通る速度 u は次式で与えられる．

$$u = \frac{1}{2\mu}\frac{\Delta p}{l}(h_\theta - y)y \tag{7.20}$$

式 (7.19)，(7.20) より，速度 u は，角度 θ と高さ y の関数になり，微小流体要素を流れる流量は $dQ=(Rd\theta\cdot dy)u$ であるから，体積流量 Q は二重積分を用いて，

$$Q = \int_0^{2\pi}\int_0^{h_\theta} Rudyd\theta \tag{7.21}$$

で表せる．式 (7.19)，(7.20) を用いて上式を y に関して積分すれば，

$$Q = \frac{R\Delta p}{12\mu l}\int_0^{2\pi}(h - e\cos\theta)^3\, d\theta \tag{7.22}$$

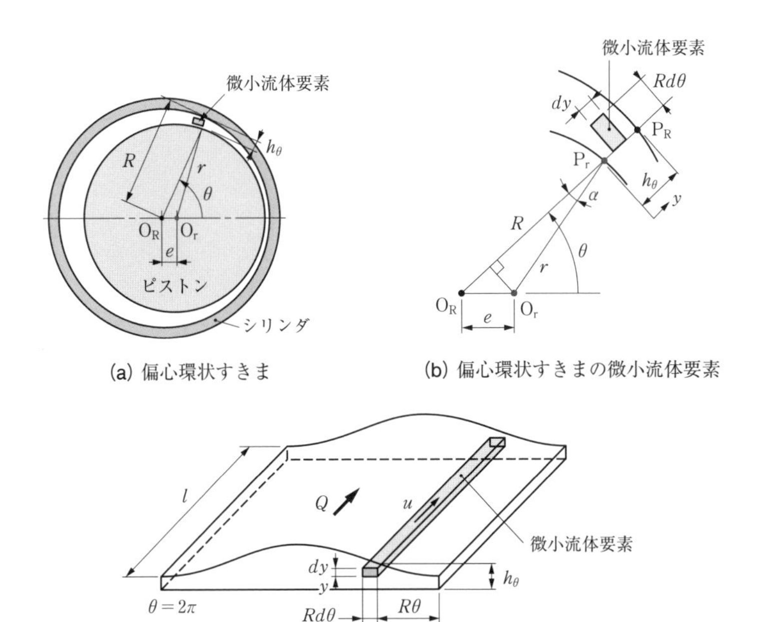

図7.5 偏心環状すきまの流れ

となる．ここで，以下の積分公式を用い，

$$\left.\begin{aligned}\int_0^{2\pi}\cos^2\theta d\theta &= \left[\frac{\theta}{2}+\frac{1}{4}\sin 2\theta\right]_0^{2\pi} = \pi \\ \int_0^{2\pi}\cos^3\theta d\theta &= \left[\frac{\sin 3\theta}{12}+\frac{3}{4}\sin\theta\right]_0^{2\pi} = 0\end{aligned}\right\} \tag{7.23}$$

式 (7.22) を積分計算すると，

$$Q=\frac{\pi R\Delta p}{6\mu l}h^3\left\{1+\frac{3}{2}\left(\frac{e}{h}\right)^2\right\} \tag{7.24}$$

が導かれる．最大に偏心した $e=h$ のとき，同心すきまの状態での式 (7.17) と比較すると，2.5 倍の流量が流れることになる．

7.5 円管路内の流れ

図7.6 に示す断面積が一定で真っ直ぐな内径 d（内半径 $r_o=d/2$）の円管路内の流れについて考えよう．この流れは，平行平板間の流れと同様に管路入口端での影響を受けずに層状を成し（層流），中心軸に対称な定常流であるとする．まず，同図中にあるような円管路と同心上に中心軸をもつ半径 r，長さ dx の微小な円柱状の流体要素を考える．微小流体要素の左右断面には，それぞれ p, $p+(dp/dx)dx$ の圧力が，外周面には，せん断応力 τ が働くので，力の釣り合いは，

$$\pi r^2 p-\pi r^2\left(p+\frac{dp}{dx}dx\right)-(2\pi r dx)\tau=0 \tag{7.25}$$

となり，せん断応力 τ は，次式のように得られる．

$$\tau=\frac{1}{2}\left(-\frac{dp}{dx}\right)r \tag{7.26}$$

せん断応力は，式 (1.25) のニュートンの粘性法則において $\tau=\mu(du/dy)$ で与えられているが，同図中に示すように，x 軸からの半径方向 r と円管内壁面からとった y 軸方向とには $y=r_o-r$ の関係があるので，

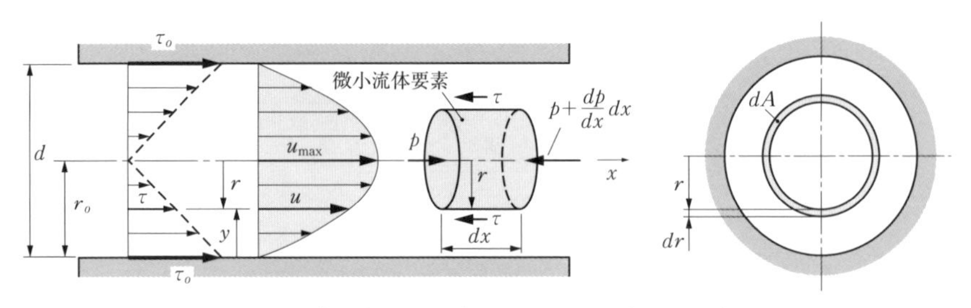

図7.6　円管路内の流れ（ハーゲン・ポアズイユ流れ）

$$\tau = -\mu\frac{du}{dr} \tag{7.27}$$

と表される．式 (7.26) と式 (7.27) を等しく置くと，速度こう配は，

$$\frac{du}{dr} = -\frac{1}{2\mu}\left(-\frac{dp}{dx}\right)r \tag{7.28}$$

となり，上式を r で積分し，管壁面 $r = r_o$ で速度 $u = 0$ の境界条件を用いると，速度分布は次式で表され，回転放物体の形状となる．

$$u = \frac{1}{4\mu}\left(-\frac{dp}{dx}\right)({r_o}^2 - r^2) \tag{7.29}$$

最大速度 $u_{\max}$ は，$du/dr = 0$ の位置で起こり，これは式 (7.28) からわかるように管路の中心線上 $r = 0$ であるので，式 (7.29) より，

$$u_{\max} = u]_{r=0} = \frac{1}{4\mu}\left(-\frac{dp}{dx}\right){r_o}^2 \tag{7.30}$$

となる．

つぎに，円管路内を流れる流量 Q について考えよう．同図中の右側に管路断面図として示すとおり，微小な円環状の面積 $dA = (2\pi r)dr$ を通る流量 dQ は，

$$dQ = dA \cdot u = 2\pi r dr \cdot u \tag{7.31}$$

である．管路全体を通る流量 Q は，式 (7.29) を上式に代入し，$r = 0$ から $r = r_o$ までの範囲で定積分すると，

$$Q = 2\pi\int_0^{r_o} ur dr = \frac{\pi}{8\mu}\left(-\frac{dp}{dx}\right){r_o}^4 \tag{7.32}$$

が得られる．直径 $d = 2r_o$，長さ l の円管を流体が流れることで圧力降下が Δp だけ生じるとすれば，平行平板間の流れ（図 7.1）と同じように，式 (7.8) の関係があるので次式で表される．

$$Q = \frac{\pi\Delta p}{128\mu l}d^4 \tag{7.33}$$

このような円形断面の直管路内の流れを**ハーゲン・ポアズイユ流れ**という．また，式 (7.33) を**ハーゲン・ポアズイユの法則**と呼び，流量 Q は円管の内径 d の 4 乗に比例する．たとえば，式 (7.33) は流体機器において，絞り機構として用いられる**チョーク絞り**の流量式であり，利用価値が高い．また，円管内の平均流速 v は，式 (7.32) より，

$$v=\frac{Q}{\pi r_o{}^2}=\frac{1}{8\mu}\left(-\frac{dp}{dx}\right)r_o{}^2=\frac{1}{2}u_{\max} \tag{7.34}$$

となり，式 (7.30) に示した最大速度 $u_{\max}$ の半分に等しくなる．

最後に，せん断応力について考えよう．式 (7.26) からわかるように $-dp/dx=\text{const}$. であるので，せん断応力 τ は直線的に変化し，図 7.6 のとおり管路の中心線上の $r=0$ において $\tau=0$ となり，管路内壁面 $r=r_o$ で最大値 $\tau=\tau_o$ をもつ．したがって，式 (7.8)，(7.26)，(7.34) を用いれば，壁面せん断応力 τ_o は，$r_o=d/2$ であるから，

$$\tau_o=\tau]_{r=r_o}=\frac{\Delta p}{4l}d=\frac{8\mu v}{d} \tag{7.35}$$

の関係が得られ，次章で用いられる．

7.6 傾斜すきまの流れとジャーナル軸受

第 7.1 節で検討した平行平板間の流れを図7.7 のように傾斜がわずかにあり，上板を固定し下板を右方向に速度 U で移動する場合に適用して考えよう．左端 $x=0$ と右端 $x=l$ のすきまをそれぞれ h_1，h_2 とすれば，両板間のすきま h は，上板の傾斜によって，x 軸方向に微小な角度 $\alpha \fallingdotseq \tan\alpha=(h_1-h_2)/l$ だけ減少し，

$$h=h_1-\alpha x \tag{7.36}$$

となる．したがって，圧力こう配 dp/dx は，平行平板間のように一定ではなく，x 軸方向で変化するので，式 (7.13) を変形すると，

$$\frac{dp}{dx}=6\mu U\left(\frac{1}{h^2}-\frac{2Q}{Uh^3}\right) \tag{7.37}$$

で与えられる．式 (7.36) を式 (7.37) に代入して x について積分すると，

$$p=\frac{6\mu U}{\alpha(h_1-\alpha x)}-\frac{6\mu Q}{\alpha(h_1-\alpha x)^2}+C \tag{7.38}$$

が得られる．ここに C は積分定数である．

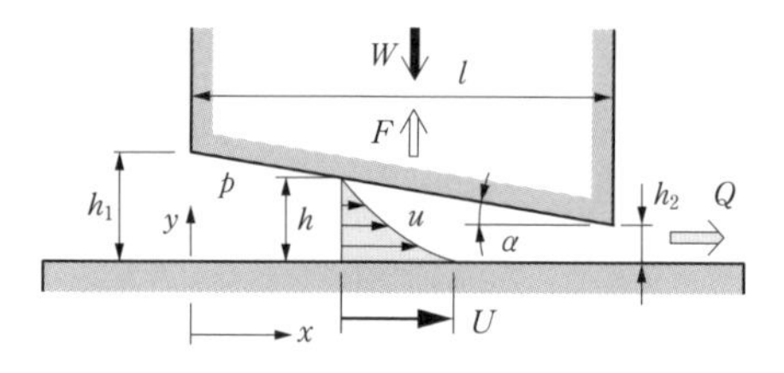

図7.7　傾斜すきまの流れ（滑り軸受）

平板の両端 $x=0$, $x=l$ での圧力をともに大気圧で $p=0$ とすれば，これらの境界条件より単位幅当たりの流量 Q と積分定数 C は，それぞれ次式のように求められる．

$$\left.\begin{aligned} Q&=\frac{h_1 h_2}{h_1+h_2}U \\ C&=-\frac{6\mu U}{\alpha(h_1+h_2)} \end{aligned}\right\} \tag{7.39}$$

上式を式 (7.38) に代入すると，傾斜した二平板間の圧力 p は，

$$p=\frac{6\mu U(h_1-h_2)x(l-x)}{l(h_1+h_2)h^2} \tag{7.40}$$

となる．上式において，

$$\overline{U}=\frac{U}{l},\qquad \overline{x}=\frac{x}{l},\qquad \overline{l}=\frac{l}{h_2},\qquad \overline{h}=\frac{h_1}{h_2} \tag{7.41}$$

のパラメータを用いて整理すると，無次元圧力 $\overline{p}$ は，次式のようになる．

$$\overline{p}=\frac{p}{6\mu\overline{U}\ \overline{l}^{\,2}}=\frac{(\overline{h}-1)(1-\overline{x})\overline{x}}{(\overline{h}+1)\{\overline{h}-\overline{x}(\overline{h}-1)\}^2} \tag{7.42}$$

上式をもとに，すきま比 $\overline{h}$ を変化させ無次元距離 $\overline{x}$ に対して無次元圧力 $\overline{p}$ を図示すると**図7.8** になる．式 (7.42) からわかるように，すきま比が $\overline{h}>1$ の条件では無次元圧力は $\overline{p}>0$ であるから，下板が固定されているならば上板を持ち上げる力 F が働く．この単位長さ当たりの圧力による力 F は，上板部にかかる荷重 W を支えることができるので**負荷容量**と呼ばれ，式 (7.40) の圧力 p を $x=0$ から $x=l$ まで定積分すれば，

$$F=\int_0^l p\,dx=\frac{6\mu U\overline{l}^{\,2}}{(\overline{h}-1)^2}\left(\ln\overline{h}-2\frac{\overline{h}-1}{\overline{h}+1}\right) \tag{7.43}$$

となり，$\overline{h}=h_1/h_2=1$ のとき負荷容量は当然ながら $F=0$ となる．この負荷容量 F を $6\mu U\overline{l}^{\,2}$ で除した無次元負荷容量 $\overline{F}$ の値は，すきま比 $\overline{h}$ に対して**図7.9** のように表され，同図から明らかなように，すきま比を $\overline{h}=2.2$ の近傍に定めれば最大の負荷を支えられる．

このように，互いの面を傾斜させ相対的な速度を与えることで，くさび状のすきまに流体を引きずり込み，圧力を上昇させて荷重を支える機構を**滑り軸受**という．滑り軸受と同様な原理によって，**図7.10** に示すように円柱状の回転軸（中心 O）と軸受（中心 O′）の間に潤滑油の膜である**油膜**を形成させて軸を浮き上がらせ，回転摩擦抵抗の低減を図るものを**ジャーナル軸受**と呼ぶ．すなわち，油膜内に発生する圧力分布 p を軸面上で積分すると，負荷容量 F が得られ，軸にかかる荷重 W を支持できる．

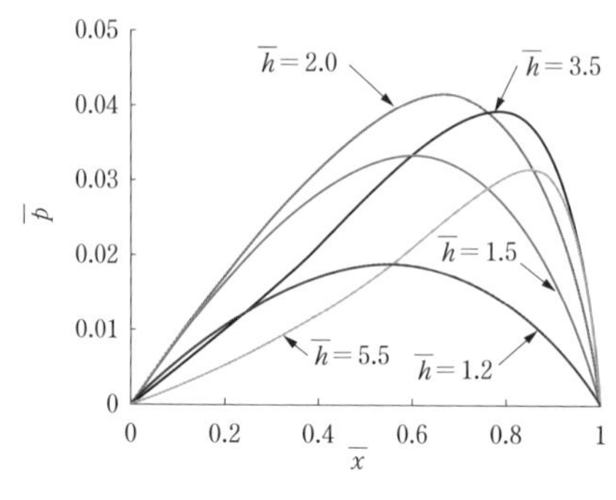

図7.8　無次元圧力分布

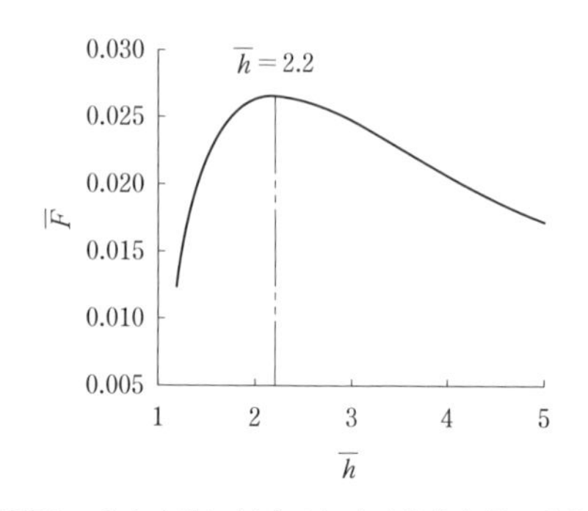

図7.9　すきま比に対する無次元負荷容量の変化

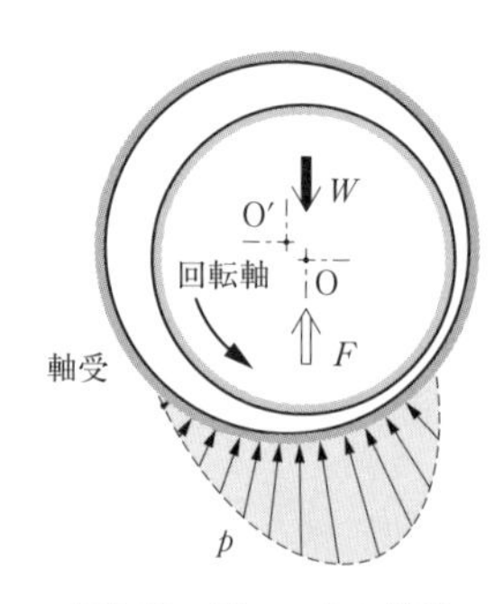

図7.10　ジャーナル軸受

7.7 放射状すきまの流れと静圧軸受

図7.11 に示すような放射状すきま流れを考えよう．流体は中央下部の管路および半径 r_1 のポケット部を経て，平行平板間のすきま h に流入後，速度 u をもつ放射状の流れとなり，大気圧 $p=0$ に開放される．同図において，すきま方向を y，半径方向を r，角度方向を θ とする円柱座標をとり，すきま部に扇型の微小流体要素を考えると，その 6 箇所の表面に働く圧力 p とせん断応力 τ による半径方向の力の釣り合いから，次式が成立する．

$$p(rd\theta\cdot dy)-\left(p+\frac{dp}{dr}dr\right)(r+dr)d\theta\cdot dy+2p\sin\left(\frac{d\theta}{2}\right)dr\cdot dy-\tau(rd\theta\cdot dr)+\left(\tau+\frac{d\tau}{dy}dy\right)(rd\theta\cdot dr)=0 \tag{7.44}$$

上式において，$\sin(d\theta/2)\fallingdotseq d\theta/2$ で近似し，微小項を無視して整理すれば，

$$\frac{d\tau}{dy}=\frac{dp}{dr} \tag{7.45}$$

が得られる．平行平板間のすきま流れと同じように，式 (1.25) と境界条件 $y=0$，$y=h$ で $u=0$ を用いると，半径方向の速度 u は，

$$u=\frac{1}{2\mu}\left(-\frac{dp}{dr}\right)(h-y)y \tag{7.46}$$

のように求められる．この速度 u を用い，半径 r の位置での微小流量 $dQ=(2\pi r dy)u$ について $y=0$ から $y=h$ まで定積分すれば，放射状に流れる流量 Q は，次式で表される．

$$Q=\int_{o}^{h}(2\pi r)udy=\frac{\pi r}{6\mu}\left(-\frac{dp}{dr}\right)h^3 \tag{7.47}$$

定常流では，2 つの円板間で流量 Q は一定であるから，式 (7.47) を変数分離して，半径 r_1，r での圧力をそれぞれ p_1，p とおいて定積分すると以下のとおりとなる．

$$\int_{r_1}^{r}\frac{dr}{r}=-\frac{\pi h^3}{6\mu Q}\int_{p_1}^{p}dp$$

$$\therefore\quad \ln\left(\frac{r}{r_1}\right)=\frac{\pi h^3}{6\mu Q}(p_1-p) \tag{7.48}$$

また，中央のポケット部からすきま部を通り外周に流れ出る流量 Q は，上式で $r=r_2$，$p=0$ と置けば，

$$Q=\frac{\pi h^3}{6\mu}\frac{p_1}{\ln(r_2/r_1)} \tag{7.49}$$

のように与えられる．したがって，放射状すきまの圧力 p は，式 (7.48)，(7.49) より，半径 r が $r_1 \leqq r \leqq r_2$ の範囲において，

$$p=p_1\left\{1-\frac{\ln(r/r_1)}{\ln(r_2/r_1)}\right\} \tag{7.50}$$

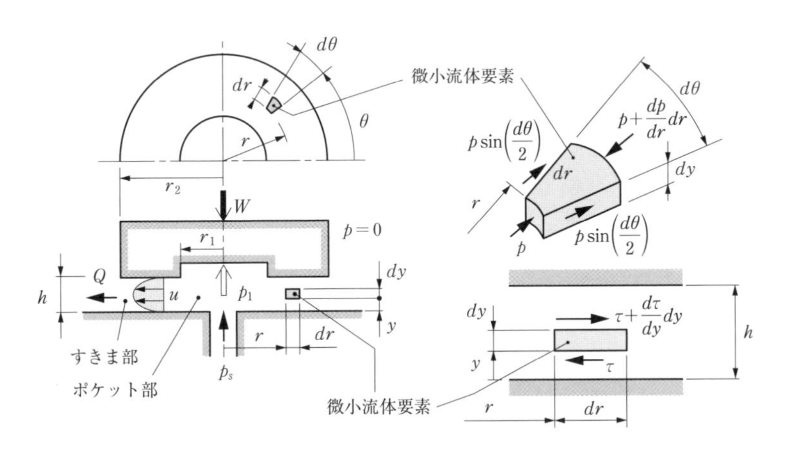

図7.11　放射状すきまの流れ（静圧軸受）

であり，$0 \leqq r \leqq r_1$ では，$p = p_1$ である．上式の圧力分布から負荷容量 F は，部分積分を用いれば，次式のように計算できる．

$$F = \pi r_1{}^2 p_1 + \int_{r_1}^{r_2} 2\pi r p dr = \frac{\pi(r_2{}^2 - r_1{}^2)}{2\ln(r_2/r_1)} p_1 \tag{7.51}$$

静圧軸受とは，この負荷容量を利用したものであり，滑り軸受と異なり，外部から供給された高い圧力 p_s の流体を二枚の平板のすきまに導入して，荷重 W を支えて互いの面の接触を防ぐ機構をいう．ここでは，一定の流量 Q が供給されるとして，静圧軸受の原理について簡単に説明する．式 (7.49) と式 (7.51) から p_1 を消去すると，

$$F = \frac{3\mu(r_2{}^2 - r_1{}^2)}{h^3} Q \tag{7.52}$$

となり，荷重 W の増加で上板が下降し，下板とのすきま h が小さくなろうとすると，式 (7.49)，(7.52) からわかるように，ポケット部の圧力 p_1 と負荷容量 F が増大する．他方，荷重 W が減少して，すきま h が大きくなろうとすると，ポケット部の圧力 p_1 と負荷容量 F が減少する．静圧軸受には，このように流量を一定に制御する方法のほかに，一定の圧力源とポケット部の間にオリフィスやチョークの絞り機構を設け，ポケット部の圧力 p_1 を調整する方法がある．

演習問題　第7章　粘性流体の内部流れ

問 7-1　基礎★★☆

二次元ポアズイユ流れの速度分布（図 7.1）において，速度 u が平均速度 v と等しくなる y 座標を求めよ．ただし，平行平板間のすきまは h とし，y 座標の原点は下面を基準とする．

式 (7.4), (7.7) において $u=v$ と置けば，以下の y に関する二次方程式が得られる．

$$y^2-hy+\frac{h^2}{6}=0$$

上式に対して解の公式より，y 座標は，

$$y=\frac{-(-h)\pm\sqrt{h^2-4\times(h^2/6)}}{2}=\underline{\left(1\pm\frac{1}{\sqrt{3}}\right)\frac{h}{2}}$$

のとおり得られる．

問 7-2　発展★★★

図7.12 に示すように下流方向にわずかな角度 α で狭まる傾斜二平板間のすきま流れがある．すきま内を流れる流量 Q および圧力 p は，それぞれ次式で表されることを示せ．ただし，両平面は固定され，上下流側圧力は p_1，p_2，上下流のすきまは h_1，h_2 とする．

$$Q=\frac{(h_1 h_2)^2}{6\mu l(h_1+h_2)}(p_1-p_2) \tag{7.53}$$

$$p=p_1-\frac{(h_1/h)^2-1}{(h_1/h_2)^2-1}(p_1-p_2) \tag{7.54}$$

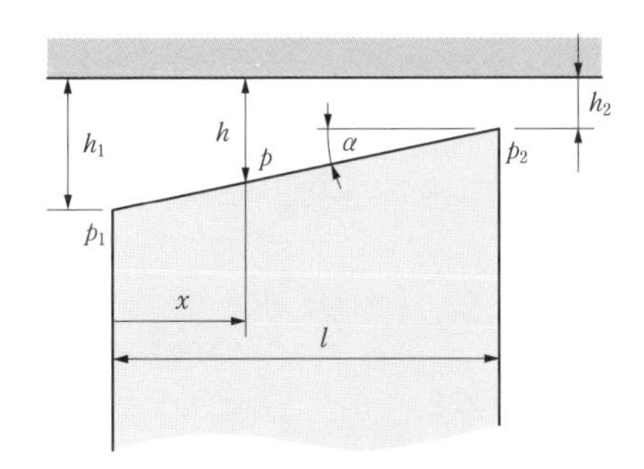

図7.12　傾斜二平面間のすきま流れ

 このような二次元ポアズイユ流れでは圧力こう配 dp/dx は，式 (7.6) より，

$$\frac{dp}{dx}=-\frac{12\mu Q}{h^3}$$

であり，すきま h は $h=h_1-\alpha x$ であるので，変数分離して積分すると，

$$p=-12\mu Q\int(h_1-\alpha x)^{-3}dx=-\frac{-12\mu Q}{-2\alpha}\frac{1}{(h_1-\alpha x)^2}+C$$

である．傾斜角度 α は，

$$\alpha=\frac{h_1-h_2}{l}$$

であるから，

$$p=-\frac{6\mu Ql}{h_1-h_2}\frac{1}{h^2}+C \qquad \cdots(1)$$

となる．境界条件 $x=0$ で $h=h_1$，$p=p_1$，$x=l$ で $h=h_2$，$p=p_2$ であるから，

$$p_1=-\frac{6\mu Ql}{h_1-h_2}\frac{1}{{h_1}^2}+C \qquad \cdots(2)$$

$$p_2=-\frac{6\mu Ql}{h_1-h_2}\frac{1}{{h_2}^2}+C \qquad \cdots(3)$$

であり，式 (2)，(3) の差をとると，

$$p_1-p_2=-\frac{6\mu Ql}{h_1-h_2}\left(\frac{1}{{h_1}^2}-\frac{1}{{h_2}^2}\right)=-\frac{6\mu Ql}{h_1-h_2}\frac{({h_2}^2-{h_1}^2)}{(h_1h_2)^2}=\frac{6\mu Ql(h_1+h_2)}{(h_1h_2)^2}$$

となる．よって，流量 Q は，

$$\underline{Q=\frac{(h_1h_2)^2}{6\mu l(h_1+h_2)}(p_1-p_2)}$$

のようになり，与式が得られる．一方，式 (2) より積分定数 C は，

$$C=p_1+\frac{6\mu Ql}{h_1-h_2}\frac{1}{{h_1}^2} \qquad \cdots(4)$$

であるから，式 (4) を式 (1) に代入すると，

$$p=-\frac{6\mu Ql}{h_1-h_2}\left(\frac{1}{h^2}-\frac{1}{{h_1}^2}\right)+p_1=-\frac{6\mu Ql}{h_1-h_2}\frac{{h_1}^2-h^2}{(hh_1)^2}+p_1$$

となり，上式に与式 (7.53) を代入すれば，圧力 p は，

$$p = p_1 - \frac{6\mu l}{h_1 - h_2}\frac{h_1{}^2 - h^2}{(hh_1)^2}\frac{(h_1 h_2)^2}{6\mu l(h_1 + h_2)}(p_1 - p_2) = \underline{p_1 - \frac{(h_1/h)^2 - 1}{(h_1/h_2)^2 - 1}(p_1 - p_2)}$$

となり，与式が得られる．

問 7-3 発展★★☆

図7.13 のように，断面が正方形状の流路の中央に辺の長さが $a = 8$ cm の立方体が置かれ，両者間のすきま h を粘度 $\mu = 1.08 \times 10^{-3}$ Pa･s のエチルアルコールが流量 $Q = 3$ L/min で流れている．上下流の圧力降下を $\varDelta p = p_h - p_l = 100$ kPa 以下にするためには，すきまの寸法 h はどのように設計すればよいか．ただし，すきまは均等とし，四隅部での諸損失は無視できるものとする．

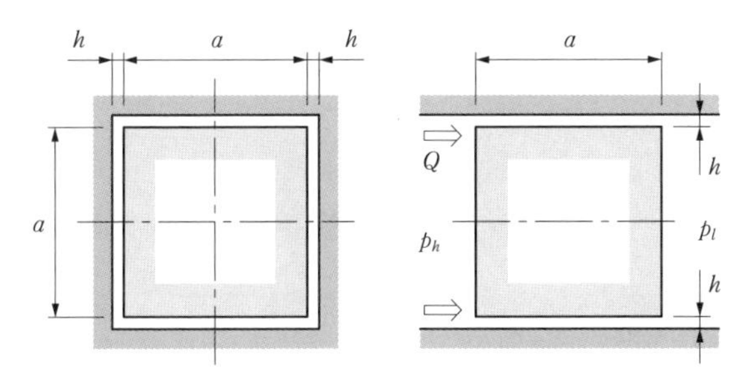

図7.13 正方形断面の管路と立方体間のすきま流れ（左図：正面図，右図：側面図）

立方体と矩形管路間の 4 平面のすきま流れは，平行平板間の二次元ポアズイユ流れと考えることができるので，式 (7.9) において $l = a$，$b = 4a$ と置けば，すきま h は，

$$h = \sqrt[3]{\frac{12\mu l}{b\varDelta p}Q} = \sqrt[3]{\frac{12\mu a}{4a\varDelta p}Q} = \sqrt[3]{\frac{12 \times (1.08 \times 10^{-3})}{4 \times (100 \times 10^3)} \times \frac{3 \times 10^{-3}}{60}} = 1.17 \times 10^{-4} = 0.117 \text{ mm}$$

のとおり得られる．したがって，上下流の圧力降下を $\varDelta p = 100$ kPa 以下にするためには，すきまは $h > 0.117$ mm にする必要がある．

問 7-4 発展★★☆

すきま $h = 3$ mm で幅 $b = 80$ cm の平行平板間を流量 $Q = 60$ L/min の水が流れている．上板が一定速度 $U = 0.4$ m/s で動くとき，$l = 1$ m 当たりの圧力降下 $\varDelta p$ を求めよ．つぎに，すきまを流れる水の最大速度 u_{max}，およびその最大速度 u_{max} が生じる距離 y を求めよ．

 まず，$l=1$ m 当たりの圧力降下 Δp は，式 (7.14) より，

$$\Delta p=\frac{12\mu l}{h^2}\left(\frac{Q}{bh}-\frac{U}{2}\right)=\frac{12\times(1\times10^{-3})\times1}{(3\times10^{-3})^2}\times\left\{\frac{60\times10^{-3}/60}{0.8\times(3\times10^{-3})}-\frac{0.4}{2}\right\}=289=\underline{0.289\ \text{kPa}}$$

となる．一方，平行平板間のすきま h を流れる速度 u は，上板が速度 U で移動するとき，式 (7.12) において式 (7.8) より $-dp/dx=\Delta p/l$ と置けば，

$$u=\frac{1}{2\mu}\left(\frac{\Delta p}{l}\right)(h-y)y+\frac{U}{h}y \qquad\cdots(1)$$

である．下板からの距離 y で式 (1) を微分して零と置くと，

$$\frac{du}{dy}=\frac{1}{2\mu}\left(\frac{\Delta p}{l}\right)(h-2y)+\frac{U}{h}=0$$

となる．よって，$u=u_{\max}$ となる距離 y は，

$$y=\frac{\mu U}{h(\Delta p/l)}+\frac{h}{2} \qquad\cdots(2)$$

のとおり得られる．式 (2) を式 (1) に代入すると，最大速度 $u_{\max}$ は，

$$u_{\max}=\frac{h^2}{8\mu}\left(\frac{\Delta p}{l}\right)+\frac{\mu U^2}{2h^2}\left(\frac{l}{\Delta p}\right)+\frac{U}{2} \qquad\cdots(3)$$

となる．式 (3)，(2) に各数値を代入すれば，最大速度 $u_{\max}$ および下面からの距離 y は，

$$u_{\max}=\frac{(3\times10^{-3})^2\times(0.289\times10^3)}{8\times(1\times10^{-3})\times1}+\frac{(1\times10^{-3})\times0.4^2\times1}{2\times(3\times10^{-3})^2\times(0.289\times10^3)}+\frac{0.4}{2}=\underline{0.556\ \text{m/s}}$$

$$y=\frac{\mu U}{h(\Delta p/l)}+\frac{h}{2}=\frac{(1\times10^{-3})\times0.4}{(3\times10^{-3})\times(0.289\times10^3)/1}+\frac{3\times10^{-3}}{2}=1.96\times10^{-3}=\underline{1.96\ \text{mm}}$$

となる．

問 7-5　応用★★☆

図7.14 は，**油圧モータ**内で扇形状のロータ外周面（軸の中心角度 $\theta=45°$）がステータの固定内周面に沿って動いている様子を示している．ロータが軸を中心として一定の角速度 $\omega=30$ rad/s で反時計回りに動くとき，ロータとステータ間のすきまを漏れる油の流量 Q を [mL/min] の単位で求めよ．ただし，油の密度は $\rho=860$ kg/m^3，油の動粘度は $\nu=15$ mm^2/s，ロータの半径は $R=40$ mm，幅は $b=35$ mm，ステータとのすきまは $h=25$ μm，そのすきまの左右にある高圧室と低圧室の油圧は，それぞれ $p_h=7$ MPa，$p_l=0.5$ MPa とする．

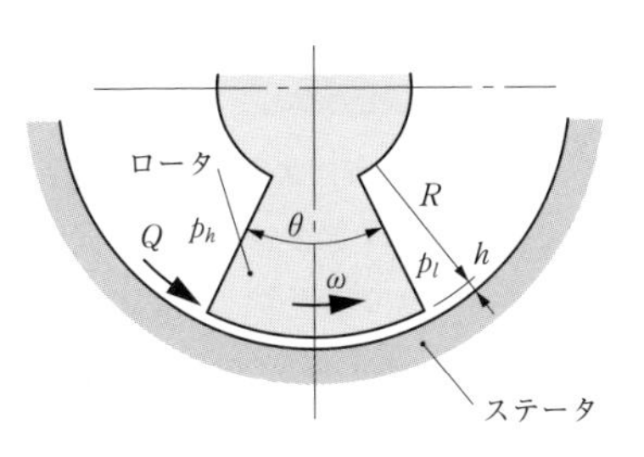

図7.14 ロータとステータ間のすきま流れ（奥行き方向の幅 b）

すきまの流路は，円弧面になっているが，片面が動く平行すきま内の流れで近似できる．ロータとステータ間の流路長さ l およびロータの周速度 U は，それぞれ，

$$l=\frac{\pi R}{4}=\frac{3.14\times(40\times10^{-3})}{4}=3.14\times10^{-2}\ \mathrm{m}$$

$$U=R\omega=(40\times10^{-3})\times30=1.2\ \mathrm{m/s}$$

となる．また，粘度 μ は式 (1.26) より，

$$\mu=\rho\nu=860\times(15\times10^{-6})=1.29\times10^{-2}\ \mathrm{Pa\cdot s}$$

である．流量 Q は，ロータが反時計回りするので，式 (7.14) を用いると，

$$Q=b\left(\frac{\Delta p}{12\mu l}h^3+\frac{U}{2}h\right)$$

$$=(35\times10^{-3})\times\left\{\frac{(7-0.5)\times10^6}{12\times(1.29\times10^{-2})\times(3.14\times10^{-2})}\times(25\times10^{-6})^3+\frac{1.2}{2}\times(25\times10^{-6})\right\}$$

$$=1.26\times10^{-6}\ \mathrm{m^3/s}$$

となる．流量の単位を [mL/min] に変換すると，

$$Q=(1.26\times10^{-6})\times10^6\times60=\underline{75.6\ \mathrm{mL/min}}$$

となる．

問 7-6

図7.15のように，外径 $d_p = 49.98$ mm のピストンが内径 $d_c = 50.00$ mm のシリンダの中に $e = 5$ μm だけ偏心した状態で置かれ，すきまの間を粘度 $\mu = 13.1$ mPa･s の油が漏れている．この漏れ流量 Q を [mL/min] の単位で求めよ．また，ピストンとシリンダを同心としたとき， 漏れの減少量 ΔQ[mL/min] はどれだけか．ただし，すきまの長さは $l = 40$ mm，圧力差は $\Delta p = 21$ MPa とする．

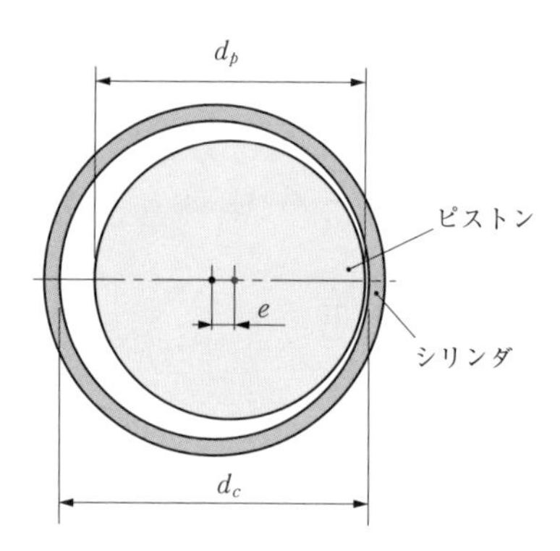

図7.15 ピストンとシリンダとのすきま（奥行き方向の長さ l）

ピストンとシリンダ間のすきま h は，

$$h = \frac{d_c - d_p}{2} = \frac{50.00 - 49.98}{2} = 0.01 \text{ mm} = 10 \text{ μm}$$

である．したがって，式 (7.24) より，

$$Q = \frac{\pi R \Delta p}{6\mu l} h^3 \left\{1 + \frac{3}{2}\left(\frac{e}{h}\right)^2\right\} = \frac{3.14 \times 0.025 \times (21 \times 10^6)}{6 \times (13.1 \times 10^{-3}) \times 0.04} \times (10 \times 10^{-6})^3 \times \left\{1 + \frac{3}{2} \times \left(\frac{5 \times 10^{-6}}{10 \times 10^{-6}}\right)^2\right\}$$

$$= 0.721 \times 10^{-6} \text{ m}^3/\text{s} = \underline{43.3 \text{ mL/min}}$$

が得られる．上式において，同心の場合には，$e = 0$ であるから，

$$Q_o = \frac{\pi R \Delta p}{6\mu l} h^3 = \frac{3.14 \times 0.025 \times (21 \times 10^6)}{6 \times (13.1 \times 10^{-3}) \times 0.04} \times (10 \times 10^{-6})^3$$

$$= 0.524 \times 10^{-6} \text{ m}^3/\text{s} = 31.4 \text{ mL/min}$$

となり，漏れの減少量 ΔQ は，

$$\Delta Q = Q - Q_o = 43.3 - 31.4 = \underline{11.9 \text{ mL/min}}$$

である．

問 7-7　応用★☆☆

層流形流量計とは，細い管を流れる流量と圧力差には比例関係があるというハーゲン・ポアズイユの法則を利用したものである．直径 $d = 0.5$ mm，長さ $l = 600$ mm の層流形流量計に空気が流れている．管路両端での圧力差を水銀の入ったU字管マノメータで測定したら読みが $h = 120$ mm であった．このときの流量 Q を [mL/min] の単位で求めよ．ただし，空気の粘度は $\mu = 1.81 \times 10^{-5}$ Pa･s である．

U字管水銀マノメータの読み h から圧力差 Δp は，水銀の密度 ρ_m に比べて空気の密度 ρ を無視すれば，式 (2.21) を用い，

$$\Delta p = (\rho_m - \rho) gh = (13.6 \times 10^3) \times 9.8 \times (120 \times 10^{-3}) = 1.60 \times 10^4 = 16.0 \text{ kPa}$$

となる．ハーゲン・ポアズイユの法則より，式 (7.33) から流量 Q は圧力差 Δp に比例し，数値を代入すると，

$$Q = \frac{\pi d^4}{128 \mu l} \Delta p = \frac{3.14 \times (0.5 \times 10^{-3})^4}{128 \times (1.81 \times 10^{-5}) \times (600 \times 10^{-3})} \times (1.6 \times 10^4) = 2.26 \times 10^{-6} \text{ m}^3/\text{s}$$

$$= \underline{136 \text{ mL/min}}$$

が得られる．

問 7-8　応用★☆☆

細い管路に液体を流し，粘度を測定する方法を細管法と呼び，日本工業規格（JIS Z 8803）で規定されている．細管の内径を $d = 0.5$ mm，長さを $l = 80$ mm とするとき，液体が流れる体積を測定すると5分間で $V = 8$ cc となり，細管の両端の圧力差は $\Delta p = 2$ kPa であった．この液体の粘度 μ を求めよ．ただし，1 Cubic Centimeter は 1 cc = 1 cm^3 = 1 mL である．

流れる体積とその時間から流量は，$Q = V/\Delta t = (8 \times 10^{-6}) / (5 \times 60) = 2.67 \times 10^{-8}$ m^3/s となる．ハーゲン・ポアズイユの式 (7.33) より，この液体の粘度 μ は，

$$\mu = \frac{\pi \Delta p}{128 Q l} d^4 = \frac{3.14 \times (2 \times 10^3)}{128 \times (2.67 \times 10^{-8}) \times (80 \times 10^{-3})} \times (0.5 \times 10^{-3})^4 = \underline{1.44 \times 10^{-3} \text{ Pa・s}}$$

のように計測される．

第7章 粘性流体の内部流れ　演習問題

問 7-9

長さ $l=1.2$ km，直径 $d=80$ mm の真っ直ぐな管路によって，比重 $s=0.9$，動粘度 $\nu=50$ mm^2/s の原油を輸送したい．平均流速を $v=1$ m/s にするとき，圧送するために必要なポンプの圧力 p と動力 P を求めよ．

ハーゲン・ポアズイユ流れの式 (7.33) より，圧力損失 Δp は，

$$\Delta p=\frac{128\mu l}{\pi d^4}Q$$

であり，式 (1.26) より粘度は $\mu=\nu\rho$，連続の式 (4.14) より $Q=(\pi d^2/4)v$ であるので，必要とされるポンプの圧力 p は，この圧力損失 Δp に等しく，

$$p=\frac{128\rho\nu l}{\pi d^4}\frac{\pi d^2}{4}v=\frac{32\rho\nu l}{d^2}v=\frac{32\times(0.9\times10^3)\times(50\times10^{-6})\times(1.2\times10^3)}{0.08^2}\times1$$

$$=2.7\times10^5=\underline{0.27\ \mathrm{MPa}}$$

となる．したがって，必要な流体動力 P は，圧力と流量の積で表されるので，

$$P=pQ=p\left(\frac{\pi d^2}{4}v\right)=(2.7\times10^5)\times\frac{3.14\times0.08^2}{4}\times1=1.36\times10^4\ =\underline{13.6\ \mathrm{kW}}$$

のように得られる．

問 7-10

応用★★★

図7.16 に示すオイルダンパは，ピストンなどに油を充満させ，粘性流体にもとづく減衰を与え運動を妨げるものである．減衰力（流体摩擦力）F はオイルダンパの速度 U に比例し，

$$F=cU \tag{7.55}$$

で与えられる．ここに，c は**粘性減衰係数**と呼ばれている．下記の問 (a)～(c) において，中央の板やピストンが下方向に速度 U で移動するとき，これらの粘性減衰係数 c は，それぞれ以下の式となることを示せ．

(a) 平行平板型（平板の両面すきまを利用）：$c=\dfrac{2\mu A}{h}$ (7.56)

(b) ピストン型（ピストン細孔の層流流れを利用）：$c=\dfrac{8\pi\mu l D^4}{d^4}$ (7.57)

(c) ピストン型（ピストン側面のすきまの層流流れを利用）：$c=\dfrac{3\pi\mu l D^3}{4h^3}$ (7.58)

ただし，μ は油の粘度，h はすきま，A は平板の面積，D はピストンの直径，d は細孔の直径，l はピストンや細孔の長さであり，油の圧縮性の影響は無視できるものとする．

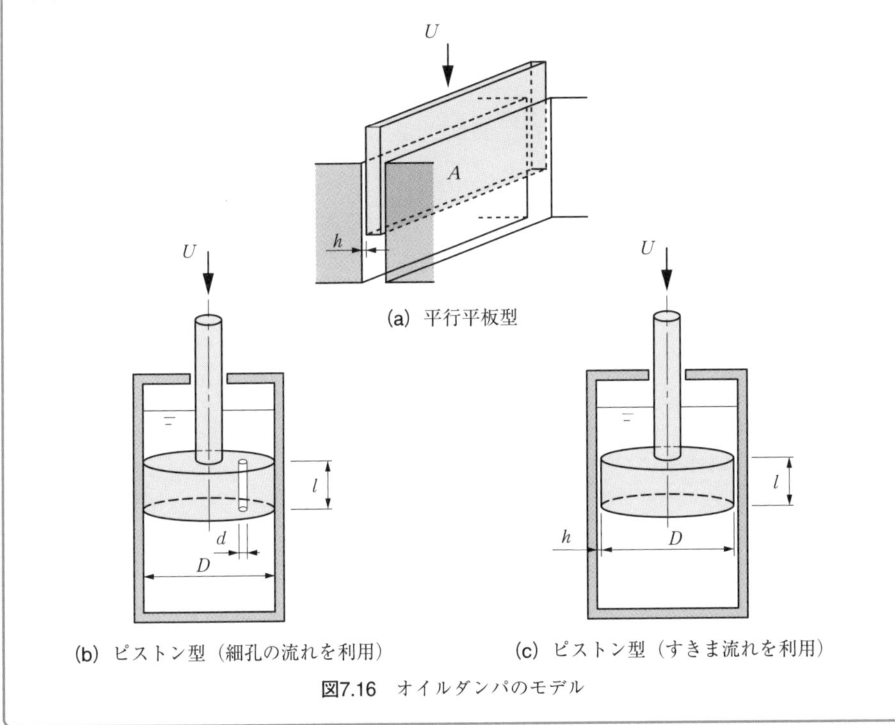

図7.16　オイルダンパのモデル

(a)　すきま h を持つ平行平板の中で一方の板が速度 U で動くならば，両面に掛かるせん断応力 τ は，式 (1.23) より，

$$\tau = \mu \frac{U}{h}$$

である．そのとき両方のすきまで流体に接触する面積を A とすれば，式 (1.24) から，

$$F = 2A\tau = \underline{\frac{2\mu A}{h}U}$$

となり，粘性減衰係数 c が与式のように導ける．

(b)　直径 D のピストンが下方に速度 U で動くと，

$$Q = \frac{\pi D^2}{4}U \qquad \cdots(1)$$

の流量 Q がピストンの細孔より押し出され流れる．また，減衰力 F は，ピストン上下面の差圧を Δp とすれば，

$$F=\frac{\pi D^2}{4}\Delta p \qquad \cdots(2)$$

で表される．このとき，細孔（直径 d，長さ l）から流れる流量 Q は，ハーゲン・ポアズイユの式 (7.33) より，

$$Q=\frac{\pi d^4}{128\mu l}\Delta p \qquad \cdots(3)$$

である．したがって，式 (1)，(2)，(3) から，

$$\underline{F=\frac{8\pi\mu l D^4}{d^4}U}$$

となり，粘性減衰係数 c が与式のように導ける．

(c)　ピストン（直径 D，長さ l）と側壁のすきま h を流れる流量 Q は，ピストンの差圧を Δp とすれば，環状すきまの流れに対して，式 (7.17) より，

$$Q=\frac{\pi D h^3}{12\mu l}\Delta p \qquad \cdots(4)$$

である．したがって，式 (1)，(2)，(4) から，

$$\underline{F=\frac{3\pi\mu l D^3}{4h^3}U}$$

となり，粘性減衰係数 c が与式のように導ける．

問 7-11　発展★★★

幅 b，長さ l，左端すきまが h_1，右端すきまが h_2 の滑り軸受（図 7.7）において，下面が速度 U で移動するとき，すきま下面 $y=0$ に作用する壁面せん断応力 τ_o が次式で与えられることを示せ．ただし，液体の粘度を μ，すきま比を $\overline{h}=h_1/h_2$ とする．

$$\tau_o=-\frac{4\mu U}{h}+\frac{h_1}{\overline{h}+1}\frac{6\mu U}{h^2} \qquad (7.59)$$

つぎに，これを全面積にわたって積分すると粘性による摩擦力 F_o が次式のとおり与えられることを示せ．

$$F_o = -\frac{\mu U b l}{h_2(\overline{h}-1)}\left(4\ln\overline{h} - 6\frac{\overline{h}-1}{\overline{h}+1}\right) \tag{7.60}$$

二次元ポアズイユ流れの基礎式 (7.3) より,

$$u = \frac{1}{2\mu}\frac{dp}{dx}y^2 + C_1 y + C_2$$

であり, 境界条件は, $y=0$ で $u=U$, $y=h$ で $u=0$ であるので, 積分定数 C_1, C_2 は,

$$C_1 = -\frac{U}{h} - \frac{1}{2\mu}\frac{dp}{dx}h, \qquad C_2 = U$$

となり, 速度 u は,

$$u = U\left(1-\frac{y}{h}\right) + \frac{1}{2\mu}\frac{dp}{dx}y(y-h)$$

となる. 壁面せん断応力 τ_o は, 上式を y で微分し粘度 μ を掛け, $y=0$ と置けば,

$$\tau_o = \mu\frac{du}{dy}\bigg]_{y=0} = -\frac{\mu U}{h} - \frac{h}{2}\frac{dp}{dx} \qquad \cdots(1)$$

が得られる. また, 式 (7.37) より, 圧力こう配 dp/dx は次式で表される.

$$\frac{dp}{dx} = \frac{6\mu U}{h^2} - \frac{12\mu Q}{h^3} \qquad \cdots(2)$$

式 (2) を式 (1) に代入し, 式 (7.39) の流量 Q を用いると,

$$\tau_o = -\frac{\mu U}{h} - \frac{h}{2}\left(\frac{6\mu U}{h^2} - \frac{12\mu Q}{h^3}\right) = -\frac{4\mu U}{h} + \frac{h_1 h_2}{h_1+h_2}\frac{6\mu U}{h^2} = \underline{-\frac{4\mu U}{h} + \frac{h_1}{\overline{h}+1}\frac{6\mu U}{h^2}}$$

となり, 与式が得られる.

このせん断応力 τ_o を微小面積 $dA = bdx$ に対して面積分すれば, 壁面の粘性摩擦力 F_o が得られる.

$$F_o = \int_A \tau_o dA = b\int_0^l \tau_o dx$$

ここで, $\alpha = (h_1 - h_2)/l$ とすれば $h = h_1 - \alpha x$ であるから, $dh = -\alpha dx$ であり,

$$dx = -\frac{1}{\alpha}dh = -\frac{l}{h_1 - h_2}dh$$

となり, $x=0$ で $h=h_1$, $x=l$ で $h=h_2$ であるから,

$$F_o = b\int_0^l \tau_o\,dx = -\frac{bl}{h_1 - h_2}\int_{h_1}^{h_2}\left(-\frac{4\mu U}{h} + \frac{h_1 h_2}{h_1 + h_2}\frac{6\mu U}{h^2}\right)dh$$

$$= -\frac{\mu Ubl}{h_1 - h_2}\int_{h_1}^{h_2}\left(-4h^{-1} + 6\frac{h_1 h_2}{h_1 + h_2}h^{-2}\right)dh$$

$$= -\frac{\mu Ubl}{h_1 - h_2}\left[-4\ln h - 6\frac{h_1 h_2}{h_1 + h_2}h^{-1}\right]_{h_1}^{h_2}$$

$$= -\frac{\mu Ubl}{h_1 - h_2}\left\{4\ln\frac{h_1}{h_2} - 6\frac{h_1 h_2}{h_1 + h_2}\left(\frac{1}{h_2} - \frac{1}{h_1}\right)\right\}$$

$$= -\frac{\mu Ubl}{h_1 - h_2}\left\{4\ln\frac{h_1}{h_2} - 6\frac{h_1 - h_2}{h_1 + h_2}\right\} = \underline{-\frac{\mu Ubl}{h_2(\overline{h} - 1)}\left(4\ln\overline{h} - 6\frac{\overline{h} - 1}{\overline{h} + 1}\right)}$$

となり，与式が得られる．上式において，すきま比が $\overline{h} = h_1/h_2 > 1$ では括弧内は正の値を取るので，F_o はつねに負の値を持ち，x 軸の負方向に摩擦力が働くことになる．

問 7-12　応用★★☆

滑り軸受（図7.7）において，すきまに粘度 $\mu = 20$ mPa･s の潤滑油を満たし，上面の荷重を支えたい．滑り軸受の右端 $x = l$ でのすきまが $h_2 = 100$ µm，すきま比が $\overline{h} = h_1/h_2 = 2$ のとき，この荷重を支える負荷容量 F を求めよ．ただし，滑り軸受の長さは $l = 40$ mm，幅は $b = 30$ mm，下面の速度は $U = 5$ m/s とする．

滑り軸受の右端すきま h_2 の長さ l に対する比 $\overline{l}$ は，式 (7.41) より，

$$\overline{l} = \frac{l}{h_2} = \frac{40\times10^{-3}}{100\times10^{-6}} = 400$$

で表される．よって，滑り軸受の負荷容量 F は，単位幅 $b = 1$ では式 (7.43) から求められるので，幅 b を考慮して上式を用いれば，

$$F = b\frac{6\mu U\overline{l}^2}{(\overline{h} - 1)^2}\left(\ln\overline{h} - 2\frac{\overline{h} - 1}{\overline{h} + 1}\right) = (30\times10^{-3})\times\frac{6\times(20\times10^{-3})\times5\times400^2}{(2-1)^2}\times\left(\ln2 - 2\times\frac{2-1}{2+1}\right)$$

$$= \underline{76.3\ \mathrm{N}}$$

となる．

問 7-13 応用★★☆

図7.17のように，粘度 $\mu = 0.0278$ Pa･s の油圧作動油が，供給側から静止軸とスリーブ間の円環状すきまを通り抜け，その後，ポケット部を介して放射状すきまを通り大気圧下へと流れ出ている．この漏れ流量を $Q = 1.2$ mL/s 以下に抑えるためには，供給側の圧力 p_s はどのように設定すればよいか．ただし，すきまの寸法 h は，すべて同じで $h = 20\ \mu$m とし，軸の半径は $R = 15$ mm，長さは $l = 45$ mm，ポケット部の内側と外側の半径は，それぞれ $r_1 = 25$ mm，$r_2 = 50$ mm とする．

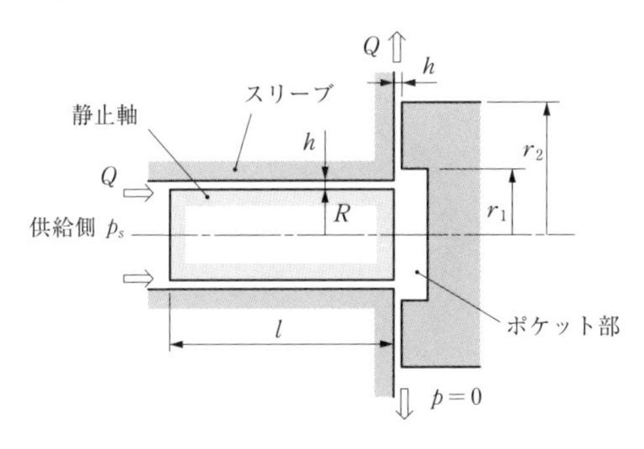

図7.17　円環状と放射状すきまの流れ

同心円環状すきま部の圧力損失を Δp_1 とすれば，式 (7.17) より流量 Q_1 は，

$$Q_1 = \frac{\pi R \Delta p_1}{6\mu l} h^3$$

である．一方，放射状すきま部の圧力損失を Δp_2 とすれば，式 (7.49) より流量 Q_2 は，

$$Q_2 = \frac{\pi \Delta p_2}{6\mu \ln(r_2/r_1)} h^3$$

である．連続の条件より，$Q_1 = Q_2 = Q$ であるので，圧力損失の総和 Δp は，

$$\Delta p = \Delta p_1 + \Delta p_2 = \frac{6\mu Q}{\pi h^3}\left(\frac{l}{R} + \ln\frac{r_2}{r_1}\right) = \frac{6 \times 0.0278 \times (1.2 \times 10^{-6})}{3.14 \times (20 \times 10^{-6})^3} \times \left(\frac{45 \times 10^{-3}}{15 \times 10^{-3}} + \ln\frac{50 \times 10^{-3}}{25 \times 10^{-3}}\right)$$

$$= 2.94 \times 10^7 = 29.4 \text{ MPa}$$

となり，油圧作動油は大気圧に流出するので，供給側の圧力は $p_s < 29.4$ MPa にすればよい．

問 7-14

図7.18のような内側の半径 b，外側の半径 a の同心環状円管内を流れる速度 u が半径 r の関数として次式で与えられている．

$$u=-\frac{\Delta p}{4\mu l}r^2+C_1\ln r+C_2 \tag{7.61}$$

上式において境界条件から積分定数 C_1，C_2 を求め，速度 u を導出した後，流量 Q を求めよ．ただし，流体の粘度を μ，同心環状円管の長さを l，上流側と下流側の圧力損失を Δp とする．

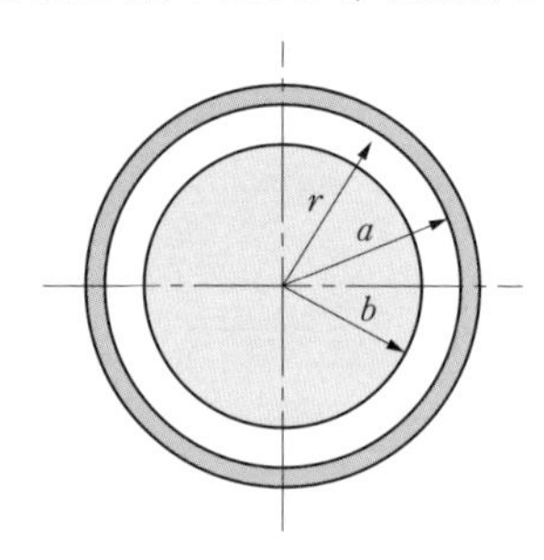

図7.18 同心環状円管（奥行き方向の長さ l）

与式において境界条件は，$r=a$，$r=b$ で $u=0$ であるから，

$$0=-\frac{\Delta p}{4\mu l}a^2+C_1\ln a+C_2 \quad \cdots(1)$$

$$0=-\frac{\Delta p}{4\mu l}b^2+C_1\ln b+C_2 \quad \cdots(2)$$

となる．上の両式 (1)，(2) の差をとれば，積分定数 C_2 が消去でき，

$$\frac{\Delta p}{4\mu l}(a^2-b^2)=C_1\ln\frac{a}{b}$$

であるから，積分定数 C_1 は，

$$\underline{C_1=\frac{\Delta p}{4\mu l}\frac{(a^2-b^2)}{\ln(a/b)}} \quad \cdots(3)$$

となり，式 (3) を式 (1) に代入すると積分定数 C_2 は，

$$\underline{C_2=\frac{\Delta p}{4\mu l}\left\{a^2-\frac{(a^2-b^2)}{\ln(a/b)}\ln a\right\}} \quad \cdots(4)$$

となる．したがって，速度 u は，式 (3), (4) を式 (2) に代入して整理すると，

$$u=\frac{\Delta p}{4\mu l}\left\{-r^2+\frac{(a^2-b^2)}{\ln(a/b)}\ln r+a^2-\frac{(a^2-b^2)}{\ln(a/b)}\ln a\right\}=\underline{\frac{\Delta p}{4\mu l}\left\{(a^2-r^2)+\frac{(a^2-b^2)}{\ln(a/b)}\ln\frac{r}{a}\right\}}$$

のとおり得られる．

流量 Q は，この速度 u が微小環状面積 $dA=2\pi rdr$ を通るから上式を面積分すれば，

$$Q=\int_A udA=2\pi\int_b^a urdr=\frac{2\pi\Delta p}{4\mu l}\left\{\int_b^a r(a^2-r^2)\,dr+\frac{(a^2-b^2)}{\ln(a/b)}\int_b^a r\ln\left(\frac{r}{a}\right)dr\right\}$$

$$=\frac{\pi\Delta p}{2\mu l}\left\{\left[\frac{a^2}{2}r^2-\frac{r^4}{4}\right]_b^a+\frac{(a^2-b^2)}{\ln(a/b)}\left[\frac{r^2}{2}\ln\frac{r}{a}-\frac{r^2}{4}\right]_b^a\right\}$$

$$=\frac{\pi\Delta p}{2\mu l}\left\{\left(\frac{a^4}{2}-\frac{a^4}{4}-\frac{a^2b^2}{2}+\frac{b^4}{4}\right)+\frac{(a^2-b^2)}{\ln(a/b)}\left(\frac{a^2}{2}\ln\frac{a}{a}-\frac{a^2}{4}-\frac{b^2}{2}\ln\frac{b}{a}+\frac{b^2}{4}\right)\right\}$$

$$=\frac{\pi\Delta p}{2\mu l}\left\{\left(\frac{a^4-2a^2b^2+b^4}{4}\right)+\frac{(a^2-b^2)}{\ln(a/b)}\left(\frac{b^2}{2}\ln\frac{a}{b}-\frac{a^2-b^2}{4}\right)\right\}$$

$$=\frac{\pi\Delta p}{8\mu l}\left\{a^4-2a^2b^2+b^4+2a^2b^2-2b^4-\frac{(a^2-b^2)^2}{\ln(a/b)}\right\}$$

$$=\underline{\frac{\pi\Delta p}{8\mu l}\left\{a^4-b^4-\frac{(a^2-b^2)^2}{\ln(a/b)}\right\}}$$

のように得られる．

Column G 角速度とトルク

図G.1 に示すように，点 O 回りの微小な角度変位 ∠AOB = $\Delta\theta$ の微小時間 Δt に対する変化の割合を微分の定義に従って表すと，

$$\omega = \lim_{\Delta t \to 0} \frac{\Delta\theta}{\Delta t} = \frac{d\theta}{dt} \tag{G.1}$$

となり，この ω を**角速度**といい，角周波数と同じ単位で [rad/s] である．周速度 v[m/s] とは半径 r の円弧に添う変位 $\overline{\mathrm{AB}} = r\Delta\theta$ の微小時間 Δt に対する変化の割合であり，次式で表される．

$$v = \lim_{\Delta t \to 0} \frac{r\Delta\theta}{\Delta t} = r\omega \tag{G.2}$$

物体が回転運動する速さを表す尺度に**回転速度** [s^{-1}] がある．一般に軸などが 1 分間に N 回転するとき N[min^{-1}] を用い，角速度 ω [rad/s] や周波数 f[Hz] との関係は，次式となる．

$$\omega = \frac{2\pi N}{60} = 2\pi f \tag{G.3}$$

この回転速度は，旧来から**回転数** [rpm](revolutions per minute) とも呼ばれている．

図G.2 のように，ボルトやナットを回転させ締付けるため，スパナのアームに垂直に力 F を作用させると，回転軸には**力のモーメント**（ねじりモーメント）すなわち**トルク** T が生じる．

$$T = rF \tag{G.4}$$

ここに，r はアームの半径で回転中心 O と作用点中心 P との距離 $\overline{\mathrm{OP}}$ である．図G.1 に示すように，このトルク T が，つねに一定角速度 ω で作用するならば，動力 P は，式 (F.5)，(G.2)，(G.4) より，

$$P = Fv = \frac{T}{r}(r\omega) = T\omega \tag{G.5}$$

で与えられる．

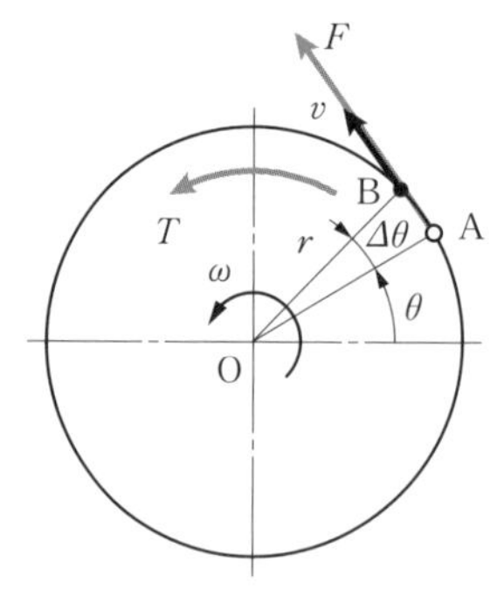

図G.1 回転軸回りの角速度とトルク

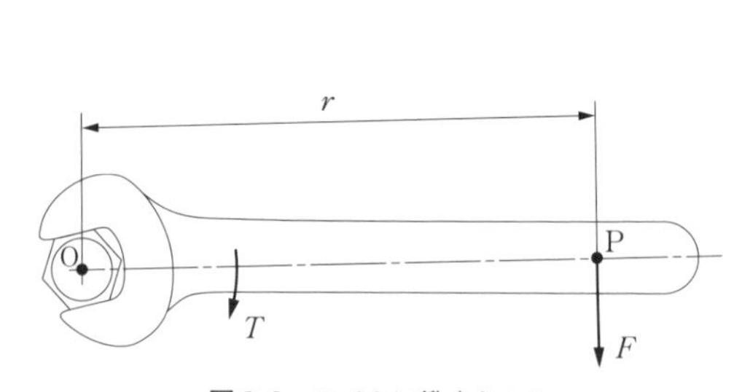

図G.2 スパナに働くトルク

第 8 章

水平な直管路内の流れ

8.1 層流と乱流

前章での流れでは，平行壁面間や円管内の流体粒子は，整然と秩序正しく層を成して運動していると考え，ニュートンの粘性法則にしたがい速度分布やせん断応力などの関係式を導いた．このような流れの状態を**層流**と呼ぶ．これに対して，それぞれの流体粒子が複雑に混じり合いながら不規則な渦運動をする流れの状態を**乱流**という．この現象は水道の蛇口からの水の流れで観察することができる．蛇口をゆっくりと開けていき，流速が遅い状態では，水流の表面は滑らかで，まるでガラス棒のように透き通っている．ところが，蛇口をさらに開けて水が勢いよく流出すると，流速は増し，水流の表面は粗くなり透過性が無くなる．これらは，典型的な層流と乱流との二つの流動状況を表したものである．

1883年にレイノルズ (O. Reynolds) は，このような管内の流れの状態を調べるために，特殊な装置を考案および製作し，歴史的に重要な流れの可視化実験を行った．図8.1 (a) に示すレイノルズの実験装置は，透明な水槽内にガラス管を水平に置き，左端のラッパ形状入口から水と同時に着色液（アニリン溶液）を別の細い管路から流入させる構造となっている．実験は，タンクからの着色液やガラス管の右端から放出される水の流量をそれぞれ弁A，弁Bで調整しながら行われた．まずガラス管下流部の絞り弁を全閉から徐々に開けると，平均流速 v が遅い状態では，図8.1 (b) のように着色液は直径 d のガラス管内で明瞭な一条の流線を形成する．さらに絞りを開けても，流量が少ないときには流れの状態は変わらないが，ある平均流速 v_c に達すると，図8.1 (c) のようにガラス管の途中から急に着色液は周辺の水と混合しながら拡散し，ガラス管全体に充満する．前者の流れの状態が層流，後者が乱流である．また，流れが層流と乱流とを移り変わる状態を**遷移**といい，その流速 v_c を**臨界流速**という．

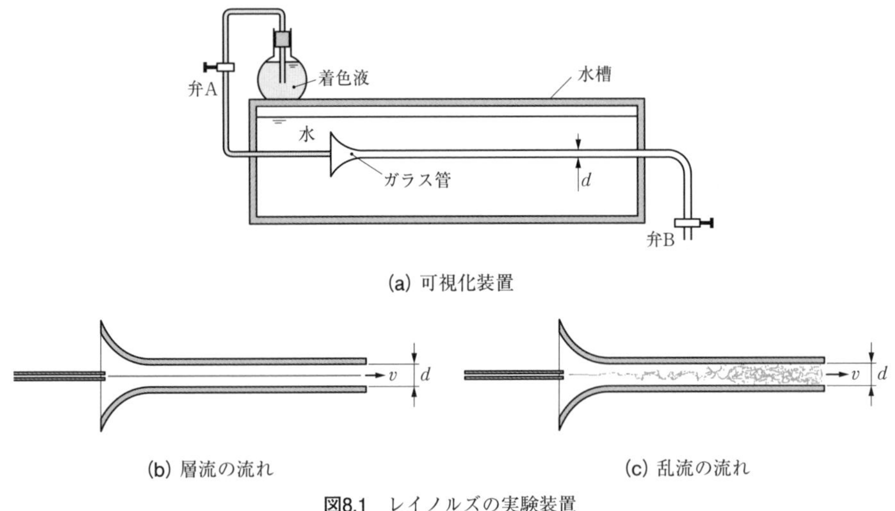

図8.1　レイノルズの実験装置

8.2 レイノルズ数

レイノルズは，この実験装置を用いて，ガラス管（$d = 7.9 \sim 27$ mm）や水温（4～22℃の粘度）を変えて実験を行い，層流から乱流に遷移する現象は次式で表す無次元数 Re に依存することを発見した．

$$Re = \frac{vd}{\nu} = \frac{\rho v d}{\mu} \tag{8.1}$$

この無次元数 Re を**レイノルズ数**という．ここに，d は管の内径，v は管内の断面平均流速，ν は流体の動粘度，μ は流体の粘度，ρ は流体の密度である．とくに，遷移が起こり始めるレイノルズ数を**臨界レイノルズ数** Re_c と呼び，臨界流速 v_c との間には以下の関係がある．

$$Re_c = \frac{v_c d}{\nu} \tag{8.2}$$

シーラ (L. Schiller) の実験によれば，乱流から層流に遷移する臨界レイノルズ数 Re_c は，管内流れにおいて，

$$Re_c = 2320 \tag{8.3}$$

とされており，信頼できる実用値として用いられている．しかし，層流から流速を上げて乱流になるときと，乱流から流速を下げて層流になるときでは，この臨界レイノルズは違い，また，水槽内の水の乱れ具合や，入口部での流動形態などの実験条件でも大きく変化する．

これに加えてレイノルズは，図8.2のような内径 $d = 6.15$ mm と $d = 12.7$ mm の水平な管路を用い，平均流速 v に対して流体摩擦にもとづく圧力降下 $\Delta p = p_1 - p_2$ をマノメータの読み h_L より測定し，層流と乱流とでは，特性が異なることを調べた．すなわち，平均流速 v が臨界流速 v_c より小さい層流領域では損失ヘッド h_L は，

$$v < v_c : h_L \propto v \tag{8.4}$$

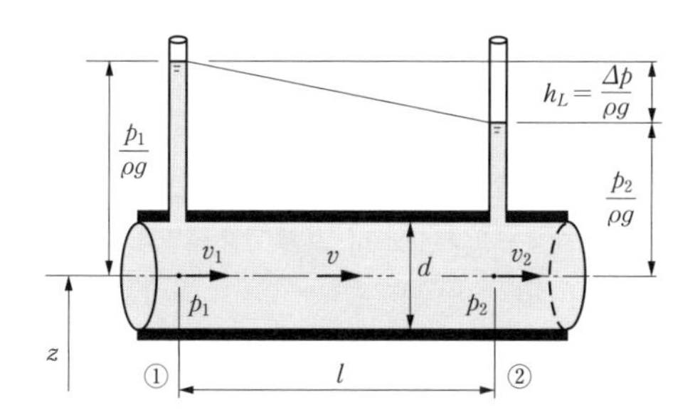

図8.2 水平に置かれた真っ直ぐな円管路の損失ヘッド h_L

のように平均流速に比例し，流速 v が臨界流速 v_c より大きい乱流領域では，損失ヘッド h_L は，次式のように流速の 1.7～2 乗に比例することを明らかにした．

$$v > v_c : h_L \propto v^{1.7} \sim v^2 \tag{8.5}$$

これら 2 つの式 (8.4)，(8.5) の関係を図示すると図8.3 になり，破線で示す層流領域 L に比べ，実線で示す乱流領域 T での損失ヘッドのこう配は増大している．同図に見るように，平均流速を上げて流れが層流領域 L から乱流領域 T へ遷移する過程では点 C を経由し，平均流速を下げて乱流領域 T から層流領域 L へ遷移する過程では点 C′ を経る．点 C，点 C′ での流速 v_{ch}，v_{cl} を，それぞれ上臨界流速，下臨界流速といい，式 (8.3) に示す臨界レイノルズ数 $Re_c = 2320$ に対応する流速は，正確には下臨界流速 v_{cl} である．

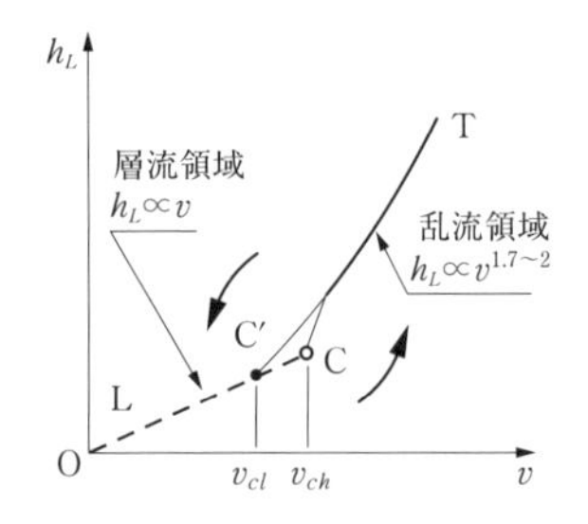

図8.3　平均流速 v と損失ヘッド h_L の関係

8.3 損失ヘッド

前節で述べたように直管の損失ヘッド h_L は，平均流速の 1 乗から 2 乗に比例する．しかし，エネルギー損失は，流体摩擦のほかに，管内の速度分布の変化，管路の断面積や方向の変化などが原因となり発生する．これらの**損失ヘッド** h_L あるいは**圧力損失** Δp は，一般に平均流速 v の 2 乗に比例すると考え，

$$\left.\begin{aligned} h_L &= \zeta \frac{v^2}{2g} \\ \Delta p &= \zeta \frac{\rho v^2}{2} \end{aligned}\right\} \tag{8.6}$$

として扱われている．ここで，ζ は**損失係数**と呼ばれ，管内流れのレイノルズ数や寸法諸元などに依存する値として図表や式で整理されており，第 10 章で詳述する．なお，この損失ヘッド h_L は次式のとおり，流体の単位重量 mg 当たりの運動エネルギー $(1/2)mv^2$ に比例している．

$$h_L = \zeta \frac{v^2}{2g} = \zeta \frac{(1/2)\,mv^2}{mg} \tag{8.7}$$

8.4 円管の管摩擦損失

円形の断面をもつ水平な直管路（図8.2）を再び考えよう．管路の流れでエネルギー損失を見積もるときには，第4章で述べたように，次式の損失を考慮したベルヌーイの式 (4.29) が適用できる．

$$\frac{v_1{}^2}{2g}+\frac{p_1}{\rho g}+z_1=\frac{v_2{}^2}{2g}+\frac{p_2}{\rho g}+z_2+h_L$$

管路は水平に置かれ一定な断面積であるから，上式で断面①，②での平均流速と高さは等しく $v=v_1=v_2$，$z=z_1=z_2$ であり，損失ヘッド h_L は，

$$h_L=\frac{p_1-p_2}{\rho g} \tag{8.8}$$

となり，同図に示すとおり直線的な圧力降下 $\Delta p=p_1-p_2$ として現れる．直径 d，長さ l の直管路内の流れでは，層流，乱流にかかわらず粘性による流体摩擦のために，次式で表される損失ヘッド h_L あるいは圧力損失 Δp が生じる．

$$\left.\begin{aligned} h_L&=\frac{\Delta p}{\rho g}=\lambda\frac{l}{d}\frac{v^2}{2g} \\ \Delta p&=\lambda\frac{l}{d}\frac{\rho v^2}{2} \end{aligned}\right\} \tag{8.9}$$

この式は，**ダルシー・ワイスバッハの式**といい，第8.7節で述べるような管内の速度分布が流れ方向に対して変化しない十分発達した流れにおいて適用できる．また，上式中の λ は**管摩擦係数**と呼ばれる無次元数で，式 (8.6) と見比べると損失係数 ζ と管摩擦係数 λ には，$\zeta=\lambda(l/d)$ の関係がある．

以下では，ダルシー・ワイスバッハの式 (8.9) で与えられた管摩擦係数 λ について考えよう．図8.4に示すとおり，水平な直管路に検査体積（二点鎖線）をとり，第6章で述べた運動量の法則を適用すると，管摩擦係数 λ と壁面せん断応力 τ_o との関係式が求められる．すなわち，流体が流入出する検査面上の断面①，②における平均流速と流量は等しく運動量は変化しないので，次式のように断面積 A に働く圧力差 $\Delta p=p_1-p_2$ と，管路内壁の表面積 A_s に均等に働く壁面せん断応力 τ_o による2つの外力は釣り合う．

$$A\Delta p=A_s\tau_o \tag{8.10}$$

したがって，円形管路では $A=\pi d^2/4$，$A_s=\pi dl$ であるから，上式とダルシー・ワイスバッハの式 (8.9) より壁面せん断応力 τ_o は，

$$\tau_o=\frac{\lambda}{8}\rho v^2 \tag{8.11}$$

で表され，この式も層流，乱流に関係せず適用できる．**管摩擦**とは，この壁面せん断応力 τ_o により

起こる流体の摩擦抵抗であり，レイノルズ数や管内壁の粗さで異なる．

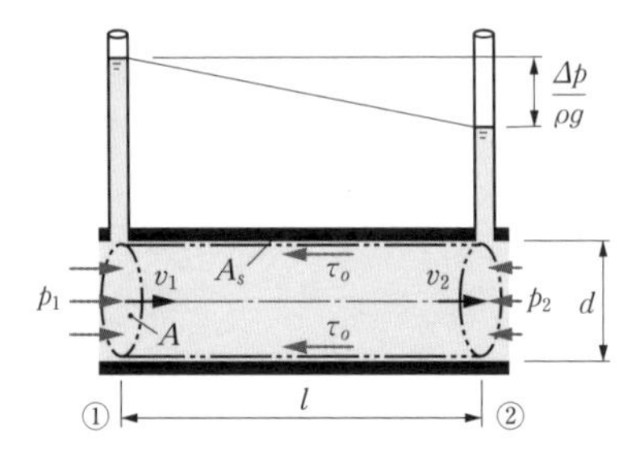

図8.4　円管路の圧力 p と壁面せん断応力 τ_o による力の釣り合い

円管路の壁面せん断応力 τ_o は，層流領域の流れでは，前章のハーゲン・ポアズイユの法則が利用できるので，式 (7.35) と式 (8.11) とを等しく置くと，

$$\frac{8\mu v}{d} = \frac{\lambda}{8}\rho v^2 \tag{8.12}$$

となる．よって，上式と式 (8.1) から式 (8.9) で定めた管摩擦係数 λ は，次式のとおり求められる．

$$\lambda = \frac{64\mu}{\rho v d} = \frac{64}{Re} \tag{8.13}$$

このように，層流領域では，管摩擦係数 λ はレイノルズ数 Re の関数となる．

8.5 乱流での円管の管摩擦損失

乱流領域になると，管摩擦係数 λ はレイノルズ数 Re だけの関数では表現できず，管路内の**壁面粗さ**にも依存することが多数の実験的な研究によって明らかにされている．とくに，滑らかな内壁に適用できる実験式としては，**ブラジウスの式**と**ニクラゼの式**が一般的である．両式の管摩擦係数 λ は，それぞれレイノルズ数 Re の範囲に対応して，次式のとおりレイノルズ数 Re の関数で与えられている．

- ブラジウスの式（$Re = 3\times10^3 \sim 1\times10^5$）：

$$\lambda = \frac{0.3164}{Re^{1/4}} \tag{8.14}$$

- ニクラゼの式（$Re = 1\times10^5 \sim 3\times10^6$）：

$$\lambda = 0.0032 + 0.221\,Re^{-0.237} \tag{8.15}$$

これらの式は，滑らかな管内壁での流れの実測値と一致することが確認されている．また，両辺に未知数 λ が入り解法は面倒であるが，つぎの**カルマン・プラントルの式**は，広範囲のレイノルズ数で実験結果と適合することが知られている.

■　カルマン・プラントルの式：

$$\frac{1}{\sqrt{\lambda}}=2.0\log_{10}(Re\sqrt{\lambda})-0.8 \tag{8.16}$$

乱流領域でも管内壁の粗さが無視できない場合には，レイノルズ数 Re のほかに，**相対粗さ** ε/d の関数として管摩擦係数 λ を取り扱う必要がある．相対粗さとは，**図8.5** に示すように内直径 d に対する内壁面の平均粗さ ε の比である．ニクラゼ（J. Nikuradse）は，内直径 $d=25\sim100$ mm，全長 $l=1.8\sim7.05$ m の 3 本の滑らかな黄銅管路の内壁全体に粒径がそろった砂を塗り，6 種類の相対粗さ ε/d の条件で管路に水を流し損失ヘッド h_L を計測した．**図8.6** は，ニクラゼが実施した実験結果であり，ダルシー・ワイスバッハの式（8.9）にもとづき，対数グラフに整理されている．また，同図中にはガラビクス（F. Galavics）の実験結果および式（8.13），（8.14），（8.16）の結果も併記してある．この図からわかるように管摩擦係数 λ は，レイノルズ数 Re が小さければ，粗さの影響は受けないが，それぞれの相対粗さ ε/d において，あるレイノルズ数を超えると大きくなり，次式に示すようにレイノルズ数 Re に関係なく一定値を保つ．

$$\lambda=\frac{1}{\left\{1.14-2.0\log_{10}\left(\dfrac{\varepsilon}{d}\right)\right\}^2} \tag{8.17}$$

実際に工業用として利用されている管内壁の粗さ ε は，代表的な管の種類に対して整理すると**図8.7** のようになる．これらの種々の実用管に関して，近似的に管摩擦係数 λ を求めるならば，つぎの**コールブルックの式**がある．

$$\frac{1}{\sqrt{\lambda}}=-2.0\log_{10}\left(\frac{\varepsilon/d}{3.71}+\frac{2.51}{Re\sqrt{\lambda}}\right) \tag{8.18}$$

図8.8 は，上式を線図として対数グラフに整理したもので，**ムーディ線図**と呼ばれている．図中に示す破線は，流体力学的に壁面が滑らかな状態から，完全に粗い状態への移行過程を表す境界線であり，コールブルックによれば，

$$Re\sqrt{\lambda}\left(\frac{\varepsilon}{d}\right)=200 \tag{8.19}$$

とされている．ムーディ線図は，新品の管路では有効であるが，年月が経過して管内壁面が錆，腐

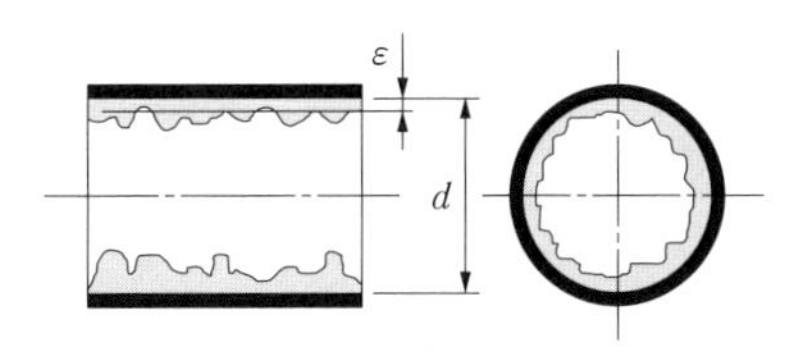

図8.5　相対粗さ ε/d（管内壁での平均粗さ ε の凹凸は拡大して表示）

食などで荒れてくると，実用性に乏しくなってくる．

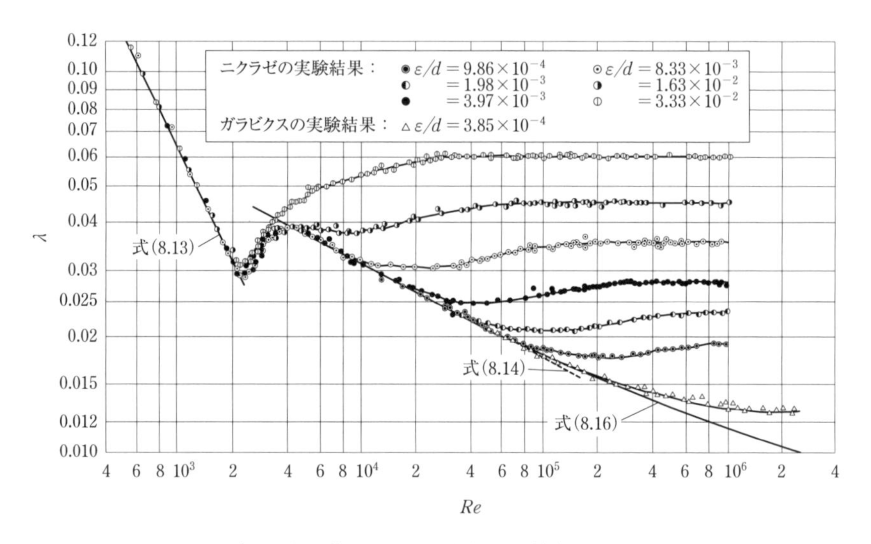

図8.6　内壁が粗い管のレイノルズ数 Re と管摩擦係数 λ の関係
（日本機械学会編：管路・ダクトの流体抵抗）

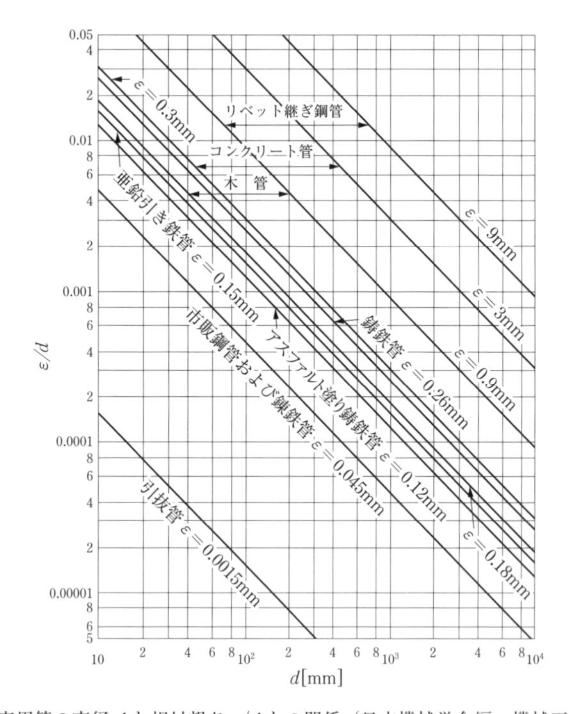

図8.7　実用管の直径 d と相対粗さ ε/d との関係（日本機械学会編：機械工学便覧）

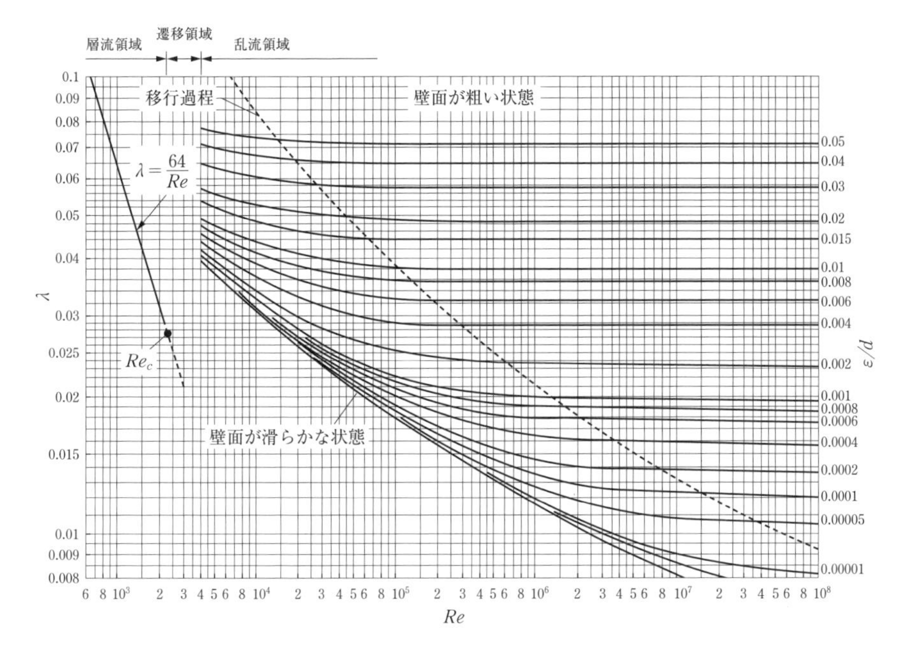

図8.8 ムーディ線図（日本機械学会編：管路・ダクトの流体抵抗）

8.6 円形断面形状でない管路の損失

空調設備や化学プラントなど，実際に多くの分野で用いられている管路・ダクトや，流体機器内などの流路は，円管として扱うことができない断面形状もある．ここでは，長方形，三角形，楕円形などの断面を持つ水平な直管路内の十分発達した流れにおいて，流体の摩擦損失を求める方法について考えよう．

図8.9 (a) に示すような非円形の断面形状を持つ管路の圧力損失 Δp は，式 (8.10) での釣り合い条件や，式 (8.11) が成り立つとすると，

$$\Delta p = \lambda \frac{l}{d_h} \frac{\rho v^2}{2} \tag{8.20}$$

が得られる．ここに，d_h は**水力直径**といい，次式で定義される．

$$d_h = 4\frac{A}{S} \tag{8.21}$$

上式において，A は管路の断面積，S は**ぬれ縁**（ぶち）**長さ**と呼ばれ，流体が接する管路断面の周囲長さであり，式 (8.10) における管路内壁の表面積 A_s とには $A_s = Sl$ の関係がある．また，断面積 A とぬれ縁長さ S の比を**水力平均深さ** m といい，

$$m = \frac{A}{S} \tag{8.22}$$

で与えられている．式 (8.20) の圧力損失 Δp を損失ヘッド h_L で表せば，

$$h_L = \frac{\Delta p}{\rho g} = \lambda \frac{l}{d_h} \frac{v^2}{2g} \tag{8.23}$$

となり，**図8.9 (b)** に示す直径 d の円形管路にあてはめると，水力直径 d_h は，$A = \pi d^2/4$，$S = \pi d$ であるから，式 (8.21) より $d_h = d$ となることがわかる．

非円形断面形状の管路において，式 (8.20)，(8.23) の管摩擦係数 λ は，ムーディ線図（図8.8）から求めても実用上ほとんど支障が無いとされている．この場合，レイノルズ数 Re と相対粗さ ε/d は，それぞれ，

$$Re = \frac{v d_h}{\nu} \tag{8.24}$$

$$\frac{\varepsilon}{d} = \frac{\varepsilon}{d_h} \tag{8.25}$$

と置けばよい．ただし，正三角形，正方形などの断面を用いた実験によれば，断面形状の影響を受け，主流に対して垂直な断面上に**二次流れ**が生じるため，管摩擦係数 λ には多少の差異が認められている．

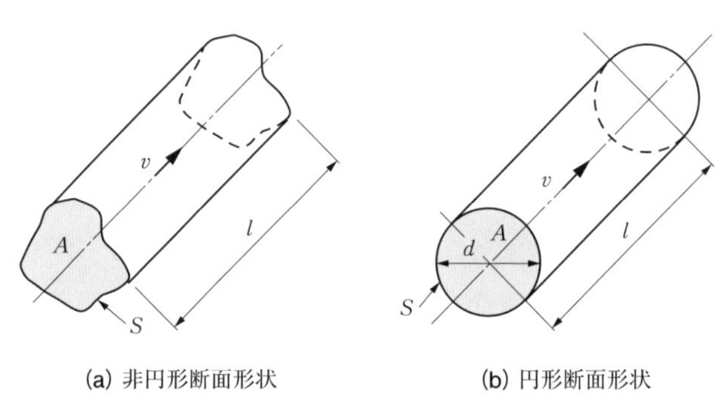

(a) 非円形断面形状　　(b) 円形断面形状

図8.9　様々な断面形状を持つ管路

8.7 タンクから水平直管路への流れ

図8.10 は，大きなタンク底部の近くに接続された水平で真っ直ぐな円管の速度分布と圧力ヘッドの降下を示している．タンク内で静止している液体は，損失がほとんど無いラッパ状の入口形状を経て，滑らかに円管に流入するので，はじめの速度分布は管路断面にわたって，ほぼ一様である．しかし，下流方向に流れるにしたがい，壁面の付近に第 14 章で詳述する**境界層**と呼ぶ速度の遅い領域が徐々に形成され，管中央での一定速度の領域が減少していく．管路入口から境界層が管路中心線まで占めるまでの範囲を**助走区間**と呼び，入口からの長さを**助走距離**という．一方，助走区間よ

り下流方向に対して，層流，乱流にかかわらず最終的に速度分布が変化しない状態を**十分発達した流れ**という．助走距離 L_e は，様々な実験や計算から求められており，一概に定めることは難しいが，層流と乱流の場合でそれぞれ以下のとおり示されている．

$$層流：L_e = 0.06 Re \cdot d \tag{8.26}$$

$$乱流：L_e = 50d \tag{8.27}$$

ここに，Re は管内レイノルズ数で $Re = vd/\nu$ であり，d は円管内の直径である．

タンクに接続された管路入口から助走区間を経て，十分発達した流れに至るまでの圧力ヘッドの降下 h_e は，管路入口損失を無視すれば，$x = L_e$ において次式で与えられる．

$$h_e = h_1 + h_2 + h_3 = \lambda \frac{L_e}{d}\frac{v^2}{2g} + \frac{v^2}{2g} + \zeta \frac{v^2}{2g} \tag{8.28}$$

ここで，第 1 項に示す圧力ヘッドの降下 h_1 は，助走距離 L_e の間に生じる管摩擦損失であり，ダルシー・ワイスバッハの式 (8.9) より得られる損失ヘッドである．第 2 項の h_2 は，タンクからの静止した液体が管路に流れ込み，管路入口で一様流れになるための速度ヘッドに対応する圧力ヘッドの降下である．第 3 項の h_3 は，助走区間に特有なもので，一様流れから回転放物面形状の十分発達した流れの速度分布に移行するのに運動エネルギーが必要となり，その分だけ費やさせる圧力ヘッドの降下である．いま，第 3 項の損失係数 ζ を，層流の場合について考えてみよう．

十分発達した流れの速度分布（図8.10）において，管路中心から半径 r での微小な環状断面積 $dA = (2\pi r)dr$ を通る流体の質量流量 dQ_m は，そこでの速度を u とすれば，$dQ_m = \rho dQ = \rho\, udA$ となる．よって，環状断面積 dA を通る流体の運動エネルギー dE は，時間 Δt の間に，流体質量 m が通

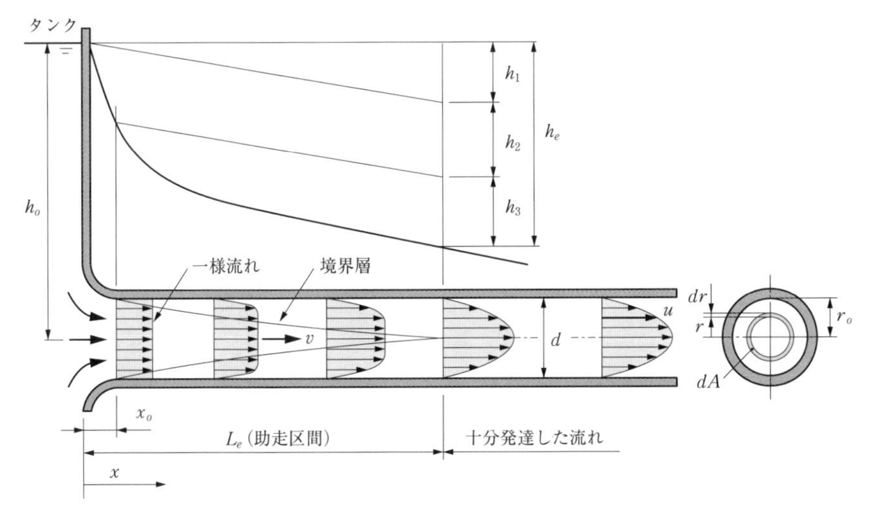

図8.10　助走区間の速度分布 u と圧力ヘッドの降下

過すると考えれば，

$$dE = \frac{(1/2)\,mu^2}{\Delta t} = \frac{1}{2} dQ_m u^2 = \pi\rho u^3\, rdr \tag{8.29}$$

である．助走区間が終了する $x = L_e$ では，管路全断面を流れる流体の運動エネルギーE_L は，上式を $r = 0$ から管内半径 $r = r_o$ まで定積分すれば，

$$E_L = \pi\rho \int_0^{r_o} u^3\, rdr \tag{8.30}$$

で表せる．速度 u は半径方向座標 r の関数であり，式 (7.29)，(7.30)，(7.34) から得られる平均流速 v との関係式，

$$u = 2v\left\{1 - \left(\frac{r}{r_o}\right)^2\right\} \tag{8.31}$$

を式 (8.30) に代入して積分を行うと，

$$E_L = \pi\rho\, {r_o}^2 v^3 \tag{8.32}$$

が得られる．一方，距離 $x = x_o$ の位置では管路内は一様流れであり，断面積全体を流量 $Q = (\pi {r_o}^2)\, v$ が通過するので，流体の単位時間当たりの運動エネルギーE_o は，

$$E_o = \frac{1}{2}(\rho Q)\, v^2 = \frac{1}{2}\pi\rho\, {r_o}^2 v^3 \tag{8.33}$$

となる．このように，一様流れでの速度分布と回転放物面形状の速度分布では，運動エネルギーが異なり，式 (8.32) から式 (8.33) を差し引くと，流体の持つ単位時間当たりの運動エネルギーは，

$$\Delta E = E_L - E_o = \frac{1}{2}\pi\rho\, {r_o}^2 v^3 = \frac{1}{2}\rho(\pi {r_o}^2 v) v^2 = \frac{1}{2}\rho Q v^2 \tag{8.34}$$

だけ増加する．これにより圧力ヘッドは，その速度ヘッドの増加分だけ降下することになり，式 (8.7) に見るように，式 (8.34) を重量流量 $\rho g Q$ で除することで，

$$h_3 = \frac{\Delta E}{\rho g Q} = \frac{v^2}{2g} \tag{8.35}$$

が得られる．上式と式 (8.28) を比較すれば，第 3 項の圧力ヘッド降下 h_3 の損失係数は，$\zeta = 1$ であることがわかる．しかし，この圧力ヘッドの降下 h_3 に加え，助走区間では，壁面近傍での速度こう配が急であるために余分な損失が起こり，損失係数 ζ は大きくなる．様々な実験や詳細な理論によれば，層流と乱流の場合において，損失係数 ζ は，それぞれ，

$$層流：\zeta = 1.25 \sim 1.33 \tag{8.36}$$

$$乱流：\zeta = 0.06 \sim 0.09 \tag{8.37}$$

であることが知られている．

以上のように，タンクに接続された水平直管路内の距離 x での圧力 p は，管路中心からタンク水面までの高さを h_o とすれば，十分発達した流れの領域 $x > L_e$ では，

$$p = \rho g \left\{ h_o - \left(\lambda \frac{x}{d} + 1 + \zeta \right) \frac{v^2}{2g} \right\} \tag{8.38}$$

で与えられる．上式で助走距離の $x = L_e$ においては，式 (8.28) より，

$$p = \rho g (h_o - h_e) \tag{8.39}$$

となる．

Column H 重心と図心

図H.1 のような x 軸と y 軸から成る座標平面上に，材料の密度 ρ が均質な厚さ δ，面積 A，質量 m の平板を考える．平板を質量 Δm_i の n 個の小片に分割すれば，これらの微小要素には個々の質量に比例して z 軸方向に平行な重力が働く．すなわち，平板の全重力 F は，平行力の和から，

$$F = -\Delta m_1 g - \cdots - \Delta m_i g - \cdots - \Delta m_n g = -g \sum_{i=1}^{n} \Delta m_i = -mg \tag{H.1}$$

となる．また，**重心**とは，「全重力 F が平板の一点に集中して作用する点」であり，**質量の中心**ともいう．この点 G の座標を $(x_G,\ y_G)$ とするならば，x 軸および y 軸に関する力のモーメントは，それぞれ，

$$M_x = y_G F, \qquad M_y = x_G F \tag{H.2}$$

であり，これらは，次式のとおり，n 個からなる微小要素のモーメントの総和に等しい．

$$\left. \begin{aligned} M_x &= y_1 f_1 + \cdots + y_i f_i + \cdots + y_n f_n = \sum_{i=1}^{n} y_i f_i \\ M_y &= x_1 f_1 + \cdots + x_i f_i + \cdots + x_n f_n = \sum_{i=1}^{n} x_i f_i \end{aligned} \right\} \tag{H.3}$$

ここに，y_i，x_i は，それぞれ x 軸，y 軸からの i 個目の微小要素までの距離，f_i は i 個目の微小要素に働く重力である．したがって，平板の重心位置 x_G，y_G は，式 (H.2)，(H.3) より，

$$x_G = \frac{\sum_{i=1}^{n} x_i f_i}{F}, \qquad y_G = \frac{\sum_{i=1}^{n} y_i f_i}{F} \tag{H.4}$$

で表わされる．ここで，i 個目の微小要素の面積を ΔA_i とすると，その微小要素に働く重力は $f_i = -\Delta m_i g = -\rho\delta\Delta A_i g$ であり，全重力は $F = -mg = -\rho\delta A g$ なので，式 (H.4) は，

$$\left.\begin{aligned} x_G &= \frac{-\rho\delta g\sum_{i=1}^{n} x_i \Delta A_i}{-\rho\delta A g} = \frac{\sum_{i=1}^{n} x_i \Delta A_i}{A} \\ y_G &= \frac{-\rho\delta g\sum_{i=1}^{n} y_i \Delta A_i}{-\rho\delta A g} = \frac{\sum_{i=1}^{n} y_i \Delta A_i}{A} \end{aligned}\right\} \tag{H.5}$$

となる．上式において平板の小片面積 ΔA_i の大きさを無限に小さく，$\Delta A_i \to 0$ にすれば，重心 G の位置は，つぎのように面積分で表わされる．

$$x_G = \frac{1}{A}\int x dA, \qquad y_G = \frac{1}{A}\int y dA \tag{H.6}$$

このように平面図形の重心 G は，その幾何学的な形状のみから決定されるので，**図心**と呼ばれる．

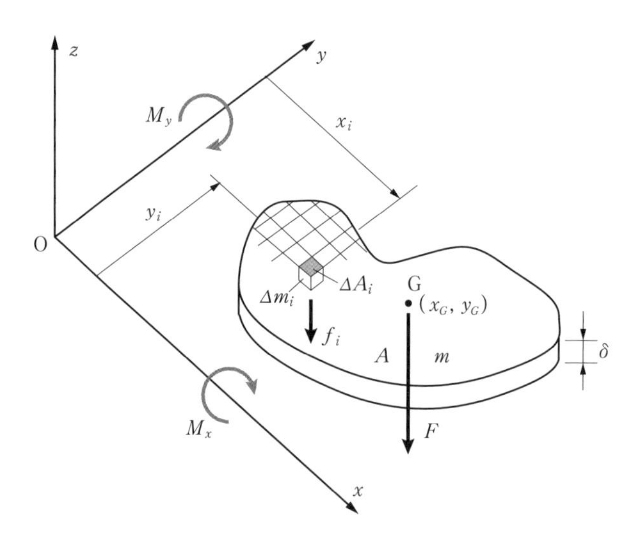

図H.1　重心と図心

演習問題　第8章　水平な直管路内の流れ

問 8-1　基礎★☆☆

燃料ポンプから毎時108リットルのガソリンが直径 $d=3.2$ mm の真っ直ぐなパイプ内を流れている．平均流速 v とレイノルズ数 Re を求め，流れが層流か乱流かを判別せよ．また，この場合の臨界流速 v_c を求めよ．ただし，ガソリンの動粘度は $\nu=0.5\ \mathrm{mm^2/s}$ とする．

燃料ポンプからの流量 Q は，

$$Q=\frac{108\times10^{-3}}{60^2}=3\times10^{-5}\ \mathrm{m^3/s}$$

であるから，平均流速 v は，連続の式 (4.14) より，

$$v=\frac{Q}{\pi d^2/4}=\frac{3\times10^{-5}}{3.14\times(3.2\times10^{-3})^2/4}=\underline{3.73\ \mathrm{m/s}}$$

となる．式 (8.1) より，レイノルズ数 Re は，

$$Re=\frac{vd}{\nu}=\frac{3.73\times(3.2\times10^{-3})}{0.5\times10^{-6}}=\underline{2.39\times10^4}$$

であり，式 (8.3) に示す臨界レイノルズ数 Re_c より大きく $Re>2320$ なので乱流となる．また，臨界流速 v_c は，式 (8.2) から，

$$v_c=\frac{\nu Re_c}{d}=\frac{(0.5\times10^{-6})\times2320}{3.2\times10^{-3}}=\underline{0.363\ \mathrm{m/s}}$$

となる．

問 8-2　基礎★★☆

直径 $d=20$ mm の直管内をグリセリンと水の混合液 (1:1) が流量 $Q=6$ L/min で流れている．この液体の密度は $\rho=1130\ \mathrm{kg/m^3}$，動粘度は $\nu=4.3$ cSt であるとし，管長 $l=1$ m に対しての損失ヘッド h_L を求めよ．また，流量 Q を3倍にすれば，損失ヘッド h_L は何倍に増えるか．

流体の動粘度は $1\ \mathrm{cSt}=1\times10^{-6}\ \mathrm{m^2/s}$ であるので，平均流速 v とレイノルズ数 Re は，

$$v=\frac{Q}{\pi d^2/4}=\frac{(6\times10^{-3})/60}{3.14\times(20\times10^{-3})^2/4}=0.318\ \mathrm{m/s}$$

$$Re = \frac{vd}{\nu} = \frac{0.318 \times (20 \times 10^{-3})}{4.3 \times 10^{-6}} = 1480$$

であり，$Re < 2320$ であるから層流である．式 (8.13) より，管摩擦係数 λ は，

$$\lambda = \frac{64}{Re} = \frac{64}{1480} = 0.0432$$

であるので，損失ヘッド h_L は，ダルシー・ワイスバッハの式 (8.9) より，

$$h_L = \lambda \frac{l}{d} \frac{v^2}{2g} = 0.0432 \times \frac{1}{20 \times 10^{-3}} \times \frac{0.318^2}{2 \times 9.8} = \underline{0.0111\ \mathrm{m}}$$

となる．管路直径 d，流体の粘度 ν が同じで，流量 Q が 3 倍ということは，流速もレイノルズ数も 3 倍になる．よって，そのときの流速 v' とレイノルズ数 Re' は，$v' = 3v = 0.954$ m/s，$Re' = 3Re = 4440$ であり，乱流となる．この管摩擦係数 λ' は，ブラジウスの式 (8.14) を用いれば，

$$\lambda' = \frac{0.3164}{Re'^{1/4}} = \frac{0.3164}{4440^{1/4}} = 0.0387$$

となり，損失ヘッド h_L' は，

$$h_L' = \lambda' \frac{l}{d} \frac{v'^2}{2g} = 0.0387 \times \frac{1}{20 \times 10^{-3}} \times \frac{0.954^2}{2 \times 9.8} = 0.0899\ \mathrm{m}$$

である．したがって，両者の損失ヘッドの比 h_L'/h_L は，

$$\frac{h_L'}{h_L} = \frac{0.0899}{0.0111} = 8.10$$

となり，<u>8.10 倍</u>に増える．

問 8-3　応用 ★★☆

動粘度 $\nu = 2 \times 10^{-4}\ \mathrm{m^2/s}$ の作動油が内径 $d = 12.7$ mm の油圧管路を $Q = 30$ L/min の流量で流れている．管の長さが $l = 5$ m のとき，圧力損失 Δp を求めよ．また，流量は変わらず作動油の温度が上昇して粘度が低下し $\nu = 1 \times 10^{-5}\mathrm{m^2/s}$ となった場合，圧力損失 Δp はいくらになるか．ただし，作動油の密度は温度に依存せず，$\rho = 860\ \mathrm{kg/m^3}$ で一定とする．

流量 Q は，

$$Q = \frac{30 \times 10^{-3}}{60} = 0.5 \times 10^{-3}\ \mathrm{m^3/s}$$

であり，断面平均速度 v は，

$$v=\frac{Q}{\pi d^2/4}=\frac{0.5\times10^{-3}}{3.14\times(12.7\times10^{-3})^2/4}=3.95\ \mathrm{m/s}$$

となる．レイノルズ数 Re は，

$$Re=\frac{vd}{\nu}=\frac{3.95\times(12.7\times10^{-3})}{2\times10^{-4}}=251$$

である．$Re<2320$ であり層流であるから，管摩擦係数 λ は，式 (8.13) より，

$$\lambda=\frac{64}{Re}=\frac{64}{251}=0.255$$

となり，ダルシー・ワイスバッハの式 (8.9) から，

$$\Delta p=\lambda\frac{l}{d}\frac{\rho v^2}{2}=0.255\times\frac{5}{12.7\times10^{-3}}\times\frac{860\times3.95^2}{2}=0.674\times10^6=\underline{0.674\ \mathrm{MPa}}$$

である．作動油の動粘度が低下して $\nu=1\times10^{-5}\ \mathrm{m^2/s}$ になると，レイノルズ数 Re は，

$$Re=\frac{vd}{\nu}=\frac{3.95\times(12.7\times10^{-3})}{1\times10^{-5}}=5020$$

となる．$Re>2320$ であり乱流であるから，管摩擦係数 λ は，ブラジウスの式 (8.14) より，

$$\lambda=\frac{0.3164}{Re^{1/4}}=\frac{0.3164}{5020^{1/4}}=0.0376$$

である．したがって，ダルシー・ワイスバッハの式 (8.9) から，圧力損失 Δp は，

$$\Delta p=\lambda\frac{l}{d}\frac{\rho v^2}{2}=0.0376\times\frac{5}{12.7\times10^{-3}}\times\frac{860\times3.95^2}{2}=0.993\times10^5=\underline{0.0993\ \mathrm{MPa}}$$

となる．

問 8-4

図8.11 のように液体が主管路から内径と長さがそれぞれ d_1，l_1 の管路①，d_2，l_2 の管路②に分岐して流れ，再び合流している．管路は真っ直ぐで管摩擦以外の圧力損失は無視できると仮定し，以下の条件において管路①と②に流れる流量の比 Q_1/Q_2 を求めよ．

(a)　管内の流れが層流の場合

(b)　管内の流れが乱流でブラジウスの式が適用できる場合

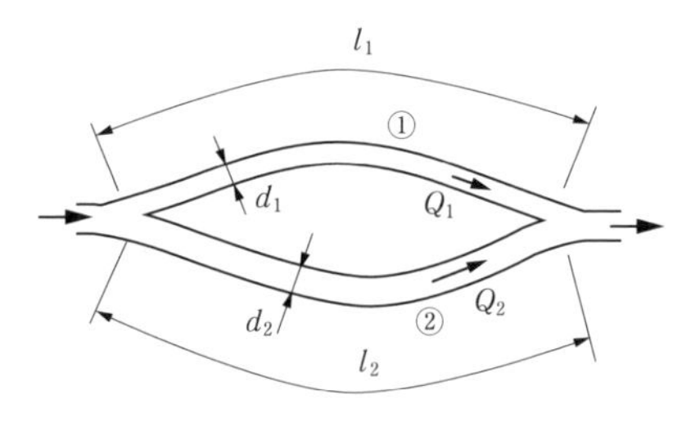

図8.11　管路の分流と合流

連続の式より，管路①と管路②を流れる流量 Q_1，Q_2 は，それぞれの流速を v_1，v_2 とすると，

$$Q_1 = \frac{\pi {d_1}^2}{4} v_1, \qquad Q_2 = \frac{\pi {d_2}^2}{4} v_2$$

であるので，両者の比 Q_1/Q_2 は，

$$\frac{Q_1}{Q_2} = \left(\frac{d_1}{d_2}\right)^2 \frac{v_1}{v_2} \qquad \cdots(1)$$

となる．ダルシー・ワイスバッハの式 (8.9) から，管路①と管路②を通過する圧力損失 Δp_1，Δp_2 は，それぞれの管摩擦係数を λ_1，λ_2 とすると，

$$\Delta p_1 = \lambda_1 \frac{l_1}{d_1} \frac{\rho {v_1}^2}{2}, \qquad \Delta p_2 = \lambda_2 \frac{l_2}{d_2} \frac{\rho {v_2}^2}{2}$$

となり，両管路は分流して合流するので，圧力損失は等しく $\Delta p_1 = \Delta p_2$ であるから，

$$\left(\frac{v_1}{v_2}\right)^2 = \frac{\lambda_2}{\lambda_1} \frac{l_2}{l_1} \frac{d_1}{d_2} \qquad \cdots(2)$$

となる．

(a)　流れが層流の場合：

式 (8.13) より，管路①と管路②の管摩擦係数 λ_1，λ_2 は，それぞれのレイノルズ数を Re_1，Re_2，液体の動粘度を ν とすると，

$$\lambda_1 = \frac{64}{Re_1} = \frac{64\nu}{v_1 d_1}, \qquad \lambda_2 = \frac{64}{Re_2} = \frac{64\nu}{v_2 d_2}$$

となり，両者の比 λ_2/λ_1 は，

$$\frac{\lambda_2}{\lambda_1} = \frac{v_1}{v_2}\frac{d_1}{d_2} \qquad \cdots(3)$$

である．式 (2)，(3) より λ_2/λ_1 を消去すれば，

$$\frac{v_1}{v_2} = \left(\frac{d_1}{d_2}\right)^2 \frac{l_2}{l_1}$$

となり，上式を式 (1) に代入して，

$$\underline{\frac{Q_1}{Q_2} = \left(\frac{d_1}{d_2}\right)^4 \frac{l_2}{l_1}}$$

が得られる．

(b)　流れが乱流の場合：

ブラジウスの式 (8.14) より，管路①と管路②の管摩擦係数 λ_1，λ_2 は，

$$\lambda_1 = \frac{0.3164}{(Re_1)^{1/4}} = \frac{0.3164\nu^{1/4}}{(v_1 d_1)^{1/4}}, \qquad \lambda_2 = \frac{0.3164}{(Re_2)^{1/4}} = \frac{0.3164\nu^{1/4}}{(v_2 d_2)^{1/4}}$$

となり，両者の比 λ_2/λ_1 は，

$$\frac{\lambda_2}{\lambda_1} = \frac{{v_1}^{1/4}}{{v_2}^{1/4}}\frac{{d_1}^{1/4}}{{d_2}^{1/4}} \qquad \cdots(4)$$

である．式 (2)，(4) より λ_2/λ_1 を消去すれば，

$$\frac{v_1}{v_2} = \left(\frac{d_1}{d_2}\right)^{\frac{5}{7}} \left(\frac{l_2}{l_1}\right)^{\frac{4}{7}}$$

となり，上式を式 (1) に代入すると，

$$\underline{\frac{Q_1}{Q_2} = \left(\frac{d_1}{d_2}\right)^{\frac{19}{7}} \left(\frac{l_2}{l_1}\right)^{\frac{4}{7}}}$$

が得られる．

問 8-5

$20\ \mathrm{m^3/min}$(1 日に約 18 万バレル)の原油を輸送するために，長さ $l=40\ \mathrm{km}$，直径 $d=50\ \mathrm{cm}$ の水平で真っ直ぐなパイプラインが埋設されている．原油の比重を $s=0.86$，粘度を $\mu=0.1\ \mathrm{Pa\cdot s}$ とするとき，以下の問に答えよ．

(a) 管内壁が滑らかな状態であるとして圧力損失 Δp を計算せよ．

(b) 上問 (a) の場合，原油を輸送するのに動力はどれほど必要か．

(c) パイプラインが古くなり平均粗さ $\varepsilon=5\ \mathrm{mm}$ のスラッジ（汚泥）が管内壁に付着した．ムーディ線図を参考にして，この状態の圧力損失 Δp を算定せよ．

(a) まず平均流速 v は，連続の式 (4.14) より，

$$v=\frac{Q}{\pi d^2/4}=\frac{20/60}{3.14\times 0.5^2/4}=1.70\ \mathrm{m/s}$$

である．式 (8.1) より，レイノルズ数 Re は，

$$Re=\frac{\rho v d}{\mu}=\frac{(0.86\times 10^3)\times 1.70\times 0.5}{0.1}=7310$$

であり，$Re>2320$ であるので乱流となる．よって，ブラジウスの式 (8.14) より，管摩擦係数 λ は，

$$\lambda=\frac{0.3164}{Re^{1/4}}=\frac{0.3164}{7310^{1/4}}=0.0342$$

となる．したがって，圧力損失 Δp は，ダルシー・ワイスバッハの式 (8.9) から，

$$\Delta p=\lambda\frac{l}{d}\frac{\rho v^2}{2}=0.0342\times\frac{40\times 10^3}{0.5}\times\frac{(0.86\times 10^3)\times 1.70^2}{2}=3.40\times 10^6=\underline{3.40\ \mathrm{MPa}}$$

となる．

(b) 原油を輸送するのに必要な動力 P は，圧力と流量の積で表されるので，

$$P=\Delta p Q=(3.40\times 10^6)\times\frac{20}{60}=1.13\times 10^6=\underline{1130\ \mathrm{kW}}$$

となる．

(c) レイノルズ数は $Re=7310$，相対粗さは $\varepsilon/d=5/500=0.01$ なので，ムーディ線図（図8.8）から管摩擦係数 $\lambda'=0.045$ が得られ，スラッジ（汚泥）が管内壁に付着するときには，圧力損失 $\Delta p'$

は，式 (8.9) より，

$$\Delta p' = \lambda' \frac{l}{d}\frac{\rho v^2}{2} = 0.045 \times \frac{40 \times 10^3}{0.5} \times \frac{(0.86 \times 10^3) \times 1.70^2}{2} = 4.47 \times 10^6 = \underline{4.47\ \mathrm{MPa}}$$

となり，管摩擦係数の比 $\lambda'/\lambda = 1.32$ だけ圧力損失が増える．

問 8-6 発展★★☆

動粘度 ν の液体が直径 d，長さ l の円管内を流量 Q で流れている．これらの仕様を設計変更したい．以下の問に答よ．ただし，管路は水平に置かれ，あらゆる条件において流れは乱流を保ち，ブラジウスの式が成立するものとする．

(a) まず，与えられた条件での損失ヘッド h_L を求めよ．

(b) 他の条件は変えずに，直径 d を半分にしたとき，損失ヘッド h_L はどのようになるか．

(c) 他の条件は変えずに，流量 Q を 2 倍にしたとき，損失ヘッド h_L はどのようになるか．

(d) 上問 (b)，(c) のそれぞれのレイノルズ数と流れの状態を確認せよ．

(a) まず，与えられた条件でのレイノルズ数 Re と損失ヘッド h_L は，流速が $v = Q/(\pi d^2/4)$ で表されるから，式 (8.1)，(8.9) を用いて，

$$Re = \frac{vd}{\nu} = \frac{4Q}{\pi d^2}\frac{d}{\nu} = \frac{4Q}{\pi d \nu} \quad \cdots(1)$$

$$h_L = \lambda \frac{l}{d}\frac{v^2}{2g} = \lambda \frac{l}{d}\frac{(4Q/\pi d^2)^2}{2g} = \lambda \frac{8lQ^2}{\pi^2 d^5 g} \quad \cdots(2)$$

となる．また，乱流における管摩擦係数 λ は，ブラジウスの式 (8.14) より，

$$\lambda = \frac{0.3164}{Re^{1/4}} = \frac{0.3164}{\left(\frac{4Q}{\pi d \nu}\right)^{\frac{1}{4}}} = \frac{0.224\pi^{1/4} d^{1/4} \nu^{1/4}}{Q^{1/4}} \quad \cdots(3)$$

である．式 (3) を式 (2) に代入すると，損失ヘッド h_L は，

$$h_L = \frac{0.224\pi^{1/4} d^{1/4} \nu^{1/4}}{Q^{1/4}} \frac{8lQ^2}{\pi^2 g d^5} = \frac{1.79 l \nu^{1/4} Q^{7/4}}{\pi^{7/4} g d^{19/4}} = \underline{0.0247 \nu^{1/4} l d^{-19/4} Q^{7/4}} \quad \cdots(4)$$

のように得られる．

(b) 直径 d を 1/2 にしたら損失ヘッド h_L' は，式 (4) より，

第8章 水平な直管路内の流れ 演習問題

$$h_L{}' = 0.0247\nu^{1/4}\, l(d/2)^{-19/4}\, Q^{7/4} = \left(\frac{1}{2}\right)^{-\frac{19}{4}} 0.0247\nu^{1/4}\, ld^{-19/4}\, Q^{7/4} = 26.9h_L$$

となり，26.9 倍に増加する．

(c)　流量 Q を 2 倍にしたら損失ヘッド $h_L{}'$ は，式 (4) より，

$$h_L{}' = 0.0247\nu^{1/4}\, ld^{-19/4}(2Q)^{7/4} = (2)^{7/4}\, 0.0247\nu^{1/4}\, ld^{-19/4}\, Q^{7/4} = 3.36h_L$$

となり，3.36 倍に増加する．

(d)　直径 d を 1/2 倍にしたとき，流量 Q を 2 倍にしたときのレイノルズ数 Re' は，式 (1) より，それぞれ，

$$Re' = \frac{4Q}{\pi(d/2)\nu} = \frac{8Q}{\pi d\nu} = 2\,Re$$

$$Re' = \frac{4(2Q)}{\pi d\nu} = \frac{8Q}{\pi d\nu} = 2\,Re$$

となり，ともに 2 倍に増加する．したがって，直径 d を 1/2 倍に，流量 Q を 2 倍にしたとしても乱流の状態を保つ．

問 8-7　応用★★☆

水平に置かれた長さ $l = 400$ m の真っ直ぐな水道管に水が流れている．直径 d および平均流速 v が下記のそれぞれの条件の場合，まずレイノルズ数 Re を求め，流れが層流か乱流か示せ．さらに，管摩擦係数 λ，損失ヘッド h_L を求めよ．

(a)　$d = 16.1$ mm（呼び径 A15），$v = 0.1$ m/s のとき

(b)　$d = 52.7$ mm（呼び径 A50），$v = 0.1$ m/s のとき

(c)　$d = 52.7$ mm（呼び径 A50），$v = 3.5$ m/s のとき

(a)　レイノルズ数 Re は，式 (8.1) より，

$$Re = \frac{vd}{\nu} = \frac{0.1 \times (16.1 \times 10^{-3})}{1 \times 10^{-6}} = \underline{1.61 \times 10^3}$$

であり，$Re < 2320$ なので層流である．管摩擦係数 λ は，式 (8.13) より，

$$\lambda=\frac{64}{Re}=\frac{64}{1.61\times10^3}=\underline{0.0398}$$

であり，損失ヘッド h_L は，式 (8.9) より，

$$h_L=\lambda\frac{l}{d}\frac{v^2}{2g}=0.0398\times\frac{400}{16.1\times10^{-3}}\times\frac{0.1^2}{2\times9.8}=\underline{0.504\ \mathrm{m}}$$

となる．

(b) レイノルズ数 Re は，

$$Re=\frac{vd}{\nu}=\frac{0.1\times(52.7\times10^{-3})}{1\times10^{-6}}=\underline{5.27\times10^3}$$

であり，$Re>2320$ なので<u>乱流である</u>．$3\times10^3<Re<1\times10^5$ であるから，管摩擦係数 λ はブラジウスの式 (8.14) を用い，

$$\lambda=\frac{0.3164}{Re^{1/4}}=\frac{0.3164}{5270^{1/4}}=\underline{0.0371}$$

であり，損失ヘッド h_L は，

$$h_L=\lambda\frac{l}{d}\frac{v^2}{2g}=0.0371\times\frac{400}{52.7\times10^{-3}}\times\frac{0.1^2}{2\times9.8}=\underline{0.144\ \mathrm{m}}$$

となる．

(c) レイノルズ数 Re は，

$$Re=\frac{vd}{\nu}=\frac{3.5\times(52.7\times10^{-3})}{1\times10^{-6}}=\underline{1.84\times10^5}$$

であり，$Re>2320$ なので<u>乱流である</u>．$1\times10^5<Re<3\times10^6$ であるから，管摩擦係数 λ はニクラゼの式 (8.15) を用い，

$$\lambda=0.0032+0.221Re^{-0.237}=0.0032+0.221\times(1.84\times10^5)^{-0.237}=\underline{0.0157}$$

であり，損失ヘッド h_L は，

$$h_L=\lambda\frac{l}{d}\frac{v^2}{2g}=0.0157\times\frac{400}{52.7\times10^{-3}}\times\frac{3.5^2}{2\times9.8}=\underline{74.5\ \mathrm{m}}$$

となる．

問 8-8

応用★★★

レイノルズ数 Re を用いずに給水管の損失ヘッド h_L を求める方法として，つぎのウェストンの公式がある．ただし，管径は $d \leqq 50$ mm の条件において利用できる．

$$h_L = \left(0.0126 + \frac{0.01739 - 0.1087d}{\sqrt{v}}\right)\frac{l}{d}\frac{v^2}{2g} \tag{8.40}$$

以下の管径 d と平均流速 v の条件のとき，ダルシー・ワイスバッハの式と比べて何％の誤差があるか示せ．

(a)　$d = 21.4$ mm（呼び径 A20），$v = 1.8$ m/s のとき

(b)　$d = 35.5$ mm（呼び径 A32），$v = 4.0$ m/s のとき

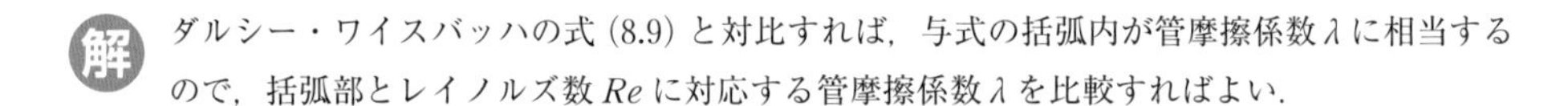

解　ダルシー・ワイスバッハの式 (8.9) と対比すれば，与式の括弧内が管摩擦係数 λ に相当するので，括弧部とレイノルズ数 Re に対応する管摩擦係数 λ を比較すればよい．

(a)　与式において括弧内の管摩擦係数を λ' と置くと，

$$\lambda' = 0.0126 + \frac{0.01739 - 0.1087d}{\sqrt{v}} = 0.0126 + \frac{0.01739 - 0.1087 \times (21.4 \times 10^{-3})}{\sqrt{1.8}} = 0.0238$$

である．このレイノルズ数 Re は，

$$Re = \frac{vd}{\nu} = \frac{1.8 \times (21.4 \times 10^{-3})}{1 \times 10^{-6}} = 3.85 \times 10^4$$

であり，$Re > 2320$ で乱流であり，$3 \times 10^3 < Re < 1 \times 10^5$ であるから，管摩擦係数 λ はブラジウスの式 (8.14) を用いると，

$$\lambda = \frac{0.3164}{Re^{1/4}} = \frac{0.3164}{(3.85 \times 10^4)^{1/4}} = 0.0226$$

となり，両者の管摩擦係数を比較すれば，

$$\frac{\lambda'}{\lambda} = \frac{0.0238}{0.0226} = 1.05$$

となり，5%の誤差がある．

(b)　与式において括弧内の管摩擦係数を λ' と置くと，

$$\lambda' = 0.0126 + \frac{0.01739 - 0.1087d}{\sqrt{v}} = 0.0126 + \frac{0.01739 - 0.1087 \times (35.5 \times 10^{-3})}{\sqrt{4.0}} = 0.0194$$

である．このレイノルズ数 Re は，

$$Re=\frac{vd}{\nu}=\frac{4.0\times(35.5\times10^{-3})}{1\times10^{-6}}=1.42\times10^5$$

であり，$Re>2320$ で乱流であり，$1\times10^5<Re<3\times10^6$ であるから，管摩擦係数 λ はニクラゼの式 (8.15) を用い，

$$\lambda=0.0032+0.221\,Re^{-0.237}=0.0032+0.221\times(1.42\times10^5)^{-0.237}=0.0165$$

となり，両者の管摩擦係数を比較すれば，

$$\frac{\lambda'}{\lambda}=\frac{0.0194}{0.0165}=1.18$$

となり，18%の誤差がある.

問 8-9 発展★★★

長さ $l=10$ m の長方形断面を持つ管路（水力直径 d_h）に油を層流状態にして平均流速 $v=5$ m/s で流したい．圧力損失を $\Delta p=0.4$ MPa にするためには，この管路をどのように設計すればよいか．以下の問に答えよ．ただし，油の密度は $\rho=850$ kg/m^3，粘度は $\mu=0.0272$ Pa・s とする．

(a) ダルシー・ワイスバッハの式を用いて，適切な水力直径 d_h を求めよ．

(b) 長方形管路の短辺 a と長辺 b の比が 1:2 であるならば，短辺の長さ a はいくつになるか示せ．

(c) このときのレイノルズ数 Re を求め，流れが層流であることを確認せよ．

(a) 流れが層流のとき，断面形状が円形でない管路にて式 (8.20) を用い，式 (8.13) にて $d=d_h$ と置くと，

$$\Delta p=\lambda\frac{l}{d_h}\frac{\rho v^2}{2}=\frac{64\mu}{\rho v d_h}\frac{l}{d_h}\frac{\rho v^2}{2}=\frac{32\mu l v}{{d_h}^2}$$

となる．上式を変形すると，適切な水力直径 d_h は，

$$d_h=\sqrt{\frac{32\mu l v}{\Delta p}}=\sqrt{\frac{32\times0.0272\times10\times5}{0.4\times10^6}}=0.0104\ =\underline{10.4\ \mathrm{mm}}$$

となる．

(b) 長方形断面形状の水力直径 d_h と短辺 a の関係は，

$$d_h = 4\frac{A}{S} = 4\frac{ab}{2(a+b)} = \frac{2a}{\dfrac{a}{b}+1} = \frac{2a}{\dfrac{1}{2}+1} = \frac{4}{3}a$$

のとおり表されるので，

$$a = \frac{3}{4}d_h = \frac{3}{4} \times 0.0104 = 7.80 \times 10^{-3} = \underline{7.80\ \text{mm}}$$

となる．

(c)　このときのレイノルズ数 Re は，

$$Re = \frac{\rho v d_h}{\mu} = \frac{850 \times 5 \times 0.0104}{0.0272} = \underline{1.63 \times 10^3}$$

となり，$Re < 2320$ であるので層流である．

問 8-10

発展★☆☆

密度 $\rho = 1.25\ \text{kg/m}^3$ の空気を長辺 $a = 700\ \text{mm}$，短辺 $b = 300\ \text{mm}$ のダクトに風量 $Q = 8000\ \text{m}^3/\text{h}$ で流した．そのとき，長さ $l = 5\ \text{m}$ の圧力損失を測定したら $\Delta p = 11.4\ \text{Pa}$ であった．このダクトの水力直径 d_h と管摩擦係数 λ を算定せよ．

長方形ダクトの水力直径 d_h と平均流速 v は，式 (8.21) より，

$$d_h = 4\frac{A}{S} = 4\frac{ab}{2(a+b)} = 2 \times \frac{0.7 \times 0.3}{0.7 + 0.3} = \underline{0.420\,\text{m}}$$

$$v = \frac{Q}{ab} = \frac{8000/60^2}{0.7 \times 0.3} = 10.6\,\text{m/s}$$

であり，式 (8.20) より，ダクトの管摩擦係数 λ は，

$$\lambda = \frac{2 d_h \Delta p}{\rho l v^2} = \frac{2 \times 0.420 \times 11.4}{1.25 \times 5 \times 10.6^2} = \underline{0.0136}$$

となる．

問 8-11

発展★★☆

一辺 a の正方形断面を持つ管路を水が流れている．管の長さ l，流量 Q，圧力損失 Δp を変えずに，円の断面形状を有する管路に変更するためには，この円断面の直径 d は，正方形の一辺 a の何倍に設計すればよいか．ただし，両者の管摩擦係数 λ は等しいと仮定する．

 正方形断面の水力直径 d_h は，式 (8.21) より，

$$d_h = 4\frac{A}{S} = 4\frac{a^2}{4a} = a$$

で表される．この圧力損失 Δp は，式 (8.20) から，

$$\Delta p = \lambda\frac{l}{d_h}\frac{\rho v^2}{2} = \lambda\frac{l}{a}\frac{\rho(Q/a^2)^2}{2} = \frac{\lambda\rho l Q^2}{2a^5} \quad \cdots(1)$$

となる．円形断面では，ダルシー・ワイスバッハの式 (8.9) より，

$$\Delta p = \lambda\frac{l}{d}\frac{\rho v^2}{2} = \lambda\frac{l}{d}\frac{\rho\{4Q/(\pi d^2)\}^2}{2} = \frac{8\lambda\rho l Q^2}{\pi^2 d^5} \quad \cdots(2)$$

である．式 (1)，(2) において，題意より管の長さ l，流量 Q，圧力損失 Δp，管摩擦係数 λ，水の密度 ρ を等しく置けば，

$$d = \left(\frac{16}{\pi^2}\right)^{\frac{1}{5}} a = 1.10a$$

が得られ，円の直径 d は正方形断面の一辺 a の 1.10 倍に設計すればよいことになる．

問 8-12 発展★★☆

内面が滑らかな長さ $l = 15$ m の同心環状円管（外側直径は $d_1 = 6$ cm，内側直径は $d_2 = 3$ cm）を冷却水が平均流速 $v = 1.2$ m/s で流れている．まず水力直径 d_h を求め，つぎに上流側の圧力を $p_1 = 0.25$ MPa とするとき，下流側での圧力 p_2 を計算せよ．

 水力直径 d_h は，式 (8.21) より

$$d_h = 4\frac{A}{S} = 4\frac{\pi({d_1}^2 - {d_2}^2)/4}{\pi(d_1 + d_2)} = d_1 - d_2 = 0.06 - 0.03 = \underline{0.03\ \text{m}}$$

となる．式 (8.24) より，

$$Re = \frac{v d_h}{\nu} = \frac{1.2\times 0.03}{1\times 10^{-6}} = 3.6\times 10^4$$

であるから，流れは乱流である．管摩擦係数 λ は，ブラジウスの式 (8.14) より，

$$\lambda = \frac{0.3164}{Re^{1/4}} = \frac{0.3164}{(3.6\times 10^4)^{1/4}} = 0.0230$$

である．よって，管路の圧力損失 Δp は，式 (8.20) から，

$$\Delta p = \lambda \frac{l}{d_h} \frac{\rho v^2}{2} = 0.023 \times \frac{15}{0.03} \times \frac{(1 \times 10^3) \times 1.2^2}{2} = 8.28 \times 10^3 = 8.28\ \mathrm{kPa}$$

であり，下流側での圧力 p_2 は，

$$p_2 = p_1 - \Delta p = 0.25 \times 10^6 - 8.28 \times 10^3 = 0.242 \times 10^6 = \underline{0.242\ \mathrm{MPa}}$$

となる．

問 8-13

図8.12 のような一辺が $a = 13$ mm の正六角形断面の流路を密度 $\rho = 1.81$ kg/m^3，動粘度 $\nu = 8.23$ mm^2/s の二酸化炭素 (CO_2) が平均流速 $v = 8$ m/s で流れている．このステンレス製ハニカム流路の水力直径 d_h およびレイノルズ数 Re を求めよ．また，長さ $l = 100$ mm での圧力損失 Δp がいくらになるか算出せよ．

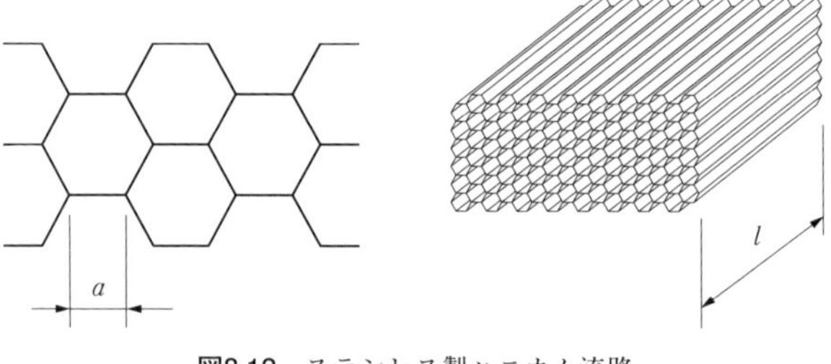

図8.12 ステンレス製ハニカム流路

解 正六角形の面積 A は，一辺 a の正三角形が 6 個あるので，$A = 6a(\sqrt{3}\,a/2)/2 = 3\sqrt{3}\,a^2/2$，ぬれ縁長さは $S = 6a$ である．よって，正六角形断面の水力直径 d_h とレイノルズ数 Re は，式 (8.21)，(8.24) より，

$$d_h = 4\frac{A}{S} = 4 \times \frac{3\sqrt{3}\,a^2/2}{6a} = \sqrt{3}\,a = 1.73 \times 0.013 = \underline{0.0225\ \mathrm{m}}$$

$$Re = \frac{v d_h}{\nu} = \frac{8 \times 0.0225}{8.23 \times 10^{-6}} = \underline{2.19 \times 10^4}$$

となる．流れは乱流であるので，ブラジウスの式 (8.14) を用いれば，管摩擦係数 λ は，

$$\lambda = \frac{0.3164}{Re^{1/4}} = \frac{0.3164}{(2.19 \times 10^4)^{1/4}} = 0.0260$$

となり，長さ $l = 100$ mm での圧力損失 Δp は，式 (8.20) から，以下のように得られる．

$$\Delta p = \lambda \frac{l}{d_h} \frac{\rho v^2}{2} = 0.0260 \times \frac{0.1}{0.0225} \times \frac{1.81 \times 8^2}{2} = \underline{6.69\ \mathrm{Pa}}$$

問 8-14

応用★★☆

タンクの下部に直径 $d = 75$ mm，全長 $l = 10$ m の直管路が水平に接続され，流量 $Q = 60$ L/min の水が流出している．この流れが層流か乱流かを調べ，助走距離 L_e，十分発達した流れに至るまでの圧力降下のヘッド h_e を求めよ．ただし，損失係数 ζ は中間の値を採用せよ．

平均流速 v は，連続の式 (4.14) から，

$$v = \frac{Q}{\pi d^2/4} = \frac{(60\times10^{-3})/60}{3.14\times0.075^2/4} = 0.226\ \text{m/s}$$

であり，レイノルズ数 Re は，式 (8.1) より，

$$Re = \frac{vd}{\nu} = \frac{0.226\times0.075}{1\times10^{-6}} = 1.70\times10^4$$

となり流れは乱流である．したがって，式 (8.27) より，助走距離 L_e は，

$$L_e = 50d = 50\times0.075 = \underline{3.75\ \text{m}}$$

である．式 (8.37) より，損失係数 ζ は，

$$\zeta = 0.06 \backsim 0.09$$

であるので中間の値 $\zeta = 0.075$ を採用する．この流れは乱流で $3\times10^3 < Re < 1\times10^5$ なのでブラジウスの式 (8.14) を用いれば，管摩擦係数 λ は，

$$\lambda = \frac{0.3164}{Re^{1/4}} = \frac{0.3164}{(1.70\times10^4)^{1/4}} = 0.0277$$

である．式 (8.28) から，十分発達した流れに至るまでの圧力降下のヘッド h_e は，

$$h_e = \left(\lambda\frac{L_e}{d} + 1 + \zeta\right)\frac{v^2}{2g} = \left(0.0277\times\frac{3.75}{0.075} + 1 + 0.075\right)\times\frac{0.226^2}{2\times9.8} = \underline{6.41\times10^{-3}\ \text{m}}$$

のとおり得られる．

問 8-15

図8.13に示すとおり管路直径 D に比べて絞り部の直径 d が小さいとき，円筒形絞りと呼ばれている．絞り部の長さ l に対して助走区間の影響が無視できない場合には，ハーゲン・ポアズイユ流れの式 (7.33) に修正係数 C_m を考慮して，圧力損失 Δp と流量 Q の関係は次式で表されることを示せ．

$$\Delta p = C_m \frac{128\mu l}{\pi d^4} Q \tag{8.41}$$

ここに，$C_m = 1 + \zeta \dfrac{Re}{64}\dfrac{d}{l}$

ただし，ζ は助走区間での損失係数，Re はレイノルズ数である．

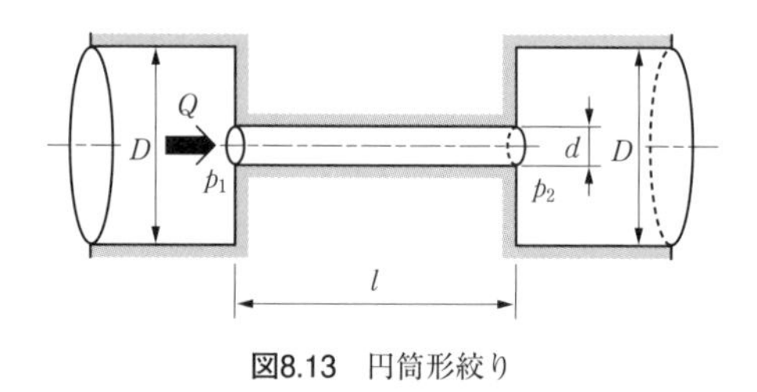

図8.13　円筒形絞り

助走区間の影響が無視できる場合には，円筒形絞りでの圧力損失 Δp_h は，ハーゲン・ポアズイユ流れの式 (7.33) より，

$$\Delta p_h = \frac{128\mu l}{\pi d^4} Q$$

となる．他方，助走区間による圧力損失 Δp_i は，連続の式やレイノルズ数 Re の定義を用いて変形すると式 (8.6) より，

$$\Delta p_i = \zeta \frac{\rho v^2}{2} = \zeta \frac{\mu}{2d} \frac{\rho v d}{\mu} \frac{Q}{\pi d^2/4} = \zeta \frac{128\mu l}{\pi d^4} \frac{Re}{64} \frac{d}{l} Q$$

となる．円筒形絞りの圧力損失 Δp が両者の和として表されるならば，

$$\Delta p = \Delta p_h + \Delta p_i = \underline{\left(1 + \zeta \frac{Re}{64} \frac{d}{l}\right) \frac{128\mu l}{\pi d^4} Q}$$

が得られ，与式が導ける．

第 9 章

管内の乱流

9.1 二次元流れの乱流

管内の乱流を考えるまえに，二次元流れで簡易化してみよう．乱流の流れ場では，流体粒子が大小様々な渦運動をするので，**図9.1** に示すように，x 軸方向の速度 u のほかに，y 軸方向の速度 v（管断面に対する平均流速の記号 v の意味と異なる）も考慮に入れなければならない．また，流れ場の速度を実際に観察してみると，速度 u，v は，それぞれ時間平均速度 $\overline{u}$，$\overline{v}$ と速度変動成分 u'，v' の和として次式のように表される．

$$u = \overline{u} + u' , \qquad v = \overline{v} + v' \tag{9.1}$$

図9.2 は，これら時刻暦波形の一例を示している．ここで，ある程度の長い時間 T をとり速度の時間平均値を求めると，流れは平均的に x 軸方向に流れるから，それぞれの時間平均速度は，

$$\overline{u} = \frac{1}{T}\int_0^T u\,dt \neq 0 , \qquad \overline{v} = \frac{1}{T}\int_0^T v\,dt = 0 \tag{9.2}$$

となり，速度変動成分 u'，v' の時間平均 $\overline{u'}$，$\overline{v'}$ は，

$$\overline{u'} = \frac{1}{T}\int_0^T u'\,dt = 0 , \qquad \overline{v'} = \frac{1}{T}\int_0^T v'\,dt = 0 \tag{9.3}$$

のとおり零となる．

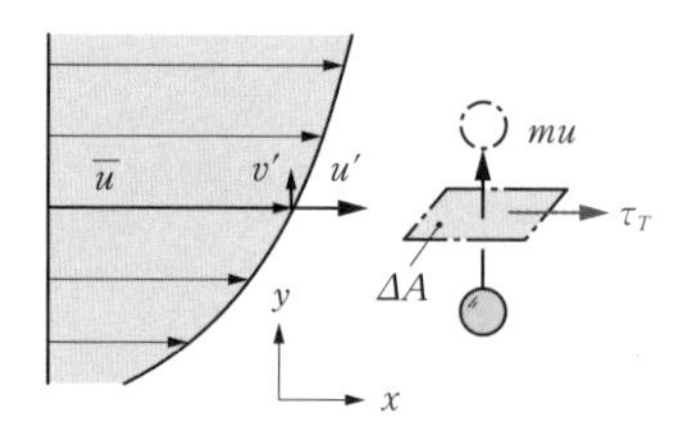

図9.1　二次元流れ場の乱流

さて，流体粒子が y 軸に垂直な微小面積 ΔA を通る運動量を考えよう（図9.1）．微小面積 ΔA を微小時間 Δt の間に下から上へ通過する流体粒子の質量 m は $\rho v \Delta A \Delta t$ であり，その流体粒子は，x 軸

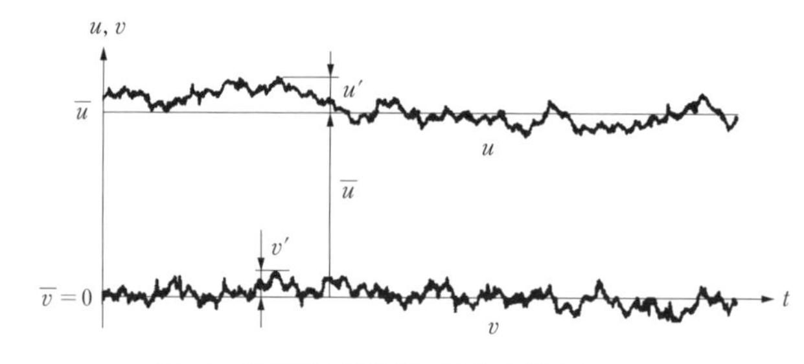

図9.2　時間平均速度 $\overline{u}$，$\overline{v}$ と変動速度 u'，v'

方向に速度 u で移動しているので，微小面積の上側は $mu=\rho uv\Delta A\Delta t$ の運動量を受ける．よって運動量の法則から，「運動量 mu の時間的な変化割合は，その検査面に及ぼす力 F に等しい」ので，力 $F=mu/\Delta t=\rho uv\Delta A$ が検査面である微小面積 ΔA に作用する．

したがって，微小面積 ΔA に働くせん断応力 τ_T は，式 (9.1)～(9.3) を用い，ρuv を時間平均することにより，

$$\tau_T=\frac{F}{\Delta A}=\frac{1}{T}\int_0^T\rho uvdt=\frac{1}{T}\int_0^T\rho(\overline{u}+u')v'dt=\frac{\rho\overline{u}}{T}\int_0^T v'dt+\frac{\rho}{T}\int_0^T u'v'dt=\rho\overline{u'v'} \tag{9.4}$$

のとおり得られる．このように，乱流のせん断応力 τ_T を求めるためには，速度変動成分 u'，v' を実験により測定し，これらの積の時間平均をしなければならない．**図9.3** は変動成分の計測結果の一例である．両者の値の相関 $\overline{u'v'}$ は，負になる確率が高く，式 (9.4) に負の符号を付けると，

$$\tau_T=-\rho\overline{u'v'} \tag{9.5}$$

となる．上式で表されるせん断応力 τ_T を**レイノルズ応力**と呼ぶ．乱流の流れ場における全せん断応力 τ は，このレイノルズ応力 τ_T のほかに，壁面からの影響も受けるので，層流と同様な粘性によるせん断応力 τ_L も加え，

$$\tau=\tau_L+\tau_T=\mu\frac{d\overline{u}}{dy}+(-\rho\overline{u'v'}) \tag{9.6}$$

で表す．ここで，右辺第1項の粘性にもとづくせん断応力 τ_L は，変動成分 u' によるせん断応力の平均値が式 (9.3) より零となるので，平均速度 $\overline{u}$ だけのせん断応力を考えればよい．

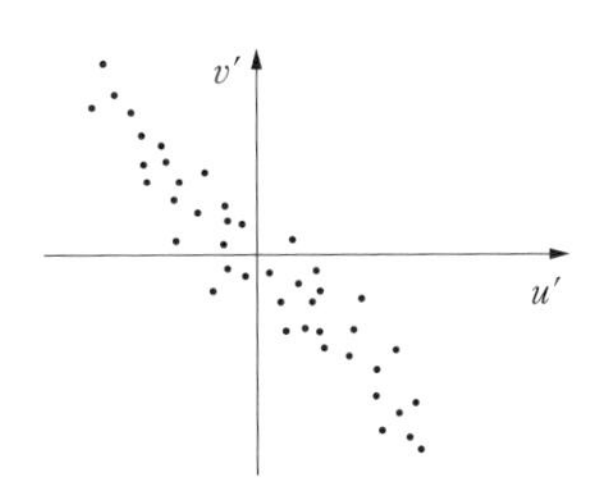

図9.3　変動速度 u'，v' の相関

9.2 混合距離

乱流における全せん断応力 τ は，式 (9.6) に見るように，層流とは異なり流体の粘度 μ だけではなく，流体の密度 ρ にも依存する．**図9.4** は，平行な壁面で挟まれる管路に対して，2つのせん断応力 τ_T と τ_L の分布を示した図である．管の中央付近では，レイノルズ応力 τ_T が支配的となっており，壁面に近づくにしたがい乱れの程度が抑制されてレイノルズ応力 τ_T は減少し，壁面からの粘性せん断応力 τ_L が逆に増してくる．結局，全せん断応力 τ は，乱流でも十分発達した流れでは，破線で示すように直線的に変化することが実験などにより知られている．

レイノルズ応力 τ_T が層流せん断応力と類似の形で，平均速度のこう配に比例すると仮定すれば，式 (9.5) は，次式のようにも表される．

$$\tau_T = \rho \varepsilon_m \frac{d\overline{u}}{dy} \tag{9.7}$$

ここで，ε_m は**渦動粘度**と呼ばれ，流体粒子の渦運動による運動量交換から起こる見かけの粘性であり，動粘度 ν のように流体の種類や，その温度，圧力などで決まる物性値ではなく，流れ場に依存する量である．

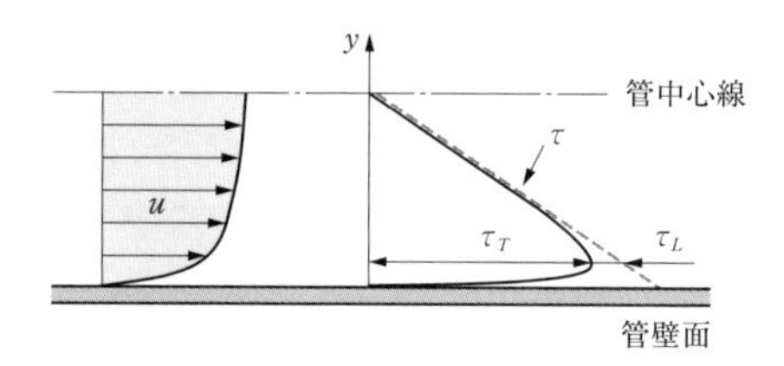

図9.4　レイノルズ応力 τ_T と粘性せん断応力 τ_L の分布（管の下断面）

渦動粘度 ε_m の見積りには，様々な説が提唱されているが，ここでは，**プラントル** (L. Prandtl) **の混合距離理論**について述べる．この仮説は，気体分子運動論に立脚し，衝突する気体分子が互いに衝突するまでの平均自由行程を，不規則な渦運動をする流体粒子が別の流体粒子に衝突するまでの距離と対応させて考えたものである．すなわち，図9.5 に示すように，$y = y_o$ の面で x 軸方向に進む流体粒子は平均速度 $\overline{u}(y_o)$ を持ち，$y = y_o \pm l_o$ の面上での x 軸方向に進む流体粒子は，それぞれ平均速度 $\overline{u}(y_o \pm l_o)$ を持つとする．この平均速度 $\overline{u}(y_o \pm l_o)$ を，テイラー展開すれば，

$$\overline{u}(y_o \pm l_o) = \overline{u}(y_o) \pm \frac{l_o}{1!}\frac{d\overline{u}(y_o)}{dy} + \frac{l_o^2}{2!}\frac{d^2\overline{u}(y_o)}{dy^2} \pm \cdots \tag{9.8}$$

となるので，上式の 2 次以降の微小項を消去すると，$y = y_o \pm l_o$ に存在する流体粒子が x 軸方向速度を維持したまま，$y = y_o$ に至るまでの変動速度 u'_+，u'_- は，それぞれ次式のように表される．

$$\left.\begin{aligned} u'_+ &= \overline{u}(y_o + l_o) - \overline{u}(y_o) = l_o \frac{d\overline{u}}{dy} \\ u'_- &= \overline{u}(y_o - l_o) - \overline{u}(y_o) = -l_o \frac{d\overline{u}}{dy} \end{aligned}\right\} \tag{9.9}$$

これらの変動速度の絶対値 $|u'_+|$，$|u'_-|$ を算術平均すると，

$$|\overline{u'}| = \frac{1}{2}(|u'_+| + |u'_-|) = l_o \left|\frac{d\overline{u}}{dy}\right| \tag{9.10}$$

となる．また，y 軸方向の速度変動 v' は，x 軸方向の速度変動 u' の大きさとほぼ同程度であるとすると，$|v'| \fallingdotseq |u'|$ であるので，その時間平均は，

$$|\overline{v'}|=|\overline{u'}| \tag{9.11}$$

の関係が成り立つ．実際の乱流は極めて複雑な現象であるが，ここでは以下の仮定を設ける．

$$\overline{u'v'}=-c|\overline{u'}|\cdot|\overline{v'}| \tag{9.12}$$

ここに，c は比例定数であり，右辺の負符号は $\overline{u'v'}<0$（図9.3）のために付けられている．よって，式 (9.5)，式 (9.10)～(9.12) より，レイノルズ応力 τ_T は，

$$\tau_T=\rho c{l_o}^2\left|\frac{d\overline{u}}{dy}\right|^2 \tag{9.13}$$

で表される．レイノルズ応力 τ_T の符合と速度こう配 $d\overline{u}/dy$ の符合が等しいことを考慮し，上式において $c{l_o}^2=l^2$ と置けば，

$$\tau_T=\rho l^2\left|\frac{d\overline{u}}{dy}\right|\frac{d\overline{u}}{dy} \tag{9.14}$$

が得られる．ここに，l は**混合距離**と呼ばれ，流体粒子が入り混じる長さを示す．本来，混合距離の概念は，平均自由行程から発した用語であるので，l_o に与えるのが適切と思われるが，便宜上，式 (9.14) の l を混合距離と称している．したがって，式 (9.7) での渦動粘度 ε_m は，次式のとおりとなる．

$$\varepsilon_m=l^2\left|\frac{d\overline{u}}{dy}\right| \tag{9.15}$$

このように渦動粘度 ε_m を定式化することが可能となったが，混合距離 l は，定数ではなく，流れの状態によって大きく変わってくるので，実験的に求めなければならない．たとえば，壁近傍での局所的な流れでは，k を定数とすれば壁面からの距離 y に比例し，混合距離 l は，

$$l=ky \tag{9.16}$$

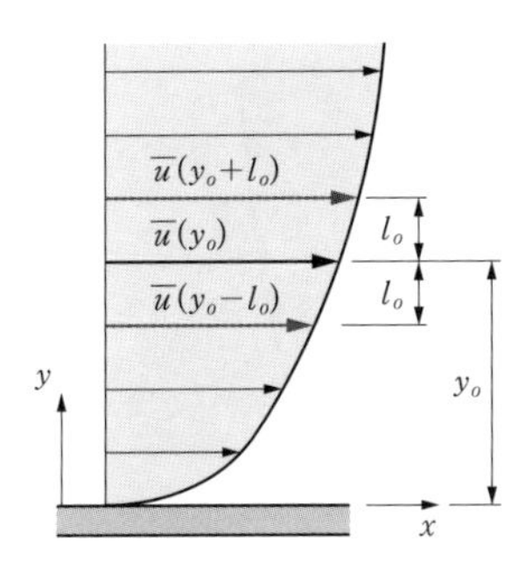

図9.5　混合距離

のように表され，一般に比例定数 k は，

$$k = 0.4 \tag{9.17}$$

であることが実験などから明らかにされている．

9.3 対数法則

管壁面が滑らかな円管内の速度分布を，乱流の場合で考えてみよう．**図9.6** は，乱流の速度分布を模式的に示しており，壁面に近い**粘性底層**，管路中央付近の**内層**，両者の間の**遷移層**に区分することができる．なお，以降の表記では，時間平均速度 $\overline{u}$ は，簡略化して記号 u で表す．

まず，壁面近くでは，流体粒子の渦運動が抑制されるために，乱流であったとしても，乱流せん断応力 τ_T はほぼ零となり，粘性応力が支配的になる．よって，速度こう配は直線で近似でき，厚さ δ_o の極めて薄い粘性底層が形成される．ニュートンの粘性法則から，粘性底層内でのせん断応力 τ は，$y \leqq \delta_o$ の範囲で，

$$\tau = \rho\nu \frac{u}{y} \tag{9.18}$$

となる．上式において，せん断応力 τ が壁面せん断応力 τ_o に等しいと仮定し，

$$v_* = \sqrt{\frac{\tau_o}{\rho}} \tag{9.19}$$

と置けば，式 (9.18) より，

$$\frac{u}{v_*} = \frac{v_* y}{\nu} \tag{9.20}$$

の関係が得られる．ここに，v_*（＊は asterisk：アスタリスクと読む）は，速度と同じ次元を有しているので**摩擦速度**と呼ばれ，壁面近くでの乱れの大きさを表す指標である．式 (9.20) の右辺はレイノルズ数と同型であり，$y = \delta_o$ において $u = u_\delta$ とすれば，

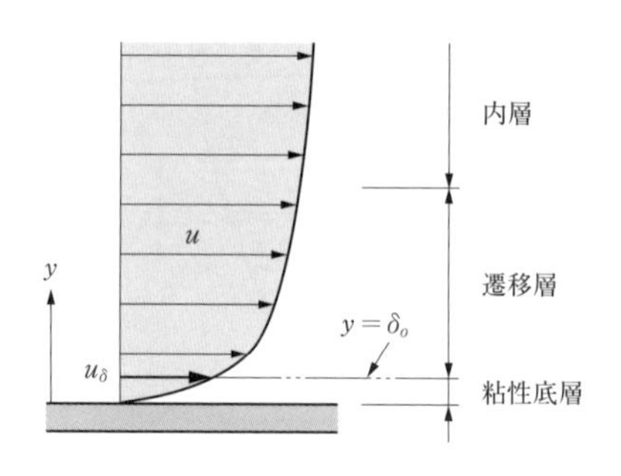

図9.6　円管内の乱流の模式図

$$\frac{u_\delta}{v_*} = \frac{v_* \delta_o}{\nu} = R_\delta \tag{9.21}$$

となり，R_δ は粘性底層に関するレイノルズ数である．

つぎに，乱流領域とみなされる内層について考えよう．この領域においては，式 (9.6) の第 1 項は無視できるので，粘性底層と異なり，レイノルズ応力 τ_T を用いて速度分布を求めることができる．式 (9.14) において，レイノルズ応力 τ_T が壁面せん断応力 τ_o に等しいという仮定を設ければ，速度こう配の絶対値記号を取り，式 (9.16)，(9.19) を用いることによって，

$$\frac{du}{dy} = \frac{1}{ky}\sqrt{\frac{\tau_o}{\rho}} = \frac{v_*}{ky} \tag{9.22}$$

が得られる．上式を変数分離して積分すれば，

$$\frac{u}{v_*} = \frac{1}{k}\ln y + C_o \tag{9.23}$$

となる．この積分定数 C_o を正確に得るのは容易でないが，ここでは式 (9.21) の境界条件から便宜的に求めてみよう．すなわち $y = \delta_o$ のとき $u = u_\delta$ であるので，積分定数 C_o は次式で得られる．

$$C_o = R_\delta - \frac{1}{k}\ln \delta_o \tag{9.24}$$

式 (9.24) を式 (9.23) に代入して，再び式 (9.21) の関係 $\delta_o = \nu R_\delta / v_*$ を利用すれば，

$$\frac{u}{v_*} = \frac{1}{k}\ln\left(\frac{y}{\delta_o}\right) + R_\delta = \frac{1}{k}\ln\left(\frac{v_* y}{\nu}\right) + K \tag{9.25}$$

となる．ここに，定数 K は，

$$K = R_\delta - \frac{1}{k}\ln R_\delta \tag{9.26}$$

であり，実験的に $K = 5.5$ であることが知られている．また，式 (9.17) から比例定数 k は $k = 0.4$ であるので，式 (9.25) の自然対数を常用対数で表すと，

$$\frac{u}{v_*} = \frac{2.303}{k}\log_{10}\left(\frac{v_* y}{\nu}\right) + K = 5.75\log_{10}\left(\frac{v_* y}{\nu}\right) + 5.5 \tag{9.27}$$

となる．この半経験的な式 (9.27) は，乱流の円管内での速度分布を表し，**対数法則**と呼ばれ，十分に高いレイノルズ数でも成り立つことが確認されている．

粘性底層と乱流領域の間の遷移層では，粘性応力とレイノルズ応力が混在し，理論的な取り扱いは困難であるが，速度分布として以下の経験式が提案さている．

$$\frac{1}{\left(\dfrac{u}{v_*}\right)^2}=\frac{1}{\left(\dfrac{v_* y}{\nu}\right)^2}+\frac{0.030}{\left\{\log_{10}\left(9.05\dfrac{v_* y}{\nu}\right)\right\}^2} \tag{9.28}$$

以上の結果を整理すると，つぎのような $v_* y/\nu$ の範囲で，それぞれの式を用い，**図9.7** に示す円管内の乱流速度分布が描ける．

- 粘性底層（層流領域）$v_* y/\nu<5$：式 (9.20)，実線
- 遷移層 $5<v_* y/\nu<70$：式 (9.28)，二点鎖線
- 内層（乱流領域）$v_* y/\nu>70$：式 (9.27)，一点鎖線

同図のように，2 つの無次元数 u/v_* と $v_* y/\nu$ から，円管壁面近傍の速度分布が求められることを**壁法則**と呼び，実験結果とのよい一致が確認されている．また，内層の誘導過程からわかるように，対数法則は，せん断応力 τ が壁面せん断応力 τ_o と等価であるとの仮定から求められているにもかかわらず，管壁に近い領域だけではなく，壁面からある程度の遠方付近にも適用できるという利点がある．

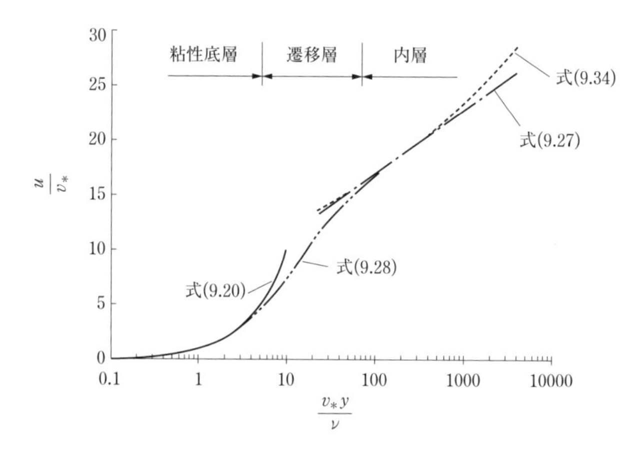

図9.7 円管内での乱流速度分布

9.4 指数法則

前節の対数法則では，内層領域での無次元速度 u/v_* は，$v_* y/\nu$ の対数関数であることを明らかにした．本節では，別の考え方をもとにして，管壁面が滑らかな円管内の速度分布が $u/v_*=f(v_* y/\nu)$ であることを導いてみよう．第 8 章で説明したように，壁面せん断応力 τ_o と管摩擦係数 λ の関係式 (8.11)，およびブラジウスの式 (8.14) より，壁面せん断応力 τ_o は，

$$\tau_o=0.0333\rho v^{7/4} r_o{}^{-1/4}\nu^{1/4} \tag{9.29}$$

となる．ここに，r_o は円管路の半径で $r_o=d/2$ である．一方，摩擦速度 v_* の定義式 (9.19) より，$\tau_o=\rho v_*{}^{7/4} v_*{}^{1/4}$ となるので，この式と式 (9.29) を等しく置き変形すれば，

$$\frac{v}{v_*} = 6.99\left(\frac{v_* r_o}{\nu}\right)^{\frac{1}{7}} \tag{9.30}$$

が得られる.

図9.8 は，層流と乱流での速度分布を描いている．同図からわかるように，放物線状の層流に比べて乱流の速度分布は，混合作用により中心付近の速度こう配が平坦になっている．断面平均流速 v と最大速度 $u_{\max}$ の関係は，層流では式 (7.34) より，$v/u_{\max} = 0.5$ であるが，乱流では，実験によれば $v/u_{\max} = 0.8 \sim 0.88$ の範囲で値が求められている．ここでは係数を 0.81 に選べば，

$$v = 0.81\, u_{\max} \tag{9.31}$$

であり，上式を式 (9.29) に代入して整理すると，壁面せん断応力 τ_o は次式となる.

$$\tau_o = 0.0230 \rho u_{\max}{}^2 \left(\frac{u_{\max} r_o}{\nu}\right)^{-\frac{1}{4}} \tag{9.32}$$

また，式 (9.30)，(9.31) より，

$$\frac{u_{\max}}{v_*} = 8.63\left(\frac{v_* r_o}{\nu}\right)^{\frac{1}{7}} \tag{9.33}$$

が得られる．この速度分布が，円管の下壁面からの距離 y における速度 u でも成立すると考えれば，

$$\frac{u}{v_*} = 8.63\left(\frac{v_* y}{\nu}\right)^{\frac{1}{7}} \tag{9.34}$$

となる．このように，$u/v_* = f(v_* y/\nu)$ で与えられ，無次元速度 u/v_* は，$v_* y/\nu$ の指数関数で表現される．式 (9.34) を図 9.7 に破線で描くと，$40 < v_* y/\nu < 400$ の範囲で対数法則の式 (9.27) によく合致している．また，式 (9.33)，(9.34) から，管内の速度 u は，管路中心での最大速度 $u_{\max}$ と次式の関係がある.

$$u = u_{\max}\left(\frac{y}{r_o}\right)^{\frac{1}{7}} \tag{9.35}$$

式 (9.33)～(9.35) を **1/7 乗べき法則**といい，これらの速度分布の関係を**指数法則**と呼ぶ．1/7 乗べ

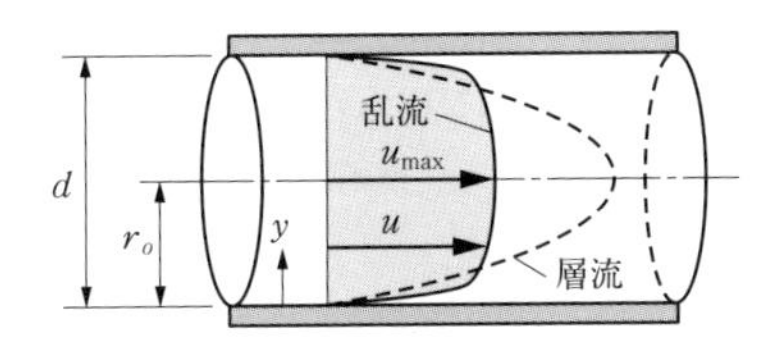

図9.8 層流と乱流の管内速度分布

き法則はブラジウスの式から導出されているために，適用範囲は $Re<1\times10^5$ 程度に限定される．そこで，1/7 乗べき法則を拡張して $1/n$ 乗べき法則を考えれば，

$$u=u_{\max}\left(\frac{y}{r_o}\right)^{\frac{1}{n}} \tag{9.36}$$

のように与えられる．**表9.1** のように指数 $1/n$ は，対応するレイノルズ数 Re の範囲においてニクラゼの実験により提供されている．

表9.1　指数 $1/n$ とレイノルズ数 Re

$1/n$	Re
1/6	4×10^3
1/7	$1\times10^4\sim1.2\times10^5$
1/8	$2\times10^5\sim4\times10^5$
1/9	$7\times10^5\sim1.3\times10^6$
1/10	$1.5\times10^6\sim3.24\times10^6$

9.5 粗い内壁をもつ管内乱流の速度分布

実際に使用されている管路は，円管の内壁面にある程度の粗さを持っている．前章でも述べたように，ニクラゼは平均粗さ ε の砂を管壁に塗布して実験を行い，次式のような乱流速度分布となることを示した．

$$\frac{u}{v_*}=5.75\log_{10}\left(\frac{y}{\varepsilon}\right)+B \tag{9.37}$$

ここで，B は**粗さ関数**といい，以下の**粗さレイノルズ数** $v_*\varepsilon/\nu$ の範囲内で，近似的に，

- $v_*\varepsilon/\nu<5$：内壁が流体力学的に滑らかとみなされる領域

$$\cdots\cdots\ B=5.75\log_{10}\left(\frac{v_*\varepsilon}{\nu}\right)+5.5$$

- $5<v_*\varepsilon/\nu<70$：遷移領域

$$\cdots\cdots\ B=-6.11\log_{10}\left(\frac{v_*\varepsilon}{\nu}\right)+13.8$$

- $v_*\varepsilon/\nu>70$：内壁が流体力学的に完全に粗い領域

$$\cdots\cdots\ B=8.5$$

となることがニクラゼの実験結果などにより見出されている．

演習問題　第9章　管内の乱流

問 9-1　発展★★☆

密度 ρ の流体が乱流の状態で流れている．x 軸および y 軸方向の速度成分 u，v は，それぞれ時間平均速度 $\overline{u}$，$\overline{v}$ と変動成分 $u'(t)$，$v'(t)$ の和として次式で与えられる．このときのレイノルズ応力 τ_T を求めよ．ただし，T を時間平均の周期とすれば，この変動速度成分は $\omega=2\pi/T$ の角周波数を持ち，A_u，A_v は各軸方向の変動速度成分の振幅，φ は位相差である．

$$u=\overline{u}+u'(t)=\overline{u}+A_u\sin(\omega t)\,,\qquad v=\overline{v}+v'(t)=-A_v\sin(\omega t+\varphi)\qquad(9.38)$$

変動成分 $u'(t)$，$v'(t)$ の積に関する時間平均速度は，

$$\overline{u'v'}=\frac{1}{T}\int_0^T u'(t)v'(t)\,dt=-\frac{A_uA_v}{T}\int_0^T\sin\omega t\sin(\omega t+\varphi)\,dt$$

$$=-\frac{A_uA_v}{T}\int_0^T\left\{\frac{1}{2}\cos\varphi-\frac{1}{2}\cos(2\omega t+\varphi)\right\}dt$$

$$=-\frac{A_uA_v\cos\varphi}{2T}\Big[t\Big]_0^T+\frac{A_uA_v}{4\omega T}\Big[\sin(2\omega t+\varphi)\Big]_0^T$$

$$=-\frac{A_uA_v\cos\varphi}{2}+\frac{A_uA_v}{4\omega T}\{\sin(2\omega T+\varphi)-\sin\varphi\}$$

となる．ここで，角周波数は $\omega=2\pi/T$ であるから第2項以降は零となり，レイノルズ応力 τ_T は，式 (9.5) から，

$$\tau_T=-\rho\,\overline{u'v'}=\underline{\frac{1}{2}\rho A_uA_v\cos\varphi}$$

のとおり表される．

問 9-2　発展★★★

図9.9に示すような管内のレイノルズ数が $Re>1\times10^5$ に対しての実験によれば，混合距離 l と管路半径 r_o との比 l/r_o は，y を壁面からの距離とすると，レイノルズ数 Re に依らず以下の関係式（同図のⓐ）で与えられる．壁面付近の y/r_o が小さい範囲においては，近似的に $l=0.4y$（同図のⓑ）に一致することを示せ．

$$\frac{l}{r_o}=0.14-0.08\left(1-\frac{y}{r_o}\right)^2-0.06\left(1-\frac{y}{r_o}\right)^4 \tag{9.39}$$

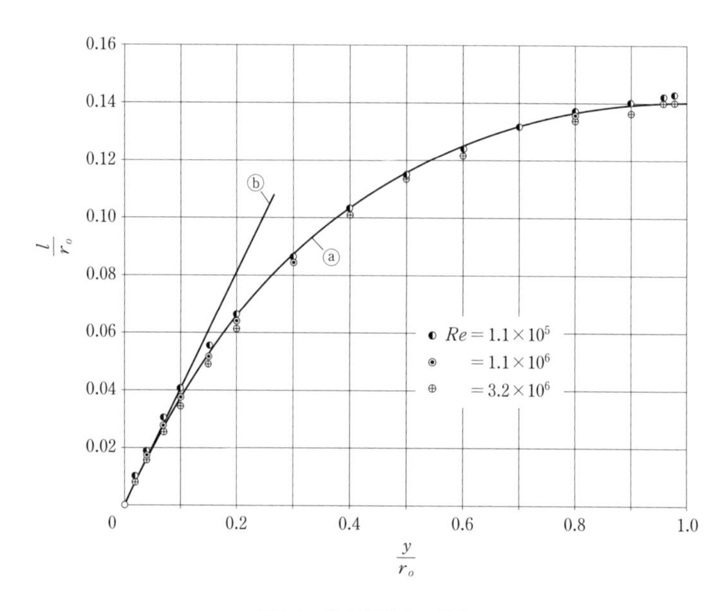

図9.9　混合距離 l の分布

（H. Schlichting: Boundary Layer Theory, Pergamon Press Ltd. 1955）

与式を展開すると，

$$\frac{l}{r_o}=0.4\frac{y}{r_o}-0.44\left(\frac{y}{r_o}\right)^2+0.24\left(\frac{y}{r_o}\right)^3-0.06\left(\frac{y}{r_o}\right)^4$$

となり，壁面 $y/r_o=0$ にて微分すると，

$$\left.\frac{d(l/r_o)}{d(y/r_o)}\right]_{y/r_o=0}=0.4$$

が得られる．これは壁面付近で近似的に成り立ち，$l=0.4y$ となる．したがって，式 (9.16)，(9.17) のとおり得られる．

問 9-3 基礎★☆☆

摩擦速度 v_* の次元が速度と同じで [m/s] となることを確認せよ．

解 壁面せん断応力 τ_o と密度 ρ の比は，

$$\frac{\tau_o}{\rho}=\frac{[\mathrm{Pa}]}{[\mathrm{kg/m^3}]}=\frac{[\mathrm{N/m^2}]}{[\mathrm{kg/m^3}]}=\frac{[\mathrm{kg\cdot m/s^2}]/[\mathrm{m^2}]}{[\mathrm{kg/m^3}]}=[\mathrm{m^2/s^2}]$$

の次元を持つから，摩擦速度 v_* の次元は，式 (9.19) より，

$$v_*=\sqrt{\frac{\tau_o}{\rho}}=[\mathrm{m/s}]$$

のとおり，速度 [m/s] と同じ次元である．

問 9-4 基礎★★☆

直径 $d=500$ mm の円管路に流量 $Q=180\ \mathrm{m^3/min}$ の空気が流れている．長さ $l=5$ m での圧力損失を測定したところ，$\Delta p=30$ Pa であった．まず，流れが乱流であることを確認した後に，このときの管摩擦係数 λ，壁面せん断応力 τ_o，摩擦速度 v_* を求めよ．ただし，空気の密度は $\rho=1.2\ \mathrm{kg/m^3}$，粘度は $\mu=1.81\times10^{-5}$ Pa・s とする．

平均速度 v は，

$$v=\frac{Q}{\pi d^2/4}=\frac{180/60}{3.14\times0.5^2/4}=15.3\ \mathrm{m/s}$$

であり，レイノルズ数 Re は，

$$Re=\frac{\rho vd}{\mu}=\frac{1.2\times15.3\times0.5}{1.81\times10^{-5}}=5.07\times10^5$$

となり，$Re>2320$ であり乱流であることが確認できる．管摩擦係数 λ は，式 (8.9) より，

$$\lambda=\frac{d}{l}\frac{2}{\rho v^2}\Delta p=\frac{0.5}{5}\times\frac{2}{1.2\times15.3^2}\times30=\underline{0.0214}$$

となる．壁面せん断応力 τ_o は，式 (8.11) より，

$$\tau_o=\frac{\lambda}{8}\rho v^2=\frac{0.0214}{8}\times1.2\times15.3^2=\underline{0.751\ \mathrm{Pa}}$$

であり，摩擦速度 v_* は，式 (9.19) より，

$$v_* = \sqrt{\frac{\tau_o}{\rho}} = \sqrt{\frac{0.751}{1.2}} = \underline{0.791\ \mathrm{m/s}}$$

となる．

問 9-5

発展★★☆

管摩擦係数を λ とすれば，管内の平均速度 v と摩擦速度 v_* との比は次式で表されることを示せ．

$$\frac{v}{v_*} = \sqrt{\frac{8}{\lambda}} \tag{9.40}$$

壁面せん断応力 τ_o と管摩擦係数 λ および平均速度 v の関係は，層流でも乱流でも次式 (8.11) が適用でき，

$$\tau_o = \frac{\lambda}{8}\rho v^2$$

である．一方，摩擦速度 v_* の定義は，次式 (9.19) のとおりである．

$$v_* = \sqrt{\frac{\tau_o}{\rho}}$$

したがって両式より，壁面せん断応力 τ_o と密度 ρ を消去すると，

$$\underline{\frac{v}{v_*} = \sqrt{\frac{8}{\lambda}}}$$

の関係式が得られる．

問 9-6

発展★★★

半径 r_o の円管路内において，乱流の流れ場では，対数法則から管壁面からの距離 y における速度を u とすれば次式で与えられる．

$$\frac{u_{\max} - u}{v_*} = \frac{1}{k}\ln\left(\frac{r_o}{y}\right) \tag{9.41}$$

ここに，$u_{\max}$ は管中心線上の最大速度，v_* は摩擦速度，k は定数である．上式は，**図9.10** に示すように，左辺分子の $u_{\max} - u$ が管路中心速度からの速度の減少，すなわち速度欠損を示しており，**速度欠損法則**と呼ばれ，レイノルズ数 Re や壁面の平均粗さ ε に関係せず管路の主要部分の乱流速度分布を表すことができる．以下の問に答えよ．

(a)　円管路内の内層における乱流速度分布の式 (9.25) より与式 (9.41) を導け．

(b)　与式 (9.41) の速度 u を微小断面積 $dA=2\pi(r_o-y)dy$ にわたり積分すると流量 Q が得られ，平均速度 v が次式となることを示せ．ただし，$k=0.4$ とする．

$$v=u_{\max}-3.75v_* \tag{9.42}$$

(c)　前問 9-5 の与式 (9.40) を用い，平均速度 v と管中心での最大速度 $u_{\max}$ との比 s は，次式のとおり管摩擦係数 λ の関数として表されることを示せ．

$$s=\frac{v}{u_{\max}}=\frac{1}{1+1.33\sqrt{\lambda}} \tag{9.43}$$

(d)　前問 (c) の与式 (9.43) を用いて，管内レイノルズ数 Re が下記のとき，平均速度 v と管中心での最大速度 $u_{\max}$ との比 $s=v/u_{\max}$ を計算せよ．

(1) $Re_1=5\times10^3$,　(2) $Re_2=5\times10^4$,　(3) $Re_3=5\times10^5$

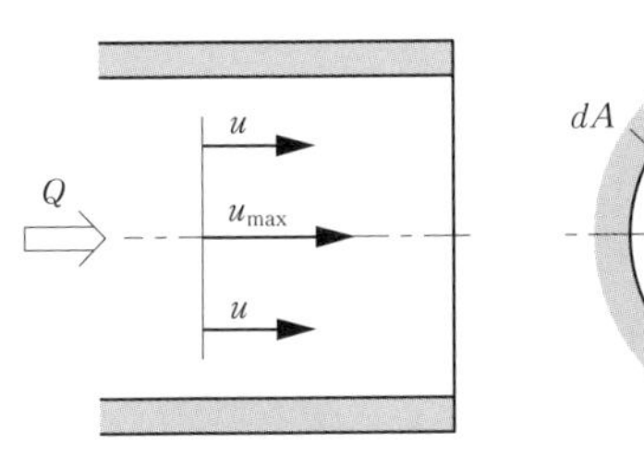

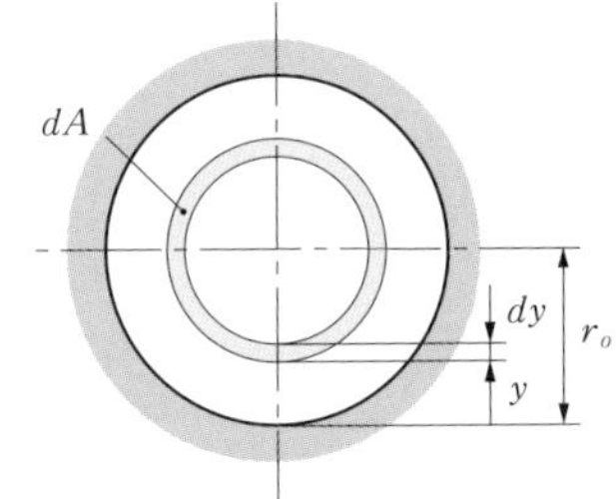

図9.10　乱流流れ場における管路内の速度欠損

(a)　円管内の乱流速度分布は内層において，次式 (9.25) で表される．

$$\frac{u}{v_*}=\frac{1}{k}\ln\left(\frac{v_* y}{\nu}\right)+K$$

上式において，$y=r_o$ で $u=u_{\max}$ と置けば，

$$\frac{u_{\max}}{v_*}=\frac{1}{k}\ln\left(\frac{v_* r_o}{\nu}\right)+K \quad \cdots(1)$$

となる．式 (1) から式 (9.25) を引いて，

第9章　管内の乱流　演習問題

$$\underline{\frac{u_{\max}-u}{v_*}=\frac{1}{k}\ln\left(\frac{r_o}{y}\right)}$$

が得られ，与式が導ける．

(b)　与式 (9.41) より，速度 u は，

$$u=u_{\max}+\frac{v_*}{k}\ln\left(\frac{y}{r_o}\right)$$

であり，環状微小面積 $dA=2\pi(r_o-y)dy$ を通過する微小流量は，$dQ=dA\cdot u$ であるから，流量 Q は，

$$Q=\int dQ=2\pi\int_0^{r_o}(r_o-y)\left(u_{\max}+\frac{v_*}{k}\ln\frac{y}{r_o}\right)dy$$

$$=2\pi\int_0^{r_o}\left(u_{\max}r_o-u_{\max}y+r_o\frac{v_*}{k}\ln\frac{y}{r_o}-\frac{v_*}{k}y\ln\frac{y}{r_o}\right)dy$$

ここで，積分内の第 3 項，第 4 項にそれぞれ以下の積分公式を使い，

$$\int\ln x dx=x(\ln x-1)\,,\qquad \int x\ln x dx=\frac{x^2}{2}\ln x-\frac{x^2}{4}$$

計算を続けると，

$$Q=2\pi\left[u_{\max}r_o y-u_{\max}\frac{y^2}{2}+r_o\frac{v_*}{k}y\left(\ln\frac{y}{r_o}-1\right)-\frac{v_*}{k}\left(\frac{y^2}{2}\ln\frac{y}{r_o}-\frac{y^2}{4}\right)\right]_0^{r_o}$$

$$=2\pi\left\{u_{\max}r_o^{\,2}-u_{\max}\frac{r_o^{\,2}}{2}+r_o^{\,2}\frac{v_*}{k}(0-1)-\frac{v_*}{k}\left(0-\frac{r_o^{\,2}}{4}\right)\right\}$$

$$=2\pi\left(u_{\max}\frac{r_o^{\,2}}{2}-\frac{3}{4}\frac{v_*}{k}r_o^{\,2}\right)=\pi r_o^{\,2}\left(u_{\max}-\frac{3}{2k}v_*\right)$$

となる．上式に $k=0.4$ を代入すると，流量 Q は，

$$Q=\pi r_o^{\,2}(u_{\max}-3.75v_*)$$

のとおり得られる．したがって，平均流速 v は，$v=Q/(\pi r_o^{\,2})$ であるので，

$$\underline{v=u_{\max}-3.75v_*}$$

となる．

(c)　前問 9-5 の与式 (9.40) より，

$$v_* = \frac{v}{\sqrt{8/\lambda}}$$

であるので，上式を本問 (b) の与式 (9.42) に代入して整理すれば，平均速度 v と管中心での最大速度 $u_{\max}$ との比 s は，

$$s = \frac{v}{u_{\max}} = \frac{1}{1+1.33\sqrt{\lambda}}$$

となり，与式が導ける．

(d)　管摩擦係数 λ は，乱流領域において内面が滑らかな管では，$Re=1\times10^5$ を境界として，ブラジウスの式 (8.14) またはニクラゼの式 (8.15) が利用される．管内レイノルズ数 Re が $Re_1=5\times10^3$ および $Re_2=5\times10^4$ のときは，それぞれブラジウスの式 (8.14) を用い，

$$\lambda_1 = \frac{0.3164}{{Re_1}^{1/4}} = \frac{0.3164}{(5\times10^3)^{1/4}} = 0.0376\,, \qquad \lambda_2 = \frac{0.3164}{{Re_2}^{1/4}} = \frac{0.3164}{(5\times10^4)^{1/4}} = 0.0212$$

であり，

$$s_1 = \frac{v}{u_{\max}} = \frac{1}{1+1.33\sqrt{\lambda_1}} = \frac{1}{1+1.33\times\sqrt{0.0376}} = 0.795$$

$$s_2 = \frac{v}{u_{\max}} = \frac{1}{1+1.33\sqrt{\lambda_2}} = \frac{1}{1+1.33\times\sqrt{0.0212}} = 0.838$$

となる．一方，$Re_3=5\times10^5$ のときは，ニクラゼの式 (8.15) を用い，

$$\lambda_3 = 0.0032+0.221\,Re^{-0.237} = 0.0032+0.221\times(5\times10^5)^{-0.237} = 0.0131$$

$$s_3 = \frac{v}{u_{\max}} = \frac{1}{1+1.33\sqrt{\lambda_3}} = \frac{1}{1+1.33\times\sqrt{0.0131}} = 0.868$$

となる．

問 9-7　発展★★★

下記の手順に従い，管内流れでの乱流領域において，レイノルズ数 Re と管摩擦係数 λ の関係を誘導せよ．

(a)　式 (9.27) において管路中心の $y=\ r_o$ で $u=u_{\max}$ と置き，問 9-6 の与式 (9.42) を用いて次式を導出せよ．

$$\frac{v}{v_*}=5.75\log_{10}\left(Re\frac{v_*}{2v}\right)+1.75 \tag{9.44}$$

(b)　問 9-5 の与式 (9.40) を用い，上式 (9.44) から次式が得られることを示せ．

$$\frac{1}{\sqrt{\lambda}}=2.03\log_{10}(Re\sqrt{\lambda})-0.91 \tag{9.45}$$

なお，上式は，第 8 章でのカルマン・プラントルの式 (8.16) を導く過程で得られたもので，この段階での係数は，実験による検討を加えていない．

(a)　式 (9.27) において $y=r_o$ で $u=u_{\max}$ と置けば，

$$\frac{u_{\max}}{v_*}=5.75\log_{10}\left(\frac{v_* r_o}{\nu}\right)+5.5$$

であり，対数の括弧内を変形し，レイノルズ数 Re の代表長さは直径 $d=2r_o$ であるから $Re=v(2r_o)/\nu$ とすると，

$$\frac{u_{\max}}{v_*}=5.75\log_{10}\left(\frac{v\cdot 2r_o}{\nu}\frac{v_*}{2v}\right)+5.5=5.75\log_{10}\left(Re\frac{v_*}{2v}\right)+5.5$$

となる．ところで，問 9-6 の式 (9.42) より，$u_{\max}=v+3.75v_*$ であるから，これを上式の左辺に代入すると，

$$\underline{\frac{v}{v_*}=5.75\log_{10}\left(Re\frac{v_*}{2v}\right)+1.75}$$

が得られ，与式が導ける．

(d)　問 9-5 の式 (9.40) を式 (9.44) に代入すると，

$$\frac{2\sqrt{2}}{\sqrt{\lambda}}=5.75\log_{10}\left(\frac{Re}{2}\frac{\sqrt{\lambda}}{2\sqrt{2}}\right)+1.75$$

であるから，

$$\frac{1}{\sqrt{\lambda}}=\frac{5.75}{2\sqrt{2}}\log_{10}(Re\sqrt{\lambda})+\frac{1}{2\sqrt{2}}(1.75-5.75\log_{10}4\sqrt{2})$$

となり，上式を変形すれば，

$$\underline{\frac{1}{\sqrt{\lambda}}=2.03\log_{10}(Re\sqrt{\lambda})-0.91}$$

が得られ，与式が導ける．

問 9-8　発展★★☆

平均粗さ ε の内壁を持つ直径 d の円管での流れでは，管摩擦係数 λ は次式で表されることを導け．ただし，乱流の速度分布は，式 (9.37) を用い，その粗さ関数 B は内壁が流体力学的に完全に粗い領域であり，$B=8.5$ とする．

$$\lambda=\frac{1}{\left\{1.07-2.03\log_{10}\left(\frac{\varepsilon}{d}\right)\right\}^2} \tag{9.46}$$

なお，上式は第 8 章の式 (8.17) と同型であり，この段階では式の係数について実験による検討を加えていない．

内壁が流体力学的に完全に粗い領域において乱流の速度分布は，式 (9.37) より，

$$\frac{u}{v_*}=5.75\log_{10}\frac{y}{\varepsilon}+8.5$$

となり，壁面から半径 r_o で最大速度 $u_{\max}$ に達するとき，$y=r_o$ で $u=u_{\max}$ と置けば，

$$\frac{u_{\max}}{v_*}=5.75\log_{10}\frac{r_o}{\varepsilon}+8.5 \qquad \cdots(1)$$

となる．さて，問 9-5 の式 (9.40) と問 9-6 の式 (9.42) より，

$$\frac{u_{\max}}{v_*}=\sqrt{\frac{8}{\lambda}}+3.75 \qquad \cdots(2)$$

となる．ここで，上式 (2) を式 (1) と等しく置けば，

$$\sqrt{\frac{8}{\lambda}}=5.75\log_{10}\frac{r_o}{\varepsilon}+4.75$$

であり，$r_o=d/2$ であるから，

$$\frac{1}{\sqrt{\lambda}} = 2.03\log_{10}\frac{d}{2\varepsilon} + 1.68 = 2.03\log_{10}\frac{d}{\varepsilon} - 2.03\log_{10}2 + 1.68 = 2.03\log_{10}\frac{d}{\varepsilon} + 1.07$$

となる．したがって，管摩擦係数 λ は，

$$\underline{\lambda = \frac{1}{\left\{1.07 - 2.03\log_{10}\left(\frac{\varepsilon}{d}\right)\right\}^2}}$$

のとおり得られる．

問 9-9　発展★★★

直径 $d = 25$ cm の滑らかな管内を水が平均流速 $v = 0.3$ m/s で流れている．以下の問に答えよ．

(a)　管内のレイノルズ数 Re を求め，乱流であることを確かめよ．

(b)　管摩擦係数 λ を求めよ．

(c)　壁面せん断応力 τ_o，摩擦速度 v_* を求めよ．

(d)　粘性底層と内層の範囲を壁面からの距離 y で表せ．

(e)　対数法則を用いて，最大速度 $u_{\max}$ を求めよ．

(f)　指数法則を用いるとすれば，指数 $1/n$ はどのように与えるべきか．そして，その最大速度 $u_{\max}$ を求めよ．

(a)　管内のレイノルズ数 Re は，

$$Re = \frac{vd}{\nu} = \frac{0.3\times0.25}{1\times10^{-6}} = \underline{7.5\times10^4}$$

であり，$Re > 2320$ で臨界レイノルズ数 Re_c より十分大きいので，乱流である．

(b)　管内が滑らかなであり，$Re < 1\times10^5$ であるのでブラジウスの式 (8.14) を用いれば，管摩擦係数 λ は，

$$\lambda = \frac{0.3164}{Re^{1/4}} = \frac{0.3164}{(7.5\times10^4)^{1/4}} = \underline{0.0191}$$

となる．

(c)　式 (8.11) より，壁面せん断応力 τ_o は，

$$\tau_o = \frac{\lambda}{8}\rho v^2 = \frac{0.0191}{8} \times (1\times 10^3)\times 0.3^2 = \underline{0.215\ \mathrm{Pa}}$$

となり，式 (9.19) より，摩擦速度 v_* は，

$$v_* = \sqrt{\frac{\tau_o}{\rho}} = \sqrt{\frac{0.215}{1\times 10^3}} = \underline{0.0147\ \mathrm{m/s}}$$

と得られる．

(d)　粘性底層の範囲は，$v_* y/\nu < 5$ であるから，

$$y < 5\frac{\nu}{v_*} = 5\times\frac{1\times 10^{-6}}{0.0147} = 3.40\times 10^{-4} = 0.340\ \mathrm{mm}$$

であり，壁面からの距離は $\underline{y < 0.340\ \mathrm{mm}}$ となる．また，内層の範囲は，$v_* y/\nu > 70$ であるから，

$$y > 70\frac{\nu}{v_*} = 70\times\frac{1\times 10^{-6}}{0.0147} = 4.76\times 10^{-3} = 4.76\ \mathrm{mm}$$

であり，壁面からの距離は $\underline{y > 4.76\ \mathrm{mm}}$ となる．

(e)　式 (9.27) の対数法則より，最大速度 $u_{\max}$ は $y = r_o$ の管路中心であるので，

$$u_{\max} = v_*\left\{5.75\log_{10}\left(\frac{v_* r_o}{\nu}\right)+5.5\right\} = 0.0147\times\left\{5.75\times\log_{10}\left(\frac{0.0147\times 0.25/2}{1\times 10^{-6}}\right)+5.5\right\}$$

$$= \underline{0.357\ \mathrm{m/s}}$$

のとおり得られる．

(f)　指数法則を用いるならば，管内レイノルズ数は $Re = 7.5\times 10^4$ であるから，表 9.1 より，$\underline{指数は\ 1/n = 1/7}$ を採用すべきであり，1/7 乗べき法則が利用できる．式 (9.33) から，最大速度 $u_{\max}$ は，

$$u_{\max} = 8.63 v_*\left(\frac{v_* r_o}{\nu}\right)^{\frac{1}{7}} = 8.63\times 0.0147\times\left(\frac{0.0147\times 0.25/2}{1\times 10^{-6}}\right)^{\frac{1}{7}} = \underline{0.371\ \mathrm{m/s}}$$

となる．

問 9-10

実験によって，図9.11 のように管内の壁面から距離 y_1 での速度 u_1，距離 y_2 での速度 u_2 をそれぞれ測定した．この流れが乱流であり，速度分布が対数法則で表されるとき，壁面せん断応力 τ_o は，流体の密度を ρ とすれば次式で与えられることを示せ．

$$\tau_o=\rho\left\{\frac{u_2-u_1}{5.75\log_{10}(y_2/y_1)}\right\}^2 \tag{9.47}$$

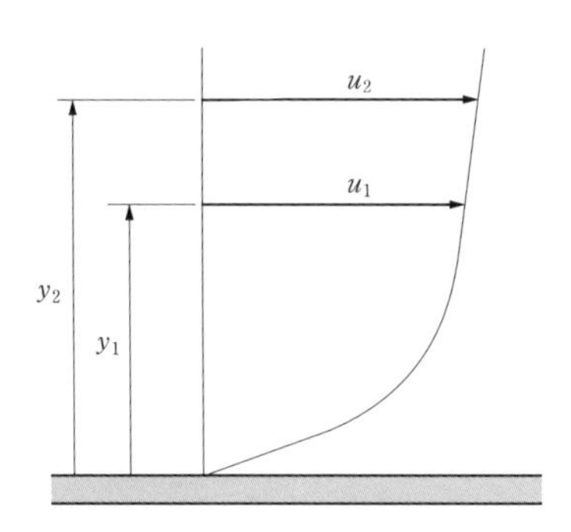

図9.11 管壁面からの速度

対数法則を用いれば式 (9.27) より，壁面から距離 y_1 での速度 u_1，距離 y_2 での速度 u_2 は，それぞれ，

$$\frac{u_1}{v_*}=5.75\log_{10}\left(\frac{v_* y_1}{\nu}\right)+5.5\,,\qquad \frac{u_2}{v_*}=5.75\log_{10}\left(\frac{v_* y_2}{\nu}\right)+5.5$$

である．両式の辺々の差をとれば，

$$\frac{u_2-u_1}{v_*}=5.75\left\{\log_{10}\left(\frac{v_* y_2}{\nu}\right)-\log_{10}\left(\frac{v_* y_1}{\nu}\right)\right\}=5.75\log_{10}\left(\frac{y_2}{y_1}\right)$$

となり，摩擦速度 v_* の定義式 (9.19) から，$v_*=\sqrt{\tau_o/\rho}$ を上式に代入すると，壁面せん断応力 τ_o は，

$$\underline{\tau_o=\rho {v_*}^2=\rho\left\{\frac{u_2-u_1}{5.75\log_{10}(y_2/y_1)}\right\}^2}$$

のとおり得られる．

問 9-11　　発展★★★

図9.12は，横軸に $\log_{10}(v_* y/\nu)$，縦軸に u/v_* をとり，内面が滑らかな円管について乱流の実験を行った結果である．プロット点はニクラゼらがレイノルズ数 Re を変えての実験値であり，このデータにもとづき $v_* y/\nu > 70$ の範囲において直線③を引くと，$v_* y/\nu = 10^2$ で $u/v_* = 17$ となり，$v_* y/\nu = 10^4$ で $u/v_* = 28.5$ となった．以上の関係から，次式 (9.27) を導け．ただし，u は壁面からの距離 y での速度，v_* は摩擦速度，ν は流体の動粘度である．

$$\frac{u}{v_*} = 5.75 \log_{10}\left(\frac{v_* y}{\nu}\right) + 5.5$$

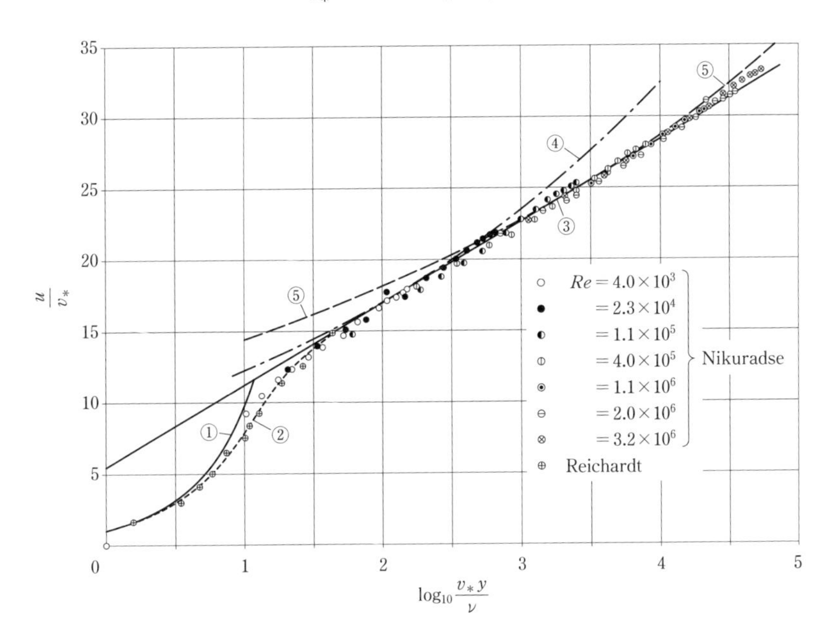

図9.12　滑らかな円管内の乱流速度分布

(H. Schlichting: Boundary Layer Theory, Pergamon Press Ltd., 1955)

同図中の直線③は，係数を a，b とすれば，

$$\frac{u}{v_*} = a \log_{10}\left(\frac{v_* y}{\nu}\right) + b$$

で表される．$v_* y/\nu = 10^2$ において $u/v_* = 17$，$v_* y/\nu = 10^4$ において $u/v_* = 28.5$ であるから，

$$17 = a \log_{10} 10^2 + b = 2a + b$$

$$28.5 = a \log_{10} 10^4 + b = 4a + b$$

より，$a=5.75$，$b=5.5$ が得られ，

$$\frac{u}{v_*}=5.75\log_{10}\left(\frac{v_* y}{\nu}\right)+5.5$$

となり，式 (9.27) が導ける．

問 9-12 発展★★★

図9.13 に示すように，管内壁面の平均粗さ ε が粘性底層の厚さ δ_o より十分に大きいとき，対数法則の速度分布において $u=0$ となる壁面高さ y は管壁の平均粗さ ε に比例すると考えられ，比例定数を γ とすれば，次式で仮定できる．

$$y=\gamma\varepsilon : u=0 \tag{9.48}$$

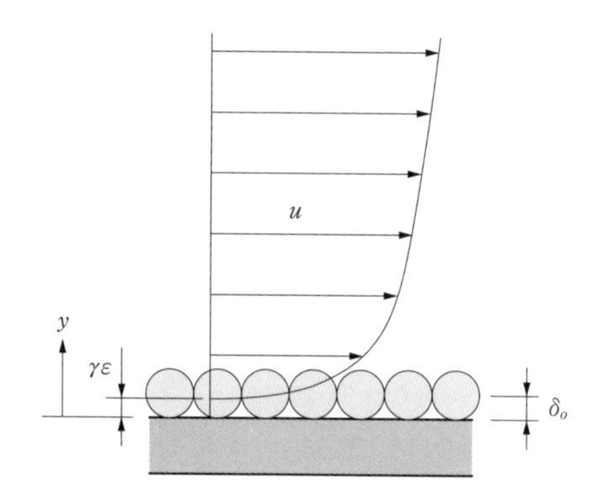

図9.13　粗い管壁面での対数法則の速度分布

(a)　式 (9.23) を用いて，次式を誘導せよ．

$$\frac{u}{v_*}=\frac{1}{k}\left\{\ln\left(\frac{y}{\varepsilon}\right)-\ln\gamma\right\} \tag{9.49}$$

(b)　図9.14 は，内壁が流体力学的に完全に粗い領域の粗さレイノルズ数が $v_*\varepsilon/\nu>70$ において，横軸に $\log_{10}(y/\varepsilon)$ を，縦軸に u/v_* をとり，様々な相対粗さ ε/d に関する実験値のプロット点を示している（ニクラゼによる実験結果）．これらのデータにもとづき直線近似すると，$\log_{10}(y/\varepsilon)=0$ において $u/v_*=8.5$，$\log_{10}(y/\varepsilon)=2.8$ において $u/v_*=24.6$ が得られた．以上のことより，式 (9.37) が導けることを示せ．

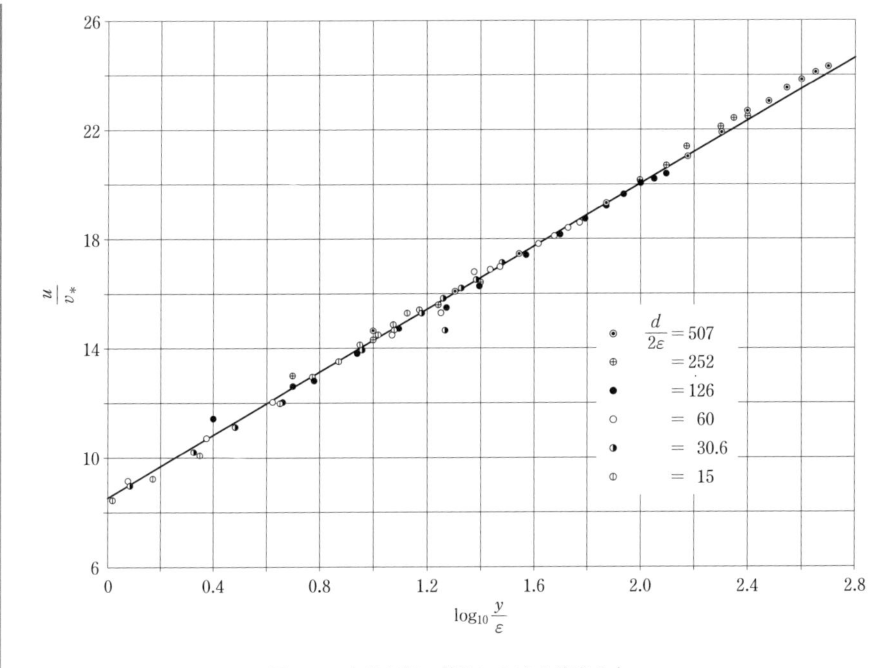

図9.14　内壁が粗い管路における速度分布

(H. Schlichting: Boundary Layer Theory, Pergamon Press Ltd., 1955)

(a)　対数法則の基礎式 (9.23) は,

$$\frac{u}{v_*}=\frac{1}{k}\ln y+C_o$$

であり，与式 (9.48) より $y=\gamma\varepsilon$ において $u=0$ であるから，積分定数 C_o は,

$$C_o=-\frac{1}{k}\ln(\gamma\epsilon)$$

となる．したがって,

$$\underline{\frac{u}{v_*}=\frac{1}{k}\left\{\ln\left(\frac{y}{\varepsilon}\right)-\ln\gamma\right\}}$$

が得られ，与式が導ける．

(b)　式 (9.49) の括弧内第 1 項の自然対数を常用対数に直せば,

$$\frac{u}{v_*}=\frac{2.303}{k}\log_{10}\frac{y}{\varepsilon}-\frac{\ln\gamma}{k}$$

となり，直線近似すると（図9.14），$\log_{10}(y/\varepsilon)=0$ において $u/v_*=8.5$，$\log_{10}(y/\varepsilon)=2.8$ において $u/v_*=24.6$ であり，上式に代入すると，係数は，

$$\frac{\ln\gamma}{k}=-8.5\,,\qquad k=0.4$$

となり，上式より混合距離の比例定数は $k=0.4$ であることがわかり，

$$\underline{\frac{u}{v_*}=5.75\log_{10}\left(\frac{y}{\varepsilon}\right)+8.5}$$

が得られ，粗さ関数を $B=8.5$ としたときの式 (9.37) が導ける．

問 9-13　発展★★★

半径 r_o の管内の速度分布が $1/n$ 乗べき法則に従うとき，以下の問に答えよ．

(a)　平均速度 v と最大速度 $u_{\max}$ の比 $s=v/u_{\max}$ は，次式のとおり n の関数として表せることを導け．

$$s=\frac{v}{u_{\max}}=\frac{2n^2}{(n+1)(2n+1)} \tag{9.50}$$

(b)　速度 u が平均速度 v に等しくなる管路壁面からの距離 y を求めよ．

(c)　$n=7$ である 1/7 乗べき法則のとき，平均速度 v と最大速度 $u_{\max}$ の比が $s=v/u_{\max}=0.817$, 速度 u が平均速度 v に等しくなる管路壁面からの距離が $y=0.242r_o$ となることを示せ．

(a)　速度分布が $1/n$ 乗べき法則に従うとき，式 (9.36) より，速度 u は，管路の半径を r_o とすれば，

$$u=u_{\max}\,r_o^{-1/n}\,y^{1/n} \qquad \cdots(1)$$

である．環状微小面積 $dA=2\pi(r_o-y)\,dy$ を通過する流量は，$dQ=u\cdot dA$ であるから，

$$Q=\int dQ=\int u\cdot dA=2\pi u_{\max}\,r_o^{-1/n}\int_0^{r_o}(r_o-y)\,y^{1/n}\,dy$$

$$=2\pi u_{\max}\,r_o^{-1/n}\int_0^{r_o}\left(r_o\,y^{1/n}-y^{\frac{n+1}{n}}\right)dy$$

$$= 2\pi u_{\max} r_o^{-1/n} \left[\frac{n}{n+1} r_o y^{\frac{n+1}{n}} - \frac{n}{2n+1} y^{\frac{2n+1}{n}} \right]_0^{r_o}$$

$$= 2\pi u_{\max} r_o^{-1/n} \left\{ \frac{n}{n+1} r_o^{\frac{2n+1}{n}} - \frac{n}{2n+1} r_o^{\frac{2n+1}{n}} \right\}$$

$$= 2\pi r_o^2 u_{\max} \frac{n(2n+1) - n(n+1)}{(n+1)(2n+1)} = 2\pi r_o^2 u_{\max} \frac{n^2}{(n+1)(2n+1)}$$

となる．よって，平均速度 v は，

$$v = \frac{Q}{\pi r_o^2} = \frac{2n^2}{(n+1)(2n+1)} u_{\max}$$

であり，平均速度 v と最大速度 $u_{\max}$ の比 $s = v/u_{\max}$ は，

$$s = \frac{v}{u_{\max}} = \frac{2n^2}{(n+1)(2n+1)}$$

のとおり得られ，与式を導ける．

(b)　式 (9.50) と式 (1) より，

$$\frac{v}{u} r_o^{-1/n} y^{1/n} = \frac{2n^2}{(n+1)(2n+1)}$$

となる．ここで，速度 u が平均速度 v に等しい条件では $v/u = 1$ と置けるので，壁面からの距離 y は，

$$y = \left\{ \frac{2n^2}{(n+1)(2n+1)} \right\}^n r_o \qquad \cdots(2)$$

のとおり得られる．

(c)　式 (9.50)，式 (2) に $n = 7$ を代入すれば，それぞれ，

$$s = \frac{v}{u_{\max}} = \frac{2n^2}{(n+1)(2n+1)} = \frac{2 \times 7^2}{8 \times 15} = 0.817$$

$$y = \left\{ \frac{2n^2}{(n+1)(2n+1)} \right\}^n r_o = \left(\frac{2 \times 7^2}{8 \times 15} \right)^7 r_o = 0.242 r_o$$

が得られ，平均速度 v と最大速度 $u_{\max}$ の比 s は $s = v/u_{\max} = 0.817$，速度 u が平均速度 v に等しくなる管路壁面からの距離は $y = 0.242 r_o$ となる．

問 9-14

助走区間の管路流れにおいて，十分発達した乱流の速度分布に一様流れから移行することを考える．このとき，運動エネルギーの増加にともなう，圧力ヘッド h_L の降下が次式で表されることを導け．ただし，乱流速度分布は，1/7 乗べき法則に従うものとする．なお，平均速度 v と最大速度 $u_{\max}$ の比 s は $s=v/u_{\max}=0.817$ とせよ．

$$h_L = 0.056\frac{v^2}{2g} \tag{9.51}$$

管内乱流の速度 u は，1/7 乗べき法則では式 (9.35) より，

$$u = u_{\max} r_o^{-1/7} y^{1/7} \qquad \cdots(1)$$

であり，この速度 u が通過する環状微小面積を $dA=2\pi(r_o-y)\,dy$ とする質量流量 dQ_m は，

$$dQ_m = \rho\cdot dQ = \rho\cdot u dA = 2\pi\rho u(r_o - y)\,dy$$

となる．よって，環状微小面積 dA を通る流体の運動エネルギー dE は，式 (8.29) より，

$$dE = \frac{1}{2}dQ_m u^2 = \pi\rho u^3(r_o - y)\,dy$$

のとおり表される．したがって，助走区間が終了する位置での運動エネルギー E_L は，管路断面にわたって積分すれば，次式となる．

$$E_L = \pi\rho\int_0^{r_o} u^3(r_o - y)\,dy$$

式 (1) を上式に代入して積分すると，

$$E_L = \pi\rho u_{\max}{}^3 r_o{}^{-3/7}\int_0^{r_o} y^{3/7}(r_o - y)\,dy = \pi\rho u_{\max}{}^3 r_o{}^{-3/7}\left[\frac{7}{10}r_o y^{10/7} - \frac{7}{17}y^{17/7}\right]_0^{r_o}$$

$$= 0.288\pi\rho r_o{}^2 u_{\max}{}^3$$

が得られる．問 9-13 にあるように，1/7 乗べき法則では，平均流速 v と最大流速 $u_{\max}$ の比は，$s=v/u_{\max}=0.817$ となるから，$u_{\max}=v/0.817$ であり，

$$E_L = 0.288\pi\rho r_o{}^2\left(\frac{v}{0.817}\right)^3 = 0.528\pi\rho r_o{}^2 v^3$$

となる．一様流れでの入口断面における運動エネルギー E_o は，式 (8.33) と同様に，

$$E_o = \frac{1}{2}\pi\rho {r_o}^2 v^3$$

である．したがって，流体の持つ単位時間当たりの運動エネルギーは，乱流速度分布の変形により，

$$\Delta E = E_L - E_o = 0.528\pi\rho {r_o}^2 v^3 - 0.5\pi\rho {r_o}^2 v^3 = 0.028\pi\rho {r_o}^2 v^3 = 0.028\rho Q v^2$$

だけ増加したことになる．その結果として，圧力ヘッド $h = h_3$（図 8.10）は，その分だけ減少して，

$$h_L = \frac{\Delta E}{\rho g Q} = \frac{0.028\rho Q v^2}{\rho g Q} = 0.056\frac{v^2}{2g}$$

が得られる．したがって，乱流の場合では，損失係数 ζ は式 (8.37) に示すように，$\zeta = 0.06 \sim 0.09$ とされているが，1/7 乗べき法則の速度分布を利用すれば，$\underline{\zeta = 0.056}$ となる．

Column I 平行軸の定理

図I.1 のような，x 軸と y 軸の平面上に存在する面積 A の図形を考える．この平面図形内の微小面積 dA と，その座標 y または x の 2 乗の積を全面積 A にわたって積分すると，

$$I_x = \int y^2 dA, \qquad I_y = \int x^2 dA \tag{I.1}$$

であり，それぞれ x 軸および y 軸に関する**断面二次モーメント**といい，上式で定義される．断面二次モーメントは，物体の形状や座標軸との位置関係により決まる．ここで，図心 G を通り x 軸に平行な座標軸を X 軸とし，両軸間の距離を y_G とすれば，以下の通り，式 (H.6) を用いて**平行軸の定理**が導かれる．

$$I_x = \int y^2 dA$$

$$= \int (y^2 - 2yy_G + {y_G}^2 + 2yy_G - {y_G}^2)dA = \int \{(y - y_G)^2 + 2yy_G - {y_G}^2\}dA$$

$$= \int (y - y_G)^2 dA + 2y_G \int ydA - {y_G}^2 A = I_G + 2A{y_G}^2 - A{y_G}^2 = I_G + A{y_G}^2 \tag{I.2}$$

上式において，

$$I_G = \int (y - y_G)^2 dA \tag{I.3}$$

は，X 軸に関する断面二次モーメントであり，y 軸に関しても同様な式が成り立つ．

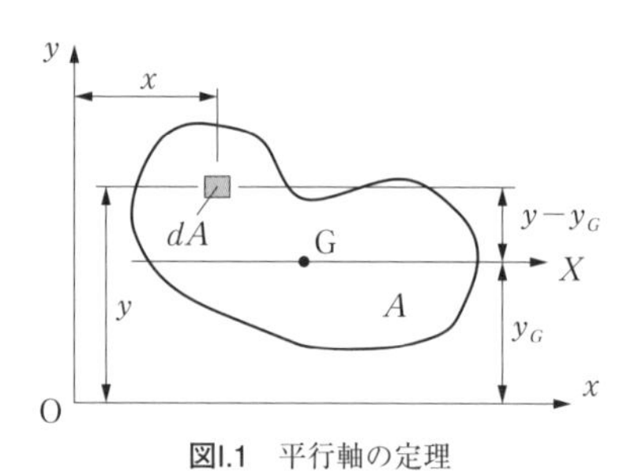

図I.1 平行軸の定理

第10章

管路要素とバルブの損失

10.1 管路要素などによる損失

図10.1 のように，液体がタンクから様々な形状の管路要素やバルブを経て流れ出る管路システムを考えよう．実際の管路システムは，粘性摩擦によるエネルギー損失のほかに，管路断面の形状や方向の変化などに起因するエネルギー損失を伴う．したがって，タンク液面①での全ヘッド H_1 は，管路出口端②での全ヘッド H_2 に比べ大きく，これらエネルギーの損失ヘッド h_L を考えれば，式 (4.29) より**損失を考慮したベルヌーイの式**は，

$$H_1 = H_2 + h_L \tag{10.1}$$

$$\begin{cases} H_1 = \dfrac{p_1}{\rho g} + \dfrac{{v_1}^2}{2g} + z_1 \\[2ex] H_2 = \dfrac{p_2}{\rho g} + \dfrac{{v_2}^2}{2g} + z_2 \end{cases}$$

とも表される．ここに，p は圧力，v は断面平均流速，z は基準面から管路中心までの高さ，添字 1, 2 はそれぞれタンク液面，管路出口端を表し，損失ヘッド h_L は，

$$h_L = \sum h_f + \sum h_s \tag{10.2}$$

で表される．上式において，$\sum h_f$ は，すでに第 8 章で扱った直管路の壁面摩擦や助走区間による損失ヘッドの総和を表し，各直管路の直径 d，長さ l，管摩擦係数 λ などから求められる．

他方，$\sum h_s$ は，それぞれの管路要素やバルブの形状などによる損失ヘッドの総和であり，この中には，それらの管壁面の摩擦損失も含まれる．個々の損失ヘッド h_s は，各管路要素の抵抗を受ける場所の上下流における平均流速をそれぞれ v_1，v_2 とすれば，その大小によって異なり，

$$\left.\begin{array}{l} v_1 > v_2 : h_s = \zeta \dfrac{{v_1}^2}{2g} \\[2ex] v_1 < v_2 : h_s = \zeta \dfrac{{v_2}^2}{2g} \end{array}\right\} \tag{10.3}$$

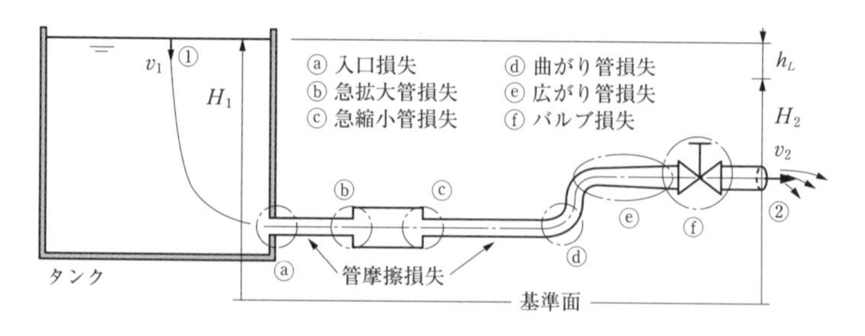

図10.1 管路要素とバルブから構成される管路システム

で一般に定義される．この ξ は，すでに式 (8.6) で示したように**損失係数**と呼ばれている．以降の節では，管路要素やバルブの損失ヘッド h_s について考えよう．

10.2 管路が急に拡大する場合の損失

図10.2は，細い円管路が急激に太くなり，流れが広がる様子を示したものである．細い管路からの実際の流れは，太い管路内に入ると，**はく離**と呼ばれる壁面に沿って流れることができない状態が観測され，その結果，急拡大部のコーナに多数の**渦**を生成する．この急拡大部での渦運動による流れの乱れは，エネルギー損失を引き起こす．急拡大部に流入した流れは，ある程度の距離に達すると下流部で再付着して太い管路内壁に接するように広がる．

このエネルギー損失について，運動量の法則，ベルヌーイの定理，連続の条件を利用して考えてみよう．まず，急拡大部近傍の上下流における断面①と断面②の間に検査体積を取り，運動量の法則を適用すると，この検査体積に働く管路中心線方向の力の釣り合いは，式 (6.6)，(6.7) から，

$$-f+f_p=\rho Q v_{\mathrm{out}}-\rho Q v_{\mathrm{in}} \tag{10.4}$$

となる．ここで，検査体積内の流体が管内壁に及ぼす力 f，すなわち，流体摩擦力は，渦による損失と対比すれば，極めて小さいので無視でき，$f=0$ と考えることができる．したがって，断面①，②での断面積 A，圧力 p，平均流速 v をそれぞれ添え字 1，2 を付けて表し，断面③での圧力を p_3 とすれば，式 (10.4) は，

$$A_1 p_1+(A_2-A_1)p_3-A_2 p_2=\rho(A_2 v_2)v_2-\rho(A_1 v_1)v_1 \tag{10.5}$$

となる．上式において，$p_3 \fallingdotseq p_1$ であることが実験により確認されているので，上式の両辺を $\rho g A_2$ で除すると次式で表される．

$$\frac{p_1}{\rho g}=\frac{p_2}{\rho g}+\frac{{v_2}^2}{g}-\left(\frac{A_1}{A_2}\right)\frac{{v_1}^2}{g} \tag{10.6}$$

ここで，連続の式 $A_1 v_1=A_2 v_2$ を用いて上式を整理すると，

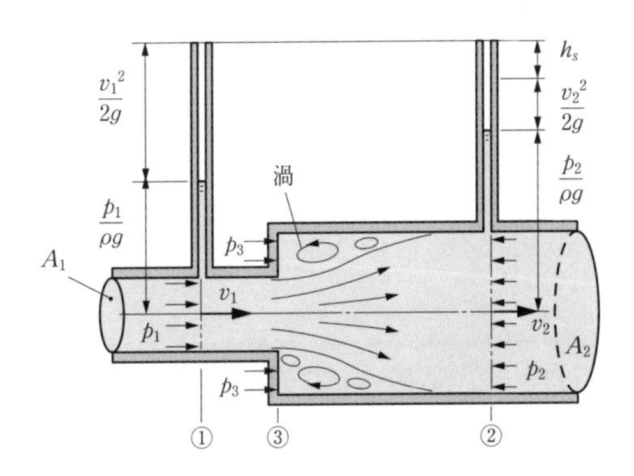

図10.2　急拡大管の損失

$$\frac{p_1}{\rho g}+\frac{{v_1}^2}{2g}=\frac{p_2}{\rho g}+\frac{{v_2}^2}{2g}+\left(1-\frac{A_1}{A_2}\right)^2\frac{{v_1}^2}{2g} \tag{10.7}$$

が得られる．

つぎに，式 (10.7) と損失を考慮したベルヌーイの式 (4.29) とを比べると，式 (10.7) の右辺第 3 項は，断面②での余分なエネルギー損失であることがわかる．したがって，急拡大管の損失ヘッド $h_L=h_s$ は，$v_1>v_2$ であるので式 (10.3) より，

$$h_s=\xi\left(1-\frac{A_1}{A_2}\right)^2\frac{{v_1}^2}{2g}=\xi\frac{(v_1-v_2)^2}{2g}=\zeta\frac{{v_1}^2}{2g} \tag{10.8}$$

で与えられる．上式において，ξ は補正係数と呼ばれ，実際の損失ヘッドとの補正を考慮して付けられている．面積比 A_1/A_2 などを変化させた実験から，急拡大管の補正係数は，$\xi=0.93\sim1.08$ であることが確認されており，式 (10.8) より損失係数 ζ との関係は，

$$\zeta=\xi\left(1-\frac{A_1}{A_2}\right)^2 \tag{10.9}$$

である．以上のような損失を**ボルダ・カルノーの損失**という．

10.3 管路からタンクへの出口損失

下流側管路の断面積 A_2 を無限大にすれば，図10.3 のようにタンクなどの大きな空間に流体が放出されることと等価で，式 (10.8) での損失係数は $\zeta=1.0$ となり，上流側の速度ヘッドがそのまま損失ヘッドに変換される．

このように管路の急な拡大は，はく離を生じさせるので，以下で述べるとおり，緩やかに管路断面積を広げるよう工夫すれば，大きな損失を避けることができる．

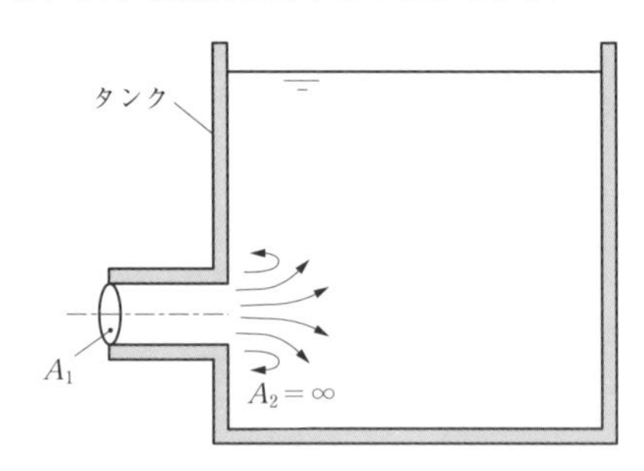

図10.3　タンク流出の損失

10.4 管路が緩やかに拡大する場合の損失

図10.4 に示すように，円管の断面が緩やかに拡大する場合には，急拡大の場合の式 (10.8) と同様に，損失ヘッド h_s は次式で表される．

$$h_s = \zeta \frac{{v_1}^2}{2g} \tag{10.10}$$

上式において，損失係数ζは急拡大管と同じように式 (10.9) で与えられ，その補正係数ξは，図**10.5** のように広がり角θ，面積比 A_1/A_2 などによって変化することがギブソン (H. Gibson) の実験で見出されている．広がり角を $\theta = 7.5 \sim 35°$ の範囲に限定すれば，以下の近似式が成り立つ．

$$\xi = 0.011\theta^{1.22} \tag{10.11}$$

ここに，θの単位は度 [°] である．同図からわかるように，広がり角θが小さければ，流体は壁面に沿って流れるため，摩擦損失が支配的となり，ξの値は入口直径 d_1 や面積比 A_1/A_2 にかかわらず $\theta \fallingdotseq 6°$ で最小となる．これに対して，広がり角θが増大すると，急拡大管と同じように，流体は壁面からはく離して渦が発生し大きな損失を招く．したがって，損失ヘッドをできるだけ少なくするためには，円管の断面積を徐々に広げてやればよい．このように断面積が緩やかに拡大する管路を**ディフューザ**と呼ぶ．

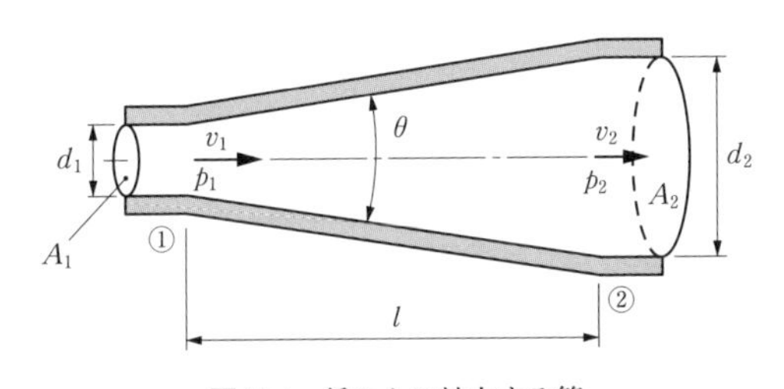

図10.4　緩やかに拡大する管

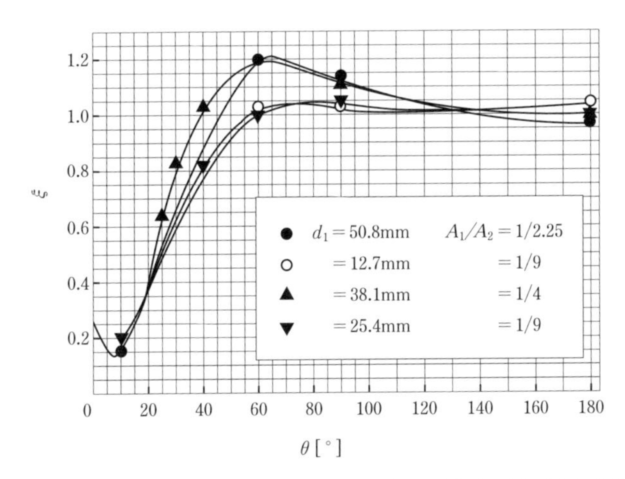

図10.5　緩やかな拡大管における補正係数ξの値（日本機械学会編：機械工学便覧）

いま，ディフューザの効率について考えてみよう．式 (10.2) の $\sum h_s$ をディフューザの損失 h_s とすれば，図 10.4 の断面①，②において $z_1 = z_2$ であるので，圧力ヘッドは，式 (10.1) より，

$$\frac{p_2 - p_1}{\rho g} = \frac{{v_1}^2 - {v_2}^2}{2g} - h_s \tag{10.12}$$

だけ増加し，速度ヘッドの減少分により変換される．もし，この損失ヘッド h_s を無視した仮想の状態を考え，その下流部の圧力を p_{2th} とすれば，

$$\frac{p_{2th} - p_1}{\rho g} = \frac{{v_1}^2 - {v_2}^2}{2g} \tag{10.13}$$

となる．理想的な状態に対する実際の圧力差の比 η は，式 (10.8)，(10.12)，(10.13) と連続の条件 $A_1 v_1 = A_2 v_2$ より，

$$\eta = \frac{p_2 - p_1}{p_{2th} - p_1} = \frac{({v_1}^2 - {v_2}^2) - \xi (v_1 - v_2)^2}{{v_1}^2 - {v_2}^2} = 1 - \xi \frac{v_1 - v_2}{v_1 + v_2} = 1 - \xi \frac{1 - (A_1/A_2)}{1 + (A_1/A_2)} \tag{10.14}$$

で表され，この比 η を**圧力回復効率**という．以上のようにディフューザは，緩やかに管路を広げることによって，流体の圧力エネルギーを上昇させる能力を持つので，一種のポンプとみなすことができ，この原理は流体機械などにおいて利用されている．

10.5 管路が急に縮小する場合の損失

図10.6 は，管路の断面積が急激に狭まり，細くなるときの流れの状態を表している．断面①からの流れは，流体の慣性のためにコーナ部ではく離を起こし，断面③での断面積は A_c となり，ここで最も狭まる．このような流れを**縮流**と呼び，断面①と③の間の流れは，ほとんど損失を生じない．これに対して，断面③から②への流れは，前節と同じように拡大流れが原因で大きな損失が発生する．よって，断面③と②の間の損失のみを考慮すればよく，その損失ヘッドは，v_c を縮流部での流速とすれば，式 (10.8) で補正係数を $\xi = 1$ と置き，

$$h_s = \frac{(v_c - v_2)^2}{2g} \tag{10.15}$$

が得られる．式 (10.15) を連続の条件 $A_c v_c = A_2 v_2$ を用いて v_c を消去し，式 (10.3) より $v_1 < v_2$ であるので，

$$h_s = \zeta \frac{{v_2}^2}{2g} \tag{10.16}$$

となり，ここに損失係数 ζ は，次式で与えられる．

$$\zeta = \left(\frac{A_2}{A_c} - 1 \right)^2 = \left(\frac{1}{C_c} - 1 \right)^2 \tag{10.17}$$

上式において，C_c は**収縮係数**と呼ばれ，$C_c = A_c/A_2$ である．**表10.1** に，管路の断面積比 A_2/A_1 に対する，収縮係数 C_c と損失係数 ζ の値を示す．

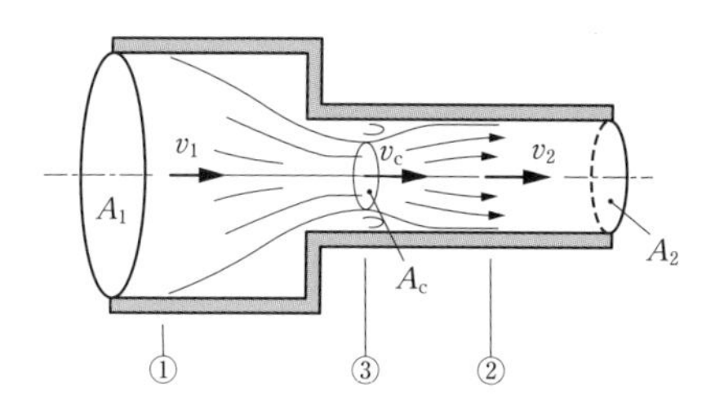

図10.6　急縮小管の流れ

表10.1　急縮小管の収縮係数 C_c と損失係数 ζ

A_2/A_1	0.1	0.2	0.3	0.4	0.5
C_c	0.61	0.62	0.63	0.65	0.67
ζ	0.41	0.38	0.34	0.29	0.24
A_2/A_1	0.6	0.7	0.8	0.9	1.0
C_c	0.70	0.73	0.77	0.84	1.00
ζ	0.18	0.14	0.089	0.036	0

10.6 タンクから管路への入口損失

流体がタンクから管路に流れる場合の入口損失は，急縮小管の特殊な状況で $A_1 = \infty$ とみなされ $A_2/A_1 = 0$ に対応するが，**図10.7** に示すように管路入口の取付け形状によって損失係数 ζ は大きく異なる．このように断面が急に縮小する管路は，縮流による損失を余儀なくされるので，図10.7(c) のように鋭いコーナ部に丸みを持たせるとか，次節に示すように緩やかに断面積を減少させて，できる限りはく離を生じないようにすれば，損失ヘッド h_s は低減できる．

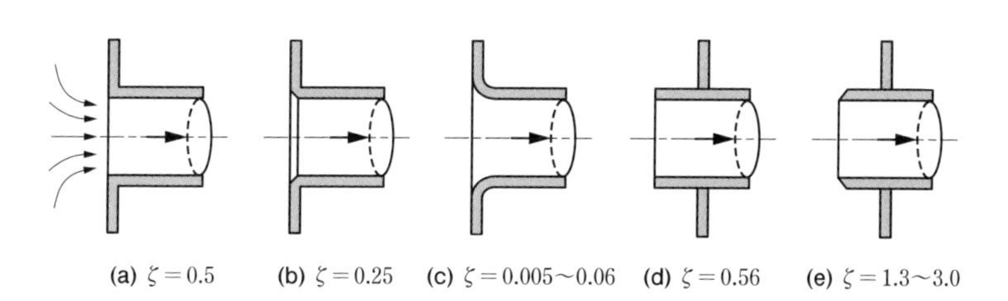

図10.7　タンクからの入口管路形状の違いと損失係数 ζ

10.7 管路が緩やかに縮小する場合の損失

図10.8に示すような，断面積が徐々に狭まる流れでは，ベルヌーイの定理と連続の条件から圧力が流れ方向に沿って減少するため，渦やはく離による損失は無くなり，管壁面によるわずかな摩擦損失のみが存在する．この場合の損失ヘッド h_s は，$v_1 < v_2$ なので式 (10.3) より，次式で与えられ，下記の断面積比 A_2/A_1 の範囲では損失係数 ζ は下記のとおりである．

$$h_s = \zeta \frac{{v_2}^2}{2g} \tag{10.18}$$

$$\frac{A_2}{A_1} = 0.09 \sim 0.2 \ : \ \zeta = 0.04$$

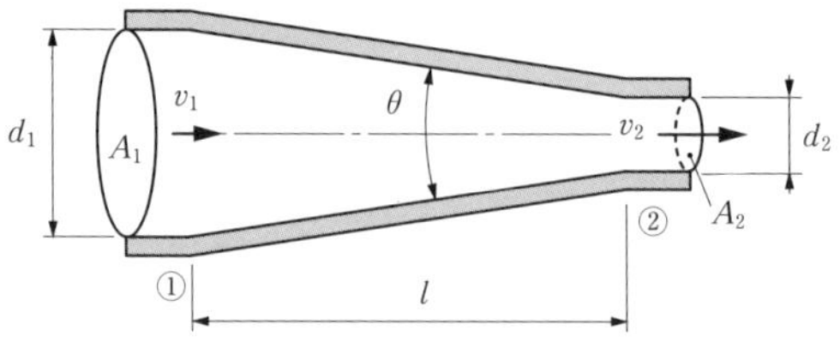

図10.8　緩やかな縮小管の流れ

10.8 曲がり管路の損失

流体管路の曲がった状態は，図10.9のように**ベンド**と**エルボ**に大別できる．ベンドとは，曲率 R を持って緩やかに曲がる管路をいい，エルボとは，2つの直管路の接続部に曲線が無く，急に折れ曲がる管路である．曲がり管路では，流体の遠心力により，管路の内側と外側に圧力の不均衡が生じ，それによって，管路に沿う主流に対して直交する**二次流れ**が誘発される．曲がり管路での損失 h_s は，この二次流れやはく離が要因であり，直径 d のベンドとエルボの平均流速を v とすれば次式で与えられる．

$$h_s = \zeta \frac{v^2}{2g} \tag{10.19}$$

損失係数 ζ は，様々な実験式が提案されているが，これらの実験結果によるワイスバッハの近似式は，曲がり角 θ の単位を度 [°] とすれば，

$$\text{ベンド：} \zeta = \left\{ 0.131 + 0.1632 \left(\frac{d}{R} \right)^{3.5} \right\} \frac{\theta}{90} \tag{10.20}$$

$$\text{エルボ：} \zeta = 0.946 \sin^2 \frac{\theta}{2} + 2.05 \sin^4 \frac{\theta}{2} \tag{10.21}$$

である．ただし，ベンドの直径 d と曲率半径 R との比は $d/R = 0.4 \sim 2.0$ とする．また，上式を使う際の注意として，曲管の長さに応じて管摩擦損失 h_f を別途に加える必要がある．エルボは，ベンド

に比べ，流れが壁面よりはく離しやすいため，損失が大きくなる．このようなはく離を防ぐためには，曲がり管路の中に数枚の案内羽根を設け，整流する手法が用いられている．

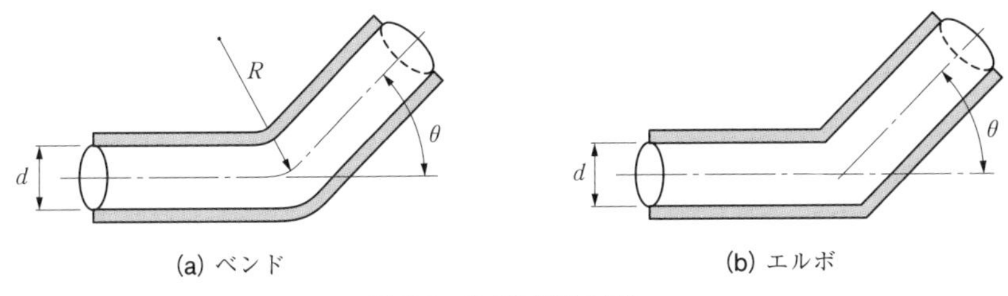

図10.9　曲がり管路の損失

10.9 バルブの損失

管路要素の中で，流れの流量，圧力，方向を調整および制御する流体機器を**バルブ**（弁）といい，工業上の用途によって，種々の原理や構造のバルブがある．バルブの損失ヘッド h_s は，前節と同様に，平均流速を v とすれば，

$$h_s = \zeta \frac{v^2}{2g} \tag{10.22}$$

で与えられる．この損失係数 ζ は，内部構造や弁開度などでバルブの特性が大きく異なるため，理論的に求めることは困難であり，一般には個々の条件に対し実験を行い，その結果から値を得ている．ここでは，3 種類の代表的なバルブを例にとり，その基本原理と特徴，および損失係数について述べる．

図10.10 に示す**仕切弁**は，板状の弁体を管路の直角方向に上下させて開閉する．仕切弁の構造は，比較的に単純であり，全開の場合には，弁体が完全に隠れて，損失は小さくなるという特長がある．しかし，弁体の移動距離が長いため操作性が悪く，開度が少ないときに渦による流体振動が発生するなどの問題点もある．表10.2 は，開き度 x/d（管路直径 d に対する弁体の開き量 x の比）や管径 d を変化させて，損失係数 ζ を表したものであり，開き度 x/d によって ζ の値が著しく異なる．

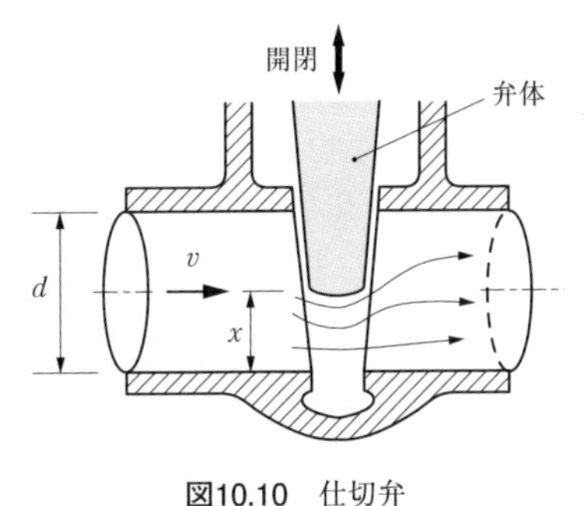

図10.10　仕切弁

表10.2　仕切弁の損失係数 ζ

x/d d[mm]	1/8	1/4	3/8	1/2	3/4	1
12.7	374	53.6	18.3	7.74	2.20	0.808
19.1	308	34.9	9.91	4.23	0.920	0.280
25.4	211	40.3	10.2	3.54	0.882	0.233
50.8	146	22.5	7.15	3.22	0.739	0.175

図10.11 の**玉形弁**は，上水道用の蛇口などで馴染みのあるバルブである．弁体の円錐部が弁座シート面に密着するため，全閉時には漏れが無く，流量の微調整も可能である．一方，流れの方向が 90° 近く曲げられる構造であるので，開度の大小にかかわらず損失が常に存在してしまう欠点がある．表10.3 は，弁座口径 D に対する弁体の開き量 x の比 x/D を変えて，損失係数 ζ の一例を表したものである．

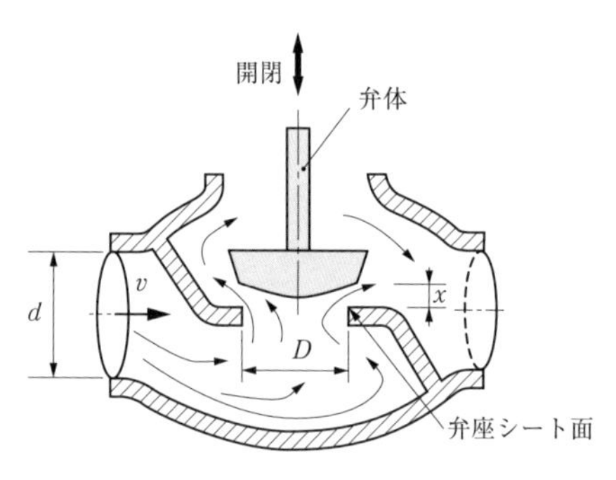

図10.11　玉形弁

表10.3　玉形弁の損失係数 ζ

x/D	1/4	1/2	3/4	1
$d = 25.4$mm	16.3	10.3	7.68	6.09

図10.12 の**バタフライ弁**は，ちょう形弁とも呼ばれ，円板状の弁体をバルブ中央に置き，弁体の傾き角度 θ を $\pm 90°$ の範囲で回すことで，流量を調整できる．このバルブは，小型・省スペースで比較的に低コストである．その反面，流れを完全に遮断することが困難とされていたが，近年の技術開発によって，弁体と弁座の密閉性能が向上している．表10.4 は，管路直径 $d = 40$mm のバタフライ弁の傾き角度 θ に対する損失係数 ζ の値を示している．仕切弁と同じように，バルブの傾き角度 θ が大きく，小さな開度の条件において，損失係数 ζ が極端に増加していることがわかる．

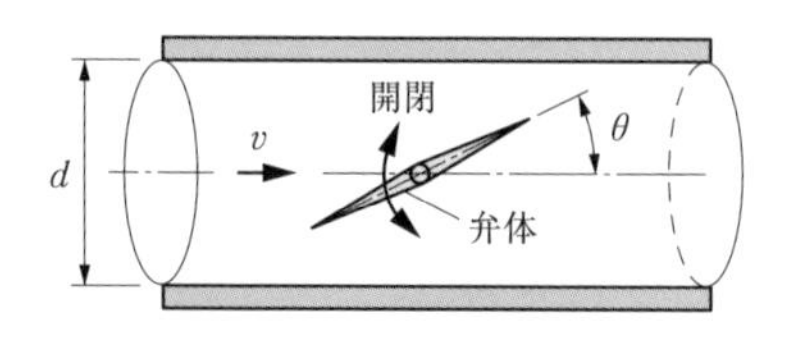

図10.12　バタフライ弁

表10.4　バタフライ弁の損失係数 ζ

θ	5°	10°	20°	30°
$d=40$mm	0.24	0.52	1.54	3.91
θ	40°	50°	60°	70°
$d=40$mm	10.8	32.6	118	751

10.10 管路システムの損失

ここでは，図10.13に示すように，タンク，管路，エルボ，バルブより構成されている管路システムを例に挙げる．ただし，管路直径 d はすべて等しく，また管内平均流速 v_0 は出口流速 v_b と等しく $v_0=v_b$ とみなす．まず，出口管路端から水が流出している場合では，入口から出口までの4つの管路長さの総計は $l=l_1+l_2+l_3+l_4$ なので，管摩擦損失ヘッドの総和 $\sum h_f$ は，

$$\sum h_f=\lambda\frac{l}{d}\frac{v_0^2}{2g} \tag{10.23}$$

である．また，管路要素損失ヘッドの総和 $\sum h_s$ は，入口損失，2個のエルボ，バルブの4つの管路要素があるから，これらの損失係数の和を $\zeta=\zeta_5+\zeta_6+\zeta_7+\zeta_8$ とすると，

$$\sum h_s=\zeta\frac{v_0^2}{2g} \tag{10.24}$$

となる．一方，タンクの水面ⓐと出口端ⓑに対して，流線に沿うように損失を考慮したベルヌーイの式をたてると，式 (10.1)，(10.2) より，

$$\frac{p_a}{\rho g}+\frac{v_a^2}{2g}+z_a=\frac{p_b}{\rho g}+\frac{v_b^2}{2g}+z_b+h_L \tag{10.25}$$

で与えられる．ここに，h_L は損失ヘッドであり，タンク水面の圧力 p_a，p_b は大気圧に等しく，タンク水面の速度は $v_a\fallingdotseq 0$ であるので，管路出口の流速 v_b は，式 (10.23)～(10.25) より，

$$v_b=\sqrt{\frac{2g(z_a-z_b)}{\lambda\frac{l}{d}+\zeta+1}} \tag{10.26}$$

となる．なお上式において，損失がまったく無いとすれば $\lambda=\zeta=0$ となり，$z=z_a-z_b$ と置くと，次式のトリチェリの定理が式 (5.38) と同じように導ける．

$$v_b=\sqrt{2gz} \tag{10.27}$$

つぎに，同図中に二点鎖線で示すように，出口管路端ⓑをタンクに接続して連結管路の状態を考えよう．ここで左側タンクの水面ⓐと右側タンクの水面ⓒに対して，損失を考慮したベルヌーイの

式は，式 (10.1) より，

$$\frac{p_a}{\rho g}+\frac{{v_a}^2}{2g}+z_a=\frac{p_c}{\rho g}+\frac{{v_c}^2}{2g}+z_c+h_L{}' \tag{10.28}$$

となる．この損失ヘッド $h_L{}'$ は管路からタンクへの出口損失係数 $\zeta_9=1.0$ を含めたものであり，タンク水面の圧力 p_a，p_c は大気圧に等しく，タンク水面の速度は $v_a\fallingdotseq 0$，$v_c\fallingdotseq 0$ であるので，次式が得られる．

$$v_0=\sqrt{\frac{2g(z_a-z_c)}{\lambda\dfrac{l}{d}+\zeta+\zeta_9}} \tag{10.29}$$

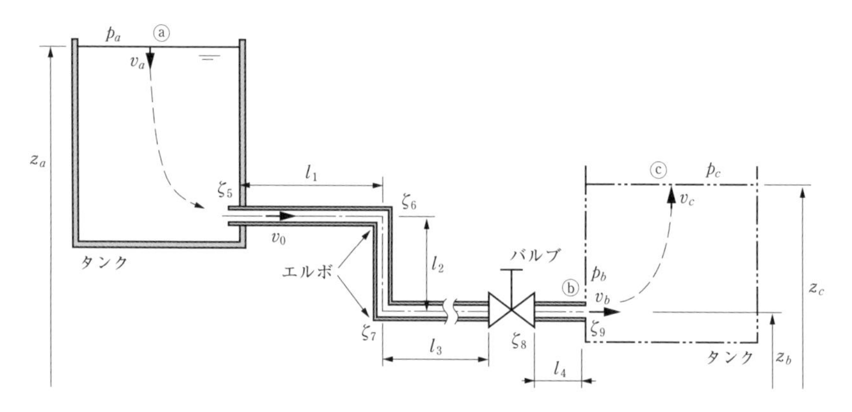

図10.13　管路システムの例

（ζ_5：管路入口の損失係数，ζ_6，ζ_7：エルボの損失係数，

ζ_8：バルブの損失係数，ζ_9：管路出口の損失係数）

問 10-1

発展★★☆

直径の比 d_2/d_1 が2倍の急拡大管（図10.2）において，平均速度が v_1 から v_2 に減速している．この途中に図10.14で示すような管路を設け，2段の急拡大管とする．これによって，損失ヘッド h_s を最も低減させるためには，上流部の管径 d_1 に対する中間部の管径 d の比 $\varepsilon = d/d_1$ をどのように設計すればよいか．また，このときの損失ヘッド h_{s2} は，1段の拡大管路の損失ヘッド h_{s1} に比べ，何％だけ減少するか．ただし，補正係数は $\xi = 1$ とする．

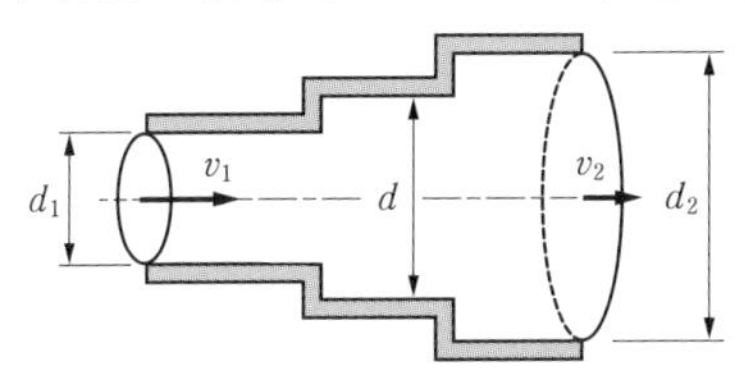

図10.14　2段の拡大管路

急拡大管の損失ヘッド h_{s1} は，1段の場合には，式(10.8)において $\xi = 1$ とすると，

$$h_{s1} = \frac{(v_1 - v_2)^2}{2g} \qquad \cdots(1)$$

で表される．中間部の流速を v とすれば，2段で流速を減速させる拡大管の損失ヘッド h_s は，上流部と下流部それぞれの和であるので，

$$h_s = \frac{(v_1 - v)^2}{2g} + \frac{(v - v_2)^2}{2g} = \frac{2v^2 - 2(v_1 + v_2)v + (v_1{}^2 + v_2{}^2)}{2g} \qquad \cdots(2)$$

となる．中間部での流速 v を変数と定め，損失ヘッド h_s が最小となる流速 v を求めるために，$dh_s/dv = 0$ を考えれば，

$$\frac{dh_s}{dv} = \frac{4v - 2(v_1 + v_2)}{2g} = 0$$

となる．上式より，

$$v = \frac{v_1 + v_2}{2} \qquad \cdots(3)$$

であり，連続の式より $v_2/v_1 = d_1{}^2/d_2{}^2$ であるので，

$$v = \frac{v_1}{2}\left(1 + \frac{v_2}{v_1}\right) = \frac{v_1}{2}\left\{1 + \left(\frac{d_1}{d_2}\right)^2\right\}$$

が得られる．したがって，入口部の直径 d_1 に対する中間部の直径 d の比 ε は，上式と連続の式から，

$$\varepsilon=\frac{d}{d_1}=\sqrt{\frac{v_1}{v}}=\sqrt{\frac{1}{\frac{1}{2}\left\{1+\left(\frac{d_1}{d_2}\right)^2\right\}}}=\sqrt{\frac{1}{\frac{1}{2}\left\{1+\left(\frac{1}{2}\right)^2\right\}}}=1.26$$

であるから，損失ヘッド h_s を最小とするには，中間部の直径 d は入口管路直径 d_1 の 1.26 倍になるよう設計すればよい．式 (3) を式 (2) に代入して整理すると，その損失ヘッド h_s は，

$$h_s=\frac{(v_1-v_2)^2}{4g}$$

であるから，式 (1) と比較すれば，

$$\frac{h_s}{h_{s1}}=\frac{1}{2}$$

となり，損失ヘッドは 50％に減少する．

問 10-2 基礎★★☆

直径が $d_1=30$ cm から $d_2=90$ cm に広がる管路がある．この急拡大管を流れる流量が $Q=30$ m^3/min であるとき，損失係数 ζ と損失ヘッド h_s を求めよ．ただし，補正係数は $\xi=1$ とする．

急拡大管の損失係数 ζ は，式 (10.9) より，

$$\zeta=\xi\left(1-\frac{A_1}{A_2}\right)^2=\xi\left(1-\frac{{d_1}^2}{{d_2}^2}\right)^2=1\times\left(1-\frac{0.3^2}{0.9^2}\right)^2=0.790$$

であり，上流側の管路を流れる速度 v_1 は，

$$v_1=\frac{Q}{\pi {d_1}^2/4}=\frac{30/60}{3.14\times 0.3^2/4}=7.08\ \mathrm{m/s}$$

である．したがって，損失ヘッド h_s は，式 (10.8) より，

$$h_s=\zeta\frac{{v_1}^2}{2g}=0.790\times\frac{7.08^2}{2\times 9.8}=\underline{2.02\ \mathrm{m}}$$

となる．

問 10-3

基礎 ★☆☆

急縮小管（図 10.6）を流量 $Q = 6$ L/min で比重 0.87 のエンジンオイル (SAE 10W–30) が流れている．この縮小管での圧力損失 Δp を求めよ．ただし，上流側の管路直径は $d_1 = 12.7$ mm，下流側は $d_2 = 4$ mm とする．なお，損失係数 ζ は表 10.1 を参考にせよ．

解 急縮小管路の上下流の断面積比 A_2/A_1 は，

$$\frac{A_2}{A_1} = \left(\frac{d_2}{d_1}\right)^2 = \left(\frac{4\times10^{-3}}{12.7\times10^{-3}}\right)^2 = 0.0992 \fallingdotseq 0.1$$

であるので，表 10.1 によれば，損失係数は，$\zeta = 0.41$ となる．下流側管路の流速 v_2 は，

$$v_2 = \frac{Q}{\pi {d_2}^2/4} = \frac{(6\times10^{-3})/60}{3.14\times(4\times10^{-3})^2/4} = 7.96 \text{ m/s}$$

となる．損失ヘッド h_s および圧力損失 Δp は，それぞれ，

$$h_s = \zeta\frac{{v_2}^2}{2g} = 0.41\times\frac{7.96^2}{2\times9.8} = \underline{1.33 \text{ m}}$$

$$\Delta p = \rho g h_s = (0.87\times10^3)\times9.8\times1.33 = 1.13\times10^4 = \underline{11.3 \text{ kPa}}$$

のように得られる．

問 10-4

発展 ★★☆

図10.15 に示すように，大きな油槽の底部の孔に，直径 $d = 12$ mm，長さ $l = 4$ m の直管路が垂直に取り付られ，油を大気中に放出している．管内の平均速度 v と流量 Q[L/min] を求めよ．ただし，油面から油層の底までの深さは $H = 2$ m であり，管路入口の損失係数は $\zeta = 0.5$，直管路の管摩擦係数は $\lambda = 0.02$ とせよ．

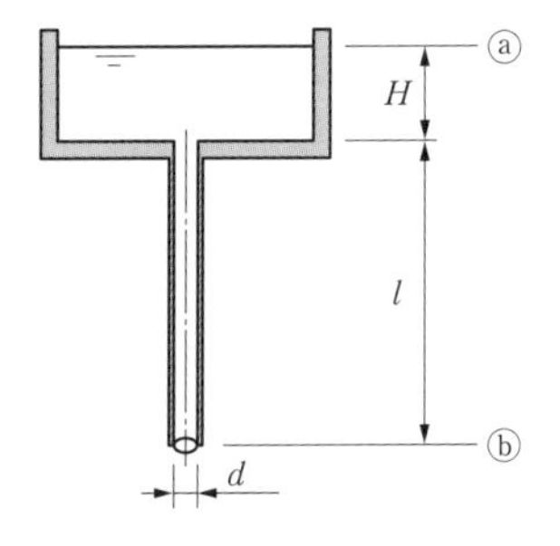

図10.15　油槽の底に垂直に取り付けられた管路

解 油槽の液面をⓐ，垂直管路の出口をⓑとして，これらの文字を添え字に用いる．損失を考慮したベルヌーイの式 (10.1) より，

$$\frac{v_a{}^2}{2g}+\frac{p_a}{\rho g}+z_a=\frac{v_b{}^2}{2g}+\frac{p_b}{\rho g}+z_b+h_L \qquad \cdots(1)$$

となる．式 (1) において，損失ヘッド h_L は，油槽からの管路入口損失と管摩擦損失の和であるので，次式で表される．

$$h_L=\zeta\frac{v^2}{2g}+\lambda\frac{l}{d}\frac{v^2}{2g} \qquad \cdots(2)$$

また，式 (1) において，高さの差は $z_a-z_b=H+l$，圧力はともに大気圧 $p_a=p_b=0$ であり，$v_a\fallingdotseq 0$，$v_b=v$ と置き，式 (2) を代入すると，流速 v は，

$$v=\sqrt{\frac{2g(H+l)}{1+\zeta+\lambda\dfrac{l}{d}}}=\sqrt{\frac{2\times 9.8\times(2+4)}{1+0.5+0.02\times\dfrac{4}{12\times 10^{-3}}}}=\underline{3.79\ \mathrm{m/s}}$$

である．また，流量 Q は，

$$Q=\frac{\pi d^2}{4}v=\frac{3.14\times(12\times 10^{-3})^2}{4}\times 3.79=4.28\times 10^{-4}\ \mathrm{m^3/s}$$

となり，L/min の単位で流量を求めると $Q=\underline{25.7\ \mathrm{L/min}}$ となる．

問 10-5　発展★★☆

図10.16 のように，(a) 急に断面積が変化する管路，(b) 緩やかに断面積が変化する管路がある．これらの管路に流体を左側から右方向へ流す場合の損失係数 ζ_r と，右側から左方向へ流す場合の損失係数 ζ_l との比 $\varepsilon=\zeta_r/\zeta_l$ は何倍になるか．ただし，各管路の断面積比は $A_S/A_L=0.2$，緩やかに断面積が変化する角度は $\theta=10°$ とする．

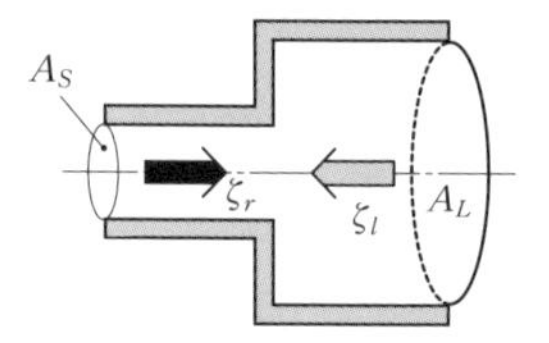

(a)　急に断面積が変化する場合

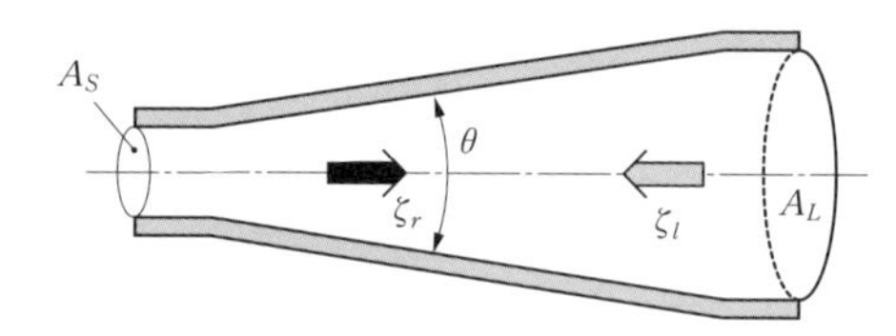

(b)　緩やかに断面積が変化する場合

図10.16　断面積が変化する管路

(a)　急に断面積が変化する管路において，流体を左側から右方向に流す場合には急拡大管となり，式 (10.9) を利用し補正係数 $\xi=0.93\sim1.08$ の中間値 $\xi=1$ を採用すれば，$A_S/A_L=0.2$ であるから，

$$\zeta_r = \xi\left(1-\frac{A_S}{A_L}\right)^2 = 1\times(1-0.2)^2 = 0.64$$

となる．一方，右側から左方向に流す場合には急縮小管となり，$A_S/A_L = 0.2$ では表 10.1 より，$\zeta = 0.38$ であるので，

$$\zeta_l = 0.38$$

であり，その比 ε は次式のとおりである．

$$\varepsilon = \frac{\zeta_r}{\zeta_l} = \frac{0.64}{0.38} = \underline{1.68}$$

(b)　緩やかに断面積が変化する管路において，流体を左側から右方向に流す場合には，緩やかに拡大する管となり，式 (10.11) において，補正係数 ξ は，

$$\xi = 0.011\theta^{1.22} = 0.011\times10^{1.22} = 0.183$$

となり，式 (10.9) を用いると，$A_S/A_L = 0.2$ であるから，

$$\zeta_r = \xi\left(1-\frac{A_S}{A_L}\right)^2 = 0.183\times(1-0.2)^2 = 0.117$$

となる．一方，右側から左方向へ流すとき，緩やかに縮小する管では，式 (10.18) より $A_S/A_L = 0.09$～0.2 の範囲で $\zeta = 0.04$ 程度であるので，

$$\zeta_l = 0.04$$

であり，その比 ε は次式のとおりである．

$$\varepsilon = \frac{\zeta_r}{\zeta_l} = \frac{0.117}{0.04} = \underline{2.93}$$

上記の結果からわかるように，いずれの場合でも断面積が拡大する管路の方が，損失係数は大きい．なお，損失ヘッド h_s は，式 (10.3) に示すように，断面積の小さい側の平均流速をとるので，損失係数の比そのものが損失ヘッドの比に相当する．

問 10-6

内径が $d = 165$ mm であり，曲がり角が $\theta = 45°$ のベンドとエルボがある．これらの曲がり管路に密度 $\rho = 880$ kg/m^3 の油を流量 $Q = 3.5$ m^3/min で流すならば，両者の損失係数は何倍ほど異なるか．また，ベンドとエルボを用いた場合，両者の圧力損失 Δp の差を求めよ．ただし，ベンドの曲率半径は $R = 660$ mm とする．

曲がり管路内の流速 v は，

$$v = \frac{Q}{\pi d^2/4} = \frac{3.5/60}{3.14 \times 0.165^2/4} = 2.73 \text{ m/s}$$

である．ベンドとエルボの損失係数 ζ_b，ζ_e は，式 (10.20)，(10.21) より，それぞれ，

$$\zeta_b = \left\{0.131 + 0.1632\left(\frac{d}{R}\right)^{3.5}\right\}\frac{\theta}{90} = \left\{0.131 + 0.1632 \times \left(\frac{0.165}{0.66}\right)^{3.5}\right\} \times \frac{45}{90} = 0.0661$$

$$\zeta_e = 0.946\sin^2\frac{\theta}{2} + 2.05\sin^4\frac{\theta}{2} = 0.946 \times \sin^2\frac{45°}{2} + 2.05 \times \sin^4\frac{45°}{2} = 0.183$$

となる．よって，$\zeta_e/\zeta_b = 2.76$ であり，損失係数はエルボの方がベンドより <u>2.76</u> 倍大きい．また，両者の圧力損失 Δp の差は，

$$\Delta p_e - \Delta p_b = (\zeta_e - \zeta_b)\frac{\rho v^2}{2} = (0.183 - 0.0661) \times \frac{880 \times 2.73^2}{2} = \underline{383 \text{ Pa}}$$

となる．

問 10-7

発展★★☆

管路半径 $r_o = 50$ mm，曲率半径 $R = 200$ mm，曲がり角度 $\theta = 180°$ のベンドに流速 $v =$ 2 m/s の水が流れている．このときの損失ヘッド h_L を以下の Ito の実験式を用いて求めよ．なお，この式での損失係数 ζ_b は，曲がり管路による損失に管摩擦損失を含めた全損失を与えるものである．

$$6 < Re\left(\frac{r_o}{R}\right)^2 < 91 \;:\; \zeta_b = 0.00276\alpha\theta Re^{-0.2}\left(\frac{R}{r_o}\right)^{0.9} \qquad (10.30)$$

$$Re\left(\frac{r_o}{R}\right)^2 \geqq 91 \;:\; \zeta_b = 0.00241\alpha\theta Re^{-0.17}\left(\frac{R}{r_o}\right)^{0.84} \qquad (10.31)$$

ここに，円形断面の内壁面は滑らかであり，r_o は管路半径，R は曲率半径，θ は曲がり角度 [°] である．ただし，Re はベンド内のレイノルズ数であり，動粘度を ν とすれば，代表長さは直径 $2r_o$ であるので $Re = 2vr_o/\nu$ である．また，係数 α は曲がり角度 θ などの条件で以下の式を適用する．

$$\theta = 45^\circ \ : \ \alpha = 1 + 14.2\left(\frac{R}{r_o}\right)^{-1.47} \tag{10.32}$$

$$\theta = 90^\circ \ : \ \begin{cases} R/r_o < 19.7 : \alpha = 0.95 + 17.2\left(\dfrac{R}{r_o}\right)^{-1.96} \\ R/r_o \geqq 19.7 : \alpha = 1 \end{cases} \tag{10.33}$$

$$\theta = 180^\circ \ : \ \alpha = 1 + 116\left(\frac{R}{r_o}\right)^{-4.52} \tag{10.34}$$

ベンドの角度は，$\theta = 180^\circ$ であるので，係数 α は与式 (10.34) より，

$$\alpha = 1 + 116\left(\frac{R}{r_o}\right)^{-4.52} = 1 + 116 \times \left(\frac{0.2}{0.05}\right)^{-4.52} = 1.22$$

となる．レイノルズ数 Re は，

$$Re = \frac{2vr_o}{\nu} = \frac{2 \times 2 \times 0.05}{1 \times 10^{-6}} = 2 \times 10^5$$

であり，

$$Re\left(\frac{r_o}{R}\right)^2 = (2 \times 10^5) \times \left(\frac{0.05}{0.2}\right)^2 = 1.25 \times 10^4 \geqq 91$$

であるから，ベンドの損失係数 ζ_b は，与式 (10.31) より，

$$\zeta_b = 0.00241\alpha\theta Re^{-0.17}\left(\frac{R}{r_o}\right)^{0.84} = 0.00241 \times 1.22 \times 180 \times (2 \times 10^5)^{-0.17} \times \left(\frac{0.2}{0.05}\right)^{0.84} = 0.213$$

となる．したがって，損失ヘッド h_L は，

$$h_L = \zeta_b \frac{v^2}{2g} = 0.213 \times \frac{2^2}{2 \times 9.8} = \underline{0.0435\ \mathrm{m}}$$

である．

問 10-8

日本工業規格 JIS B 0100 によってバルブの容量係数 C とは，バルブを通る流量を Q，圧力損失を Δp，流体の密度を ρ とすれば，次式で規定されている．バルブの開口面積を A とするとき，容量係数 C はバルブの損失係数 ζ との間にどのような関係があるか示せ．

$$C = Q\sqrt{\frac{\rho}{\Delta p}} \tag{10.35}$$

解 与式 (10.35) において，連続の式を用いれば，$Q = Av$ であるので，圧力損失 Δp は，

$$\Delta p = \frac{\rho A^2 v^2}{C^2} \qquad \cdots(1)$$

であり，損失係数 ζ を用いたバルブの圧力損失 Δp は，式 (10.22) より，

$$\Delta p = \rho g h_s = \zeta \frac{\rho v^2}{2} \qquad \cdots(2)$$

である．式 (1) と式 (2) を等しく置き，C について解くと，

$$C = \frac{\sqrt{2}\,A}{\sqrt{\zeta}}$$

が得られ，容量係数 C は，損失係数 ζ の平方根に反比例する．

問 10-9

応用★★★

図10.17 は，大きな水タンクから直径や長さが異なる水平な管路を経て，水が流速 v で大気に放出している状況を表している．それぞれの直管路の直径を d_1，d_2，d_3，長さを l_1，l_2，l_3，それらの管摩擦係数を λ_1，λ_2，λ_3 とし，タンクから管路への流れにおいて入口管路の損失係数を ζ_1，急拡大管の損失係数を ζ_2，急縮小管の損失係数を ζ_3 とするとき，管路中心から液面までの高さ z を求めよ．

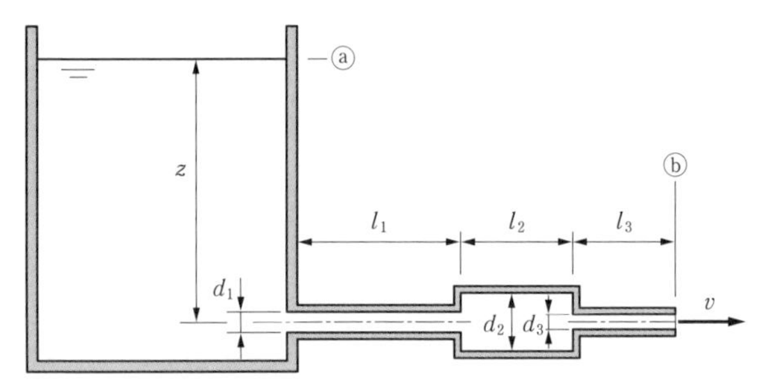

図10.17　水タンクから異径管路への流出

水タンクの液面をⓐ，管路の出口をⓑとして，これらの文字を添え字に用いる．損失を考慮したベルヌーイの式 (10.1) より，

$$\frac{{v_a}^2}{2g}+\frac{p_a}{\rho g}+z_a=\frac{{v_b}^2}{2g}+\frac{p_b}{\rho g}+z_b+h_L \qquad \cdots(1)$$

となる．ここに，損失ヘッド h_L は，次式のとおり管摩擦損失ヘッドの総和 $\sum h_f$ と管路要素損失ヘッドの総和 $\sum h_s$ の和で表される．

$$h_L=\sum h_f+\sum h_s$$

管摩擦損失ヘッドの総和 $\sum h_f$ は，各管路の速度を v_1，v_2，v_3 とすると，

$$\sum h_f=\lambda_1\frac{l_1}{d_1}\frac{{v_1}^2}{2g}+\lambda_2\frac{l_2}{d_2}\frac{{v_2}^2}{2g}+\lambda_3\frac{l_3}{d_3}\frac{{v_3}^2}{2g} \qquad \cdots(2)$$

で表される．連続の式から

$$v_1=\left(\frac{d_3}{d_1}\right)^2 v_3, \qquad v_2=\left(\frac{d_3}{d_2}\right)^2 v_3 \qquad \cdots(3)$$

であり，式 (3) を式 (2) に代入し $v_3=v$ と置くと，

$$\sum h_f=\left(\lambda_1\frac{l_1{d_3}^4}{{d_1}^5}+\lambda_2\frac{l_2{d_3}^4}{{d_2}^5}+\lambda_3\frac{l_3}{d_3}\right)\frac{v^2}{2g} \qquad \cdots(4)$$

となる．管路要素損失ヘッドの総和 $\sum h_s$ は，タンクから管路への入口損失，急拡大管の損失，急縮小管の損失の和で表されるので，

$$\sum h_s=\zeta_1\frac{{v_1}^2}{2g}+\zeta_2\frac{{v_1}^2}{2g}+\zeta_3\frac{{v_3}^2}{2g} \qquad \cdots(5)$$

であり，式 (3) を式 (5) に代入し $v_3=v$ と置くと，

$$\sum h_s=\left(\zeta_1\frac{{d_3}^4}{{d_1}^4}+\zeta_2\frac{{d_3}^4}{{d_1}^4}+\zeta_3\right)\frac{v^2}{2g} \qquad \cdots(6)$$

となる．式 (1) において，圧力はともに大気圧 $p_a=p_b=0$ であり，$v_a\fallingdotseq 0$，$v_b=v$，$z_a-z_b=z$ と置き，式 (4)，(6) を用いて，管路中心から液面までの高さ z について整理すれば，

$$\underline{z=\left(\lambda_1\frac{l_1{d_3}^4}{{d_1}^5}+\lambda_2\frac{l_2{d_3}^4}{{d_2}^5}+\lambda_3\frac{l_3}{d_3}+\zeta_1\frac{{d_3}^4}{{d_1}^4}+\zeta_2\frac{{d_3}^4}{{d_1}^4}+\zeta_3+1\right)\frac{v^2}{2g}}$$

が得られる．

問 10-10 応用★★★

水面の差が$H=5$ mである2つの貯水槽が配管用炭素鋼鋼管（JIS G 3452，SGP－A350，外径$D=355.6$ mm，厚さ$t=7.9$ mm，長さ$l=600$ m）で接続されている．配管の間には，7箇所にベンド（1箇所当たりの損失係数$\zeta_1=0.35$）と3箇所にバルブ（1箇所当たりの損失係数$\zeta_2=1.8$）が設けられている．入口損失係数を$\zeta_3=0.5$，出口損失係数を$\zeta_4=1.0$とするとき，管路システムの流速vを得たい．ただし，配管の管摩擦係数は，まず$\lambda=0.02$と仮定し，ブラジウスの式あるいはニクラゼの式を用いて，流速vおよび管摩擦係数λの値が3%以内に入るまで反復計算を行って求めよ．

貯水槽の高い方の液面をⓐ，貯水槽の低い方の液面をⓑとして，これらの文字を添え字に用いると，損失を考慮したベルヌーイの式(10.1)より，

$$\frac{{v_a}^2}{2g}+\frac{p_a}{\rho g}+z_a=\frac{{v_b}^2}{2g}+\frac{p_b}{\rho g}+z_b+h_L \quad \cdots(1)$$

となる．ここに，損失ヘッドh_Lは，次式のとおり管摩擦損失ヘッドh_fと管路要素損失ヘッドの総和$\sum h_s$の和で表される．

$$h_L=h_f+\sum h_s \quad \cdots(2)$$

管摩擦損失ヘッドh_fは，鋼管の内径をdとすれば，ダルシー・ワイスバッハの式(8.9)より，

$$h_f=\lambda\frac{l}{d}\frac{v^2}{2g} \quad \cdots(3)$$

となる．管路要素損失ヘッドの総和$\sum h_s$は，各部の流速vが等しいとすれば，

$$\sum h_s=7\zeta_1\frac{v^2}{2g}+3\zeta_2\frac{v^2}{2g}+\zeta_3\frac{v^2}{2g}+\zeta_4\frac{v^2}{2g} \quad \cdots(4)$$

で表される．

ここで，数値を代入して計算する．まず管路の内径dは，管路の外径Dと厚さtより，

$$d=D-2t=(355.6\times10^{-3})-2\times(7.9\times10^{-3})=0.34\ \mathrm{m} \quad \cdots(5)$$

である．つぎに，式(1)において，圧力はともに大気圧$p_a=p_b=0$であり，水面の速度は$v_a\fallingdotseq0$，$v_b\fallingdotseq0$，水面差は$z_a-z_b=H$と置き，式(2)～(5)を代入して流速vについて整理すれば，

$$v=\sqrt{\frac{2gH}{\lambda\frac{l}{d}+7\zeta_1+3\zeta_2+\zeta_3+\zeta_4}}=\sqrt{\frac{2\times9.8\times5}{0.02\times\frac{600}{0.34}+7\times0.35+3\times1.8+0.5+1.0}}=\underline{1.48\ \mathrm{m/s}}$$

となる．したがって，レイノルズ数 Re は次式のとおり得られる．

$$Re=\frac{vd}{\nu}=\frac{1.48\times 0.34}{1\times 10^{-6}}=5.03\times 10^{5}$$

上式より，レイノルズ数が $1\times 10^{5}<Re<3\times 10^{6}$ であるので，ニクラゼの式 (8.15) を利用すると，管摩擦係数 λ は，

$$\lambda=0.0032+0.221\,Re^{-0.237}=0.0032+0.221\times(5.03\times 10^{5})^{-0.237}=\underline{0.0130}$$

となる．この管摩擦係数 λ を用いて再計算すると，同様に，

$$v=\sqrt{\frac{2gH}{\lambda\dfrac{l}{d}+7\zeta_1+3\zeta_2+\zeta_3+\zeta_4}}=\sqrt{\frac{2\times 9.8\times 5}{0.0130\times\dfrac{600}{0.34}+7\times 0.35+3\times 1.8+0.5+1.0}}=\underline{1.74\ \mathrm{m/s}}$$

$$Re=\frac{vd}{\nu}=\frac{1.74\times 0.34}{1\times 10^{-6}}=5.92\times 10^{5}$$

$$\lambda=0.0032+0.221\,Re^{-0.237}=0.0032+0.221\times(5.92\times 10^{5})^{-0.237}=\underline{0.0127}$$

となり，この管摩擦係数 λ を用いて再々計算すると，同様に，

$$v=\sqrt{\frac{2gH}{\lambda\dfrac{l}{d}+7\zeta_1+3\zeta_2+\zeta_3+\zeta_4}}=\sqrt{\frac{2\times 9.8\times 5}{0.0127\times\dfrac{600}{0.34}+7\times 0.35+3\times 1.8+0.5+1.0}}=\underline{1.76\ \mathrm{m/s}}$$

$$Re=\frac{vd}{\nu}=\frac{1.76\times 0.34}{1\times 10^{-6}}=5.98\times 10^{5}$$

$$\lambda=0.0032+0.221\,Re^{-0.237}=0.0032+0.221\times(5.98\times 10^{5})^{-0.237}=\underline{0.0126}$$

であり，流速 v も管摩擦係数 λ も，3 回の反復計算でほぼ一定値を保ち，3% 以内の値まで収束する．

問 10-11

発展★★☆

図10.18のように，水位差 H の2つの水槽が3本の水平な直管路で並列に接続されている．それぞれの管路の直径を d_1, d_2, d_3 とするとき，3本の管路を流れる総流量 Q と水位差 H の関係を求めよ．ただし，管路の長さ l，管摩擦係数 λ，入口損失係数 ζ_i，出口損失係数 ζ_o は各管路とも等しいものとする．

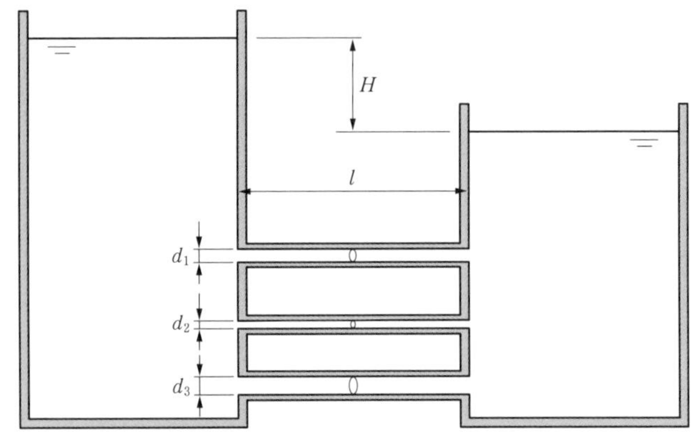

図10.18　水槽に接続された3本の水平管路

解 両水槽の水面に損失を考慮したベルヌーイの式 (10.1) を適用すれば，管路の接続高さに依存せず，各管路の流速 v_1, v_2, v_3 は，式 (10.29) にて $z_a - z_c = H$ と置けば，

$$v_1 = \sqrt{\frac{2gH}{\lambda\dfrac{l}{d_1}+\zeta_i+\zeta_o}}, \qquad v_2 = \sqrt{\frac{2gH}{\lambda\dfrac{l}{d_2}+\zeta_i+\zeta_o}}, \qquad v_3 = \sqrt{\frac{2gH}{\lambda\dfrac{l}{d_3}+\zeta_i+\zeta_o}} \qquad \cdots(1)$$

となる．また，3本の管路を流れる水の流量を Q_1, Q_2, Q_3 とすると，

$$Q = Q_1 + Q_2 + Q_3 = \frac{\pi}{4}d_1^2 v_1 + \frac{\pi}{4}d_2^2 v_2 + \frac{\pi}{4}d_3^2 v_3 = \frac{\pi}{4}(d_1^2 v_1 + d_2^2 v_2 + d_3^2 v_3) \qquad \cdots(2)$$

になるので，式 (1) を式 (2) に代入して整理すると，

$$\underline{Q = \frac{\pi\sqrt{2gH}}{4}\left(\sqrt{\frac{d_1^5}{\lambda l + (\zeta_i+\zeta_o)d_1}} + \sqrt{\frac{d_2^5}{\lambda l + (\zeta_i+\zeta_o)d_2}} + \sqrt{\frac{d_3^5}{\lambda l + (\zeta_i+\zeta_o)d_3}}\right)}$$

が得られる．

問 10-12　発展★★★

図10.19のようなタンクから直管路，エルボ，ノズルを経て水が大気に流出する噴水装置がある．タンクの水位を一定に保つとき，水の噴出速度 v と噴水が上昇する高さ H を求めよ．ただし，ノズルからの噴出速度は管路の平均速度と等しいと仮定し，直管路から水面までの高さを $z=3$ m，管路の直径を $d=12.7$ mm，管路の長さを $l_1=6$ m，ノズルの長さを $l_2=0.7$ m，管路の入口損失係数を $\zeta_1=0.5$，エルボ（$\theta=90°$）での損失係数を $\zeta_2=1.0$，ノズルでの損失係数を $\zeta_3=0.04$，管摩擦係数を $\lambda=0.025$ として計算し，ノズル噴出後のすべての損失は無視できるものとする．

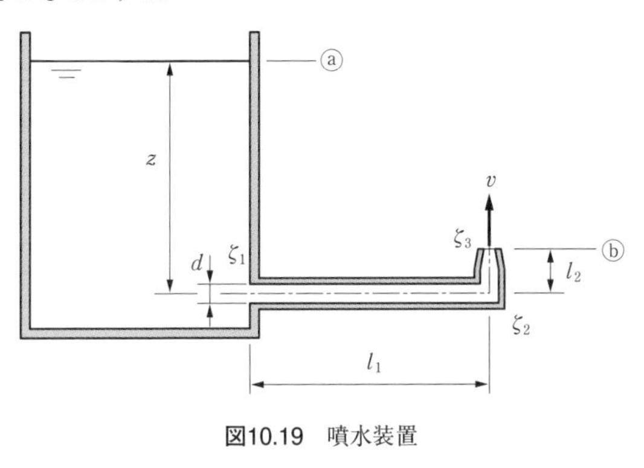

図10.19　噴水装置

解　損失ヘッド h_L は，管路の平均流速を v とすると，ダルシー・ワイスバッハの式 (8.9) および管路要素損失ヘッドに関する式 (10.3) より，

$$h_L=\left(\lambda\frac{l_1+l_2}{d}+\zeta_1+\zeta_2+\zeta_3\right)\frac{v^2}{2g} \quad \cdots(1)$$

となる．タンクの水面をⓐ，ノズルの噴出口をⓑとして，損失を考慮したベルヌーイの式 (10.1) を用いれば，

$$\frac{{v_a}^2}{2g}+\frac{p_a}{\rho g}+z_a=\frac{{v_b}^2}{2g}+\frac{p_b}{\rho g}+z_b+h_L \quad \cdots(2)$$

である．上式にて，管路の流速と水の噴出速度を等しく $v=v_b$ と置き，水面では速度は $v_a \fallingdotseq 0$，水面および噴出口の圧力は大気圧で $p_a=p_b=0$ なので，式 (1) を式 (2) に代入して，速度 v について整理すると，$z=z_a-z_b$ であるから，

$$v=\sqrt{\frac{2gz}{\lambda\frac{l_1+l_2}{d}+\zeta_1+\zeta_2+\zeta_3+1}}=\sqrt{\frac{2\times9.8\times3}{0.025\times\frac{6+0.7}{0.0127}+0.5+1.0+0.04+1}}=\underline{1.93\text{ m/s}}$$

が得られる．この速度 v より，レイノルズ数 Re を確認すれば，

$$Re=\frac{vd}{\nu}=\frac{1.93\times 0.0127}{1\times 10^{-6}}=2.45\times 10^4$$

であり，レイノルズ数は $3\times 10^3 < Re < 1\times 10^5$ であるので，ブラジウスの式 (8.14) を用いると，

$$\lambda=\frac{0.3164}{Re^{1/4}}=\frac{0.3164}{(2.45\times 10^4)^{1/4}}=0.0253$$

と与えられた管摩擦係数とほぼ等しいことが確認できる．噴水が上昇する高さ H は，速度エネルギーと位置エネルギーとの関係から，

$$H=\frac{v^2}{2g}=\frac{1.93^2}{2\times 9.8}=\underline{0.190\ \text{m}}$$

となる．

問 10-13

応用★★☆

図10.20 に**油圧ポンプ**とその吸込み側管路を示す．油タンクからの作動油は，油圧フィルタおよびエルボを介してポンプ吸込み口に流入している．直径 $d=35$ mm の吸込み管路での流速が $v=1.2$ m/s であるとき，ポンプ吸込み口のゲージ圧力 p を求めよ．ただし，油圧フィルタでの圧力損失は $\Delta p=1.5$ kPa，エルボの損失係数は $\zeta_e=1.0$，鉛直管路長さは $l=80$ cm，油圧フィルタからタンク油面までの高さは $H=50$ cm，作動油の密度は $\rho=870$ kg/m^3，動粘度は $\nu=3.2\times 10^{-5}$ m^2/s とする．

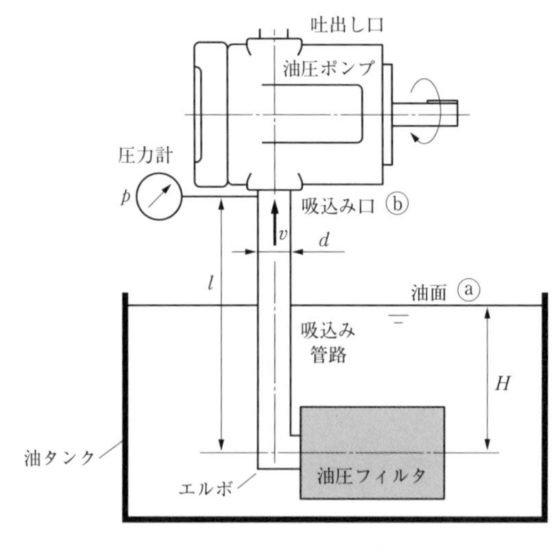

図10.20　油圧ポンプと吸込み管路

吸込み管路のレイノルズ数 Re は,

$$Re=\frac{vd}{\nu}=\frac{1.2\times0.035}{3.2\times10^{-5}}=1310$$

であり，層流であるので，式 (8.13) より，管摩擦係数 λ は,

$$\lambda=\frac{64}{Re}=\frac{64}{1310}=0.0489$$

となる．よって，エルボと吸込み管路での損失ヘッド h_L は,

$$h_L=\left(\lambda\frac{l}{d}+\zeta_e\right)\frac{v^2}{2g}=\left(0.0489\times\frac{0.80}{0.035}+1.0\right)\times\frac{1.2^2}{2\times9.8}=0.156\ \mathrm{m}$$

のとおり得られる．油タンクの油面をⓐ，油圧ポンプの吸込み口をⓑとして，油圧フィルタでの圧力損失 Δp を考え，損失を考慮したベルヌーイの式 (10.1) を用いると,

$$\frac{{v_a}^2}{2g}+\frac{p_a}{\rho g}+z_a=\frac{{v_b}^2}{2g}+\frac{p_b}{\rho g}+z_b+h_L+\frac{\Delta p}{\rho g}$$

である．ここに，油面ⓐにおいては，油の下降速度は $v_a\fallingdotseq0$，大気圧なので $p_a=0$ であり，$p=p_b$，$v=v_b$，$l-H=z_b-z_a$ と置けば，吸込み口での圧力（ゲージ圧力）p は,

$$\begin{aligned}p&=\rho g(H-l-h_L)-\frac{\rho v^2}{2}-\Delta p\\&=(0.87\times10^3)\times9.8\times(0.5-0.8-0.156)-\frac{(0.87\times10^3)\times1.2^2}{2}-1.5\times10^3\\&=-6.01\times10^3=\underline{-6.01\ \mathrm{kPa}}\end{aligned}$$

であり，負圧となる．

Column J 質量保存則

物質は，温度などにより固体，液体，気体の**状態変化**や，化学的な変化を起こす．しかし，その物質の体積は変化するが，**系**（解析の対象となる物質）全体の質量の総和は一定である．これを**質量保存の法則**という．これに対して，下記に述べる質量保存則という用語は，「流体の力学」など物理系での意味に使われる場合が多い．

図J.1(a) のような流れ場を考えよう．この中で空間に固定され任意の形状を持つ体積を**検査体積**と呼び，図中の一点鎖線で示す．時刻 $t=t_o$ において，検査体積の中に存在する流体の質量を系として扱い，実線で示す．いまこの状態では，時間 t とともに変化する検査体積内の質量 $m_v(t)$ は，系の質量 m に等しく，

$$t = t_o \ : \ m = m_v(t_o) \tag{J.1}$$

である．微小時間 Δt が経過すると，系は検査体積から離れ，同図中に破線で示す位置に移動する．いま，時刻 $t=t_o+\Delta t$ において，検査体積内の質量を $m_v(t_o+\Delta t)$，検査体積の外側の系の部分の質量を Δm_{out}，検査体積の内側部分（共通の部分は含まない）の質量を Δm_{in} とすれば，系の質量 m は，

$$t = t_o + \Delta t \ : \ m = m_v(t_o + \Delta t) + \Delta m_{\mathrm{out}} - \Delta m_{\mathrm{in}} \tag{J.2}$$

と変化する．

図J.1(b) は，上式の状況を図形的に示したものである．式 (J.1)，(J.2) より m を消去し，$1/\Delta t$ を掛けて整理すると，

$$\frac{m_v(t_o + \Delta t) - m_v(t_o)}{\Delta t} + \frac{\Delta m_{out} - \Delta m_{in}}{\Delta t} = 0 \tag{J.3}$$

が得られる．上式の第 1 項は，$\Delta t \to 0$ とすると，微分の定義から「検査体積内の質量の時間的な変化割合」を表し，第 2 項は，「単位時間に検査体積を出入りする正味の質量」すなわち質量流量の差を表す．式 (J.3) に示すように，これら両者の和が零に等しいことを**質量保存則**と呼ぶ．

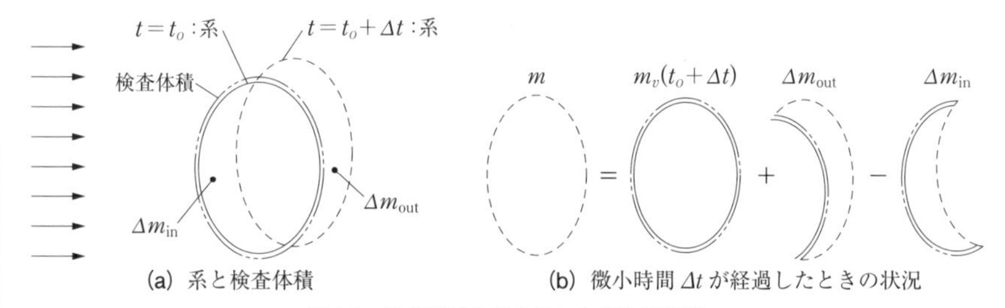

(a) 系と検査体積　(b) 微小時間 Δt が経過したときの状況

図J.1　検査体積を通る流れと質量保存則

参考文献

1) 安藤常世：流体の力学，培風館 (1974)
2) 飯田 明由，武居 昌宏，小川 隆申：基礎から学ぶ流体力学，オーム社 (2007)
3) 生井武文（校閲），国清行夫，木本知男，長尾健：演習水力学，森北出版 (1973)
4) 生井武文：流れの力学，コロナ社 (1974)
5) 生井武文，井上雅弘：粘性流体の力学，理工学社 (2002)
6) 池森亀鶴：水力学，コロナ社 (1976)
7) 石川芳男，一谷吉郎，芝沼弘允，鈴木英夫，関二郎，牧野光雄，本橋龍郎：基礎流体力学，産業図書 (1989)
8) 石原智男：油圧工学，朝倉書店 (1968)
9) 石綿良三：流体力学入門，森北出版 (2001)
10) 板谷松樹：水力学，朝倉書店 (1966)
11) 市川常雄：水力学・流体力学，朝倉書店 (1999)
12) 今井功：流体力学，岩波書店 (2003)
13) 今木清康：詳解水力学，理工学社 (2003)
14) 岩崎敏夫：応用水理学，技報堂出版 (1991)
15) 岩波繁蔵 (編)，平山直道 (編)：基礎力学演習流体力学，実教出版 (1975)
16) 岩本順二郎：基礎と演習流体力学，東京電機大学出版局 (2001)
17) 江守一郎：模型実験の理論と応用，技報堂出版 (1994)
18) 太田英一：水力学および流体力学演習，学献社 (1975)
19) 大場謙吉，板東潔，流体の力学（現象とモデル化），コロナ社 (2006)
20) 大橋秀雄：流体力学 (Ⅰ)，コロナ社 (2004)
21) 岡本哲史：応用流体力学，誠文堂新光社 (1962)
22) 岡本史紀：流体力学，森北出版，(1998)
23) 笠原英司，清水正之，川嶋元士，水木新平：現代水力学，オーム社 (1984)
24) 笠原英司 (監修)，清水正之，前田昌信：図解流体力学の学び方，オーム社 (1986)
25) 加藤宏 (編)：ポイントで学ぶ流れの力学，丸善 (2001)
26) 加藤宏 (編)：例題で学ぶ流体の力学，丸善 (1990)
27) 川田裕郎：粘度，コロナ社 (1969)
28) 河村哲也：流体解析Ⅰ，朝倉書店 (1996)
29) 木田重雄：流体方程式の解き方入門，共立出版 (2002)
30) 木田重雄：なっとくする流体力学，講談社 (2003)
31) 北川能 (監修)，井田晋，中村克孝，丹省一，勝山昭夫，大久保準一郎，岡田敬夫：水力学 (基礎と演習)，パワー社 (2001)
32) 金原 粲（監修），築地徹浩，青木克己，川上幸男，君島真仁，桜井康雄，清水誠二：流体力学（シンプルにすれば流れがわかる），実教出版 (2009)
33) 草間秀俊：水力学・水力機械，日刊工業新聞社 (1965)
34) 久保田浪之介：おもしろ話で理解する流れ学入門，日刊工業新聞社 (2003)
35) 久保田浪之介：絵とき　流体力学　基礎のきそ，日刊工業新聞社 (2008)
36) 小波倭文朗，西海孝夫：油圧制御システム，東京電機大学出版局 (1999)

37）小林紘士，和田明，角湯正剛：流体数値実験，朝倉書店 (1990)
38）坂田光雄，坂本雅彦：流体の力学，コロナ社 (2002)
39）佐藤恵一，木村繁男，上野久儀，増山豊：流れ学，朝倉書店 (2004)
40）島章，小林陵二：大学講義水力学，丸善 (1980)
41）下坂實：水力学・熱力学演習，産業図書 (1973)
42）下坂實：水力学演習，産業図書 (1975)
43）白倉昌明，大橋秀雄：流体力学 (2)，コロナ社 (1971)
44）杉山弘，遠藤剛，新井隆景：流体力学，森北出版 (1995)
45）鈴木和夫：流体力学と流体抵抗の理論，成山堂 (2006)
46）須藤浩三 (編)，児島忠倫，清水誠二，蝶野成臣，西尾正富：エース流体の力学，朝倉書店 (2002)
47）高野暲：流体力学Ⅰ，流体力学Ⅱ，岩波書店 (1967)
48）高橋浩爾，築地徹浩：流体の力学，日刊工業新聞社 (2000)
49）竹中利夫，浦田映三：水力学例題演習，コロナ社 (1967)
50）竹中利夫 , 浦田暎三：油圧制御，丸善 (1975)
51）谷田好通：流体の力学，朝倉書店 (1998)
52）築地徹浩，山根隆一郎，白濱芳朗：基礎からの流体工学，日新出版 (2002)
53）蔦原道久，杉山司郎，山本正明，木田輝彦：流体の力学，朝倉書店 (2001)
54）富田幸雄：水力学 (流れ現象の基礎と構造)，実教出版 (2002)
55）豊倉富太郎 , 亀本喬司：流体力学，実教出版 (2004)
56）中林功一，伊藤基之，鬼頭修巳：機械系大学講義シリーズ流体力学の基礎 (1),(2)，コロナ社 (2000)
57）中村育雄，大坂英雄：機械流体工学，共立出版 (1982)
58）中村克孝，井田晋，勝山昭夫，大久保準一郎，割澤泰，檀和秀，岡田敬夫：流体力学 (基礎と演習)，パワー社 (1995)
59）中山泰喜：流体の力学，養賢堂 (2000)
60）日本機械学会編：流体力学，JSME テキストシリーズ，丸善 (2005)
61）日本機械学会編：分冊 機械工学便覧 (4）(1953)
62）日本機械学会編：機械工学便覧，改訂第 4 版，丸善 (1960)
63）日本機械学会編：機械工学便覧，改訂第 5 版　水力学および流体力学，丸善 (1975)
64）日本機械学会編：機械工学便覧，基礎編 α 9 単位・物理定数・数学，丸善 (2005)
65）日本機械学会編：機械工学便覧，基礎編 α 4 流体工学，丸善 (2006)
66）日本機械学会編：技術資料　流体計測法，丸善 (2000)
67）日本機械学会編：技術資料　管路とダクトの流体抵抗，丸善 (2001)
68）日本機械学会編：技術資料　流体の熱物性値集，丸善 (2008)
69）日本機械学会編：機械工学 SI マニュアル，丸善 (1989)
70）日本機械学会編：写真集　流れ，丸善 (1984)
71）日本機械学会編：機械工学事典，丸善 (1997)
72）日本機械学会編：文部省　学術用語集　機械工学編，丸善 (1985)
73）日本機械学会編：機械実用便覧　改訂第 6 版，丸善 (1995)
74）日本規格協会：日本工業規格 JIS B 0100 バルブ用語 (1984)
75）日本規格協会：日本工業規格 JIS B 7505 ブルドン管圧力計 (1999)
76）日本規格協会：日本工業規格 JIS B 8302 ポンプ吐出し量測定方法 (2002)
77）日本規格協会：日本工業規格 JIS B 8330 送風機の試験及び検査方法 (2000)
78）日本規格協会：日本工業規格 JIS Z 7525 密度浮ひょう (1997)
79）日本規格協会：日本工業規格 JIS Z 8201 数学記号 (1981)

80）日本規格協会：日本工業規格 JIS Z 8203 国際単位系（SI）及びその使い方 (1992)
81）日本規格協会：日本工業規格 JIS Z 8762 絞り機構による流量測定方法 (1995)
82）禰津家久，富永晃宏：水理学，朝倉書店 (2005)
83）八田圭爾，鳥居平和，田口達夫：流体力学の基礎，日新出版 (2003)
84）原田正一，伊藤光，小山紀：流れ学 10 章，養賢堂 (1989)
85）原田幸夫：流体の力学，槇書店 (1973)
86）原田幸夫：流体工学，槇書店 (1994)
87）日野幹雄：明解水理学，朝倉書店 (1990)
88）日野幹雄：流体力学，朝倉書店 (1992)
89）深野徹：わかりたい人の流体工学 (Ⅰ)，裳華房 (2000)
90）藤本武助：水力学概論，養賢堂 (1957)
91）藤本武助：流体力学，養賢堂 (1989)
92）古川明徳，金子賢二，林秀千人：流れの工学，朝倉書店 (2000)
93）古屋善正：流体力学Ｉ，Ⅱ，共立出版 (1973)
94）細井豊：基礎と演習水力学，東京電機大学出版局 (1995)
95）堀幸夫：流体潤滑，養賢堂 (2002)
96）前川博：流体力学，共立出版 (2002)
97）前川博，山本誠，石川仁，例題でわかる基礎・演習　流体力学，共立出版 (2005)
98）前田照行：流体機械工学演習，学献社 (1980)
99）前田照行：流れによる不安定現象とその応用，アイピーシー(2002)
100）前田昌信：はじめて学ぶ流体力学，オーム社 (2002)
101）牧野光雄：流体抵抗と流線形，産業図書 (1991)
102）松尾一泰：流体の力学（水力学と粘性・完全流体力学の基礎），理工学社，(2007)
103）松岡祥浩，青山邑里，児島忠倫，應和靖浩，山本全男：流れの力学（基礎と演習），コロナ社，(2003)
104）宮田昌彦，水木新平，辻田星歩：よくわかる水力学，オーム社 (2001)
105）村田暹，三宅裕：流体力学，森北出版 (1979)
106）望月修：図解流体工学，朝倉書店 (2002)
107）森川敬信，鮎川恭三，辻裕：流れ学，朝倉書店 (2003)
108）森下悦生：Excel で学ぶ流体力学，丸善 (2000)
109）森田泰司：流体の基礎と応用，東京電機大学出版局 (1999)
110）森田泰司：流体の力学計算法，東京電機大学出版局 (2002)
111）山根隆一郎：基礎流体科学，朝倉書店（1994）
112）山根隆一郎：流れの工学，丸善（2003）
113）山枡雅信：わかる流体の力学，日新出版 (1974)
114）横山重吉，武田定彦：わかる水力学演習，日新出版 (1980)
115）横山重吉：水撃入門，日新出版 (1979)
116）吉野章男，宮田勝文，菊山功嗣，山下新太郎：詳細　流体工学演習，共立出版 (2006)
117）渡部一郎：次元解析，技報堂 (1959)
118）渡部一郎：熱力学，共立出版 (1973)
119）渡辺敬三：流体力学（流れと損失），丸善 (2002)
120）H. Schlichting: Boundary Layer Theory, Pergamon Press Ltd.（1955）

以上，この他に多数の書籍や論文などを参考にさせて頂きました．ここに，著者の方々に対して深甚の敬意を表わします．

索　引

あ行

か行

さ行

た行

な行

は行

ま行

や行

ら行

●著者紹介

西海 孝夫（Takao Nishiumi）

1953年10月東京生まれ．青山学院高等部を経て，青山学院大学理工学部機械工学科卒業．成蹊大学大学院工学研究科博士前期課程機械工学専攻修了．成蹊大学助手，防衛大学校助手，同講師，同助教授，防衛大学校システム工学群機械システム工学科教授，芝浦工業大学MJHEPプログラム教授を経て芝浦工業大学非常勤講師，博士(工学)．油圧をはじめとする流体システムに関する教育研究に従事．

一柳 隆義（Takayoshi Ichiyanagi）

1969年9月東京生まれ．東京都立府中高等学校を経て，神奈川大学工学部機械工学科卒業．同大学院工学研究科博士後期課程機械工学専攻修了．防衛大学校助手，同助教，同講師，准教授を経て，防衛大学校システム工学群機械システム工学科教授，博士(工学)．油圧をはじめとする流体システムに関する教育研究に従事．

Fluid Mechanics:
Learning through Exercises

DTP制作　㈲中央制作社

演習で学ぶ「流体の力学」

発行日　2022年 10月 20日　　第1版第1刷

著　者　西海 孝夫／一柳 隆義

発行者　斉藤　和邦
発行所　株式会社　秀和システム
〒135-0016
東京都江東区東陽2-4-2　新宮ビル2F
Tel 03-6264-3105（販売）Fax 03-6264-3094
印刷所　三松堂印刷株式会社　　Printed in Japan

ISBN978-4-7980-6794-0 C3042